"十三五"国家重点出版物
出版规划项目

中国农药研究与应用全书
Books of Pesticide Research and Application in China

农药生态环境风险评估

Pesticide Environmental Risk Assessment

林荣华　姜 辉　主编

化学工业出版社
·北京·

本书主要系统介绍了农药生态环境风险评估的相关概念及基本框架。对比美国、欧洲及中国的研究和应用情况，重点介绍了水生生态环境下，风险评价、农药的暴露评估、水生动物和水生植物效应评估。另外，还介绍了农药对鸟类、蜜蜂、家蚕、非靶标节肢动物、蚯蚓、土壤微生物等代表性陆生生物物种影响的问题阐述、暴露评估、效应分析及风险表征，简要描述了农药对于生物多样性的影响作用。

本书可为从事农药研究、开发、应用的农林科技人员进行实际风险评估提供指导和参考，也可作为大专院校相关专业师生的教学参考书。

图书在版编目（CIP）数据

中国农药研究与应用全书．农药生态环境风险评估/林荣华，姜辉主编．—北京：化学工业出版社，2019．4

ISBN 978-7-122-33830-3

Ⅰ．①中… Ⅱ．①林… ②姜… Ⅲ．①农药-环境生态评价-研究-中国 Ⅳ．①S48

中国版本图书馆 CIP 数据核字（2019）第 021775 号

责任编辑：刘　军　冉海滢　张　艳　　文字编辑：向　东　　责任印制：薛　维
责任校对：边　涛　　装帧设计：王晓宇

出版发行：化学工业出版社（北京市东城区青年湖南街 13 号　邮政编码 100011）
印　　装：中煤（北京）印务有限公司
787mm×1092mm　1/16　印张 24¼　字数 521 千字　　2019 年 10 月北京第 1 版第 1 次印刷

购书咨询：010-64518888　　售后服务：010-64518899
网　　址：http：//www.cip.com.cn
凡购买本书，如有缺损质量问题，本社销售中心负责调换。

定　　价：128.00 元

《中国农药研究与应用全书》

编辑委员会

本书编写人员名单

主　　编：　林荣华　姜　辉

副 主 编：　于彩虹　尹晓辉　宗伏霖　袁善奎　蔡磊明

编写人员：（按姓名汉语拼音排序）

艾　东	卜元卿	蔡磊明	陈　朗	程沈航
何　丹	何明远	黄　健	姜　辉	李　敏
李兆强	梁慧芯	林荣华	朴秀英	曲甍甍
任晓东	单正军	王金花	王寿山	王晓军
吴　迟	夏晓明	谢　昀	薛超彬	尹晓辉
于彩虹	袁善奎	张宏涛	张　晶	张　燕
张艺夕	赵学平	周欣欣	周艳明	宗伏霖

序

农药作为不可或缺的农业生产资料和重要的化工产品组成部分，对于我国农业和大化工实现可持续的健康发展具有举足轻重的意义，在我国农业向现代化迈进的进程中，农药的作用不可替代。

我国的农药工业60多年来飞速地发展，我国现已成为世界农药使用与制造大国，农药创新能力大幅提高。近年来，特别是近十五年来，通过实施国家自然科学基金、公益性行业科研专项、“973”计划和国家科技支撑计划等数百个项目，我国新农药研究与创制取得了丰硕的成果，农药工业获得了长足的发展。“十二五”期间，针对我国农业生产过程中重大病虫草害防治需要，先后创制出四氯虫酰胺、氯氟醚菊酯、噻唑锌、毒氟磷等15个具有自主知识产权的农药（小分子）品种，并已实现工业化生产。5年累计销售收入9.1亿元，累计推广使用面积7800万亩。目前，我国农药科技创新平台已初具规模，农药创制体系形成并稳步发展，我国已经成为世界上第五个具有新农药创制能力的国家。

为加快我国农药行业创新，发展更高效、更环保和更安全的农药，保障粮食安全，进一步促进农药行业和学科之间的交叉融合与协调发展，提升行业原始创新能力，树立绿色农药在保障粮食丰产和作物健康发展中的权威性，加强正能量科普宣传，彰显农药对国民经济发展的贡献和作用，推动农药可持续发展，通过系统总结中国农药工业60多年来新农药研究、创制与应用的新技术、新成果、新方向和新思路，更好解读国务院通过的《农药管理条例（修订草案）》；围绕在全国全面推进实施农药使用量零增长行动方案，加快绿色农药创制，推进绿色防控、科学用药和统防统治，开发出贯彻国家意志和政策导向的农药科学应用技术，不断增加绿色安全农药的生产比例，推动行业的良性发展，真正让公众对农药施用放心，受化学工业出版社的委托，我们组织目前国内农药、植保领域的一线专家学者，编写了本套《中国农药研究与应用全书》(以下简称《全书》)。

《全书》分为八个分册，在强调历史性、阶段性、引领性、创新性，特别是在反映农药研究影响、水平与贡献的前提下，全面系统地介绍了近年来我国农药研究与应用领域，包括新农药创制、农药产业、农药加工、农药残留与分析、农药生态环境风险评估、农药科学使用、农药使用装备与施用、农药管理以及国际贸易等领域所取得的成果与方法，充分反映了当前国际、国内新农药创制与农药使用技术的最新进展。《全书》通过成功案例分析和经验总结，结合国际研究前沿分析对比，详细分析国家“十三五”农药领域的研究趋势和对策，针对解决重大病虫害问题和行业绿色发展需要，对中国农药替代技术和品种深入思考，提出合理化建议。

《全书》以独特的论述体系、编排方式和新颖丰富的内容，进一步开阔教师、学生和产业领域研究人员的视野，提高研究人员理性思考的水平和创新能力，助其高效率地设计与开发出具有自主知识产权的高活性、低残留、对环境友好的新农药品种，创新性地开展绿色、清洁、可持续发展的农药生产工艺，有利于高效率地发挥现有品种的特长，尽量避免和延缓抗性和交互抗性的产生，提高现有农药的应用效率，这将为我国新农药的创制与科学使用农药提供重要的参考价值。

《全书》在顺利入选“十三五”国家重点出版物出版规划项目的同时，获得了国家出版基金项目的重点资助。另外，《全书》还得到了中国工程院绿色农药发展战略咨询项目（2018-XY-32）及国家重点研发计划项目（2018YFD0200100）的支持，这些是对本书系的最大肯定与鼓励。

《全书》的编写得到了农业农村部农药检定所、全国农业技术推广服务中心、中国农药工业协会、中国农业科学院植物保护研究所、贵州大学、华东理工大学、华东师范大学、中国农业大学、上海师范大学、湖南化工研究院等单位的鼎力支持，这里表示衷心的感谢。

宋宝安，钱旭红

2019年2月

前言

本书系是在宋宝安院士、钱旭红院士的大力倡议和化学工业出版社的帮助下完成的，旨在总结中国农药工业 60 多年新农药研究、创制与应用的新技术、新成果、新方向和新思路，进一步促进农药行业和学科之间的交融与协调发展，提升行业原始创新能力，推动农药可持续发展。

本书的编写，是基于国家粮食生产基本满足需求、人们越来越重视食品安全和环境安全的大背景。编写时主要把握了几方面原则：一是体现学术性，相关材料跟踪了国际国内研究和管理的前沿；二是体现创新性，对于农药生态环境风险研究，国内在 20 世纪 80 年代就开始了相关工作，但是一直未见相关专著出版，本书填补了该领域空白；三是体现系统性，本书覆盖了整个生态系统所要保护的主要非靶标生物，也涉及评估各领域；四是体现先进性，本书紧跟农药管理政策变化，按照农药登记要求，服务于农药的教学、科研、应用、管理各方面。编写团队几十年的积累和经验，笔者在荷兰访学期间收集的水生生态环境风险评估方面的论文、书籍，以及开展的具体实验，都组成了本书相关部分内容。

本书内容基本上按照总分结构来组织，第 1 章绪论和第 2 章环境风险评估基本框架，从概念和框架上对于环境生态风险评估进行了阐述；其后各章则按照具体保护的非靶标生物进行阐述。第 3~6 章重点关注水生生态环境，因为水生生物的水生生态暴露环境及评估方法具有一致性，因此集中在第 3 章和第 4 章统一阐述，水生动物和水生植物的效应评估分别在第 5、6 章阐述。第 7~12 章重点关注陆生生态环境，对鸟类、蜜蜂、家蚕、非靶标节肢动物、蚯蚓、土壤微生物等代表性陆生生物按照问题阐述、暴露评估、效应分析等几个步骤来编写。第 13 章简要阐述了农药对于生物多样性的影响、作用。

在本书编写过程中，特别要感谢化学工业出版社的编辑，他们付出了大量的心血和时间。其事无巨细、事必躬亲的认真精神，督促我们按期交稿和修改完善。

生态环境动态发展，人们对它的认识也在不断更新和深入，加上本书编写团队学识有限，书中难免存在疏漏之处，还请读者给予指正；希望本书能够为科研、教学、农药管理提供些许支持作用，能作为工具书一用。

林荣华

2019 年 4 月

目录

第 1 章　绪论 …… 001

1.1　农药风险评估概述 …… 002

1.1.1　相关概念 …… 003

1.1.2　保护目标 …… 006

1.1.3　农药风险评估的基本步骤 …… 008

1.2　农药风险评估的发展方向 …… 010

参考文献 …… 010

第 2 章　环境风险评估基本框架 …… 011

2.1　生态风险评估概述 …… 012

2.1.1　生态风险和生态风险评估的概念 …… 012

2.1.2　生态风险评估的方法 …… 012

2.1.3　生态风险评估研究进展 …… 013

2.2　环境危害性评价 …… 014

2.2.1　生态毒理学 …… 014

2.2.2　生态毒理学试验 …… 014

2.2.3　生态毒理学数据在环境风险评估中的应用 …… 016

2.2.4　模型在生态环境评估中的应用 …… 017

2.3　农药环境风险评估 …… 022

2.3.1　水环境风险评估 …… 023

2.3.2　陆生生态系统风险评估 …… 024

2.3.3　农药风险评估近期发展趋势 …… 024

2.4　生态系统服务 …… 025

2.4.1　生态系统服务的定义 …… 025

2.4.2　生态系统服务的价值 …… 026

2.4.3　生态系统服务的国内外研究进展 …… 027

参考文献 …… 027

第 3 章　水生生物风险评价 …… 029

3.1　问题阐述 …… 030

3.1.1　风险评价原则 …… 030

3.1.2　数据收集 …… 031

3.1.3 计划简述 031
3.2 暴露评估 031
3.2.1 暴露描述的总则 031
3.2.2 欧盟农药风险评估原则与方法 034
3.2.3 美国水生生态风险评价的原则和方法 035
3.2.4 中国水生生态风险评价的原则和方法 037
附录 A 地下水风险评价流程 043
附录 B 地下水暴露模型的输入参数和输出值 043
附录 C 风险降低措施 050
参考文献 050
第 4 章 水生生态暴露评估 052
4.1 暴露评估的一般方法 052
4.1.1 暴露评估模型运用 053
4.1.2 初级暴露评估 053
4.1.3 高级暴露评估 053
4.2 欧盟农药暴露评估 054
4.2.1 现场暴露类型 055
4.2.2 暴露评估中的步骤 058
4.2.3 暴露评估关键特征的识别方法 060
4.3 美国水生生态暴露评估模型 063
4.3.1 GENEEC 模型 064
4.3.2 PRZM 模型 064
4.3.3 EXAMS 模型 065
4.3.4 PRZM/EXAMS 模型 065
4.4 中国水生生态暴露评估 066
4.4.1 暴露评估的一般方法 066
4.4.2 暴露评估模型运用 066
4.4.3 初级暴露评估 067
4.4.4 高级暴露评估 067
4.5 暴露评估模型实例 068
4.5.1 集中地表水体的暴露值和实现方式 068
4.5.2 特殊的暴露情景 070
4.5.3 时间加权浓度的应用 070
4.6 暴露评估的生态学意义 070
4.6.1 风险表征 071
4.6.2 对高富集性农药的评估方法 071
4.6.3 对代谢物的评估方法 071
4.7 风险降低措施 071

附录 A　水生生态系统环境风险评价流程图 072
附录 B　TOP-RICE 模型输入参数 074
附录 C　水生生态系统风险降低措施 077
参考文献 077

第 5 章　水生动物效应评估 079

5.1　急性和慢性效应评估 080
5.1.1　鱼的急性毒性试验 080
5.1.2　鱼的长期/慢性毒性试验 082
5.1.3　鱼的生物浓缩和二次毒害 085
5.1.4　水生无脊椎动物的急性和慢性效应评估 088
5.2　水生动物的高级效应风险评估 092
5.2.1　SSD 方法 092
5.2.2　水生微宇宙 094
参考文献 102

第 6 章　水生植物效应评估 104

6.1　问题阐述 104
6.1.1　水生植物的分类 104
6.1.2　影响水生植物分布的因素 105
6.1.3　水生植物在生态系统中的作用 105
6.2　农药对水生植物的风险评价 106
6.2.1　农药对水生植物风险评价的重要性和必要性 106
6.2.2　水生植物风险评价的指示物种 107
6.2.3　水生植物风险评价程序 109
6.2.4　水生植物的高级风险评价 111
6.3　暴露评估 112
6.3.1　农药在水生生态系统中的暴露途径 112
6.3.2　时间加权浓度 PEC_{TWA} 113
6.3.3　植物保护产品代谢物暴露评估 113
6.3.4　FOCUS 模型 114
6.4　各国水生植物风险评价工作研究进展 119
6.4.1　美国 119
6.4.2　日本 120
6.4.3　中国 120
附录　水生植物相关试验方法 121
参考文献 127

第 7 章　鸟类环境风险评价 131

7.1　问题阐述 131

7.2 暴露评估 133
7.2.1 美国 EPA 主要模型 133
7.2.2 欧盟模型 139
7.2.3 我国暴露评估模型 140
7.3 效应分析 140
7.3.1 急性经口法 141
7.3.2 急性饲喂法 146
7.3.3 鸟繁殖试验 149
7.3.4 蓄积试验 153
7.3.5 田间试验 153
7.4 风险表征 155
7.5 我国鸟类风险评价 157
7.5.1 基本原则 157
7.5.2 评估程序和方法 157
7.5.3 风险降低措施 163
附录 A 农药对鸟类的风险评价总流程 164
附录 B 农药喷雾暴露场景指示物种及其相关信息 164
附录 C 多次施药因子 MAF 值 165
附录 D 撒施颗粒剂对鸟类的暴露评估流程 166
附录 E 颗粒剂作为沙砾有意摄取时计算预测暴露量的参数 166
附录 F 颗粒剂作为土壤构成无意摄取时计算预测暴露量的参数 166
附录 G 投放毒饵对鸟类的暴露评估流程 167
附录 H 限度试验的外推系数 167
附录 I 初级效应评估采用的毒性试验终点和不确定性因子 167
参考文献 168

第 8 章 蜜蜂环境风险评价 169

8.1 问题阐述 169
8.1.1 蜜蜂的经济价值 169
8.1.2 蜜蜂与农药间的关系 171
8.1.3 选取蜜蜂作为指示生物的原因 172
8.1.4 评估终点的选择 173
8.2 暴露评估 173
8.2.1 基本原则 173
8.2.2 直接暴露途径 173
8.2.3 土壤处理或种子处理 174
8.2.4 其他暴露途径 174
8.3 效应分析 174
8.3.1 急性毒性 175

8.3.2 慢性毒性 177
8.3.3 半田间试验 178
8.3.4 田间试验 179
8.4 风险表征 179
8.5 风险管理 181
参考文献 184

第 9 章 家蚕环境风险评价 185

9.1 问题阐述 185
9.1.1 家蚕的经济价值 185
9.1.2 农药对家蚕的影响 187
9.2 暴露评估 188
9.2.1 初级暴露分析 189
9.2.2 高级暴露分析 192
9.3 效应分析 192
9.3.1 急性毒性 192
9.3.2 慢性毒性 205
9.3.3 日本家蚕毒性试验方法 206
9.4 风险表征 206
9.5 实例分析 207
9.5.1 初级暴露评估 207
9.5.2 初级效应分析 208
9.5.3 风险表征情况 209
参考文献 209

第 10 章 非靶标节肢动物环境风险评价 210

10.1 概述 210
10.2 问题阐述 214
10.2.1 瓢虫、赤眼蜂和草蛉的经济价值 214
10.2.2 瓢虫、赤眼蜂和草蛉与农药间的关系 216
10.2.3 选取瓢虫、赤眼蜂和草蛉作为指示生物的原因 217
10.3 暴露评估 218
10.3.1 暴露途径 218
10.3.2 暴露模型 219
10.4 效应分析 224
10.4.1 初级效应分析 224
10.4.2 高级效应分析 230
10.5 风险表征 232
10.5.1 初级风险表征 232

10.5.2 高级风险表征 232
10.6 实例分析 233
10.6.1 农药对瓢虫的影响 233
10.6.2 农药对赤眼蜂的影响 238
10.6.3 农药对草蛉的急性毒性 250
参考文献 266

第11章 蚯蚓环境风险评价 267

11.1 问题阐述 267
11.1.1 蚯蚓的经济价值 267
11.1.2 选取蚯蚓作为指示生物的原因 268
11.2 暴露评估 269
11.3 效应分析 271
11.3.1 急性毒性 271
11.3.2 慢性毒性 271
11.3.3 田间试验 309
参考文献 309

第12章 土壤微生物环境风险评价 312

12.1 问题阐述 312
12.1.1 土壤微生物的重要性 312
12.1.2 土壤微生物与农药间的关系 313
12.1.3 选取土壤微生物作为指示生物的原因 314
12.2 暴露评估 315
12.3 效应分析 315
12.3.1 土质要求 316
12.3.2 土样采集 316
12.3.3 筛分和贮存 316
12.3.4 底物含量 316
12.3.5 培养容器 317
12.3.6 加药方式 317
12.3.7 剂量设置 317
12.3.8 培养条件 318
12.3.9 取样规划 318
12.3.10 检测方法 318
12.4 评价方法 320
12.4.1 联合国粮农组织指定标准 320
12.4.2 德国联邦农林生物研究中心方法 320
12.4.3 欧洲和地中海植物保护组织方法 320

12.4.4 我国标准 321
参考文献 322

第13章 生物多样性 323

13.1 总述 323
13.1.1 生物多样性的概念 323
13.1.2 我国生物多样性概况 323
13.1.3 我国农药的使用概况 324
13.2 农药对生物多样性作用的主要方式 325
13.2.1 农药对生物多样性的直接影响 325
13.2.2 农药对生物多样性的间接影响 325
13.2.3 农药对外来生物和其他有害生物多样性的影响 326
13.3 农药对生物多样性影响评价方法进展 326
13.3.1 基因和遗传多样性研究方法 326
13.3.2 物种多样性研究方法 327
13.3.3 生态系统多样性研究方法 327
13.4 农药对农田土壤生物多样性的影响 327
13.4.1 农药对土壤的污染 327
13.4.2 农药与土壤微生物多样性 335
13.4.3 农药与土壤动物多样性 340
13.5 农药对水体的污染及对水生生物多样性的影响 343
13.5.1 农药对水体的污染 343
13.5.2 农药对水生生物多样性的影响 345
13.6 农药对林区生物多样性的影响 355
13.6.1 农药在林区病虫防治中的应用 355
13.6.2 农药对林区中生物多样性的影响 356
13.7 农药对生物多样性影响控制对策 357
13.7.1 禁止和限制使用高毒高风险农药品种 357
13.7.2 合理和科学使用农药，鼓励综合防控 358
13.7.3 鼓励绿色综合防控，减少农药用量 358
13.7.4 加强生态监测，定期开展农药再评价 359
参考文献 359

索引 368

第1章 绪论

为满足人类对粮食日益增长的需求，现代农业必须采用各种技术以保护作物不受病、虫（包括昆虫、蜱、螨）、草、鼠、软体动物和其他有害生物的侵害或将这些危害降低到最低水平。农药使用已经成为现代农业中一项不可或缺的技术。但是，近百年的实践经验表明，多数农药对人类和非靶标物种存在着潜在伤害，其对靶标物种的作用也可能引起环境生态平衡的改变。农药的这些不良作用在20世纪中叶已受到人们的关注。针对农药存在的危害，欧美等国家和组织逐步制定了相关的法规和管理政策。同时，科学研究的发展和检测技术的提高使人们更加深刻地认识到农药对人类健康和环境生态的影响作用。在此基础上，农药科学管理的方法也在不断完善和改进。从20世纪60年代依据毒性的评判方法（hazard based approach）的提出和使用，到70年代风险评估的概念被提出和用于对一些农药不良效应（如致癌性）的评估[1,2]，风险评估方法（risk-based approach）采用了更为严谨的量化方法来描述农药对人类健康和环境生态系统的影响。在20世纪80年代，这一概念进一步得到应用。1983年美国国家科学院（National Academy of Science，NAS）发表了所谓的“红书”《联邦政府中的风险评估：管理过程》，系统阐述了风险评估的原理[3]。美国环境保护署（United States Environmental Protection Agency，US EPA）将这一原理应用到其工作中，次年US EPA发表了《风险评估和管理：决策框架》[4]。20世纪90年代农药风险评估方法逐渐得到系统化和标准化。1991年，欧盟在关于植物保护产品投放市场的农药管理指令（Council Directive 91/414/EEC concerning the placing of plant protection products on the market，91/414/EEC）中明确了农药风险评估的要求[5]。1995年US EPA又发布了风险表征政策[6]。这标志着欧美的农药管理体系中正式引入风险评估的概念。由此，农药风险评估被广泛应用于发达国家的农药登记和再评价管理中。农药的登记决策不再依据单一的毒性评估，而是同时包括了暴露评估和不确定性评估。农药的登记管理水平得到了显著提高。与此同时，它使农药登记管理和农药风险管理及风险降低基于同一个概念体系，为农药风险管理提供了科学依据，并大大增强了农药风险管理的目的性。

1.1 农药风险评估概述

风险评估（risk assessment）概念广泛应用于工程建设项目管理以及金融、保险和投资业等诸多领域。虽然在各领域风险评估的类型和方法有所不同，但是所基于的原理基本一致。这里可借鉴 US EPA 的定义来描述风险评估：风险评估是一个通过对信息的分析以决定环境危害是否对暴露于危害下的人类和生态系统造成伤害的过程。这个定义中的几个关键词构成了风险评估的主要要素：风险（risk）、危害（hazard）、暴露（exposure）。

以驾车进入虎园参观为例来说明这些关键词在风险评估中的含义。老虎对人的危害是显而易见的，即老虎的攻击能造成人的伤亡。但是人暴露于这一危害的程度可以不同，例如人可以选择留在紧闭的车里或者选择下车。显然，这两种情况下人受到老虎伤害的风险是非常不同的。可见参观虎园的风险不仅取决于危害，同时还取决于接触或暴露情况；而决定是否参观虎园的依据是风险大小。

同理，农药风险评估是指评估在特定使用条件下农药对人类和环境造成伤害的可能性。它不仅需要考虑农药本身的毒性（危害），还要考虑农药在实际使用条件下，保护对象对这些危害的接触或暴露程度（暴露）。之前的农药管理，人们往往片面地从农药本身的毒性来判断其安全性，而忽略了暴露因素。事实上，现实中任何物质都无法被认为是完全安全或不安全的。人们一般认为食盐是安全的，这仅表示如果正常摄入食盐对人造成伤害的风险很小，但不等于食盐就一定是安全的。如果短时间里摄入超过 210g 食盐可能造成急性中毒而死亡，如果长期过量摄入食盐则可造成慢性中毒且增加患心血管和肝肾疾病的风险。正如中世纪瑞士著名医生帕拉塞尔斯（Paracelsus，1493—1541）指出的“所有物质都是有毒的，没有无毒的物质。而剂量（暴露）使物质游走于有毒与无毒之间”。就农药而言，由于暴露是与使用条件相关的，因此农药的风险与使用条件也是相关的。农药的使用条件包括了农药的使用方法和用量、使用地域的气候土壤条件以及使用时间和频率等。

农药风险评估往往需要针对不同保护对象。保护对象是人类和自然中存在的受关注的非靶标其他物种。实际工作中如果将农药各个使用条件和不同保护对象进行排列组合，将形成天文数字的评估实例。这将是一项无法完成的工作。同时农药风险评估中所需的一些测试数据往往无法获取，例如，无法用人进行各项毒性试验以获取农药对人的毒性数据；或是很难做到针对某一保护对象的所有物种进行生态毒理学试验；人们也无法实际测定农药使用多年以后土壤中的农药浓度。对此在农药风险评估中必须应用一些简化方法和推断方法，如外推（extrapolation）、代表（representation）、模型模拟（modeling）、分阶评估（tiered assessment），等等。这些简化和推断操作给农药风险评估带来了不确定因素（uncertainty）。因此，在农药风险评估时还必须考虑这些不确定因素的影响。农药生态环境风险评估牵涉到众多学科，如生态毒理学、生态学、环境科学、农艺学、化学、土壤物理学和统计学等。不难发现，决定是否使用一种农药要比决定是否参观虎园困难得多。本书将就使用农药可能造成对生态环境体系风险的评估方法和相关原理作详尽阐述。在深入阐述农药生态风险评估相关内容前，这里首先介绍与生态风险评估相关的一些基础概念以及农药风险评估的原理和基本方法。

1.1.1 相关概念

1.1.1.1 危害

危害（hazard）作为农药风险评估的主要元素之一，是指农药产品对受保护的非靶标生物所产生的不良作用效应（effect）。这些不良效应通常是各类毒理学试验得出的量化的毒性端点数据（eco-toxicological endpoint）。这些数据旨在表征农药对保护目标具有哪些不良毒性效应和这些毒性效应的剂量响应（dose response）情况。

农药产品的毒性效应对象表征是多方面和多维度的。首先它必须涵盖各种保护对象，如哺乳动物、水生动植物、蜂、蚕、鸟类及土壤生物等。同时，它还需涵盖不同方面的毒性，如在哺乳动物毒性数据中需要包括一般毒性、生殖毒性、致癌性、致突变性、内分泌干扰毒性等不同方面；在生态毒性数据中包括个体或物种毒性、生命周期影响等，也包括对物种、种群、群落、系统的影响等。此外，毒性效应还和暴露途径有关，例如哺乳动物一般毒性数据又可区分为经口毒性、经皮毒性、吸入毒性等不同暴露途径下的毒性效应。毒性效应也可分成急性毒性和慢性毒性。不同的保护对象所需测定的毒性效应项目也不同，例如哺乳动物毒性数据涵盖的项目就比蜜蜂的毒性数据多得多。这些毒性端点数据一般表征为导致一定程度毒性效应（如导致 50%实验动物死亡或导致动物出现某种特定不良效应）时的剂量或浓度。

一种农药产品的环境危害性是由一系列数目繁多的生态环境数据组成的。在目前提倡低毒绿色农业和绿色环境的时代，对农药的生态毒性要求越来越严。新农药研发过程中需要进行大量的生态毒性试验，表 1-1 为我国现有农药登记政策所规定需完成的试验清单（对不同用途的农药要求略有不同），完成这些毒性测试试验需要多年的时间和巨大的资金投入，这是新农药研发的主要门槛之一。在当前减少使用实验动物的压力下，人们开始使用体外替代试验方法和计算机模型等以降低开发成本和减少实验动物的使用数量。

表 1-1 常见农药生态毒性试验一览表

序号	试验项目	序号	试验项目
1	鸟类急性经口毒性试验	7	大型溞急性活动抑制试验
2	鸟类短期饲喂毒性试验	8	大型溞繁殖试验
3	鸟类繁殖试验	9	绿藻生长抑制试验
4	鱼类急性毒性试验	10	水生植物毒性试验（穗状狐尾藻、浮萍）
5	鱼类早期阶段毒性试验	11	鱼类生物富集试验
6	鱼类生命周期试验	12	水生生态模拟系统（中宇宙）试验

续表

序号	试验项目	序号	试验项目
13	蜜蜂急性经口毒性试验	19	寄生性天敌急性毒性试验（节肢动物）
14	蜜蜂急性接触毒性试验	20	捕食性天敌急性毒性试验（节肢动物）
15	蜜蜂幼虫发育毒性试验	21	蚯蚓急性毒性试验
16	蜜蜂半田间试验	22	蚯蚓繁殖毒性试验
17	家蚕急性毒性试验	23	土壤微生物影响试验（氮转化法、碳转化法）
18	家蚕慢性毒性试验	24	内分泌干扰作用

农药产品的毒性效应是其内在固有特性，它是由产品中有效成分的化学结构所决定。同时产品的形态和其他成分也可能影响其毒性。因此，在测试毒性时，有时需要分别对农药的原药和制剂进行试验。

1.1.1.2 暴露

农药风险评估中的暴露（exposure）是指所保护的非靶标生物在特定条件下接触到危害的程度。如前所述，农药产品的毒性效应是其内在特性，但这并不意味着这些不良效应一定会造成对保护对象的伤害，只有保护对象接触到这些危害时，伤害才可能发生。暴露则是伤害发生的外在条件。

暴露程度（或暴露水平）听似抽象，但在农药风险评估中往往可通过量化的方法对暴露进行表征，即表征为农药（和相关代谢物）经口、经皮或者吸入等接触途径的摄入量，或是在食物和环境介质（空气、水和土壤）中的浓度。例如，人类通过膳食接触到农药的暴露程度表征为食物中的农药残留量或浓度；农药对鱼类的暴露程度表征为水体中的农药浓度。这种用暴露介质中的浓度来表征暴露程度的方法是一种合理的量化做法，它使后续风险评估变得直接明了。农药及相关代谢物暴露在介质中的浓度首先取决于其自身的理化性质的影响，例如水溶解度、挥发性、土壤吸附性以及在植物和动物体内或环境介质（如水、土壤）中的稳定性等。这些特性影响了农药在这些暴露介质中的持续时间以及在介质中的迁移和分布情况，由此而影响农药在这些介质中的浓度。除了农药自身的理化性质外，诸多外部因素也影响农药及其代谢物在暴露介质里的浓度，这些外部因素包括使用剂量、使用方法、使用时间、使用频率及环境条件（如光照、温度、土壤类型及有机质含量）等。例如，低有机质含量土壤或寒冷地区的土壤中农药残留时间会更长；农药在农产品中的残留水平与使用剂量和使用时间密切相关，较短采收间隔期以及大剂量使用农药都可能导致农产品农药残留问题。

对于给定的一种农药，人们无法改变其内在性质（毒性效应和理化性质），但可以选择和优化它们的使用条件。农药的风险管理和风险降低通常就是通过改变这些使用条件来降低暴露水平，进而达到规避或降低风险的目的。

与毒性数据类似，环境中农药暴露浓度可通过试验进行测定。例如，通过农药残留试验测定土壤或水中农药和相关代谢物的浓度。但是因为时空的限制，一般很难实际测定在每个使用地域的土壤、地下水和地表水中的农药浓度，更无法测定未来年份农药在这些环境介质中的浓度。这时往往需要借助各种计算机模型对各种环境介质中的农药浓度加以预测。计算机模型是将农药的相关属性和使用条件作为输入参数，运用模糊数学以计算机为手段模拟农药在一系列标准场景下的降解迁移等过程，计算得出农药在地下水、地表水、土壤及空气中的浓度。标准场景一般代表了现实中最糟糕的情况（worst realistic case）。设置这种现实中最糟糕场景是一种保守的做法，旨在保护大部分农药使用情形下的环境和生态体系。相关的暴露计算方法和模型将在后续的不同章节中具体介绍。

1.1.1.3　风险表征

风险表征（risk characterization）是根据保护对象暴露于危害的程度来预测不良效应或事故发生的可能性，即风险大小。通过对风险的表征，进而评估风险是否可以接受或识别出不可接受的风险项目，指导对这些风险项目的精细化评估（refinement）、风险降低措施（mitigation measures）的探索。

如前所述，危害和暴露均可表征为量化的数值。将量化的危害和量化的暴露进行比较，它们的比值则用于表征农药的风险大小。目前，风险表征以美国和欧盟较为成熟。二者比较暴露和危害的方式有所不同，对比值的称呼也有所不同。

在欧盟，风险通常被表征为危害（毒性端点）除以暴露（暴露浓度或剂量），称为毒性暴露比［toxicity to exposure ratio，TER，见式（1-1）］。显然毒性暴露比（TER）越大，风险就越小。

$$\text{毒性暴露比(TER)}=\frac{\text{毒性(toxicity)}}{\text{暴露(exposure)}} \tag{1-1}$$

式中，毒性以 $LD_{50}/LC_{50}/EC_{50}/ER_{50}$、NOEL/NOEC 等表示，单位为 $mg \cdot kg^{-1}$、$mg \cdot L^{-1}$ 等。

与欧盟相反，在美国风险则被表征为暴露（暴露浓度或剂量）除以危害（毒性端点），称为风险商值［risk quotient，RQ，见式（1-2）］。风险商值（RQ）越大，风险越大。

$$\text{风险商值(RQ)}=\frac{\text{暴露(exposure)}}{\text{毒性(toxicity)}} \tag{1-2}$$

我国的农药风险评估基本采用风险商值（RQ）的表征方式，即预测暴露浓度或剂量与预测无作用浓度或剂量的比值。

通过风险商值（RQ）表征风险的大小。风险评估时，判断风险是否可接受则需要对风险商值设定一个阈值（threshold）。当 RQ 小于这个阈值时表示风险可以接受，反之则不能接受。

另一种评估方式是采用保险系数（safety factor，SF）或评估系数（assessment factor，AF），它是上述阈值的倒数，其原理和阈值是一致的。该方法先将毒性数据除以保险系数（或评估系数）得到管理可接受浓度（regulatory acceptable concentration，RAC），然后将暴露浓度和 RAC 进行比较，如果暴露浓度小于 RAC，则风险可以接受。

暴露浓度/毒性（toxicity）＜阈值或暴露（exposure）＜RAC，则风险可以接受。

$$\mathrm{RAC}=\frac{毒性(\mathrm{toxicity})}{保险系数}$$

阈值（保险系数）不完全是一个科学的参数，而是人们出于管理需要和根据评估过程中应用外推或替代等操作引入的不确定性，而人为设置的保险系数。例如，我们用动物毒性试验来替代人的毒性试验，由于这种替代产生了不确定性。同时，用有限的实验个体得到的毒性数据外推到整个种群也产生了不确定性。因此，用大鼠慢性饲喂实验得出的无可见不良作用剂量（NOAEL）进行人类膳食风险评估时，阈值通常设置为0.01（保险系数100）。

阈值的设置还依据管理的需要。同样是膳食风险评估，对与婴幼儿相关的食品进行风险评估时，在原有0.01的阈值基础上趋严10倍，阈值达到0.001（保险系数1000），目的是从管理上加强保护婴幼儿脆弱群体。

管理部门在制定风险评估标准时，根据试验数据的代表性情况和管理需求对不同保护对象制定不同阈值（保险系数）。如果通过试验设计和物种选择降低不确定性，阈值也可能做相应调整。

1.1.1.4 环境风险和环境风险评估

环境风险（environmental risk）是由自发的自然原因和人类活动对自然和社会引起的，并通过环境介质传播的，是能对人类社会及自然环境产生破坏、损害乃至毁灭性作用等不幸事件发生的概率及其后果。环境风险具有双重性或多重性，其发生可导致不希望的灾难后果的可能性，风险常用意外事件来阐明，以出现概率来表征。《建设项目环境风险评价技术导则》（HJ/T 169—2018）中定义，环境风险是指突发性事故对环境（或健康）的危害程度，用风险值 R 表征，其定义为事故发生概率 P 与事故造成的环境（或健康）后果 C 的乘积[2]，即：

$$R[危害/单位时间]=P[事故/单位时间]\times C[危害/事故]$$

环境风险评估（environmental risk assessment，ERA），是风险评估应用于环境污染防治领域的产物。广义上的环境风险评估是指对人类的各种社会经济活动所引发或面临的危害（包括自然灾害），对人体健康、社会经济、生态系统等可能造成的损失进行评估，并据此进行管理和决策的过程。狭义上的环境风险评估，常指对有毒有害物质（包括化学品和放射性物质）危害人体健康和生态系统的影响程度进行概率估计，并提出减小环境风险的方案和对策。

1.1.2 保护目标

保护目标是风险评估和风险管理的依据。在风险评估之前，需要先明确保护目标。保护目标与实际要解决的问题、政府政策、社会关注、经济发展和人文需求以及科技水平密切相关。各个国家的情况不同，制定的保护目标也不同。同一个国家在不同发展阶段，制定的保护目标也可能不同。国家管理部门制定农药管理相关法规时，往往根据本国的情况指明农药管理的目的，这为确定保护目标提供了方向。例如我国新修订的《农药管理条例》（中华人民共和国国务院令第 677 号）的第一条就明确了“保障农产品质量安全和人畜安全，保护农业、林业生产和生态环境”的目的[7]。在此基础上，相关配套规定和技术标准将对保护目标进行具体细化和明确。例如我国《农药登记　环境风险评估指南　第 2 部分：水生生态系统》（NY/T 2882.2—2016）中明确了我国农药管理对水生生态系统的保护目标是：水生生态系统中淡水资源的可持续性，即农药的使用不应对水生生态系统中的脊椎动物存在短期和长期的影响，不应对初级生产者和无脊椎动物的种群存在长期影响。同时界定要保护的生态系统是指农田之外的，常年有水生生物生存的水生生态系统[8]。

制定保护目标是一项需要慎重思考的重要工作。保护目标界定得越清晰，风险评估就越有效。一般情况下，保护目标需界定保护对象、保护尺度、保护特性、保护程度、保护的时间范围、保护的位置范围共六个方面的内容。

1.1.2.1　保护对象

在农药的风险评估和风险管理中，保护对象通常被分为两大类，即人类（human）及环境（environment）。作为保护对象，人类是指接触到农药的以下人群：

（1）消费者（consumer）　即农产品的消费者。农药施用于农田的作物和土壤中可能造成农产品含有农药残留。作为农产品的消费者，人类可能通过取食或使用农产品，进而摄入农药和农药的降解产物而受到伤害。

（2）操作者（operator）　即使用农药的操作者，主要是农民或专业施药人员。在农药的配制和施用时，这一人群可能经过皮肤接触、吸入等途径而受到农药的伤害。

（3）再进入者（reentry worker）　是指施药后一定时间段内进入田间的农事人员。农药在喷施后，药液驻留在叶面和作物的不同部位，这时农事人员进入农田则可能接触到这些残留的农药而受到伤害。

（4）旁观者（bystander）和居民（resident）　是指农田周边可能出现的非农业人员。这一人群也可能通过农药喷施产生的雾滴飘移等途径接触到农药。另外，施用于居民区草坪、树木等进行病虫害防治的农药通过接触等途径使居民暴露于农药。

环境保护对象通常可细分为：

（1）水生生物（aquatic organism）　包括地表水体中的水生动植物。农药在施用时可能会落入水体，如池塘、沟渠等，或是经过土壤表面径流和侵蚀被雨水带入这些水体，因此可能对生活在这些水体中的各类生物造成伤害。

（2）鸟类和哺乳动物（bird and mammal）　这些动物可能通过摄入或接触被农药污染的食物和碎石粒等而受到影响。

（3）蜜蜂和其他非靶标节肢动物（bee and non-target arthropod）　这些有益昆虫可能在觅食的活动中或栖息环境受到农药污染而摄入和接触到农药，因此受到伤害。这其中有关农药对以蜜蜂为代表的授粉昆虫、捕食性和寄生性天敌生物的影响正成为人们关注的重点。

（4）土壤生物（in-soil organism） 农药在使用时可能直接或间接落入土壤，有些农药则是直接用于土壤处理。生活在土壤中的生物和微生物可能因此受到影响。

（5）蚕（silkworm） 是中国和亚洲一些国家独特的保护对象。它对农药相对比较敏感。农药主要是通过污染桑叶的途径对桑蚕造成影响。

（6）地下水（groundwater） 落入土壤的农药不仅造成对土壤生物的影响，同时还可能通过雨水或者灌溉水的移动而下渗和污染地下水。地下水一般被认为是人类的饮用水源，由此，对地下水的污染则可能造成对人类健康的影响。

1.1.2.2 保护尺度

制定保护目标时需明确对上述保护对象的保护尺度，即保护到个体（individual）水平还是种群（population）水平。通常情况下要保护到保护对象的每个个体（every individual）是难以达到的。我们更多时候力图保护对象的大部分个体（如第 90 百分位或更高的个体范围）和高敏感群体。显然对越重要对象的保护尺度就会越严格，如对人类的保护尺度需要到个体水平，而对于赤眼蜂可能更趋于保护到种群水平。

1.1.2.3 保护特性

保护目标还需界定需保护对象的特征，这些特性可以是保护对象的行为、数量和功能等。以保护目标蜜蜂为例，要同时保护蜂群数目及蜜蜂的觅食和归巢等行为，进而希望保护蜜蜂作为授粉昆虫的功能。对于土壤微生物来说，可能更注重它的土壤碳氮转化和降解土壤有机物的功能。

1.1.2.4 保护程度

保护目标还要明确希望对上述保护特性保护到什么程度。例如，保护目标可以设成不允许土壤有机物降解能力受到 25％以上的影响。

1.1.2.5 保护的时间范围

明确不良影响需控制在什么时间长度，如天、周或年。

1.1.2.6 保护的位置范围

明确保护的位置覆盖范围，例如水生生物的保护在位置上就可能界定为农田内、农田外、湖泊、池塘等。

从这六个维度对保护目标进行界定，为风险评估和风险管理提供了具体和清晰的方向和目标。这是后续的风险评估工作成功的基础。

1.1.3 农药风险评估的基本步骤

在了解风险评估的上述基本概念后，就不难理解风险评估的基本步骤。一般而言，风险评估包括以下 4 个步骤：

（1）确定保护目标和问题阐述（protection goals setting and problem formulation） 根据农药的使用情况，明确需保护的对象和保护尺度等保护目标。

(2) 危害评估 (hazard assessment)　又称效应评估 (effect assessment)，根据试验测定或外推和替代等方法获取相关的试验端点数据，例如 LD_{50}/LC_{50}/EC_{50}/ER_{50}、NOEL/NOEC，并除以不确定因子获得预测无效应浓度 (或剂量)。

(3) 暴露评估 (exposure assessment)　通过实际测定或模型预测获取在不同暴露介质中的浓度，例如在水、土壤、食物中。

(4) 风险表征 (risk characterization)　将暴露浓度 (或剂量) 和对应的预测无效应浓度 (或剂量) 进行比较，以表征风险的大小和判断风险能否接受，同时为精细化风险评估和风险降低提供方向。

一般情况下风险评估采用分级的策略，即开始时采用较为简单和保守的危害和暴露参数进行风险评估，此时的评估称为初级风险评估 (1st tier risk assessment)。如果在这种保守的情况下风险可接受，则没有必要开展复杂和昂贵的实验和模型计算。当初级风险评估结果显示风险不能接受时，可以对危害和暴露评估进行精细化 (refinement) 处理，或称为高级风险评估 (见图 1-1)。

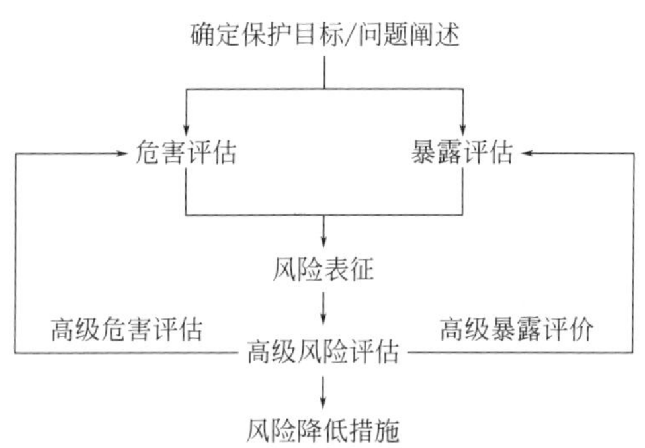

图 1-1　风险评估步骤和流程

这种精细化评估可能采用更切合实际情况的试验设计和模型设置。按不同复杂程度，危害和暴露评估均可以分成不同级别。评估时可视情况交叉的不同危害和暴露级别进行评估 (见图 1-2)。

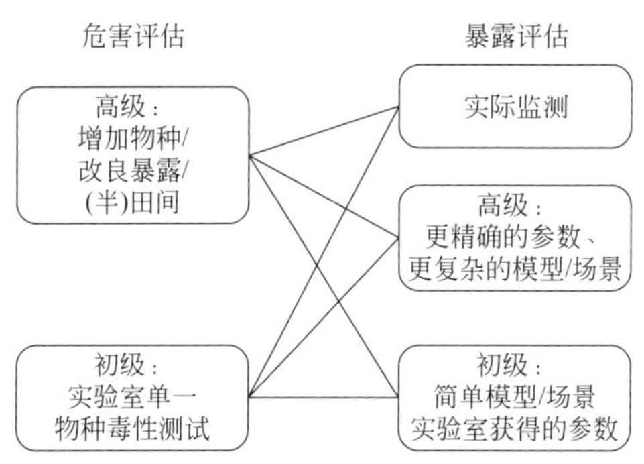

图 1-2　分级风险评估示意图

当风险评估发现改变一些农药使用方法可以降低对保护对象的风险时，人们因此提出风险降低措施。例如风险评估中尝试采用低飘移喷头的模型设置进行计算。由于降低了细雾滴的产生，进而减少药液飘入周边水体而对水生生物的伤害。如果评估结果显示这种风险降低方法可以有效降低水生生物风险，则可为风险管理提出采用低飘移喷头施药的建议。

1.2 农药风险评估的发展方向

农药使用在现代农业中已不可缺少，但其对非靶标物种作用进而影响环境生态平衡，也被越来越多地关注。评估农药的危害风险，并制定管控政策和技术措施，是降低农药对包括人类在内的生态环境各类生物风险的主要手段。各个国家或组织针对农药存在的危害逐渐开始广泛研究。有别于仅依据毒性的评判方法，农药风险评估的方法采用了更为严谨的量化方法来描述农药对人类健康和环境生态系统的影响，因此，农药风险评估也越来越广泛地应用于发达国家的农药登记和再评价管理中。收集分析各个国家、地区或组织已有的思路理念、政策法规、技术方法，应用于农药风险降低与农药品种研发和管理，是编著本书的主要目的。通常，农药风险评估不仅需要考虑农药对包括人类在内的生态环境各类生物中保护对象的毒性（效应评估），还要考虑农药在实际使用条件下，各类生物对这些危害的暴露程度（暴露评估），并基于一定的统计手段表征风险。因此，本书主要按照水、陆生态系统分类，以保护对象的代表性生物分章，就使用农药可能造成对人类健康和环境及生态体系风险的评估方法和相关原理作详尽阐述，以期为农药的科学管理、农药品种结构优化调整提供支持。

参考文献

[1] Kuzmack A M, McGaughy R E. Quantitative Risk Assessment for Community Exposure to Vinyl chloride, US. Environmental Protection Agency report, 1975.

[2] US Environmental Protection Agency (US EPA) Interim procedures and guidelines for health risk and economic impact assessments of suspected carcinogens. Federal Register, 1976, 41: 21402-21405.

[3] National Research Council. Risk assessment in the federal government. Managing the process. Washington D C: National Academy Press, 1983.

[4] Agency E P. Risk Assessment and Management: Framework for Decision Making [C]. 1984: 599-600.

[5] The Council of the European Communities. Concerning the placing of plant protection products on the market. 91/414/EEC, 1991.

[6] US Environmental Protection Agency (US EPA). Policy for risk characterization at the US. Environmental Protection Agency, 1995.

[7] 中华人民共和国国务院令第 677 号. 农药管理条例，2017.

[8] NY/T 2882.2—2016 农药登记　环境风险评估指南　第 2 部分：水生生态系统. 北京：中国农业出版社，2016.

第 2 章
环境风险评估基本框架

环境风险评估始于 20 世纪 70 年代的工业发达国家或组织，尤其是美国、欧盟。目前研究主要集中在以下 4 个领域[1]：

① 环境污染的事故评价。主要针对建设项目在建设和运行期间发生的可预测突发性事件或事故，评估其对人身安全与环境的影响和损害，并提出防范、应急与减缓措施。这是目前应用最为广泛的环境风险评估。

② 环境污染事故的健康风险评估。描述人类暴露于环境危险因素之后出现的不良健康特征。

③ 生态风险评估。确定人为活动或不利事件对生态环境产生危害或对生物个体、种群及生物系统产生不良影响的可能性分析过程，主要对象是生物个体、种群和生态系统。

④ 区域性综合环境风险评估。基于科学方法，在一个评价体系中对人类、生态圈和自然资源统一进行风险评估的过程，目前主要应用于工业密集区的环境评价。

按评价对象，环境风险评估可分为建设项目风险评估和化学品风险评估；按评价目标，环境风险评估可分为人类健康风险评估和生态风险评估；按评价深度，又可分为微观性风险评估、系统性风险评估和宏观性风险评估。其中以第一种按评价对象的分法最为常见。

建设项目风险评估是针对建设项目本身引起的风险进行评价，通常对项目常规运行或非常规营运产生的长期慢性危害、自然灾害等外界因素使项目受到破坏而引发的各种事故及其短期和长期的危害进行评估。其中较为典型的有核电站泄漏、水库溃坝等风险评估[2]。在进行这类项目的环境风险评估时，既要给出事故发生的可能性及其严重程度、可能产生影响的范围，还要给出评估的投信度（即可靠程度），明确环境可接受的程度。

化学品环境风险评估完全独立于建设项目，主要针对各类化学品对人类健康和生态系统的长期危害。健康风险评估方面，目前开展较多的是致癌性风险评估。生态风险评估方面，通常要对化学品在环境中的迁移、转化及归宿进行详细研究，然后确定生态系统（或人体）对化学品的暴露水平，再以剂量-效应关系表述化学品对生态系统（或人体）的影响，最后进行风险定量化，判断风险的可接受程度。本书主要介绍农药对生态系统的风险评估方法（生态风险评估）及其技术手段。

2.1 生态风险评估概述

2.1.1 生态风险和生态风险评估的概念

生态风险评估是伴随着环境管理目标和环境观念的转变而逐渐兴起并得到发展的一个新的研究领域[3]。20 世纪 70 年代，各工业化国家“零风险”的环境管理逐渐暴露出弱点，进入 80 年代后，便产生了“风险管理”这一全新的环境政策。风险管理观念着重权衡风险级别与减少风险成本，着重解决风险级别与一般社会所能接受的风险之间的关系。生态风险评估正是为风险管理提供科学依据和技术支持的，因而得到了迅速发展，已成为健康环境管理必不可少的一部分。

生态风险是由环境的自然变化或人类活动引起的生态系统组成、结构的改变而导致系统功能损失的可能性。生态风险评估是定量预测各种风险源对生态系统产生风险的或然性以及评估该风险可接受程度的方法体系，因而是生态环境风险管理与决策的定量依据。20 世纪 30 年代，以项目或工程中的意外事故为风险源、以最大限度降低环境危害为环境管理政策目标的环境影响评价就在一些工业化国家实施；随着 80 年代风险管理理念被引入环境政策，对环境进行风险评估的需求也应运而生。1990 年，美国环境保护署（US EPA）开始使用生态风险评估一词，并逐步在人体健康风险评估的技术基础上演进为以生态系统及其组分为风险受体的生态风险评估概念。

2.1.2 生态风险评估的方法

不同国家开展生态风险评估的方法有所不同。1992 年，美国环境保护署颁布了生态风险评估框架，随后其他一些国家和组织也建立了与此类似的方法或原则。在此基础上，1998 年，美国对生态风险评估框架内容进行了修改和延伸，替代了原有的框架，其生态风险评估方法被多数学者采用[4]。目前，生态风险评估已进入大尺度空间的区域生态风险评估新阶段[5]。美国生态风险评估框架的主体部分概括如下：

（1）问题阐述　确定评价范围和制订计划的过程。评价者描述目标污染物（农药）特性和存在风险的生态系统，选择用于评估的试验终点，并提出评价假设。该阶段包括 3 个步骤：数据收集、分析和风险识别；涵盖 3 个方面：评价终点、概念模型和评估方案。我国在农药生态风险评估领域将其定义为：明确风险评估的目标，对风险问题进行详细说明，确定风险评估终点，并制订暴露评估、效应分析、风险表征计划的过程[6]。

（2）分析（暴露和效应）　检验风险、暴露和效应以及它们之间的相互关系和生态系统特性的过程，是生态风险评估的关键部分。分析目标是确定和预测各组分在暴露条件下对胁迫因子的生态反应。不确定性评价贯穿于整个分析阶段，其目标是尽可能地描述和量化系统中一些已知的和未知的暴露和效应。不确定性分析可使评价更可靠，为收集有效数据或应用精确方法提供了基础。不确定性主要来自：变量参数的估算；数量的真实值，包括数量、位置或出现的次数；数据的变异性；模型的开发和应用，包括过程模型结构和经验模型中变量之间的关系。我国在农药生态风险评估领域将其定义为：暴露评估是研究农药在生态环境中的时空分布规律；效应分析是分析农药对不同代表性非靶标生物的危害，明确农药对代表性非靶标生物产生的不良效应（如急性毒性、短期毒性、慢性毒性和生殖毒性、种群丰度和生态系统稳定性等）[6]。

（3）风险表征　风险表征是风险评估的最后一步，是对评估计划、问题阐述以及分析预测或观测到的有害生态效应和评价终点之间联系的总结，包括风险估算、风险描述和风险报告 3 个主要部分。风险估算是整合暴露和效应的数据并评估不确定性的一个过程。估算方法包括实地观测、直接分级、单一点的暴露和效应的比较、综合比较整个胁迫-响应关系、综合比较暴露和效应的可变性、过程模拟等。我国在农药生态风险评估领域将其定义为：对暴露于某种胁迫条件下的不良生态效应的综合判断和表达[6]。

2.1.3　生态风险评估研究进展

国外生态风险评估研究起步较早，研究也更深入，已经历了从人体健康风险评估与生态风险评估到综合的风险评估、从单因子到多因子的生态风险评估等阶段，评价工具也更加模型化，同时，风险评估定性和定量相结合的生态风险评估模式也已经发展到了较高水平。

目前我国针对化学污染物类风险源的生态风险评估研究方法较为成熟[7,8]，但研究过程中也存在着各类问题。

首先，目前国内生态风险评估评价指标繁杂，尚未形成统一的指标体系。因此用于生态风险评估的第一手数据资料大多较为匮乏，各类毒性数据多参考其他国家已有数据库中的数据，且以急性毒性数据为主。而实际上，慢性毒性数据对于获得更准确的评价结果具有重要意义，该类数据通常需要通过长期连续监测而获得。另外直接引用其他国家的数据还可能由于不同地域间的物种差异而造成一定的结果偏差。因此，尽早建立我国系统、完整的急性、慢性毒理学数据库，补充各类化学物质参考数据十分必要。同时，分梯度分级生态风险评估可在有限的资源情况下尽可能准确而定量地评估区域风险，因而生态风险评估研究应在现有基础上，进一步引入综合概率统计学方法、复杂系统理论、遥感技术等，加强定量模型开发，以满足生态风险评估方法的发展趋势。

其次，生态风险评估的目的是为生态风险管理提供决策依据，国内目前的研究还集中在对生态风险评估方法的研究中，对生态风险管理的研究尚不够深入。因此，在发展已有的生态风险评估研究的同时，还应注意提高评价过程与管理过程的可对接性，提高评价结果在管理决策中的有效性。

2.2 环境危害性评价

2.2.1 生态毒理学

生态毒理学是利用毒理学方法，研究环境污染物对人体健康和环境的影响及其机理的学科。它主要研究环境污染物及其在环境中的降解和转化产物在动植物体内的吸收、分布、排泄等生物转化过程，阐明环境污染物对人体毒害作用的发生发展和消除的各种机理及条件；定量评价有毒环境污染物对生物机体的影响，确定剂量反应关系或是剂量暴露评估关系，为制定环境卫生标准提供理论数据依据。目前常用的方法有急性毒性试验和慢性毒性试验，以及毒物在生物体内产生蓄积作用的蓄积性研究。

2.2.2 生态毒理学试验

急性毒性试验的目的在于探明环境污染物与受试生物在短时间内或是毒物剂量较大接触时对受试生物引起的损害作用，毒性终点主要有半数致死剂量（LD_{50}）、半数致死浓度（LC_{50}）或是半数效应浓度（EC_{50}）等。

慢性毒性试验的目的在于探明环境污染物对受试生物长时间、低剂量的接触暴露所引起的受试生物的不良效应或机体损害，常用数据端点包括无可观察效应浓度（no-observed-effect concentration，NOEC）、最低观察效应浓度（lowest-observed-effect concentration，LOEC）。

影响毒性试验的因素主要有外部因素和内部因素。外部影响因素包括暴露时间、温度、水的硬度以及 pH 值等。内部影响因素包括不同生物种类别、不同群落类别以及不同的生命周期/生命阶段等。此外，还包括对暴露的相应修正、对效应的相应修正等，都可对毒性试验产生影响。下面结合具体的图表来说明各因素的影响机理。

（1）温度和暴露时间不同对毒性试验的影响（图 2-1） 图 2-1 横坐标是某物种暴露

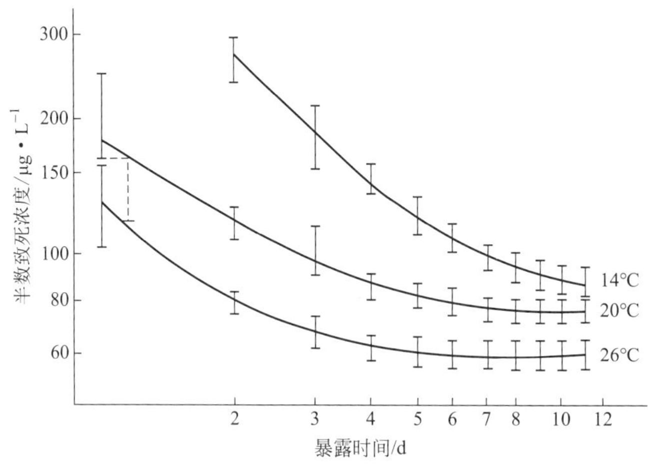

图 2-1 温度和暴露时间不同对毒性试验的影响

在有毒物质中的时间，纵坐标是污染物对该物种的半数致死浓度。三条曲线代表不同的温度条件下，同一物种在相同的暴露时间条件下，污染物对其产生的影响。可见，三条曲线走势均是随着暴露时间的延长，污染物对该物种的半数致死浓度减小，表示污染物对受试生物的损害越大。但是在同一暴露时间条件下，低温（14℃）比常温（26℃）污染物对受试生物物种的半数致死浓度要高，表明受试生物在低温条件下受污染物的有害影响较小。这种现象，可以从生物代谢速率方面解释。在常温下，物种体内的酶处于最大活性，代谢速率大，易受污染物的入侵，所以在暴露量相同的条件下，温度在一定的范围条件下越高，毒害作用越强。

（2）不同物种以及同一物种不同敏感生命阶段在同一种污染物作用条件下的毒性效应（图 2-2）　图 2-2 中的两幅图代表不同的物种，上图为摇蚊的幼虫孑孓，下图为一种水蚤。作用于它们的污染物为有机磷类杀虫剂二嗪磷，每幅图中还显示了同一物种的不同生命阶段对污染物的响应情况（摇蚊幼虫孑孓的 1 日龄和 4 日龄，水蚤的 1 日龄和 5 日龄）。图 2-2 中横坐标为杀虫剂剂量，纵坐标为物种存活率。可见，随着杀虫剂剂量增加，物种的存活率明显降低，但是不同生命阶段以及不同敏感度的两种物种所表现的中毒情况不同。共同的趋势是：随着污染物剂量的增加，幼年阶段的物种存活率下降得更快，因此处于生命阶段幼年期的受试生物比其成熟期对污染物的敏感性更高。这可从生物的生命代谢特征角度解释。处于物种幼年阶段的个体，生命代谢体征强于成熟个体，农药等污染物入侵的概率更大，同时成熟阶段的个体本身可产生对外界环境的适应

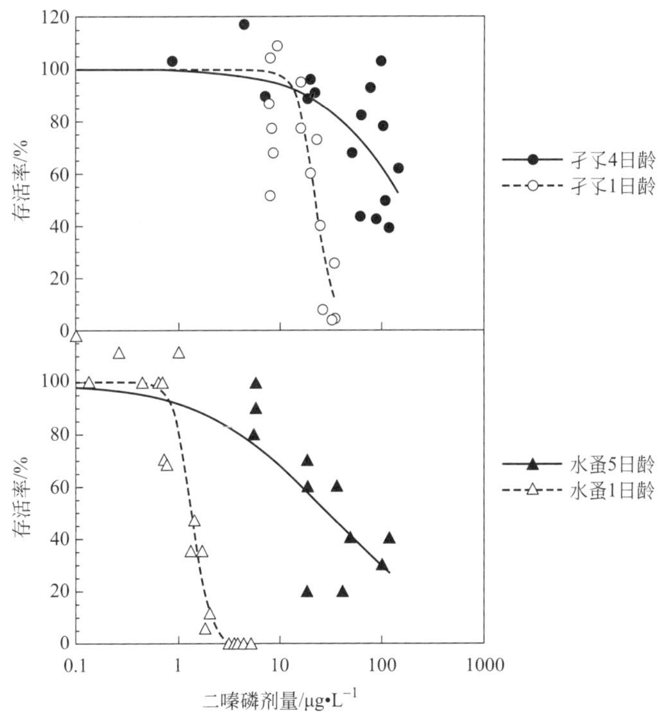

图 2-2　同一污染物对不同物种及相同物种不同敏感生命阶段的毒性效应

性，对不良因素的抗性。同时由图 2-2 可知，在二嗪磷同样浓度条件下，不同物种对同一污染物的敏感程度亦存在差异。

（3）暴露对毒性表达的影响以及毒性效应表达所需的时间（图 2-3） 图 2-3 中，横坐标代表污染物在个体内的存在时间，纵坐标表示毒性强弱，图中有一条先下降然后趋于缓和呈一条直线的曲线，最后的平稳曲线段称为污染物在该物种个体内的最初效应浓度，即表示污染物在体内开始对物种产生毒性效应的最初浓度。这种趋势主要是由于污染物最初在体内的浓度较高，但随着在体内代谢转化转归，消耗代谢降解的时间延长，这种毒性效应仍旧存在，但是效应浓度会变小。个体内存在毒物降解、消耗、稀释的组织或是器官，机体内各种化学反应导致了此趋势的出现。

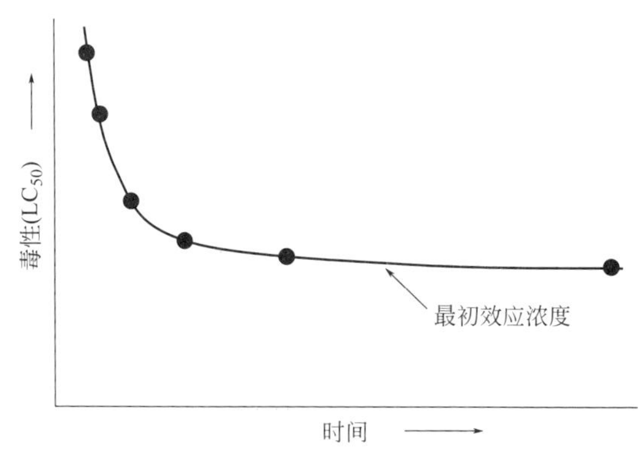

图 2-3 暴露对毒性表达的影响以及毒性效应表达所需时间

（4）个体之间的差异 不同的受试生物对于不同的污染物敏感程度不同，不同的受试生物对某一特定的污染物敏感程度也不同，并且，相同物种不同个体对不同的污染物的敏感性（毒性效应浓度）也不同。物种之间的差异以及污染物的化学性质决定了毒性的差异。

（5）综合毒性效应 环境风险评估中应善于结合各方面的影响因素来考察污染物对生物种群乃至整个生态群落的毒性影响。参考相关文献，结合污染物剂量、测试物种、暴露时间等方面进行综合比较，毒性效应指标包括单一物种的生物指标以及生物群落的丰富度等。

图 2-4 为杀虫剂与杀菌剂对摇蚊幼虫种群丰富度的影响研究结果[9]。由图 2-4 可知，摇蚊幼虫对杀菌剂不敏感，从影响生态群落的丰富度变化来看，杀菌剂在摇蚊幼虫体内蓄积量少，并且杀菌剂的潜伏时间长，污染物对受试物的效应反应速率小，因而对生态系统的丰富度影响较小。而杀虫剂对摇蚊幼虫的毒性作用较大，且在摇蚊幼虫体内的蓄积时间长，对生物群落的丰富度影响较大。

2.2.3 生态毒理学数据在环境风险评估中的应用

环境风险评估中，为保护生态系统内生物免受农药等污染物的不利影响，可以利用外推的方法预测污染物对生物群落的安全阈值，通过比较污染物的暴露浓度和生物群落

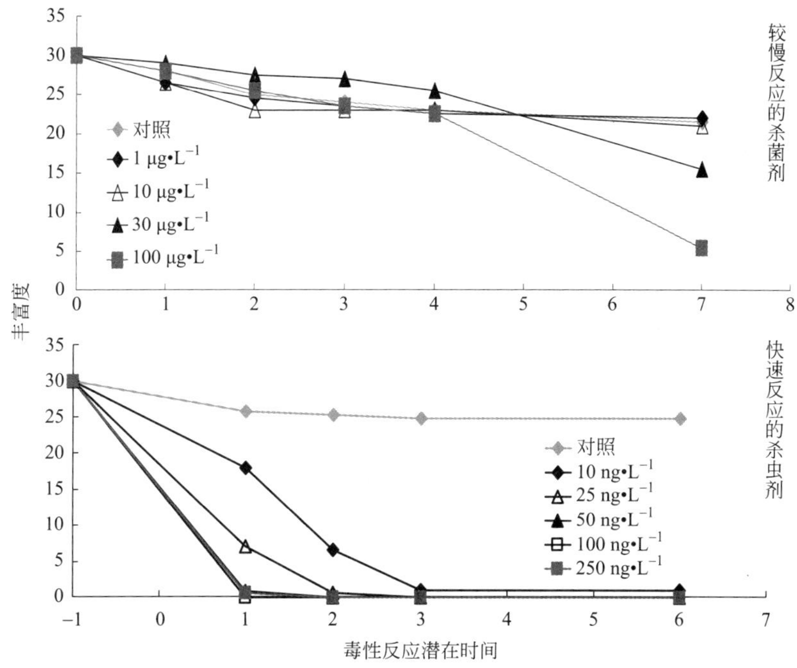

图 2-4　杀虫剂与杀菌剂对摇蚊幼虫种群丰富度的影响

的安全阈值即可表征污染物的生态风险大小。常用的毒性效应端点是预测无效应浓度（predicted no effect concentration，PNEC），需要由无可观察效应浓度（NOEC）来获得，但是由于缺乏大多数化合物的 NOEC，目前生态风险评估中常用急性毒性数据（LC_{50}、EC_{50}等）替代[10]。

获得 PNEC 通常有以下方法：

（1）评价因子法（AF 法）　用急性毒性数据或是慢性毒性数据 EC_{50}、LC_{50}、NOEC 除以安全因子 AF（根据急性或慢性毒性设置为 10～100），得出 PNEC，进行初级风险评价。

（2）概率累积法　例如物种敏感度分布（species sensitivity distribution，SSD）方法。基于大量的实验室毒性数据，绘制逻辑斯蒂或是正态分布曲线，得到累积概率分布图，也就是物种敏感度分布（SSD）曲线，进而外推 p% 危害浓度（HC_p，一般为 HC_5），以此推算预测无效应浓度 PNEC。

综上所述，生态毒理学的技术方法以及毒性测试试验数据对环境风险评估的作用十分重大。生态毒理学的发展实现了生态环境风险评估过程中进行定量风险表征的目标。

2.2.4　模型在生态环境评估中的应用

2.2.4.1　模型

什么是模型？控制论创始人维纳的话充分表达了模型的重要意义：“世界的任何实际部分都不可能这样简单，以至于不用抽象就能为人们所理解和控制。所谓抽象，就在于用一种结构上相似的但又比较简单的模型来取代所研究的世界的那一部分。”因而，模型在科学研究的程序中是非常必要的。

现实世界是复杂的，人类的大脑思维只能把握有限变量之间的关系（一般有3～5个变量），所以必须建立一个具有简洁性和代表性的模型，否则无法找出规律。随着社会生产力的提高和科学技术的进步，人类正在经历从适应自然到征服和改造自然的生存状态的改变，同时也遭遇到日益严重的环境问题。生态环境问题已逐渐上升到生态安全问题，成为国际社会日益关注的热点问题[10]。科学理论必须要以模型作为中介以建立规律体系。科学实验过程中同样需要用到模型理论：实验装置一般都是忽略某些不重要的因素，固定某些不可忽略的因素，而仅让我们所研究的因素进行变化，然后利用归纳分析的方法得出其变化规律。从这个角度看，实验设计的过程本质也是一个模型的建构过程。

生态系统是指一定时空内，生物成分和非生物成分之间通过物质循环、能量流动和信息传递相互作用、相互影响形成的统一整体。由于生态系统成分复杂，包括了非生物成分和生物成分，研究内容必然非常复杂。为了得到简化的研究方法，科学家们提出了许多思路，其中，效应评估中分级评估方法就是简化研究的重要尝试。利用分级方法选取有代表性的部分代替整体，得出规律，再用外推法推广，大大节约了人力物力。从预估到现实有几种有效模型，不仅包括“标准实验室测试结果＋安全系数”法、SSD法，还包括半田间试验方法，例如室外模拟水生生态系统（中宇宙）试验方法等。风险评估过程中，为了达到保护目的，常常采用生态模型外推法，将个体水平的毒性效应外推至生物种群、群落乃至整个生态系统，从而实现对生态系统的风险评估和管理。

2.2.4.2 模型分类

构建并使用量化模型是许多生态学研究的重要内容。本部分主要介绍三种类型统计模型。对于能够用它们来研究的问题和使用的方法，每一类模型都有不同的侧重。动态系统模型是微分方程或差分方程，描述了假设的生态学系统构成要素之间的关系。它们被用于探索这些关系的细节，并常常通过对系统重要特征的描述来评价该模型，而不是它是否很好地拟合了所有特定数据。对于统计模型，统计结构非常简约，即只包含了足够说明观察数据变化的必要变量。而构建系统模拟模型的目标是综合理论和经验调查的信息。这些模型往往不具有统一的数学结构（动态系统模型和统计模型亦是如此），其构建过程使用了复杂的规则，但是由此所导致的复杂性也会导致难以对它们产生的结果进行评价。每一类模型都有其优缺点，重要的是，怎样选择和构建不同类型的模型，以及如何进行模型评价。

（1）动态系统模型　动态系统模型有一个确定的数学形式，最常见的是微分方程，但并不包括逻辑切换或随机力。使用微积分是因为它能够模拟生态过程的变化率，并能模拟它们如何影响彼此。动态系统能够从实际系统中得出。卡朋特（Carpenter）等于1985年构建了湖泊中营养级联反应（cascading trophic interactions）这样的模型[11]，测量到湖泊初级生产的变化，只有大约一半能够通过养分载荷中的变化来说明。从这个命题开始，其提出如下问题：其余变化是否能够通过间接变化来说明，即通过营养关系级联的自下而上的效应。他们综合整理了之前（包括其他研究者）的研究，对不同浮游植物、食草动物对浮游植物以及食肉动物和食草动物之间关系的研究。卡朋特模型的价值是，它阐明了复杂系统的动力——即使并不确定表述的细节。通过动态系统模型，甚至那些表征了实际系统的模型（如卡朋特模型），评价通常是在预测某些似乎合理的事情的基础上做出的。

（2）统计模型　统计分析是基于模型的，实际上统计学家已经形成了有生物学或生态学意义的模型。一个重要的例子是，时间序列分析模拟。其总体目的是分析生态学系统如何随时间而变化的，例如，今天的条件影响了明天的条件或事件。在生态学中，许多长时间反复测量的试验结果，的确显示出了不同形式的相关性。通过多年连续测量结果可能会发现，前一年中生物种群的大小可能对来年的种群规模有影响；树木连续的年轮变化也显示出相关联性——持续超过一年的重大好天气或坏天气会对树木生长产生影响。因而，时间序列的建模规则已被提出，并作为一种统计手段得到应用。它通过模拟输入数据和输出数据的模式，计算它们之间的转换函数，并在每个阶段继续进行计算与评价。由数据拟合产生的模型是唯一的，并且能通过方差计算的方式对模型的有效性进行评价。

（3）系统模拟模型　系统模拟模型是通过不同类型的数学函数，基于经验并结合随机力，利用计算机程序语言的灵活性来表达状态和条件，以及相关变化的混合体。系统模拟模型超越了动态系统模型或统计模型，能够表征一个更为广泛的过程。卡朋特动态系统模型所产生的测量数据的片面输出，或许可以考虑通过系统模拟模型来改进，使其可以表达某些基于非微积分公式的关系（如营养关系之外的因素）。福特等的枝条伸长的时间序列转换函数模型与其测得的生长期一半拟合，一半不能拟合。该情况或许可以通过构建系统模拟模型来进一步开展评价。例如，使模型不仅具有对光合作用和生长过程的直接表述，还涵盖土壤水分和降雨的影响，则有可能说明整个生长季中每日枝条生长的波动。但是，随着模型要素和相关参数数量的增加，模型评价的难度也在不断增加。

构建量化模型有两个重要价值：第一，能够提供对理论的确切表述，尤其是描述复杂系统的模型，使得某种方式对复杂动态进行描述成为可能；第二，当模型确定了可测量概念间的关系时，用数据进行校正和评价可能会有助于理论的客观性。完整的模型评价包括以下三个层次：拟合、预测和揭示不同结果。

拟合不是一个有力的评价标准，也很难达到，但当达到时，必须理解这一过程如何完成。如果模型结构完全不合适，拟合程序可能不会适用。此外，对于少数模型输出的成功“拟合”，可能还需提供模型结构的不充分信息，以判断其对过程的表述是否必要和充分。预测通常被认为比拟合更具有价值，并且在统计模拟和系统模拟验证中都被广泛使用。但是，仅当预测成功时可以显示，而预测失败时，则无法显示；在这种意义上，该方法完全可被否定。揭示不同结果是最有利的评价，即模型预测了某些意料之外的事情，当通过更多研究来尝试时可出现这种情况。

模型评价是一个渐进的程序，需要一个对模拟方法本身具有融贯性的详细而全面的说明。永远只能说，在某个正确表述的意义上，模型已经被验证了[12]。

2.2.4.3 模型的应用

目前的监管风险评估中，已开始应用简单的模型预测农药等污染物在食物链或食物网中的生物积累或生物放大作用。以持久性有机污染物（persistent organic pollutants，POPs）为例，其在食物链（图 2-5）中的积累与放大机制是评估 POPs 对野生生物和人类健康产生危害的关键。POPs 的积累与放大是由它们的高亲脂性、原型药物和代谢物的高生物惰性导致的。为了对 POPs 在食物链中积累与放大的特征、半衰期、生态学效应、时间和空间变化进行模拟，更好地进行风险评估与控制，需要建立 POPs 的生态学模型。目前已有的一些模拟 POPs 在水生食物链中生物放大的模型仅考虑营养级，但其他因素（比如季节变化）同样会影响到 POPs 在食物链中的积累与放大效应，因此现在有学者提出，在对食物链中 POPs 生物放大进行模型模拟时，不能只考虑营养级。另外关于 POPs 在陆生食物链中的积累与放大的模型不多，这方面的资料比较缺乏，并且这些模型很多都是靠经验获得，没有经过田间验证，至今尚未被采用。

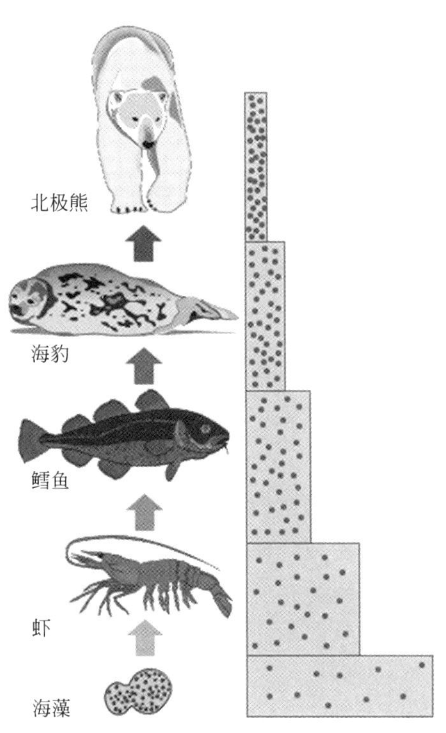

图 2-5 食物链

模型还可以分析或预测污染物对生物可能产生的间接影响。以有害生物风险为例，适生性分析是有害生物风险分析的核心内容[2]。以生态位模型对松材线虫传入云南的风险评估为例，有人通过对日本松材线虫病疫区的调查，揭示了松材线虫病发生的程度与环境条件（年均温）的关系[4]；宋玉双根据对我国感病松树分布、媒介昆虫分布以及温度变化与松材线虫病发生关系的分析，确定松材线虫病的易发生区等[13]，应用模糊综合评判方法，定量地刻画了松材线虫在我国的潜在适生区。刘海军利用 CL IMEX 系统预测了松材线虫在我国的分布区[14]；王明旭等以国际植物保护公约（International Plant Protection Convention，IPPC）制定的有害生物风险分析准则，对松材线虫传入湖南省进行了定性风险分析[15]。通过分析，说明了单一物种可以通过食物链来影响整个生态系统。

模型外推中，应注意暴露方式的不同可影响外推效果。例如在实验室测试中污染物浓度只有一个峰值，而到了野外后由于径流、飘移、排水等的影响，有可能会出现多个峰值（图 2-6）。图 2-7 展示了毒理学相关的多次脉冲暴露下，不同物质对毒物的反应不同，产

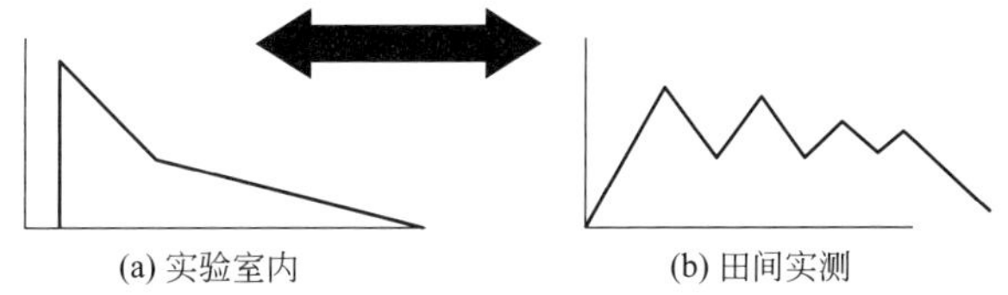

图 2-6　污染物在不同暴露方式下的峰值变化

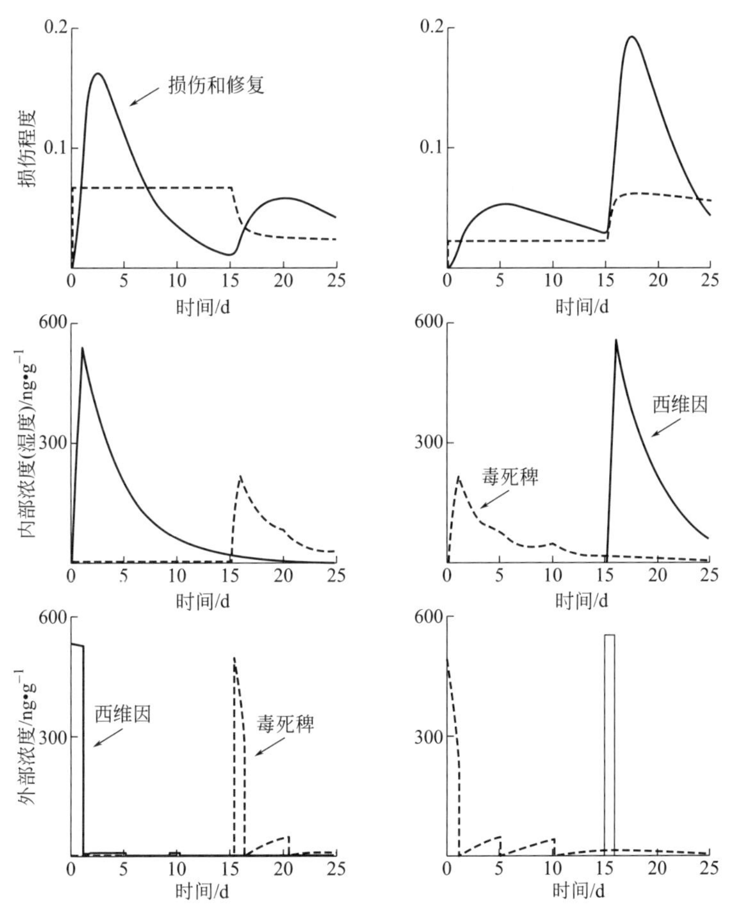

图 2-7　不同物质产生的损伤程度和修复速率

生的损伤程度不同，修复速率各不相同。一般来说，预测种群在受到压力后修复受到五个主要因素的影响，即影响的持久性、物种生活史特征、一年当中压力发生的时间、是否存在避难所、存在和到非应激栖息地的距离——再殖民源。运用动态系统模型对某受到压力的种群进行分析，会发现在实验中测定固有的修复、种群修复，包括重新殖民化的过程都是可以的，现实情况复杂多变，我们会外推到不同的未经测试生活史特性的种类，从而进行合理的预测。需要注意的是，集合种群或种群的数量与种群迁入和迁出联系在一起。在农药等化学品风险评估中，如果种群修复很短时间就完成了，那么小的影响应当考虑在内。

模型在未来具有广阔的前景，现在许多简单的食物网模型已经开发，但它们没有应用到农药登记程序（仅限于研究活动）。其实在农药风险评估方面，种群模型相当有潜力。运用毒代动力学等相关理论，在实验室中对某种物质进行毒性试验，再将其外推于现实情况，应当能取得良好效果。随着大家对环境重视程度的提高，人们对农药在环境和生态中的要求也越来越高，走出一条生态良好之路是大家的必然选择，为实现这一目标，各种模型特别是生态模型的应用一定会越来越多。

由于环境生态毒理学内容繁多，为了更好地学习相关知识，我们应该学会建立一些基本模型，形成一个量化的核心，使用简单的动态系统模型，用科学实践确定研究、执行研究，并用以前的知识产生一个综合的结论，每一种量化模型都引入了自己的数学方法原理。

2.3 农药环境风险评估

农药作为重要的农业生产资料，其中大多数为有毒化合物，部分甚至是高剧毒或长残效化合物。随着人们环境保护意识的提高，化学物质对自然环境影响的评估变得越来越重要。为保护农作物不受害虫、致病微生物的危害，包括中国在内的各国政府正在推动农药的低毒化。随着农药被有意地释放到自然环境中，世界各国，以美国和欧盟为首，正在形成管理法规和监管程序，使得环境风险评估成为农药登记注册要求中不可缺少的部分[16,17]。在这些国家、地区或组织中，通过了解化学物质被释放到环境之前对生态系统的影响，生态风险的评估被用于制定适合生态系统保护的政策和措施，最重要的问题是对构成生态系统的环境中生物体的风险的精确评估。

在农药的应用和迁移领域，农药生态影响评估分为水生生态系统的评估和陆生生态系统的评估。一方面，水生生态系统的风险评估方法在世界范围内被讨论并领先于陆生生态系统的评估，因为其比较容易考虑到来自生产者单一的层次结构，如藻类等水生植物作为生产者，逐步到多个级别的消费者，如甲壳类动物和鱼类等。

从另一方面讲，正如水生生态系统那样，陆生生态系统为包括人类在内的所有物种提供了一个生存的机会。在那里，农药影响评估已成为安全评估中最重要的问题之一。然而，与水生生态系统评估相比，陆生生态系统的评估非常复杂。陆生生态系统维持相互关系，如各种各样的物种在空气、土壤和地表等单一或混合的环境中存在着捕食、掠夺、竞争和寄生等复杂的食物网关系。此外，由于人类的日常活动、施用农药化肥等化合物及其他农业活动，也将影响到陆生生态系统评估。更多的是，目前选用的代表性陆生生物主要是基于易获得和稳定饲养，还有许多生物物种在生态学中的作用是未知的，并且人类在其生态毒理学知识上的缺乏，导致陆生生态风险评估变得更加困难。

2.3.1　水环境风险评估

目前，欧盟对水环境在初级风险中的评估主要是通过比较法规允许浓度（regulatory acceptable concentration，RAC）和农药的预测环境浓度（predicted environmental concentration，PEC）的大小来判定农药风险程度[17,18]。如果所测标准物种的 RAC 值全部高于评价产品的最大预测环境浓度（PEC_{max}）值则认为对于将要推广使用的农药风险是可以接受的，即表明该化合物可以登记作为农药使用。如果其中有任何一种测试物种的 RAC 值低于 PEC_{max} 值，则需要进一步开展高级阶段的试验和评估，提供充分的相关资料来证明该产品是否可以进行登记并推广应用。此外，在每一种化学品投放到市场之前，要对其进行预测性的风险评估，往往需要相关的预测模型，而在某一化学品已经投放到市场上以后，也要对其进行回顾性的风险评估，即登记后再评价（大部分的数据要建立在化学和生物监测的基础上）。

农药等污染物在地表水环境中的迁移转化方式主要有：水解、光解、吸附/解吸、挥发等。不同的污染物在不同的生态系统中会有不同的迁移转化能力。欧盟对地表水的农药风险评估采用 FOCUS 模型[1]，该模型是一个分级模型，一共分为 4 个级别：1 级是最坏的情况；2 级是在一系列使用模式下的最坏的情景；3 级是在现实条件下考虑土壤、地形、水体、气候和农艺的最坏情景；4 级则是当地或者区域化的风险评估。其中，1 级和 2 级在风险评估程序中的应用是由 FOCUS 1～2 级计算出地表水的 PEC（PEC_{sw}）和沉淀中的 PEC（PEC_{sed}），进而得出暴露比（toxicity to exposure ratio，TER）。如果测试农药没有通过其中一个级别，那么下一个暴露评估的水平就是触发水平。没有通过 1～2 级的农药进入 3 级进行研究，如果在 3 级仍然没有通过，就要进行 4 级研究。

暴露评估主要提供农药等污染物质在环境中的时空分布规律，即环境中污染物质的形态、浓度分布、浓度变化过程、受体与化学物质接触方式、有毒物质对受体的作用方式、有毒物质进入受体的途径以及受体接触有毒物质暴露量的估算。暴露评估首先要确定问题形成的原因[5]，例如，在水生生态系统中，暴露浓度的空间变异性是很重要的，并且暴露浓度引起的影响要得到妥善的处理。

对水生生物的风险评估主要有短期风险评估和长期风险评估两种，短期风险评估主要是指可能对有机体产生危害的短时间内的暴露浓度，其暴露浓度通常采用顶点浓度，效应指标通过急性毒性实验体现；长期风险评估则是指短时间或长时间作用于有机体的暴露浓度对水生生物产生的影响，此时的暴露浓度可以表示为化合物在水中的时间加权平均浓度（time-weighted average concentration，TWA）[18]，效应指标获得主要依据于慢性毒性实验结果。

在进行水生生态系统的急性风险评估时一般采用 PEC_{max} 评估，但是在慢性风险评估中可采用 PEC_{TWA}。应用 TWA 方法来进行风险评估的主要依据是，有学者发现农药在低浓度条件下对水生生物的长期作用效应与其在高浓度条件下短期的作用效应是相同的。例如，暴露于 $30\mu g \cdot L^{-1}$ 浓度下 2d 与暴露于 $20\mu g \cdot L^{-1}$ 浓度下 3d 所产生的效果是相同的。当然，这种效应仍需要进一步的验证研究。

2.3.2 陆生生态系统风险评估

根据生物多样性的定义，生态系统是一个由植物、动物和微生物群落和它们的非生命环境交互构成的动态复杂的功能单位。对于陆生生态系统，根据其在生态系统中执行的功能不同，生物体被分成不同的部分。这些分类可以归纳为 3 部分：主要由绿色植物组成的生产者；通过捕食、寄生等手段吸收营养的消费者；以排泄物、尸体为食和矿化排泄物及尸体的分解者（如微生物等）。根据它们在食物链中的顺序，消费者可以分为初级消费者（食植动物）、次级消费者（食肉动物）及三级、四级或以上消费者。然而，与水生生态系统和它们在等级层次和生态系统食物链中设想的相互关系不同，陆生生态系统中的生物体在迁移和食性上有各种各样的方式。此外，由于环境条件的不同，有些物种改变了食性，食物链的结构形成了一个复杂的食物网而不是简单的链状结构。另外，大约有 175 万已知的物种和在地球上居住的未知的 3000 万物种，在这些物种中，陆生生物的总量大约为 1000 万。例如，在已知的脊椎动物中，有 4500 种哺乳动物、8650 种鸟、5000 种爬行动物和 2000 种两栖动物，但是有许多物种的生物体其生命周期、生活方式、行为模式、食物类型和摄入率以及繁殖方式都是未知的。

农药对陆生生态系统的风险评估概念对于美国和欧洲来说是共通的，同时也是非常复杂和模糊的。与基于危害的评估不同的是，农药对陆生生态系统的风险评估主要是基于风险的方法。风险评估的方法针对不同的非靶标生物体分别进行比较，评估毒性和暴露浓度。基于风险的评估从实验室内限定和保守的评估到自然环境中的监测，在逐步接近实际的过程中逐渐变得更加严格精确。也就是说，风险评估在分层分级发展。比如，在最初低阶次评估中，经济合作与发展组织（Organization for Economic Co-operation and Development，OECD）或美国环境保护署（US EPA）均采用标准化测试和环境中预测浓度的比率（毒性/环境预测浓度或预测暴露浓度）以获得评估阈值，体现出了在可预见最坏条件下的预测暴露浓度，需采用管理机构制定的保守方法进行评估。当这种方法的安全性不够时，将开展更接近实际的高阶次的风险评估。

在高级风险评估中，一方面通过使用各种各样的指数增加预测环境浓度的精确度，这些指数包括评估农药在不同环境下的分布和降解动态，以获得更接近真实暴露场景下的暴露评估指标。另一方面，从在较低阶次评估中使用的标准化测验条件下重新评估实验测试的毒性指标角度，在与实际环境更接近的实验条件下，进行的高层次测试获取的毒性数值更加有效。

2.3.3 农药风险评估近期发展趋势

如果从全球范围的角度看待这个问题，由于生物体和生态系统的复杂性，无论是美国、欧盟或是国内当前的评估体系和评估方法均在不断地改进和完善。

一方面，为满足生态学角度要求，陆地生态风险评估需进行更多的研究、调查和数据积累，方法正进一步完善。例如，传统的鸟类和哺乳动物的风险评估体系一直使用极其保守的默认值，评估结果不甚理想。对此，欧盟正对这一评估体系进行改进完善。另外，非靶标节肢动物、蜜蜂、土壤微生物等生态风险评估的方法也在 ESCORT3、ICPBR 和 IRIS 等研讨会上被积极讨论。

另一方面，农药生态毒理的数据要求也正在修订。在美国，最近一次对于农药登记数据要求的修订中，急性经口试验增加雀形目物种，从而能直接评估农药对黄莺的风险。在欧盟，因为有可能低估返流的问题，野鸭不再作为推荐物种；因获得的生态毒理学数据不清晰以及动物福利的原因，鸟类的 5d 进食试验也从标准测试项目中移除。此外，目前正在处理土壤生态系统功能方面的测试（土壤微生物测试和有机分解测试）。而中国在新修订的《农药登记资料要求》中环境影响部分增加了鸟类繁殖试验、鱼类早期阶段毒性试验、鱼类生命周期试验、大型溞繁殖试验、水生植物（穗状狐尾藻）毒性试验、水生植物（浮萍）生长抑制试验、水生生态模拟系统（中宇宙）试验、蜜蜂幼虫发育毒性试验、家蚕慢性毒性试验、捕食性天敌（节肢动物）急性毒性试验等试验项目，移除了两栖类急性毒性试验、非靶标植物影响试验等。

另外，在近期欧美国家也越来越关注到农药的内分泌干扰效应。美国已启动全面工作，通过内分泌干扰物筛选程序来探查化学物质中是否存在内分泌干扰行为。筛选程序中，包括 1 级筛选和 2 级测试，主要目标是评估干扰雌性激素、雄性激素和甲状腺激素功能的风险。1 级层次的筛选试验是指 5 个体外实验和 6 种动物的体外实验，目的是检测生物体内内分泌系统化学物质的作用；2 级层次的测试是确定生物体中化学物质的任何不利影响。当前，它们的适用性已被证实。2009 年美国颁布了 1 级层次的筛选要求，并正式开始实施。此外，鸟类两代繁殖试验正在被发展为 2 级测试中评估陆生生物内分泌干扰风险的方法。

2.4　生态系统服务

2.4.1　生态系统服务的定义

对生态系统服务功能的概念，不同学者虽有不同的表述，但在基本含义和内涵上已达成共识。Daily 于 1997 年提出“生态系统服务是指生态系统与生态过程所形成的，维持人类生存的自然环境条件及其效用”[19]。它是通过生态系统的功能直接或间接得到的产品和服务，是由自然资本的能量流、物质流、信息流构成的生态系统服务和非自然资本结合在一起所产生的人类福利。千年生态系统评估（millenniumecosystem assessment，MA）报告中认为，生态系统服务功能是人类从生态系统获取的惠益，它包括供给服务、调节服务、文化服务和支持服务。在我国，欧阳志云等参考了 Daily 的定义，提出“生态系统服务功能不仅为人类提供了食品、医药及其它生产生活原料，还创造与维持了地球生态支持系统，形成了人类生存所必需的环境条件”[20]。

目前人类关于生态系统服务功能研究的历史还较短，对生态系统服务的概念是逐步完善的。Daily 的定义包括 3 层含义：生态系统服务对人类生存的支持；发挥服务的主体是自然生态系统；自然生态系统通过状况和过程发挥服务。Daily 等（2000）将生态系统服务的定义更加明确化，表述为：生态系统服务是指通过生态系统及其中的物种提供的有助于维持和实现人类生活的所有条件和过程[21]。Costanza 等进一步明确了生态系统服务（ecological service）是对人类生存和生活质量有贡献的生态系统产品和生态系统功能，生态系统服务是生态系统产品和生态系统功能的统一，而生态系统的开放性是生态系统服务的基础和前提[22]。生态系统服务包括生态系统提供人类生活消费的产品和保证人类生活质量的功能。与生态系统产品相比，生态系统功能对人类的影响更加深刻和广泛。生态系统功能并不等于生态系统服务，可以说生态系统服务的每一形式都有生态系统功能作支撑，生态系统服务是生态系统功能的表现，但生态系统服务与生态系统功能并不是一一对应的。有些情况下，一种生态系统服务是两种或两种以上的生态系统功能所共同产生的；在另外一些情况下，一种生态系统功能可提供两种或多种服务。

2.4.2 生态系统服务的价值

生态系统服务价值的研究与进展在近年来已经成为生态学研究领域的一大热点，我国学者特别是生态学界的研究人员在此领域做了许多积极的探索和研究。有关生态系统服务价值的研究，中国大致经历了 3 个阶段：萌芽阶段、初级阶段、深入与多元化阶段[23]。1998 年以前属于萌芽阶段，此阶段有关生态系统服务价值的研究非常少，尚未引起大家的广泛关注；初级阶段是 1998～2002 年，此阶段的特点是受 Costanza 等文章的启发，生态系统价值的有关理论和研究方法逐渐引起我国学者的关注，开始正式介绍引入概念与方法，探索性研究中国生态系统服务价值；2003 年以后为深入与多元化阶段，此阶段生态系统服务的理论和方法得到广泛的认识与应用，主要是探索性研究，从中国不同尺度（流域、区域、国家）和不同类型（河流、森林、草地等）开展了生态服务价值的研究，与此相对应的一些评价模型也开始应用到该研究领域，同时开始探讨生态系统服务理论与方法与其他研究方向的融合。

根据生态系统服务价值的体现方式，生态系统服务总经济价值（total economic value）包括：利用价值（use value）和非利用价值（non-use value）两部分。生态系统的利用价值分为直接利用价值（direct use value，DUV）、间接利用价值（indirect use value，IUV）和选择价值（option value，即潜在利用价值）。直接利用价值（DUV）主要指生态系统产品所产生的价值，它是直接实物价值和直接服务价值，可以用产品的市场价格来估算；间接利用价值，主要指无法商品化的生态系统服务功能和维护支撑地球生命支持系统功能的价值，即生态功能价值，它是根据生态服务功能的类型决定的。非利用价值可分为存在价值（existence value）、遗产价值（bequest value）。

2.4.3 生态系统服务的国内外研究进展

自 1990 年以来，有许多国外学者在评估各种类型的生态系统服务功能方面作了大量研究，许多国际组织和机构也在生态系统服务功能研究方面开展了很多工作。1991 年，国际科学联合会环境委员会发起一次会议，主要讨论怎样开展生物多样性的定量研究，以及促进生物多样性与生态系统服务功能关系的研究。1997 年美国生态学会组织了由 Daily 负责的研究小组，对生态系统服务功能进行了系统的研究，并且形成了能反映这一课题最新研究进展的论文集。2001 年 6 月，由时任联合国秘书长安南宣布启动一项为期四年的国际合作项目——千年生态系统评估（millenniumecosystem assessment，MA）[24]，该项目的目标是满足决策者对生态系统与服务人类之间相互联系方面科学信息的需求。MA 的工作主要有以下几个方面：生态系统服务功能的变化是怎样影响人类的；在未来的几十年中，生态系统的变化可能给人类带来什么影响；人类在局地、国家和全球尺度上采取什么样的对策才能改善生态系统的管理状况，从而提高人类生存条件和消除贫困。

我国生态系统服务功能的研究工作源于 20 世纪 80 年代起步的森林资源价值核算工作[22]。总体上看，我国大多数生态系统服务功能价值评估工作还停留在模仿国外研究的阶段，尤其是采用基于生态学的类型研究范式，即采用样地测定、类型累加和尺度外推的三段研究范式。这种研究范式在不同类型生态系统服务功能的确定和单位价值量的核算等方面有着不可替代的优势，但加总过程中的不确定性、尺度转换的误差以及生态服务功能和价值构成的地域性差异，构成该范式应用和推广的潜在制约因素。所以，完全照搬国外的方法和参数往往实际应用价值不大。因此，要提高计算的精度，使计算结果更加符合实际情况就必须对某些参数进行校正。

经济的发展使得生态环境灾害事故频发，随着人们环保意识的增强，人们注意到某些行业存在着一定的环境风险，必须采用某些方法在事故发生前进行环境风险评估，以此来减少危害。虽然当前环境风险评估已经有了长足的发展，但仍然存在诸多问题，如环境风险评估的不确定性、模型优化问题、评价终点的选择、生态暴露评估的复杂性和难统一性等，目前也没有一种暴露的描述能适用于所有的生态风险评估，这些都是亟待解决的问题。

随着经济与社会的发展，人们的生活水平不断提高，对于生活环境的要求也越来越高，而在经济发展的过程中，总是会不可避免地对环境造成损害，这就更需要加强环境风险评估方面的研究，不断进行理论完善，同时与实际相结合，使环境风险评估发挥更大作用，为现代经济社会的发展保驾护航。

参考文献

[1] 毛小苓，倪晋仁．生态风险评价研究述评．北京大学学报（自然科学版），2005，41（4）：646-654.

[2] 雷炳莉，黄圣彪，王子健．生态风险评价理论和方法．化学进展，2009，21（2/3）：350-358.

[3] 卢宏玮，曾光明，谢更新，等．洞庭湖流域生态风险评价．生态学报，2003，23（12）：2520-2530.

[4] US EPA. Guidelines for Ecological Risk Assessment. EPA 630-R-95-002F. 1998.

[5] US National Research Council. Risk assessment in the federal government：managing the process [M]. Washington D C：National Academy Press，1983.

[6] NY/T 2882.1—2016 农药登记　环境风险评估指南　第1部分：总则．北京：中国农业出版社，2016.

[7] 欧阳志云，王如松，赵景柱．生态系统服务功能及其生态经济价值评价．应用生态学报，1999，10（5）：635-639.

[8] 何浩，潘耀忠，朱文泉，等．中国陆地生态系统服务价值测量．应用生态学报，2005，16（6）：1122-1127.

[9] Brock T C M，Alix A，Brown C D，et al. Linking Aquatic Exposure and Effects：Risk Assessment Pesticides. New York：CRC Press，2010：25-35.

[10] 程燕，周军英，单正军．美国农药水生生态风险评价研究进展．农药学学报，2005，7（4）：293-298.

[11] Carpenter S R，Kitchell J F，Hodgson J R. Cascading trophic interactions and lake productivity. Bioscience，1985，35：634-639.

[12] 孙逢．环境风险评价简介．学术与理论，2010，（5）：217-218.

[13] 宋玉双．松材线虫在我国的适生性分析及检疫对策初探．森林病虫通讯，1989，（4）：38-41.

[14] 刘海军．北京地区林木外来重大有害生物风险分析 [D]．北京：北京林业大学，2003.

[15] 王明旭，陈良昌，宋玉双．松材线虫对湖南林业和生态环境影响的风险性分析．中国森林病虫，2001，20（2）：42-45.

[16] Liu Y，Zheng B H，Wan J，et al. Risk assessment for drinking water sources of c city：A a case study. Research of Environmental Sciences，2009，20（1）：52-59.

[17] 李立伟，许庆，李兰英．化工建设项目环境风险评价初探．中国科技信息，2009，8：61-63.

[18] 钟政林，曾光明，杨春平．环境风险评价研究进展．环境科学进展，1996，（06）.

[19] Daily G C. Nature's Service：Societal Dependence on Natural Ecosystems. Washington D C：Island Press，1997.

[20] 欧阳志云，王如松．生态系统服务功能、生态价值与可持续发展．世界科技研究与发展，2000，22（5）：45-50.

[21] Daily G C，Soderqvist T，Aniyar S，et al. The value of nature and the nature of value. Science，2000，289：395-396.

[22] Costanza R，d Arge R，de Groot R，et al. The value of the world's ecosystem services and natural capital. Nature，1997，386（6630）：253-260.

[23] 刘玉龙，马俊杰，金学林，等．生态系统服务功能价值评估方法综述．中国人口，资源与环境，2005，15（1）：88-92.

[24] 千年生态系统评估（MA）．生态系统与人类福祉：生物多样性综合报告．北京：中国环境科学出版社，2005：60-69.

第 3 章
水生生物风险评价

水生生态系统占据了地球面积的3/4（图3-1），涉及物种分类、栖息地及地理位置等导致的巨大差异。人类对于水生生态系统仍存在盲区。虽然由于大量数据的缺失，对于水生生态系统的风险评价仍处于研究起步阶段，但是对于农药风险评价的起源却首先来自对水生生物的风险评价。当然，在农药对水生生态系统风险评价方面，目前多限于农田系统直接相关水域的研究，同样遵循由简单到复杂，由低级到高级的分级（tier）评估模式。

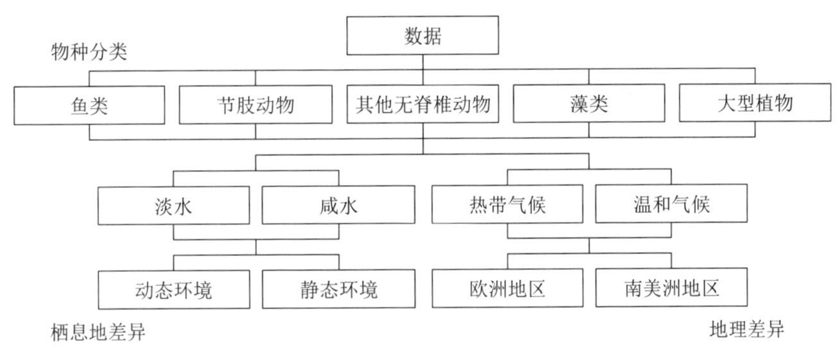

图 3-1　欧洲与南美洲水生生态系统

水生生态环境物种丰富，除了人类、哺乳动物、鸟类、两栖类动物等间接利用水生环境外，还包括鱼类、节肢动物、其他无脊椎动物、藻类及各种水生植物等直接生活在水生生态环境的物种。环境污染物通过迁移转化进入水体，对水生生物的生存带来极大的风险，同时水生生态系统中水质对人类的生活生存影响重大，加上其中污染物在水中和底泥（沉积物）中都有存在形态，使得水生生态环境复杂，对水生生态环境的风险评价也迫在眉睫。水生生态环境中的物种主要包括一些藻类和大型水生植物等的能量生产者、脊椎动物和无脊椎动物组成的消费者以及大量的分解者。其中大型植物主要有沉水植物、挺水植物、浮游植物等，藻类主要有蓝绿藻、硅藻等；脊椎动物主要为各种鱼类，无脊椎动物主要有原生动物、节肢动物（水蚤等甲壳类、孑孓等昆虫类）、软体动物（蚌、乌贼等）及腔肠动物等；分解者则包括了真菌、细菌、原核生物等。它们在生态风险评价的标准实验室毒性测试中作为典型的受试物种，发挥着重要的指示作用。

3.1 问题阐述

目前关于农药对水生生物的生态风险评价，欧盟的评估体系被认为更加系统完善。最早于1997年，基于91/414/EEC法令，欧盟出台了欧洲农药水生生态风险评价程序（EC，1997）[1]。2003年欧盟颁布的“关于风险评价技术导则文件”中，提出了预测无效应浓度PNEC的推导方法。欧洲食品安全局（EFSA）早在2002年对水生生态毒理提出指导文件（SANCO/3268/2001 rev.4）；之后出台修订版（SANCO/1107/2009）[2]，于2010年提出了农药保护目标框架。在此基础上，EFSA于2013年制定了农药对水生生态风险评价指导文件[3]。该指导文件定义了农药处理农田周边的池塘、水道、溪流中的鱼类、两栖动物、无脊椎动物和植物等水生生物的具体保护目标以及风险评价方案，并运用分级效应评估程序将效应评估与暴露评估关联起来，评估地表水水生生态系统及水生生物。OCED的水生生态基准目的在于保护水生生态系统中绝大多数（95%）生物物种免受不利的影响。选择毒性数据点以最敏感生物种群的毒性值为端点数据，目前推荐使用种群敏感度分布（species sensitive distribution，SSD）和评价因子（assessment factor，AF）两种方法。当测试物种数和NOEC数据满足导则要求时，可以通过SSD方法得到95%以上的获得保护的物种的基准值，即HC_5；当NOEC数据不足时，可以采用有效的急性数据除以一个安全因子，获得预测环境浓度PEC。此外，该文件还提出了基于水-沉积物毒性试验的初级效应评估程序，为EFSA制定水-沉积物的生物风险评价指导性文件奠定基础[4]。文件中还对判定农田边缘地表水中农药浓度对水生生物造成的短期或长期危害的问题提出了一些建议。主要提出两种方案：一是生态阈值选项（ecological threshold option，ETO），即在该范围内只允许存在对水生生物可以忽略不计的影响；二是生态恢复选项（ecological recovery option，ERO），即在该范围内允许一些在可接受时间内能自行恢复的对生物种群的不利影响。该指南还详细说明了上述两项评估方案中得以保护水生生物安全的法律允许的水中农药含量水平（又称管理可接受浓度，regulatory acceptable concentrations，RAC）。

与欧盟相比较，早期开展的农药水生生态风险评价多采用商值法。其原理基本一致，下文中将具体介绍[5]。

3.1.1 风险评价原则

根据农药使用方法确定对水生生态系统暴露的可能性，当根据使用方法不能排除水生生态系统受到农药的暴露时，应进行风险评价。

用于多种作物或多种防治对象的农药，当针对每种作物或防治对象的施药方法、施药量或频率、施药时间等不同时，可对其使用方法分组评估：

① 分组时应考虑作物、施药剂量、施药次数和施药时间等因素；

② 根据分组确定对水生生态系统风险的最高情况，并对该分组开展风险评价；

③ 当风险最高的分组对水生生态系统的风险可接受时，认为该农药对水生生态系统的风险可接受；

④ 当风险最高的分组对水生生态系统的风险不可接受时，还应对其他分组开展风险评价，从而明确何种条件下该农药对水生生态系统的风险可接受。

3.1.2　数据收集

在风险评价过程中，应针对本部分的保护目标收集尽可能多的数据，包括生态毒理、环境归趋、理化性质及使用方法等方面的数据，并对数据进行初步分析，以确保有充足的数据进行初级暴露评估和效应分析。

3.1.3　计划简述

根据已获得的相关信息和数据拟定风险评价方案，简要说明风险评价的内容、方法和步骤。

3.2　暴露评估

3.2.1　暴露描述的总则

通过多年的监测数据、模拟试验及农药归趋模型发现，这些数据能够一定程度上再现农药浓度呈现的总体特征，即能够指示农田周边水体范围（例如溪流和沟渠）的水中农药化合物浓度变化情况。因此，在环境风险评价方面，也有必要进一步通过风险评价程序来分析这种暴露描述的意义。

在研究农药对水生环境风险评价过程中，还需要考虑生态毒理学在模拟时间变量时对暴露评估的影响。为了在模拟的场景和模型中进一步强调长期风险呈现的有效性，建议采用不同类型的农田周边水体地表水，进行多类化合物及多种条件下的深入试验和监测研究。

农药在地表水内的时间变量暴露评估随着不同的生态系统、时期和化合物的归趋性而改变。为了区分水流、沟渠和池塘等模拟复杂环境的暴露情况，提倡使用一些关键暴露标准参数。

关键暴露标准参数至少包括如下几个方面：①峰值浓度；②曲线下面积浓度；③顶峰暴露时长；④峰间隔；⑤背景浓度；⑥峰频率。

在研究农田边缘地表水（溪流、沟渠、池塘等）条件下，不同使用模式的农药时，应当用关键暴露参数加以体现。当必须在生态毒理效应研究中进行模拟暴露评估时，该应用将有助于提供充分的信息。

对于多次用药导致的类似重复脉冲式的暴露场景，在开展风险评价时，需要考虑多次用药导致的暴露是否在毒理学上彼此独立。针对其独立性，需要特别设计多次用药下的脉冲式暴露毒性试验，或者是相关生物体和农药的毒代动力学/毒性动力学（TK/TD）模型。对于某些风险评价，不仅要证明多次用药暴露在毒理学上是否独立，还需要证明它的生态独立性。这样的证明在种群恢复评估时尤为必要。如果峰值间隔大于敏感种群的相关恢复时间（这可能取决于受影响物种或种群的性质和景观特征），则可以认为多次用药在生态学上无影响。

峰值或时间加权平均浓度模型模拟的一个关键方面是给出一系列预测环境浓度（PEC）。该浓度根据使用农药的模式和地理情况，在时间和空间上均发生变化，然后与来自初级和高级效应评估的试验端点值进行比较。我们将这些效应措施称为管理可接受浓度（RAC），将暴露和效应评估之间的界面作为生态毒理学相关浓度（ERC）。有两种截然不同的暴露评估可用于农药风险评价：①与现场暴露有关的暴露估计（即PEC）；②与生态毒理学研究有关的暴露估计（来自RAC）。

根据OECD准则，在标准物种进行的一级毒性试验中，暴露方案是固定模式的。而只有在更高级别试验中，并且需要对生态毒理学相关浓度（ERC）有清晰概念的条件下，才能够采用更为精密的暴露方案。在风险评价中，需要持续应用ERC，以便比较现场暴露浓度和测试浓度。

决定ERC的几个重要问题有：①生物体究竟是生活在哪种危险环境条件下（例如水或沉淀物中），并且是什么构成了生物可利用部分？②时间权重暴露型对效应在类型和幅度上的影响是什么？③是否适合使用时间轴上的最大（峰值）浓度或时间平均浓度（time-weighted average concentration，TWA）来导出PEC和RAC？

通常，最大预测环境浓度PEC_{max}值被用于急性风险评价，在某些条件下也可用于慢性风险评价，或者可以使用一定时间范围内的平均PEC值即PEC_{TWA}进行慢性风险评价。然而，在某些风险评价中使用TWA浓度是不适合的。TWA浓度不适用的情况如下：

① 在RAC的风险评价中使用来自藻类的实验室毒性测试、未产生持续暴露或者试验系统中非测试生物体快速摄取导致的活性物质丧失的效应研究。

② 当慢性测试的效应端点是发生在基于特定敏感的生命周期阶段期间，并且不能排除存在敏感阶段时，会暴露于所测试药剂。

③ 当有证据表明有内分泌干扰作用时（除非研究者清楚地理解了效应的机制，并且证明了需要长期暴露以引起效果）。

④ 当慢性测试中的效应测试端点是基于在测试早期发生的死亡率（例如在第一个96 h内），或者如果急性慢性比（急性EC_{50}或LC_{50}，慢性无可见作用浓度NOEC）基于静止或死亡率<10。

⑤ 如果效应的潜伏性已被证明，或能够通过农药的作用方式或适当的其他数据被预测到。

当可以使用TWA浓度时，建议使用7d的PEC_{TWA}作为默认值。然而，PEC_{TWA}的时间范围不应长于触发风险的生态毒理学试验的持续时间，或是长于这个测试中生态毒理学最敏感生命阶段的持续时间。

以上提出的标准和触发条件主要基于当前的知识、专家判断和实用性要求。TWA 浓度法也是一种经验积累，针对个例是否合适，建议还要进一步研究。

生态毒理学家必须基于生态毒理学的知识来确定数据，例如 TWA 浓度是否适用于慢性风险评价研究和运用 TWA 浓度的时间范围。PEC_{TWA} 的时间范围应该等于或小于在相关慢性毒性试验（或最高生态毒理学关注的生命阶段）中触发风险的长度。对于无脊椎动物、鱼类、大型植物等，如果认为 TWA 浓度方法是适当的，且没有进一步信息表明暴露模式和效应开始时间之间的关系，则建议使用默认的 7d TWA 浓度。

欧盟植物保护产品登记注册程序中，有关水生生态暴露的风险评价方案，如图 3-2 所示，左侧的大箭头里注释着“考虑改进暴露评估的必要性”，事实上，这个箭头指的是分级暴露评估方案。这种分级暴露评估就是可以运用所关注环境隔室（例如水、间隙水或沉积物）的现实（最坏情况）且与生态毒理学相关的浓度（ERC），抑或是其暴露

图 3-2　急性和慢性效应/毒性浓度风险评估的汇总流程

曲线形成的不同决策方案流程。通常可采用一般的或特定的选项来重新审视和完善暴露评估，这些选项可以在水生生态风险评价的任何时候应用，并且更趋于现实，因此其暴露评估结果不是太保守。正如在农药归趋模型及其使用中规定的，细化暴露方案还可以提供更加定制的暴露评估[6,7]。这些细化暴露评估的一般或特定选项可能导致预测环境浓度（PEC）低于初级的管理可接受浓度（RAC），因此，可能不需要更高级别的效应评估。

风险评价中的一个关键步骤是确定暴露评估中的哪种类型的浓度需要作为“暴露输入（exposure input）”。该浓度的选择应基于生态毒理学考虑，因为它应该与生态毒理学效应具有最佳相关性，这种农药暴露浓度就被定义为生态毒理学相关浓度（ERC）。对水生生物来讲，ERC 可以是时间维度上的最大浓度、水环境中的时间加权平均浓度（TWA，一定时间间隔内），或者可以是所关注的生物体内的农药浓度峰值或 TWA 浓度（临界身体负担概念）。对于沉积物内的生物，ERC 可以是如水柱、孔隙水、整体沉积物甚至生物体的峰值或 TWA 浓度。在这方面，同样有两种不同的暴露估计可用于农药风险评价：①实际暴露估计（如 PEC）；②与生态毒理学研究中暴露有关的暴露估计（测试浓度呈现）。需要持续应用 ERC，才可以尽可能容易地比较野外实际暴露和测试浓度曲线的关系[8]。

从历史角度来看，为了确定潜在的危害，在初级生态毒理学试验中暴露浓度常设计为田间施用农药推荐浓度。这样的方案允许推导最坏情况的浓度-响应关系以确定化合物的固有毒理学性质。OECD 的测试导则也按照此浓度设计风险暴露值。然而，在现实中，农药的暴露模式通常是在一定时间范围内有规律变化而不仅仅是峰值浓度值，这一点在农田边缘地表水上尤其如此。因此，有必要在更精确的风险评价中考虑地表水的暴露模式。然而，无论如何，研究所有可能的暴露情形是不切实际的。因此，作为现实的手段，我们应当确定不同地表水场景（池塘、溪流和沟渠）的一般性暴露方案即暴露场景，并将此用作生态毒理学研究中暴露的基础。

3.2.2 欧盟农药风险评估原则与方法

首先，欧盟针对农药对水生生物的风险评价主要采用分级（Tier）评价的方法[3,4]，依据由简单到复杂、由初级到高级的原则。

对于每种农药，必须评估急性和慢性效应/风险。初级和 2 级效应评估基于单一物种的实验室毒性试验，但为了更好地解决时间变量的暴露风险，2 级风险评估可以用毒代动力学/毒性动力学（TK/TD）模型来补充。3 级（种群和群落水平的试验和模型）和 4 级风险评估（实地研究和场景水平模型）可能涉及试验数据和建模的组合，在相关时空尺度上，以评估种群和/或群落水平的反应（例如修复、间接效应）。这种分级方法中包含的所有模型都需要进行适当的测试，并满足所要求的质量标准。

其次，对于已经使用的相关农药化学产品在水环境的 PEC 可以通过化学监测、归趋模型或者综合这 2 种方法获得。但是对于仍未投放市场的新农药化合物，需要通过建立暴露场景，以模型模拟方法获得预测环境浓度（PEC）。在欧盟的评价体系中，FOCUS（Forum for the Co-ordination of Pesticide Fate Models and Their Use）相关指导文件详细地介绍了如何计算非靶标水生生物可能接触的水体或沉积物中的农药的PEC[3,4,9]。但农药在环境中的存在浓度并不固定，往往随自身降解特性、环境条件及应用频率而动态变化。在运用急性数据进行风险评价时通常选用 PEC_{max}，而在进行慢性风险评价中，首选的也是 PEC_{max}，但在一些特定的条件下选用 PEC_{TWA}[10,11]。

最后，农药管理相关部门登记时设立农药化合物在环境中的安全浓度（RAC）。欧盟风险评估体系中水生生物标准生物物种不确定因子法中 RAC 是通过标准测试物种的毒性终点数据（如 LC_{50}、EC_{50} 或 NOEC 等）除以不确定因子得到的。其中欧盟对水生生物的毒性风险评价中，对于急性毒性终点数据主要是采用 LC_{50} 或 EC_{50}，不确定因子为 100；慢性毒性评价中普遍认可的终点数值是 NOEC，或者为 10% 影响浓度（EC_{10}），其不确定因子是 10。

法规允许浓度（RAC）的确定总体上有两种方法：①基于标准试验物种的初级 RAC_{sw} 推导；②在实验室其它物种的毒性试验的基础上推出 2 级 RAC_{sw}。而基于实验室其他物种的基础上进行 RAC 推导有三种方法：a. 几何平均评估因子（OF）方法；b. 物种灵敏度分布（SSD）方法；c. 精细暴露实验室测试（AF）方法。

3.2.3 美国水生生态风险评价的原则和方法

3.2.3.1 商值法

在美国，早期开展的农药水生生态风险评价多采用商值法。商值法是当时使用最广泛、最普遍的风险评价方法，是把实际监测或由模型估算出的环境暴露浓度（environmental exposure concentration，EEC）与实验室测得的表征该物质危害程度的毒性数据（亦称毒性终点值，如 LC_{50} 值、EC_{50} 值、NOEC 值等）相比较，即用环境暴露浓度除以毒性终点值得到风险商值（risk quotient，RQ），最后将得到的风险商值与 US EPA 建立的关注标准（levels of concern，LOC）进行比较，从而对农药的生态风险作出初步的判断。关注标准由 US EPA 农药项目办公室制定，分别对应于不同的风险假定，各风险假定又分别对应于不同的管理措施。如果风险商值超过了相应的关注标准，就表示具有相应的风险，需要采取相应的管理措施。表 3-1 列出了 US EPA 制定的水生动物关注标准及相应的风险假定[12]。

表 3-1 US EPA 制定的水生动物风险商值、关注标准及对应的风险假定

风险商值（RQ）	关注标准（LOC）	风险假定
EEC* /LC_{50}/EC_{50} 或 EC_{50}	0.5	急性高风险——产生急性风险的可能性高，除限制使用外，还需要进一步管理
EEC/LC_{50} 或 EC_{50}	0.1	急性限制使用——产生急性风险的可能性高，但是可以通过限制使用来减少风险
EEC/LC_{50} 或 EC_{50}	0.05	急性濒危物种——可能对濒危物种有不利影响
EEC/NOEC	1.0	慢性风险——产生慢性风险的可能性高，需要采取进一步管理措施

注：EEC* 为水中毒物预测浓度（$mg \cdot L^{-1}$ 或 $\mu g \cdot L^{-1}$）。

尽管商值法有很多不足，比如它不能估计间接影响，也没有考虑增加的剂量的影响，还忽视了更高水平上的效应，但 US EPA 认为商值法仍然是一种比较有用的方法，尤其适用于进行初级定性筛选评价[13～15]。

3.2.3.2 概率风险评价

1996 年 5 月，美国联邦杀虫剂、杀真菌剂及灭鼠剂法（FIFRA）科学顾问小组召开讨论会，会议的主要议题就是讨论生态风险评价的方法和程序。US EPA 农药项目办公室提供了两个生态风险评价实例供讨论，科学顾问小组在初步肯定了商值法的实用性后，建议从定性的评价方法向概率风险评价方法发展。农药项目办公室采纳了此建议，从 1997 年开始积极开发水生概率风险评价的工具和方法，并成立了风险评价方法生态委员会（Ecological Committee on FIFRA Risk Assessment Methods，ECOFRAM），负责对当时所使用的风险评价方法进行评价并发展新的工具和方法。风险评价生态委员会成立两个工作组：陆生生态风险评价工作组和水生生态风险评价工作组。1999 年，形成了概率生态风险评价计划，该计划概述了农药对鸟类和水生生物风险评价的一般方法，包括概率工具、模型等的使用，并对概率风险评价作出了定义："概率风险评价是在对风险进行定性的基础上，估计预期风险发生的可能性及其大小（概率）的评价。"

概率风险评价其他的表达形式有定量分析[16]、定量风险分析[17]、随机模拟[18]、概率分析[19]、蒙特卡罗分析等[11,12]。

3.2.3.3 多层次生态风险评价

随着概率风险评价的发展，逐渐形成了一种多层级的评价方法，即由低阶次过渡到高阶次的风险评价方法。首先进行低阶次的评价，即通常所说的初级筛选评价，该阶次评价以保守假设和简单模型为基础来评价农药对非靶标生物的风险，评价焦点集中在那些最有问题的农药及其使用方式上。初级筛选评价可以快速地为以后的工作排出优先次序，其评价结果通常比较保守，预测的浓度往往比实际环境中的浓度要高。如果初级筛选评价结果显示有不可接受的高风险，那么就要进入更高阶次的评价。更高阶次的评价需要更多的数据、使用更复杂的模型或进行实际监控研究，目的是力图接近实际的环境条件，从而进一步确认筛选评价过程所预测的风险是否仍然存在。

多阶次评价过程的特征是以一个保守的假设开始，逐渐地过渡到更接近现实的估计。它将商值法和概率风险评价法整合到一起进行从简单到复杂、从定性到定量的风险评价[12,20]。针对农药水生生态风险评价而言，多阶次生态风险评价包含 4 个层次。

对于农药的水生生态风险评价，风险评价方法生态委员会水生生态风险评价工作组建议使用包括 4 个阶次的评价程序。阶次之间主要通过各个阶次所能利用的数据以及各阶次的相对投入来区分，在每一个阶次的最后都要进行评估，以决定是否需要进行下一个阶次的评价。各个阶次的主要目标及主要研究内容如下：

（1）阶次Ⅰ　筛选目标：①通过保守地预测识别农药对生态环境的风险，决定哪些农药需要进行更高阶次的评价；②将风险评价的焦点放在农药的使用方式与敏感物种的结合上；③根据可能的环境暴露为农药产品的使用方式排序；④评价时需要关注是急性毒性浓度还是慢性毒性浓度。

在一系列毒性数据和一个保守的模型估算的基础上，阶次Ⅰ可以得到一个确定性的风险商值。根据这个风险商值，确定该产品或使用方式是具有最小生态风险，还是需要进入到阶次Ⅱ进行进一步的评价。

（2）阶次Ⅱ　基本的时间和空间的风险表征目标：①提供潜在风险发生的概率；②当有更多的物理、化学和环境行为参数时，确认阶次Ⅰ中所预测的风险是否仍然存在；③估计产品使用中由于环境条件的变化而造成风险随着时间、地域和季节而变化的情况；④如果有足够的证据表明存在生态风险，即可评价基本的减轻风险的管理措施；⑤为进一步的阶次Ⅲ的评价提供指导。

（3）阶次Ⅲ　精确估计风险及其不确定性目标。用和阶次Ⅱ相似的方法对潜在风险发生的概率进行评价，但是这个阶次需要的数据更多。与阶次Ⅱ相比，阶次Ⅲ的评价更为细致和精确，还需要进行以下方面的研究工作：①与时间变化或重复暴露相联系的毒性研究；②慢性毒性研究；③沉积物毒性研究；④另外的实验室或田间模拟环境行为研究；⑤更精密复杂的暴露模拟方法；⑥用地理信息系统（GIS）或空间模型方法模拟的一个更接近现实的相关农业区域；⑦在对生态风险有充分了解的基础上，制定更详细的减少风险及管理风险的措施。

（4）阶次Ⅳ　复杂的模拟或减少风险措施的有效性研究。阶次Ⅳ常常包括多方面的试验和监测计划，以确切地描述毒性或暴露的关键方面的特征。阶次Ⅳ包括的内容如下：①广泛的监测；②详细研究减少风险的有效措施；③更精确的流域评价；④与现有化学品数据相关的基准模型；⑤种群或生态系统动态模型；⑥微宇宙或中宇宙研究。

在阶次Ⅳ选择什么样的步骤完全依赖于阶次Ⅲ遗留下来的问题。第Ⅲ、第Ⅳ两个阶次都是高度灵活的，需要申请者和管理者之间相互磋商，以决定是否有必要进行，因为这个阶段耗费资源比较大。

3.2.4　中国水生生态风险评价的原则和方法

在中国，随着农药的使用、工业的发展，水环境的压力越来越大，水生生态安全不容乐观。为了应对水生生态风险、保障水质安全，水生生态风险评价是重要的环节。娄保锋[21]、湛忠宇[22]和马梦洁[23]等都对水生生态风险评价方法作了介绍。其中，娄保锋结合实践需要探讨了划分评估区域、生态受体以及评估终端的选择等方面的技术问题。马梦洁则分析了未来该领域的研究趋势。王蕾分析了水生生态模拟系统在国内外化学品管理中的应用情况，并根据我国水生生态环境模拟系统的发展所遇到的问题提出相应建议[24]。

随着理论研究的深入，水生生态风险评价方面的实践与应用也开始多起来。文伯健等于 2014 年以 China-PEARL 潍坊市场景数据为基础，为 PRZM-GW 模型构建了潍坊市的场景。该场景下，利用两个模型计算了 56 种农药在 145 种施用方式下在 5 种作物上的预测环境浓度值，并利用商值法进行风险评价[25]。

中国是目前世界上最大的农药生产国和消费国之一。中国被研究最多的地区恰恰是人口最多、经济最发达的地区，这些地区研究得较清楚的农药是 DDT 和 HCH。

Merete Grung 等对曾经报道的农药田间研究进行了区域分布和类型分析，运用挪威分类系统对相关地区的水、沉积物和生物群中的农药水平进行评分[26]。研究得出，对于 DDT 和 HCH，用于环境风险评价最相关的环境因子是生物群。DDT 和 HCH 在水中的风险较低，而增加食物链的研究则有助于让评估工作更准确。

进入 21 世纪，我国对农药的管理日趋严格、规范。随着《国务院关于修改〈农药安全管理条例〉的决定》出台，《农药管理实施办法》（农业部 20 号令）三次修改以及 2016 年刚刚发布的《农药登记环境风险评价指南》（NY/T 2882.1～2882.6—2016）、《危险化学品安全管理条例》（国务院令第 591 号）等一系列法律法规的发布，尤其是适用于所有的化学物质、稀释溶液以及化学物质组成的混合物的《全球化学品统一分类和标签制度》自 2011 年 5 月 1 日起的强制实施，标志着我国的农药管理及化学品管理体系全面与国际接轨。GHS 制度的实施对化工产品的生产、使用和经营者提出了更为严格的要求，使得对毒性数据的获取从被动接受变为主动的需求，极大地提升了社会对农药及化学品健康相关效应评价资料的需求，生态风险评价是其中最关键的系列评价数据之一。

根据 2016 年发布的《农药登记　环境风险评估指南　第 2 部分：水生生态系统》（NY/T 2882.2—2016），在农药水生生态风险评价过程中，应遵循以下原则：

① 保护目标是水生生态系统中淡水资源的可持续性，即农药的使用不应对水生生态系统中的脊椎动物存在短期和长期的影响，不应对初级生产者和无脊椎动物的种群存在长期影响。要保护的生态系统是指农田之外的，常年有水生生物生存的水生生态系统。

② 农药对水生生态系统的风险评价采用分级评估方法，用风险商值（RQ）表征风险。农药对水生生态系统环境风险评价流程遵照 NY/T 2882.2—2016 标准（本章附录 A）。

在中国，随着农药的生产使用的发展，水生生态评估研究也逐步深入，所采取的风险评价也主要采用分级（tier）评价的方法[3]，依据由简单到复杂，由初级到高级的原则，见图 3-3。

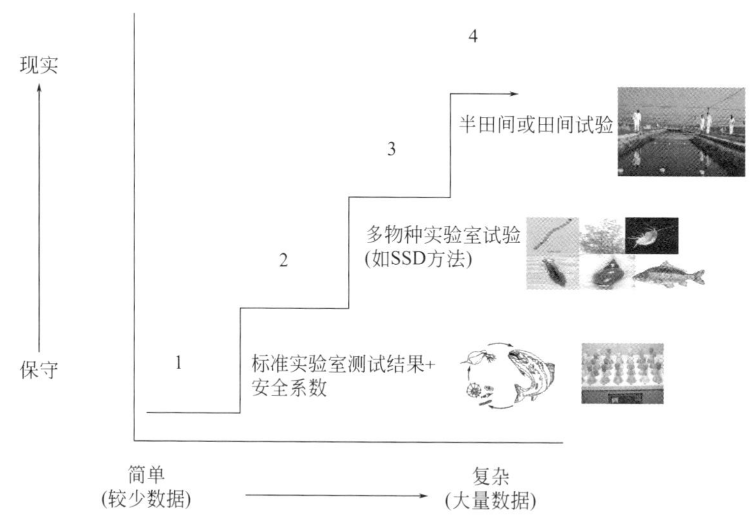

图 3-3　不同等级风险评价的评级体系

从图 3-3 中可知，风险评价的分级方法可以分为三类。当数据较少、试验物种单一、主要基于实验室试验时，采用安全系数法或是不确定因子法进行风险分级，此时定义为初级风险评价，数据来自实验室，具有较好的保守性；当外推单一物种为多物种时采用 SSD 模型法，因为此时的数据较多，体现的不仅仅是物种之间的相互联系还可能是种群或是群落中的相关性；当由 SSD 法外推到生态实际环境中时，体系更复杂，数据更多，此时叫作田间试验或是生态模拟实验。随着评价方法的由实验室到田间，数据由保守性延伸到实际性，风险评价的等级也越高，技术手段方法也越复杂。

对于每个农药，必须评估急性和慢性效应/风险。1 级效应评估和 2 级效应评估基于单一物种的实验室毒性试验，但为了更好地解决时间变量的暴露风险，2 级风险评价可以用毒代动力学/毒性动力学（TK/TD）模型来补充。3 级风险评价（种群和群落水平的实验和模型）和 4 级风险评价（实地研究和场景水平模型）可能涉及实验数据和建模的组合，在相关时空尺度上，以评估种群和/或群落水平的反应（例如修复、间接效应）。这种分级方法中包含的所有模型都需要进行适当的测试，并满足所要求的质量标准。

虽然在图 3-4 所示的效应评估方案中还提到建模程序，但该指导文件主要更新了关于试验方法（一分级、二分级、三分级）的指导，以获得常规风险可接受浓度（RAC）。农药的水生生态风险评价中的效应模型将成为下一步重要的研究方向。

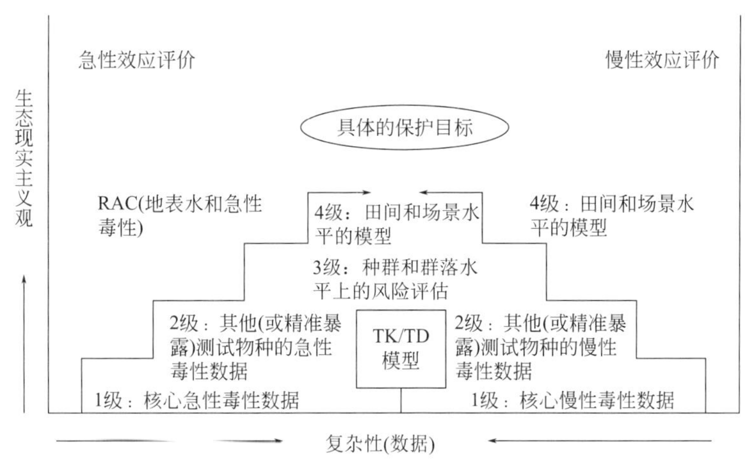

图 3-4　在农药的急性（左部分）和慢性（右部分）效应评估中的分级评估方法的示意图

为了保护水生生物群体，效应评估计划发展成允许在两种选择的基础上推导风险可接受浓度（RAC）：①生态阈值选项（ETO），仅接受可忽略的群体效应；②生态恢复选项（ERO），如果生态恢复在可接受的时间段内发生，则接受一些种群水平的影响。在图 3-5 所示的分层急性效应评估方案中，原则上所有层都能够处理 ETO，而模型生态系统方法（3 级评估）在某些条件下（例如推断对潜在敏感物种观察到响应的可能性）也能够解决 ERO。

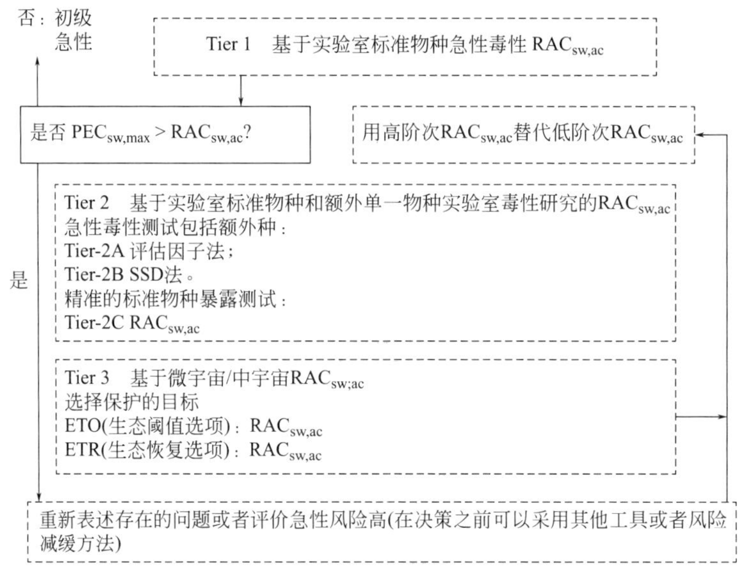

图 3-5　农药急性效应和风险评价的流程图

3.2.4.1　问题阐述

(1) 风险估计　根据农药使用方法确定对水生生态系统暴露的可能性，当根据使用方法不能排除水生生态系统受到农药的暴露时，应进行风险评价。

用于多种作物或多种防治对象的农药，当针对每种作物或防治对象的施药方法、施药量或频率、施药时间等不同时，可对其使用方法分组评估：

① 分组时应考虑作物、施药剂量、施药次数和施药时间等因素；

② 根据分组确定对水生生态系统风险的最高情况，并对该分组开展风险评价；

③ 当风险最高的分组对水生生态系统的风险可接受时，认为该农药对水生生态系统的风险可接受；

④ 当风险最高的分组对水生生态系统的风险不可接受时，还应对其他分组开展风险评价，从而明确何种条件下该农药对水生生态系统的风险可接受。

(2) 数据收集　针对本部分的保护目标收集尽可能多的数据，包括生态毒理、环境归趋、理化性质及使用方法等方面，并对数据进行初步分析，以确保有充足的数据进行初级暴露评估和效应分析。

(3) 计划简述　根据已获得相关信息和数据拟定风险评价方案，简要说明风险评价的内容、方法和步骤。

3.2.4.2　暴露评估

在暴露方面，体现在地下水和地表水暴露指标的确定。本部分主要介绍地下水相关内容。

地下水的风险评估的目的是确保人终身直接饮用施用农药区域的地下水时不应有不利影响。

以风险商值（RQ）作为农药对地下水的风险表征，采用分级方法评估农药使用对地下水的影响。农药对地下水风险评价流程遵照本章附录 A。

评估程序和方法包括问题阐述、暴露评估、效应分析和风险表征等。

（1）问题阐述　根据农药使用方法确定对地下水暴露的可能性。当根据农药使用方法不能排除该农药进入地下水时，应进行风险评价。当农药存在主要代谢物，应同时对母体和主要代谢物开展风险评价。用于多种作物（防治对象）的农药，当针对每种作物或防治对象的施药方法、施药剂量、次数、施药时间等不同时，也应分别进行风险评价。评估目标应根据现实的政策管理和技术要求给出明确的评估目标，包括评估范围、保护程度等。应根据已获得的相关信息和数据，对可能的农药环境暴露途径和毒性效应危害所产生的潜在风险进行预评估分析与说明。评估终点应根据可获取的有效数据和信息汇总分析结果，确定风险评价所要使用的数据终点值，并就其可能的不确定性作出说明。

（2）暴露评估　暴露评估同样采用分级方法，通常采用适当的环境暴露模型进行暴露评估，也可使用田间消散试验研究数据或田间实际监测数据。初级暴露评估一般采用模型预测地下水暴露量的方法。高级暴露评估可采用优化环境暴露模型参数、半田间试验数据，对于已广泛使用的农药也可采取实际监测数据获得地下水中的环境浓度。

① 暴露评估模型运用。使用模型进行暴露评估时，应当依据不同的农药使用技术和方法、不同场景和模型参数进行，当农药用于北方旱田使用时，可选择 China-PEARL 模型；当农药用于南方水稻田时，可选择 TOP-RICE 模型。

场景点的选择需根据评估农药的登记作物和防治对象，选择所有具有该作物生长期信息的场景点，当有资料表明该防治对象局限在某些特定场景的情况除外。

在选择环境归趋终点数值时，土壤降解半衰期选择现有半衰期数据的几何平均值；土壤吸附系数选择现有吸附系数数据的几何平均值；水解半衰期选择该有效成分在 3 种 pH 值条件下水解半衰期的最大值。

本部分 China-PEARL 模型和 TOP-RICE 模型的输入参数遵照本章附录 B 的附表 B-1 和附表 B-2。

施药方法（包括施药方式、施药时间、施药次数、施药间隔、施药剂量等）根据待评估农药推荐的使用技术和使用方法确定。选择最大施药剂量、最多施药次数和最短施药间隔。

② 初级暴露评估。初级暴露评估应明确特定的地下水场景，并以保守的、脆弱的概念选择场景条件，以提高保护性。在使用相关模型对地下水进行初级暴露评估时，可选择较保守的输入参数或模型默认参数以获得初级 PEC。

③ 高级暴露评估。当初级暴露评估过于保守以至于农药无法通过初级风险评价时，可进行高级暴露评估，并用高级暴露评估结果进行高级风险评价。

a. 田间消散数据。使用田间消散研究的土壤降解半衰期代替初级暴露评估所使用的实验室数据进行模型运算，得到高级暴露评估的 PEC 值。

在使用田间消散数据时，需要确认相关研究数据是否能够用于暴露评估。可使用按照 OECD《化学品测试导则　田间消散试验（草案）》中的降解半衰期模块（DegT_{50}

Module）得出的 DegT_{50}作为土壤降解半衰期（好氧）。

b. 实际监测数据。在高级暴露评估中，对于已有的、代表性监测数据，应优先考虑用于暴露评估，但需要确认监测数据的合理性和有效性。

使用实际监测数据时，所监测的地点应能代表使用该农药的脆弱地区，且尽可能在场景点或接近场景点的地区采集被监测的地下水样品，所使用的分析方法其灵敏度也应满足风险评价的要求。

北方旱田，选择埋深≤10m 处的地下水的监测数据；南方水稻田，选择埋深≤2m 处的地下水的监测数据。如干旱场景区无法找到地下水埋深≤10m 的监测点，可加大监测点的深度。

（3）效应分析　效应评估采用分级方法，可使用不同的补充毒理学数据进行。

① 每日允许摄入量。从毒理学评估结论中获得农药有效成分和相关代谢物的每日允许摄入量（ADI），也可从权威数据库或公开发表的文献中获得相关信息。如果尚未制定代谢物的 ADI，主要代谢物的 ADI 参照母体的 ADI。

② 预测无效应浓度。采用式（3-1）计算预测无效应浓度。bw、P 和 C 的默认值分别为 63kg、20%和 2L。

$$\text{PNEC}=\frac{\text{ADI}\times \text{bw}\times P}{C} \tag{3-1}$$

式中　PNEC——预测无效应浓度，mg·L^{-1}；

ADI——每日允许摄入量，mg·kg^{-1}体重；

bw——体重，kg，其默认值为 63kg；

P——农药来自饮用水所占的 ADI 比例，%，其默认值为 20%；

C——每日饮用水消费量，L，其默认值为 2L。

（4）风险表征　采用风险商值（RQ）描述农药对地下水的风险。按式（3-2）分别计算母体和相关代谢物（如果有）的风险商值，式中使用单位换算系数 10^3。

$$\text{RQ}=\frac{\text{PEC}}{\text{PNEC}\times 10^3} \tag{3-2}$$

式中　RQ——母体或主要代谢物的风险商值；

PEC——地下水中母体或主要代谢物的预测环境浓度，μg(a. i.)·L^{-1}；

PNEC——母体或主要代谢物的预测无效应浓度，mg(a. i.)·L^{-1}。

当母体和主要代谢物的毒性机理相同时，则将母体和主要代谢物一并分析和评估，即以母体和主要代谢物的风险商值之和表征风险；当母体和相关代谢物的毒性机理不同时，则对母体和相关代谢物分别评估。如果 RQ≤1，则风险可接受；如果 RQ>1，则风险不可接受。

（5）风险降低措施　当风险评价结果表明农药对地下水的风险不可接受时，可采取适当的风险降低措施以使风险可接受，且应在农药标签上注明相应的风险降低措施。通常所采用的风险降低措施不应显著降低农药的使用效果，且应具有可行性。农药对地下水风险降低措施相关信息参见本章附录 C。

附录A　地下水风险评价流程

地下水风险评价流程见附图A-1。

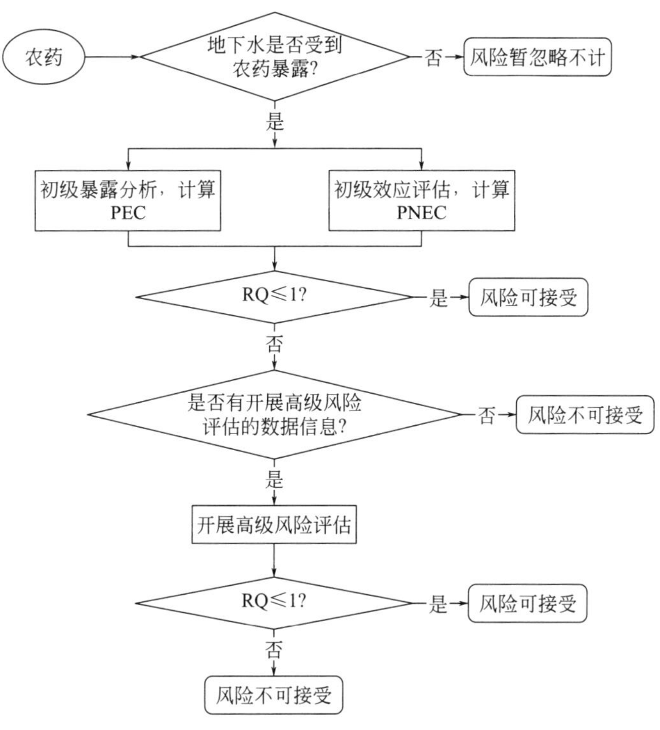

附图A-1　地下水风险评价流程

附录B　地下水暴露模型的输入参数和输出值

用于计算我国北方旱田地下水预测暴露浓度的China-PEARL模型的输入参数和输出值见附表B-1。

附表B-1　China-PEARL模型的输入参数和输出值

英文参数项	中文参数项	单位	默认值	备注
1. 化合物界面-常规选项卡（Substances-general）				
Saturated vapour pressure	饱和蒸气压	Pa	—	需指明测定温度（℃）。 如温度未指明，取20℃； 如果有多个数值，取算术平均数
Molar enthalpy of vaporisation	摩尔蒸发焓	$kJ \cdot mol^{-1}$	95	—
Solubility in water	水中溶解度	$mg \cdot L^{-1}$	10000	需指明测定温度（℃）。 如温度未指明，取20℃； 如果有多个数值，取算术平均数
Molar enthalpy of dissolution	摩尔溶解焓	$kJ \cdot mol^{-1}$	27	—

续表

英文参数项	中文参数项	单位	默认值	备注
2. 化合物界面-吸附选项卡（Substances-sorption）				
Option（K_{om}，pH-independent；K_{om}，pH-dependent；K_f，user defined）	选项	—	—	如果明确已知是 pH-dependent，可选“K_{om}，pH-dependent”；如果不知道是否为 pH-dependent，选择“K_{om}，pH-independent”；如果吸附依赖于其他土壤性质而不是土壤有机质，选择“K_f，user defined”
平衡吸附（Equilibrium sorption）				
If sorption is pH-independent	如果为 pH 不依赖	—	—	选择 K_{om}，pH-independent
K_{om} soil（Coefficient of sorption on organic matter）	有机质吸附系数	L·kg^{-1}	—	需指明测定温度（℃）。 如温度未指明，取 20℃； 如果有多个数值，取几何平均数； K_{oc} 和 K_{om} 的换算公式：$K_{om}=K_{oc}/1.724$
If sorption is pH dependent	如果为 pH 依赖	—	—	选择 K_{om}，pH-dependent
K_{om} soil（acid and base，coefficient of sorption on organic matter）	如果吸附属于 pH 依赖的情况：K_{om} 土壤（酸性或碱性，有机质吸附系数）	L·kg^{-1}	—	需指明测定温度（℃）。 如温度未指明，取 20℃； 如果吸附属于 pH 依赖的情况但是没有 K_{om} 酸性和碱性存在，那么选择 pH-independent 并且： ——如果有标明 pH 值，取土壤 pH 值在 7～9 的 K_{om}； ——如果没有标明 pH 值，取数值最小的 K_{om}
pK_a，Acid dissociation constant	酸解离常数	—	—	如果有多个数值，取算术平均数
pH correction	pH 校正因子	—	—	—
If sorption is dependent on other soil properties rather than the organic matter content	如果吸附依赖于其他土壤性质而不是土壤有机质	—	—	选择 K_f，user defined
K_f（Coefficient for sorption）	吸附系数	L·kg^{-1}	—	需指明测定温度（℃）。 如温度未指明，取 20℃
Molar enthalpy of sorption	摩尔吸附焓	kJ·mol^{-1}	0	—
Reference concentration in liquid phase	水相中的参考浓度	mg·L^{-1}	1	—
Freundlich sorption exponent（Note：in Pearl=N；in EU and Footprint=$1/n$. these are identical!）	吸附指数（注意：在 China-PEARL 模型中用 N 表示；而在欧盟以及 Footprint 数据库中以 $1/n$ 表示，但是两数值相等）	—	0.9	存在多个数据时，取算数平均值
非平衡吸附（Non-equilibrium sorption）				
Desorption rate coefficient	解吸附速率系数	d^{-1}	0	—

续表

英文参数项	中文参数项	单位	默认值	备注
Factor relating CofFreNeq and CofFreEql	非平衡吸附中的 Freundlich 系数与平衡吸附中的 Freundlich 系数的比值		0	—
3. 化合物界面-转化选项卡（Substances-transformation）				
Half life [=Aerobic half life (DegT_{50}) in soil]	半衰期[=土壤好氧半衰期(DegT_{50})]	d	—	需指明测定温度（℃）。 如温度未指明，取20℃； 如果对不同土壤有多个数值，取所有数值的几何平均数
Optimum moisture conditions (pF=2 or wetter)	满足作物生长的最佳湿度条件（pF=2或者更湿润）	—	Yes	—
Liquid content in incubation experiment	土壤降解试验中试验体系的含水量	kg·kg^{-1}	—	如果勾选 Optimum moisture conditions (pF=2 or wetter)，那么默认值为1，且此项变为不可编辑； 如果没有勾选 Optimum moisture conditions，需要用户指定数值
Exponent for the effect of liquid	液体影响指数	—	0.7	—
Molar activation energy	摩尔活化能	kJ·mol^{-1}	65.4	—
If metabolite is formed, transformation scheme: fraction transformed	如果有代谢物形成，降解途径：转化率	—	—	指明母体化合物转化为代谢物的转化率
4. 化合物界面-扩散选项卡（Substances-diffusion）				
Reference temperature for diffusion	扩散参考温度	℃	20	—
Reference diffusion coefficient in water	水中参照扩散系数	m^2·d^{-1}	4.3×10^{-5}	—
Reference diffusion coefficient in air	空气中参照扩散系数	m^2·d^{-1}	0.43	—
5. 化合物界面-作物选项卡（Substances-crop）				
(1) 叶面参数（Canopy processes）				
Wash-off factor	冲刷因子	m^{-1}	0.0001	—
Canopy process option	叶面选项	—	Lumped	Lumped（视为等同的）；Specified（需要分别指定在叶面渗透、降解和挥发的半衰期）
Lumped: half-life at crop surface	视为等同情况下：作物叶面半衰期	d	10	—
Specified: half-life due to penetration	特指：叶面渗透半衰期	d	10	—
Specified: half-life due to volatilization	特指：叶面降解半衰期	d	10	—
Specified: half-life due to transformation	特指：叶面挥发半衰期	d	10	—

续表

英文参数项	中文参数项	单位	默认值	备注
（2）根系参数（Root processes）				
Coefficient of uptake by plant	农药从根系被作物吸收的系数	—	0.5	默认值＝0.5
6. 应用方案选项卡（Application scheme）				
Absolute applications	按绝对施药时间施药	—	—	适用于苹果、葡萄、苜蓿
Application type	施药方式	—	—	共有五个选项： ① 叶面喷雾，由模型计算拦截系数（To the crop canopy，interception fraction calculated by the model）； ② 叶面喷雾，由用户指定拦截系数（To the crop canopy，interception fraction calculated by the user）； ③ 土壤注射（Injection）； ④ 土壤表面喷雾（To the soil surface）； ⑤ 拌土等土壤处理或种衣剂（Incorporation）
如果选择“To the crop canopy，interception specified by the user”用户需指定拦截系数		—	—	—
如果选择“Injection”或“Incorporation”，用户需指定土壤深度		m	0.05	农药的注射深度或处理后的种子的播种深度
Date	绝对施药时间	dd/mm/yyyy		年份须填为1901（模型中虚拟的起始年份）
Dosage	施药剂量	$kg(a.i.) \cdot hm^{-2}$		—
Relative application	按相对施药时间施药	—	—	适用于除苹果、葡萄、苜蓿之外的其他作物
Crop event	作物生长阶段	—	—	可根据施药时间选择“Emergence”或“Harvest”
Application type	施药方式	—	—	共有四个选项可对应实际五类施药方式： ① 叶面喷雾，由模型计算拦截系数（To the crop canopy，interception fraction calculated by the model）； ② 叶面喷雾，由用户指定拦截系数（To the crop canopy，interception fraction calculated by the user）； ③ 土壤注射（Injection）； ④ 土壤表面喷雾（To the soil surface）； ⑤ 拌土等土壤处理或种衣剂（Incorporation）
如果选择“To the crop canopy，interception specified by the user ”用户需指定拦截系数		—	—	—
如果选择“Injection”或“Incorporation”，用户需指定土壤深度		m	0.05	默认值＝0.05

续表

英文参数项	中文参数项	单位	默认值	备注
Period (days) before or after event	在作物生长阶段前后的天数	—	—	在作物生长阶段前 X 天（负数）；在作物生长阶段后 X 天（正数）
Dosage	施药剂量	$kg(a.i.) \cdot hm^{-2}$	—	根据农药标签确定，选择最大的施药剂量
Crop number	作物数	$number \cdot season^{-1}$	—	—
7. 输出结果（Report）				
The average concentration of ××× closest to the 90th percentile is	×××在地下水中 90 百分位的浓度	$mg \cdot L^{-1}$	—	报告中出现 90 百分位表示的是在 90 百分位土壤脆弱性的基础上叠加 90 百分位的气象脆弱性的结果

计算我国南方水稻田地下水预测暴露浓度的 TOP-RICE 模型的输入参数和输出值见附表 B-2。

附表 B-2　TOP-RICE 模型的输入参数和输出值

英文参数项	中文参数项	单位	默认值	备注
1. 化合物界面-常规选项卡（Substances-general）				
Molar mass	摩尔质量	$g \cdot mol^{-1}$	—	—
Saturated vapour pressure	饱和蒸气压	Pa	—	需指明测定温度（℃）。如温度未指明，取 20℃；如果有多个数值，取算术平均数
Molar enthalpy of vaporisation	摩尔蒸发焓	$kJ \cdot mol^{-1}$	95	—
Solubility in water	水中溶解度	$mg \cdot L^{-1}$	10000	需指明测定温度（℃）。如温度未指明，取 20℃；如果有多个数值，取算术平均数
Molar enthalpy of dissolution	摩尔溶解焓	$kJ \cdot mol^{-1}$	27	—
2. 化合物界面-吸附选项卡（Substances-sorption）				
Option (K_{om}, pH-independent; K_{om}, pH-dependent; K_f, user defined)	选项	—	—	如果明确已知是 pH-dependent，可选“K_{om}，pH-dependent”；如果不知道是否为 pH-dependent，选择“K_{om}，pH-independent”；如果吸附依赖于其他土壤性质而不是土壤有机质，选择“K_f，user defined”
平衡吸附（Equilibrium sorption）				
If sorption is pH-independent	如果为 pH 不依赖	—	—	选择 K_{om}，pH-independent
K_{om} soil (Coefficient of sorption on organic matter)	有机质吸附系数	$L \cdot kg^{-1}$	—	需指明测定温度（℃）。如温度未指明，取 20℃；如果有多个数值，取几何平均数；K_{oc}与 K_{om}的换算公式：$K_{om}=K_{oc}/1.724$

续表

英文参数项	中文参数项	单位	默认值	备注
If sorption is pH-dependent	如果为 pH 依赖	—	—	选择 K_{om}，pH-dependent
K_{om} soil（acid and base，coefficient of sorption on organic matter）	如果吸附属于 pH 依赖的情况：K_{om} 土壤（酸性或碱性，有机质吸附系数）	L·kg^{-1}	—	需指明测定温度（℃）。 如温度未指明，取 20℃； 如果吸附属于 pH 依赖的情况但是没有 K_{om} 酸性和碱性存在，那么选择 pH-independent 并且： ——如果有标明 pH 值，取土壤 pH 值在 7～9 的 K_{om}； ——如果没有标明 pH 值，取数值最小的 K_{om}
pK_a，Acid dissociation constant	酸解离常数	—	—	如果有多个数值，取算术平均数
pH correction	pH 校正因子	—	—	—
If sorption is dependent on other soil properties rather than the organic matter content	如果吸附依赖于其他土壤性质而不是土壤有机质		—	选择 K_f，user defined
K_f（Coefficient for sorption）	吸附系数	L·kg^{-1}	—	需指明测定温度（℃）。 如温度未指明，取 20℃
Molar enthalpy of sorption	摩尔吸附焓	kJ·mol^{-1}	0	—
Reference concentration in liquid phase	水相中的参考浓度	mg·L^{-1}	1	—
Freundlich sorption exponent（Note：in Pearl＝N；in EU and Footprint＝$1/n$. these are identical!）	吸附指数（注意：在 China-PEARL 模型中用 N 表示；而在欧盟以及 Footprint 数据库中以 $1/n$ 表示，但是两数值相等）	—	—	当存在多个数值，取算数平均值； 如果没有数据，取默认值＝0.9
非平衡吸附（Non-equilibrium sorption）				
Desorption rate coefficient	解吸附速率系数	d^{-1}	0	—
Factor relating CofFreNeq and CofFreEql	非平衡吸附中的 Freundlich 系数与平衡吸附中的 Freundlich 系数的比值	—	0	—
3. 化合物界面-转化选项卡（Substances-transformation）				
Half life [＝Aerobic half life（DegT_{50}） in soil]	半衰期［＝土壤好氧半衰期（DegT_{50}）］	d	—	需指明测定温度（℃）。 如温度未指明，取 20℃； 如果对不同土壤有多个数值，取所有数值的几何平均数
Optimum moisture conditions（pF＝2 or wetter）	满足作物生长的最佳湿度条件（pF＝2 或者更湿润）	—	Yes	—

续表

英文参数项	中文参数项	单位	默认值	备注
Liquid content in incubation experiment	土壤降解试验中试验体系含水率	kg・kg^{-1}	—	如果勾选 Optimum moisture conditions（pF=2 or wetter），那么默认值为 1，且此项变为不可编辑； 如果没有勾选 Optimum moisture conditions，需要用户指定数值
Exponent for the effect of liquid	液体影响指数	—	0.7	
Molar activation energy	摩尔活化能	kJ・mol^{-1}	65.4	
If metabolite is formed，transformation scheme：fraction transformed	如果有代谢物形成，降解途径：转化率	—	—	指明母体化合物转化为代谢物的转化率
4. 化合物界面-作物选项卡（Substances-crop）				
（1）叶面参数（Canopy processes）				
Wash-off factor	冲刷因子	m^{-1}	100	—
Canopy process option	叶面选项	—	Lumped	Lumped（视为等同的）； Specified（需要分别指定在叶面渗透、降解和挥发的半衰期）
Lumped：half-life at crop surface	视为等同情况下：作物叶面半衰期	d	10	—
Specified：half-life due to penetration	特指：叶面渗透半衰期	d	10	—
Specified：half-life due to volatilization	特指：叶面降解半衰期	d	10	—
Specified：half-life due to transformation	特指：叶面挥发半衰期	d	10	—
（2）根系参数（Root processes）				
Coefficient of uptake by plant	农药从根系被作物吸收的系数	—	0.5	—
5. 应用方案选项卡（Application scheme）				
Absolute applications	按绝对施药时间施药	—	—	适用于水稻
Application type	施药方式	—	—	叶面喷雾
Date	绝对施药时间	dd/mm	—	根据农药标签确定施药时间
Dosage	施药剂量	kg(a.i.)・hm^{-2}	—	根据农药变迁确定施药剂量
6. 输出结果（Report）				
The average concentration of ××× closest to the 90th percentile is	×××在地下水中 90 百分位的浓度	μg・L^{-1}	—	实际表示在第 99 百分位的模型模拟结果，因为场景中的土壤脆弱性已固化在模型中，报告中出现 89 百分位和 77 百分位表示的是在 90 百分位土壤脆弱性的基础上叠加 90 百分位的气象脆弱性的结果

附录C　风险降低措施

措施	条件	有效性	可行性
降低使用量	农药药效不受影响	与施用量减少大致成线性正比	良好
局限于减少淋溶的制剂类型（如缓慢释放的剂型或种衣剂）	农药药效不受影响	不稳定	良好
限制在不易造成淋溶的地区使用（如地下水位浅、砂质土壤降雨量大等）		不稳定	有限
禁止使用	可替代的低风险农药产品或其他有害生物管理方案	有效	良好

参考文献

[1] European Union. Council Directive 97/57/EC of September 21，1997；Establishing annex VI to Directive 91/414/EEC Concerning the placing of plant protection products on the market. Official Journal of the European Communities. 1997. L265：87-109.

[2] EFSA. Risk assessment for birds and mammals. Guidance of EFSA，first published 17 December 2009，revised April 2010. European Food Safety Authority，Parma. EFSA Journal，2010，7（12）：1438.

[3] EFSA Panel on Plant Protection Products and their Residues. Guidance on tiered risk assessment for plant protection products for aquatic organisms in edge-of-field surface waters. EFSA Journal，2013，11（7）：3290.

[4] EFSA（European Food Safety Authority），2015. Scientific opinion on the effect assessment for pesticides on sediment organisms in edge-of-field surface water. EFSA J. 13. http：//dx. doi. org/10. 2903/j. efsa. 2015. 4176（145 pp.）.

[5] 顾宝根，程燕，周军英，等．美国农药生态风险评价技术．农药学学报，2009，11（3）：283-290.

[6] [FOCUS] Forum for the Co-ordination of Pesticide Fate Models and Their Use. Landscape and mitigation factors in aquatic ecological risk assessment. Volume 1. Extended summary and recommendations，the final report of the FOCUS Working Group on Landscape and Mitigation Factors in Ecological Risk Assessment. EC Document Reference Sanco/10422/2005，version 2. 0，2007a. September. 169 p.

[7] [FOCUS] Forum for the Co-ordination of Pesticide Fate Models and Their Use. Landscape and mitigation factors in aquatic risk assessment. Volume 2. Detailed technical reviews. Report of the FOCUS Working Group on Landscape and Mitigation Factors in Ecological Risk Assessment. EC Document Reference SANCO/10422/2005，version 2. 0，2007b，September.

[8] Boesten J J T I，Köpp H，Adriaanse P I，et al. Conceptual model for improving the link between exposure and effects in the aquatic risk assessment of pesticides. Ecotoxicol Environ Saf，2007，66：291-308.

[9] [FOCUS] Forum for the Co-ordination of Pesticide Fate Models and Their Use. FOCUS surface water scenarios in the EU evaluation process under 91/414/EEC. Report of the FOCUS Working Group on Surface Water Scenarios. EC Document Reference SANCO/4802/2001-rev. 2. 2001.

[10] Ashauer R，Boxall A B A，Brown C D. New ecotoxicological model to simulate survival of aquatic invertebrates after exposure to fluctuating and sequential pulses of pesticides. Environ Sci Technol，2007b，41：1480-1486.

[11] Crawford C G. Sampling strategies for estimating acute and chronic exposures of pesticides in streams. J Am Water Res Assoc，2004，40：485-502.

[12] US EPA. Probabilistic Aquatic Exposure Assessment for Pesticides [R] . Environmental Protection Agency, Washington D C, USA, 2001.

[13] The Center for Ethics and Toxics. Smith River Flood Plain Pesticide Aquatic Ecological Exposure Assessment [R] . The Smith River Project, 2002.

[14] US EPA. Exposure Analysis Modeling System (EXAMS): User Manual and System Documentation [R] . U S Environmental Protection Agency, Athens, GA, USA, 2000.

[15] US EPA. A Probabilistic Model and Process to Assess Risks to Aquatic Organisms [R] . FIFRA Scientific Advisory Panel Meeting, 2001.

[16] Morgan M G, Henrion M. Uncertainty: A Guide to Dealing with Uncertainty in Quantitative Risk and Policy Analysis. UK: Cambridge University Press, 1992.

[17] Vose D. Quantitative Risk Analysis: A guide to Monte Carlo Simulation Modelling. NY: John Wiley and Sons, 1996.

[18] Ott WR. Human Exposure Assessment: The Birth of a New Science. J Expo Anal Environ Epidemiol, 1995 (4): 449-472.

[19] US EPA. In Memorandum dated May 15, 1997: Use of Probabi-listic Techniques (Including Monte Carlo Analysis) in Risk Assessment [R] . Policy for Use of Probabilistic Analysis in Risk Assessment at the U S Environmental Protection Agency, Washington D C, USA, 1997.

[20] ECOFRAM, Ecological Committee on FIFRA Risk Assessment Methods: Report of the Aquatic Workgroup. U. S. Environmental Protection Agency, Office of Pesticide Programs, Washington D. C. , USA, 1999.

[21] 娄保锋，陈洁．水生态风险评估方法探讨．人民长江，2014，(18)：1-4.

[22] 湛忠宇，车娅丽，龚李莉，等．水生态风险评估方法研究 [C] //2015全国河湖治理与水生态文明发展论坛，2015.

[23] 马梦洁，张毅敏，杨飞，等．水生态风险评估方法与控制对策 [C] //2015全国河湖治理与水生态文明发展论坛，2015.

[24] 王蕾，刘建梅，刘济宁，等．水生态模拟系统及其在化学品生态风险评估中的应用．生态毒理学报，2015，10 (2)：36-44.

[25] 文伯健，李文娟．China-PEARL和PRZM-GW模型潍坊市场景农药地下水风险评估研究．农业资源与环境学报，2014 (5)：401-410.

[26] Bakke T, Källqvist T, Ruus A, et al. Development of sediment quality criteria in Norway. Journal of Soils and Sediments, 2010, 10 (2): 172-178.

第 4 章
水生生态暴露评估

正如第 3 章所述，水生生态暴露主要体现在地下水和地表水水生生态系统中。地下水系统更为稳定单一，而地表水系统更加复杂。本章重点描述地表水水生生态系统的农药暴露量评估手段和方法。

从历史角度来看，为了确定潜在的内在危害，已经设计了以登记推荐使用剂量或浓度计算得出初级生态毒理学试验浓度的方法。如果必要的话，还可以通过更新试验药液或采用流水式装置以维持用于生态毒理学试验的暴露浓度。这样的方案允许推导最坏情况下的浓度-效应关系以确定受试化合物的固有毒理学性质。然而，在现实中，农药的时间权重暴露模型通常是作为常规而不是例外条件，这一点在农田边缘地表水上尤其如此。因此，在风险评价的精细化步骤中考虑地表水的暴露模式是合理的。现场的时间权重暴露水平可以用各种复杂等级模型模拟，且这些评估结果不仅可以直接用于风险评价，而且可以在生态毒理学研究中用于模拟更现实的时间权重暴露方案的基础。然而，不管出于实际还是动物福利或财政原因考虑，研究所有可能的暴露方式是不可行的。因此，作为现实的手段，我们应当确定不同地表水场景（池塘、溪流和沟渠）的一般性暴露方案，并将此用作生态毒理学研究中暴露方式的基础。

4.1 暴露评估的一般方法

暴露评估采用分级方法，通常采用适当的环境暴露模型进行暴露评估，也可使用田间实际监测数据。初级暴露评估一般采用模型预测地表水暴露量的方法。高级暴露评估可采用优化环境暴露模型参数、半田间试验数据，对于已广泛使用的农药也可采取实际监测数据获得地表水中的暴露量。

使用模型进行暴露评估时，应当依据不同的农药使用技术和方法、不同场景和模型参数进行。当农药用于水稻田时，应选择 TOP-RICE 模型。在暴露评估中，需考虑初级暴露评估和高级暴露评估，以及用于急性和慢性风险评价的PEC。

4.1.1　暴露评估模型运用

（1）场景点的选择　根据需评估农药的登记作物和防治对象选择具有代表性的场景点。应选择所有具有该作物生长期信息的场景点，有资料表明该防治对象局限在某些特定场景的情况除外。

（2）环境归趋终点数值选择　在选择环境归趋终点数值时，土壤降解半衰期选择现有半衰期数据的几何平均值；土壤吸附系数选择现有吸附系数数据的几何平均值；水解半衰期选择该有效成分在3种pH值条件下水解半衰期的最大值。

（3）模型输入参数　本部分TOP-RICE模型的输入参数遵照本章附录B。

（4）施药方法　施药方法（包括施药方式、施药时间、施药次数、施药间隔、施药剂量等）根据待评估农药推荐的使用技术和使用方法确定。选择最大施药剂量、最多施药次数和最短施药间隔。

4.1.2　初级暴露评估

（1）初级暴露评估的一般方法　在对水生生态系统的初级暴露评估中采用初级暴露模型，或在模型模拟过程中选择较保守的输入参数或模型默认参数以获得初级PEC。

（2）初级急性暴露评估　使用模型预测浓度的峰值（PEC_{max}）作为预测环境浓度。

（3）初级慢性暴露评估　可以使用模型预测浓度的峰值（PEC_{max}）作为预测环境浓度，也可以使用时间加权平均浓度（PEC_{TWA}），但在下列情况下只能使用PEC_{max}作为预测环境浓度：

① 所采用的生态毒性试验终点以设计浓度或初始浓度表示；

② 所采用的生态毒性试验终点是基于农药对供试生物生命周期中某一短期特定阶段的影响（如变态期的畸形），且有证据表明，这一时期可能发生农药的暴露；

③ 所采用的生态毒性试验终点是基于试验前期（如前96h）供试生物出现的死亡，或基于活动抑制或死亡的急性毒性与慢性毒性终点比值（急性LC_{50}或EC_{50}/慢性NOEC）＜10；

④ 在慢性毒性试验中，暴露结束后或将供试生物与农药隔离后仍观察到延迟效应，或其他证据表明农药存在这种作用方式。

4.1.3　高级暴露评估

（1）高级暴露评估的一般方法　在水生生态系统的高级暴露评估中采用高级暴露模型，或在模型模拟过程中根据农药的理化性质、使用方式等选择接近实际情况的输入参数以获得高级PEC。当有试验资料说明作物拦截系数、冲刷系数等参数时，可使用试验数据。在高级评估中，也可以使用田间消散研究结果和监测数据等。

（2）田间消散研究　使用田间消散研究结果时，需要确认相关研究数据是否能够用于暴露评估。可使用按照OECD《化学品测试导则　田间消散试验（草案）》中的降解半衰期模块（DegT_{50} Module）得出的 DegT_{50}作为土壤降解半衰期（好氧）。

（3）实际监测数据　在高级暴露评估中，对于已有的、有代表性的监测数据，应在进行暴露评估时优先考虑，但需要确认监测数据的合理性和有效性。

使用实际监测数据时，所监测的地点应能代表该农药的典型使用地区，所使用的分析方法其灵敏度应满足风险评价的要求。

4.2 欧盟农药暴露评估

对于农药的水生生物风险评价，是由生态毒理相关的浓度决定的，收集暴露数据，并将其和相关的水生生态毒理数据联系起来。本节旨在提供目前用于农药暴露评估的分层方法的信息，以描述并讨论不同成本效益选择，并提出了暴露总则方案。

改进暴露评估的一个选择是引入一个或多个减缓措施以降低总体暴露水平[1,2]。问题制定时需要考虑到引入减缓措施也可以显著地改变暴露模式。例如，通过喷雾飘移在无喷雾缓冲区或植被缓冲区减少表面径流的暴露，可以大大降低通常由喷雾飘移和径流产生的暴露中的短期峰值的显著性，但该方法不适用于排水管。使用限制移动型除草剂以排除秋季治理，通过控制排水量来降低暴露的总体重要性，并且影响暴露的峰值的时间。

FOCUS 地表水场景工作组实施了 3 个连续的步骤，用于模拟农药的水生生态暴露，所有这些步骤适合 1 级风险评价。

步骤 1：简单的电子表格计算，旨在提供略高于实际观察到的保守水生生态浓度。

步骤 2：精确的电子表格计算，用于表示实际水生生态暴露的高点。

步骤 3：用于场景设计的飘移、排水、径流和侵蚀加上水生生态归趋的机理模型，以捕获欧洲农业区域的一系列现实的最坏情况。该步骤序列示意性地表示在图 4-1 中。

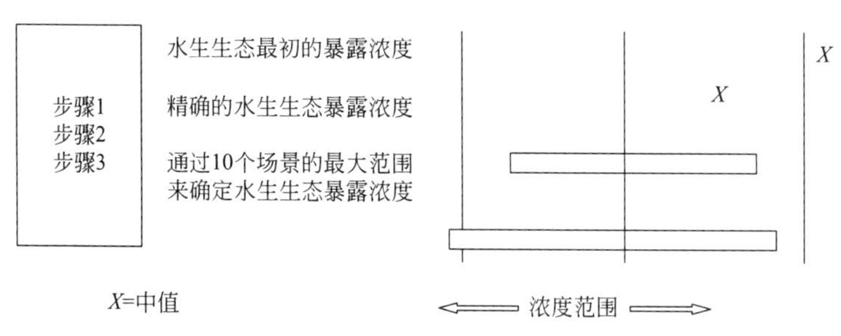

图 4-1　FOCUS 地表水之间的概念关系

步骤 4：高级暴露评估。

步骤 1 和步骤 2 的计算包括一些保守的简化假设，例如假定来自径流、排水以及接收水体的单一组固定规模为 2%～10%的瞬时水生生态负荷。这种假设使得可以使用简单的代数方程来确定水体中的初始浓度。然而，由于这些假设的保守性质，步骤 1 和步骤 2 的估计浓度可能高于或处于实际环境浓度分布的最高端。实际上，步骤 1～2 计算提供的 PEC_{sw}（地表水中的 PEC）值可能会导致可接受风险的产生。

在步骤 3 执行更多的机理计算，旨在产生现实的最坏情况下的水生生态浓度（由 FOCUS 地表水场景工作组定义）。然而，我们也应当认识到，步骤 3 的计算中包括许多保守的假设，例如在作物和水之间使用最小缓冲区，以评估喷雾飘移和将边缘径流直接输送到地表水中，并且在这一过程中忽略农药降解的光解过程，同时在沟渠、溪流和池塘场景中采用最坏环境默认值进行 PEC 预测（例如沉积物中的有机物含量低，无大型植物生物量）。作为这些假设的结果，预测浓度趋向于整个使用区域观察到的浓度分布的顶端；因此，这些假设场景会产生“合理最坏情况”的水生浓度。

执行步骤 4 地表水模拟的目的是提供更多在实际使用条件下可能的暴露浓度的准确估计，抑或是评估一种或多种减缓方案对暴露的影响。提出的改进方案可以分为 3 种类型：

① 单个模型参数的相对简单的变化，如改变化学性质、施用率、施用日期、来自不同排放途径的负荷等；或是影响降解或损耗的水生生态系统的性质，例如水文、沉积物有机质含量和水生阔叶植物生物量。

② 改变建模以合并风险降低措施。

③ 更复杂的改进可能涉及新场景的创建、化学监测数据的运用、概率方法或分布式流域模型的应用。

FOCUS 生态风险评价场景和减缓措施工作组[1,2]已经制作了详细的文件来支持步骤 4 的暴露模型，这里不再赘述。在步骤 4 应用的一些改进方案已被标准化，并且已经作为常规使用，它们大致包含在一级风险评价中；这方面的一个例子是将无喷雾缓冲区的使用涵盖于喷雾飘移减缓措施中。其他步骤 4 的改进涉及相对较新的方法（例如流域水平的建模）或者针对单个产品（例如新的场景）的专项开发。在这种情况下，需要根据具体情况对暴露估计进行评估，且风险评价明显超出了一级。流域水平内的评估目前未在 91/414/EEC 的范围内使用，其重点是针对边缘地表水的风险评价。

基于 FOCUS 地表水场景在空间尺度上的暴露评估，根据其水体的边缘水域特征，其被清楚地定义为 3 种标准类型（溪流、沟渠和池塘）。通常预计步骤 4 的估计也将涉及小边缘水域。然而，流域建模和监测提供了评估多个水体暴露的可能性，从而扩展了分析的空间规模[1,2]。尽管如此，使用流域暴露模型的输出来评估不可接受的影响，仍需要在更大的时空尺度上定义保护目标。

4.2.1　现场暴露类型

4.2.1.1　流动水中的暴露

通过对地表水中异丙隆浓度的研究，Ashauer 和 Brown 等启动了一项与之有关的研究和监测的审查[3]。来自多个尺度的研究证据表明，杀虫剂对非靶标水生生物暴露通常在脉冲或波动浓度下发生，图 4-2 给出了一个示例，第 3 章也已有详细描述。

通过对 10 年内从俄亥俄州的 4 个地点采集的近 4000 个样品进行评估，上述发现得到了确认[4]。地表水中强吸附性化合物的浓度显示出极高的在时间变量上的变化，因为通常仅在非常短的时间段内发生高于定量限制的水平，即在时间跨度上说，每年只发生几天。例如，约有2.5%的样品中有杀虫剂毒死蜱，而75%～89%的样品中含有吸附性较低的化合物如莠去津或异丙甲草胺。

4.2.1.2 半(静态)水体内的暴露

欧洲的监测数据几乎只适用于流动水体。在静态水域中的暴露模式则相对来说与时间上的动态关联性较低。然而，缓慢流动的水（例如在排水沟中的水）通常与耕种农业密切相关，并且由于其规模较小，造成稀释农药残留物的可能性较低，因此通常需要进行风险评价。

（1）模拟暴露评估　在英国已经通过使用FOCUS SWS（地表水场景）和现场观测对异丙隆和磺隆进行了模拟暴露比较[3]，具体为对排水沟水流、溪流和两段英国河流中农药浓度的数据集进行时间序列分析，以量化其主要特征。进行FOCUS地表水模拟，并利用实地测量加以分析确定其相似性和差异性。由于这些化合物的详细浓度呈现，该分析侧重于异丙隆和磺隆除草剂。测量数据表明，同一化合物的时间序列特征在不同地点和不同年份的相差显著。然而，通过在具有模拟数据的边缘水域和在小型河流中测量异丙隆浓度并进行比较试验发现，两者之间有着宽泛的对应关系。该对应可以体现在峰值间隔、峰值持续时间以及在较小程度上的连续脉冲的峰值浓度的降低。边缘水体测量和模拟都与大型河流中的测量浓度不同，这可能是因为后者在大规模范围上进行了相当大的投入和过程整合。

Ashauer和Brown报道的证据只适用于英国。因此植物保护产品登记程序中水生生态的暴露与效应评价的关联研究组（ELINK）对比利时Nil河流域中的异丙隆浓度进一步分析。Nil河流域（面积3200hm^2）显著大于任何FOCUS场景（溪流场景有100hm^{2}的上游水域面积）。此外，流域中的应用在应用期间（3月中旬至5月底）进行了分配工作，而不是像FOCUS计算中那样同时进行。然而，在应用期之外的一些峰值可以清楚地归因于径流事件。将事件期以及在其他时间内每天8h间隔收集的异丙隆的监测数据与图4-2中与R1径流场景下的FOCUS模拟数据进行比较[5]。尽管有直接可比性的限制，但很明显，FOCUS SWS针对实地的脉冲暴露给出了合理的表达。

因此，现有数据表明，FOCUS模拟会重现边缘场地尺度下农药浓度测量呈现的总体特征。这表明，已被测量过的暴露复杂模式影响需要在风险评价中考虑。在较低级评价中，这可能只需要证明现有程序保护足够充分，而在较高级别评价程序中可能需要更复杂的方案。我们建议对一系列化合物在一定条件下进一步开展工作，以巩固在风险评价中使用长期模拟浓度呈现的研究。

（2）确定性和概率性模拟　FOCUS SWS（地表水场景）目前给出了一个确定性的单年产出。显然，如果暴露或其他暴露表征参数中的连续峰值之间的间隔是风险评价的核心数据，那么，如何确定特定结果的发生频率和范围可能是相对关键的。这些问题的研究需要对暴露进行长期监测或概率估计，例如，天气条件或几年之间使用情况的变化性。诸如用于分析暴露评估的工具RADAR（用于评估持续时间和恢复的风险评价工具）能很方便地应用于多年的研究[6]。任何关于是否需要进行多年或概率模拟的决定都应由风险评价来决定。

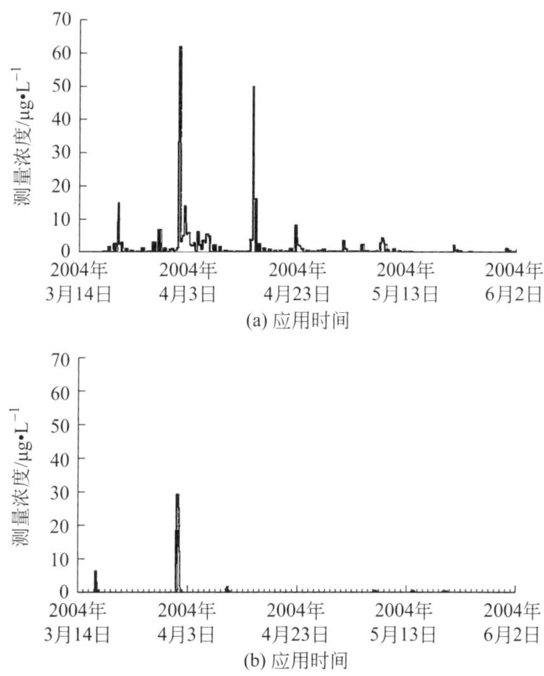

图 4-2 比利时上部 Nil 河流域（a）和 FOCUS R1 模拟场景（b）的测量监测数据比较

（3）时间分辨率的影响 监测数据和模型模拟分析显示，水生生态暴露通常在细微的时间尺度上显著不同。风险评价的暴露投入通常需要每天或多周的分辨率。而将时间聚合起来进行试验将影响所报告的数据，因此暴露试验终点将随着监测或模拟的时间分辨率（例如每小时、每天）而变化。值得一提的是，我们必须根据物质性质、使用模式和既得进入模式（resulting entry patterns）采取对应的时间取样策略（即时间分辨率）和分析方法。对具有高度变化暴露模式的化合物进行定期取样可能导致大量的结果低于检测限度[4]；因此，当构建来自这种情况的百分位数分布时需要小心，使得在进行暴露频率分布分析时适当地排除低于与生态毒理学或生态学相关的任何效应浓度以下的低浓度。图 4-3 显示了在不同时间分辨率下现场排水研究的磺酰脲类的嘧磺隆的测量和模

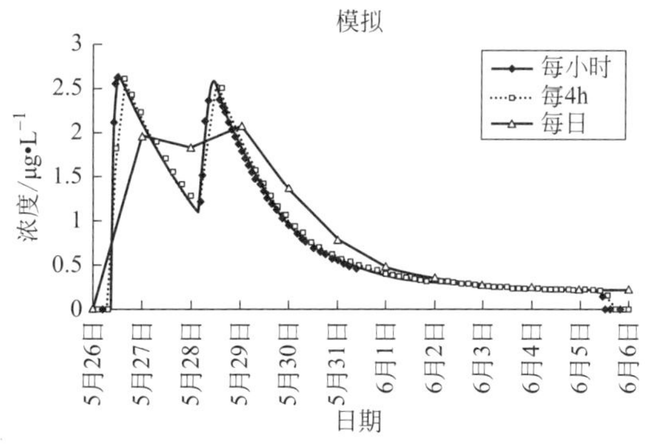

图 4-3 通过监测和模拟产生的浓度分布报告的时间分辨率影响

（数据基于排水沟水流中的磺酰脲类嘧磺隆浓度）

拟浓度。每 4h 收集样品用于分析该时间分辨率下的暴露模式，相对于作为每日收集的每日复合样品（平均每日）或在每天固定时间收集的单一样品来说，存在明显差异。当以每小时或每 4h 为基础进行报告时，模拟数据没有给出什么区别。将模拟分辨率降低至每日值时，在该实例中磺酰脲类的嘧磺隆的峰值浓度降低，但因为模拟结果比测量的结果呈现更平滑，造成了与小时值更接近的表达。

4.2.2 暴露评估中的步骤

4.2.2.1 暴露和效应关联小组评估方案中的暴露评估

（1）分级法　分级方法的概念是指从简单的保守层级开始，并仅在必要时开展更多工作（为工业和监管部门提供节约的基本原则）。根据 Boesten 等的说法，这种分级方法的一般原则如下：①早期的低阶次比后续的高阶次更保守；②后续的高阶次比早期的低阶次更现实；③早期的低阶次通常比后续的高阶次更省力；④跳到后续的高阶次（不考虑所有较早的层级）是可能的[7]。

然而，请注意，风险评价中所有层级的完整呈现可帮助风险评价者和管理者评估个别细化的步骤。在层级内必须考虑在投入和回报（effort and the filtering）之间的平衡问题，风险评价时应考虑可提供的所有相关科学信息。

虽然由 FOCUS（2001）实施的农药水生生态暴露模型在不同步骤上均符合所述的一般原则，但是平衡的分级暴露评估方法尚未完成，特别是对可用于改进现场暴露模型参数（例如，在中宇宙中浓度的监测模式和实际损耗）的试验和监测研究来说，还需要更多的指导。FOCUS 导则是评估更现实的 PEC 的先决条件，这样测评出的 PEC 可以输入到 ELINK 决策方案的不同框图中（参见第 3 章图 3-2）。接下来会提供用于改进的分级暴露评估方案的一些构建模块。

（2）暴露评估到个体 ELINK 风险评价框的信息流程　针对 ELINK 提出的效应或风险评价方案的各个步骤：

① 对于图 3-2 中的第 1 栏来说，需要 $FOCUS_{SWS}$ 步骤 1～4 的 $PEC_{global,max}$，以与第 1 级急性或慢性 RAC 进行比较。$PEC_{global,max}$ 是 FOCUS 中的标准输出。

② 对于图 3-2 中的第 2 栏，慢性 RAC（或 RAC 曲线）的绘制与 $FOCUS_{SWS}$ 步骤 1～4 计算的预测暴露曲线（PEC 曲线）相矛盾。第 3 章第 3.2 节描述了确定 PEC_{TWA} 的使用是否合适的标准。

③ 对于图 3-2 中的第 3 栏来说，需要将 $FOCUS_{SWS}$ 步骤 1～4 的 PEC_{TWA} 与慢性 1 级（或更高级别）RAC_{TWA} 进行比较。TWA 窗口持续时间的标准在第 3 章的第 3 栏中给出。PEC_{TWA} 是 FOCUS 中的标准输出。

④ 对于图 3-2 中的第 4 栏而言，能预计到从使用额外的测试物种（物种敏感性分布 SSD 方法）进行的实验性效应研究，到通过风险暴露预测（精细化暴露测试）或生态毒理学建模方法（例如，使用毒代动力学和毒性动力学 TK/TD 模型），并使用现实最糟糕的暴露方案进行的实验性测试。关键是，在任何额外的生态毒理学研究或建模方法中采用的暴露方案都允许推导暴露-反应关系，而该关系可以被用于（不管有或没有适当的外推技术）评估现场暴露预测的风险。允许进行精细化的暴露测试分析不是

FOCUS 用的特定暴露表征的标准输出，需要单独生成。

⑤ 对于图 3-2 的第 5 栏，预计可以通过现实的最糟糕情况暴露方案（由暴露预测指导）的微/中宇宙试验或人口/生态系统模型研究（由生态现场数据指导）来获得能代表阈值水平上的毒性效应 RAC。同样，关键是所采用的暴露方案能够允许推导剂量-效应关系，而该关系可以被用来（不管有或没有外推技术）评估预测现实暴露的风险。暴露表征导则和暴露参数，对是否允许时间权重暴露时，进行适当外推浓度-响应关系来讲是至关重要的。特定暴露表征不是 FOCUS 的标准输出，因此必须单独生成。通常，它与 $PEC_{global,max}$ 或 PEC_{TWA} 相关。

⑥ 对于图 3-2 中的第 6 栏，预计可以通过现实到最坏情况暴露方案（由暴露预测指导）的微/中宇宙试验或人口/生态系统模型研究（由生态现场数据指导）来获取敏感种群生态恢复时的 RAC。不管是基于毒性效应阈值水平下的适当 RAC（第 1～5 栏）还是基于生态恢复的 RAC，它们的绘制都与预测的暴露模式相矛盾，而这些暴露模式基于 $FOCUS_{SWS}$ 步骤 1～4 中 $FOCUS_{sw}$ 场景计算下的预测暴露模式（PEC 曲线）。关键是，较高阶次测试中采用的暴露方案允许推导剂量－效应关系，该关系可用来（使用或不使用外推技术）评估风险，包括预测现实暴露的恢复时间。通常情况下会使用 $PEC_{global,max}$ 或 PEC_{TWA}，并且它与 ERC 概念尤其相关。

4.2.2.2　暴露计算步骤

如第 3 章所述，所有在暴露计算中使用了在没有修改下的官方定义场景、标准商定或定义的计算方法、活性物质的物理化学性质的基本特性导致生成了可以被称为一级 PEC 的 PEC。从欧盟层面上看，这意味着，例如，通过第 3 章图 3-2 在步骤 1～3 定义的所有 FOCUS 场景的暴露评估和尽管保持步骤 3 场景定义但是以标准商定的方式引入减缓的暴露评估的步骤 4 的计算，均可以产生一级 PEC。$FOCUS_{SWS}$ 暴露流程图有 4 个独立于 ELINK 风险评价流程图的步骤。FOCUS 步骤 4 的计算旨在减少暴露（例如通过减缓等方法）或为其预期用途（例如，FOCUS 场景和减缓措施小组的报告；FOCUS 2007a，FOCUS 2007b）提供更加定制化的暴露评估。PEC 可以产生于水生生态风险评价中的任何时间点，图 4-4 所示为改自 Boesten 等的“交叉模型”（crisscross model）。原则上来说可以从低层跳到高层（省略中间层）。

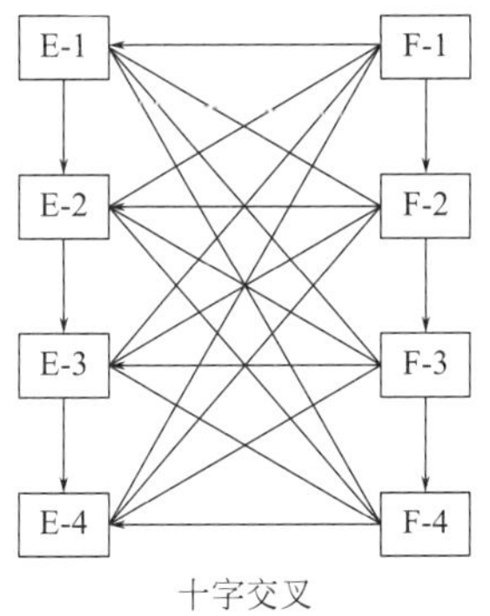

图 4-4　可能路线的联合效应和暴露流程的“十字交叉”概念模型图

E-1～E-4—4 个效应层级；F-1～F-4—现实暴露的 4 个层级[8]

4.2.3 暴露评估关键特征的识别方法

对于可能需要用抽象的方法或任何方法计算 FOCUS 地表水的暴露评估，这些方法均存在着不同的目标。

目标 1：在问题阐述阶段，有必要了解掌握对暴露评估的总体概览。这可通过将一组暴露描述导入到可以被分组的个体模拟暴露模式来实现，以用于帮助识别风险评价问题。这些暴露评估旨在提供理论和原理上的暴露模式，并给出峰值高度和宽度以及污染事件之间的大致时间间隔的指示，以再现真实的暴露曲线。

目标 2：在风险评价的下一阶段，需要更详细地描述暴露模式，以确定特定暴露特征是否可能代表风险的产生。因此，峰值形状、峰值/背景水平比、事件间的时间间隔等详细的描述将有助于识别在不同阶次风险评价中，可能存在的暴露评估和效应评估间的相互作用。

目标 3：更切合实际。基于各种复杂的模拟暴露模式，可引入用于设计更高级别效应研究暴露模式的更广义的暴露评估。

4.2.3.1 目标 1：环境暴露研究的一般概念

$FOCUS_{SWS}$产生的暴露指标非常复杂，这可能妨碍暴露和效应分析专家之间关于如何在风险评价中更好地体现暴露的讨论；这可以通过对体现农药整个环境归趋的溪流、沟渠和池塘进行一系列理想化的暴露评估。一组广义暴露模式如图 4-5 所示，这些模式旨在帮助讨论并开发最合适的风险评价（即支持问题阐述）方法。

图 4-5 的左侧和右侧特征的区别在于背景浓度存在与否。该背景浓度是基于一级风险评价（低级 RAC）触发的阈值关注水平而进行的长时间研究。短期和长期脉冲可以通过脉冲持续时间是否超过对最敏感的生物体的急性毒性测试的时间长度来区分。以排水流为主导的流水中暴露，在较小程度上，径流经常会显示出连续峰的高度复杂的模式［图 4-5（d）］。在静态水域中的暴露一般为非动态，并且经常显示图 4-5（e）中的模式［此种情况下，背景浓度的概念与其具有很小的相关性，并且它们的区别在于具有单个输入（底行，左）或多个输入（底行，右）之间的暴露］。

4.2.3.2 目标 2：暴露模型关键表征的鉴别

第二层级是暴露模型关键表征的抽象表现。它只有在暴露和效应相组合，并产生风险评价的措施时才具有意义。目标 2 的关键主题是提供用于描述暴露的“度量”（例如“峰值浓度”“峰值持续时间”“峰间隔”等），而目标 1 提供了暴露的一般模式的描述。风险评价的问题阐述将根据暴露模型、化合物的生态毒理学性质和使用特性而变化。可能的相关暴露模式的广义表征如图 4-6 所示。

我们提出一组暴露表征参数以获得暴露模式的关键特征。该组参数通常适用于在实地监测、模拟分析以及效应研究中的暴露模式的描述。通过给定的一组表征参数再现暴露模式应该是可行的。

并不是所有的参数在所有阶次的风险评价中都是必要的，根据所阐述的具体问题，选择恰当的参数用于暴露评估，应当尽早识别基本参数，以避免过高或过低的风险估计。

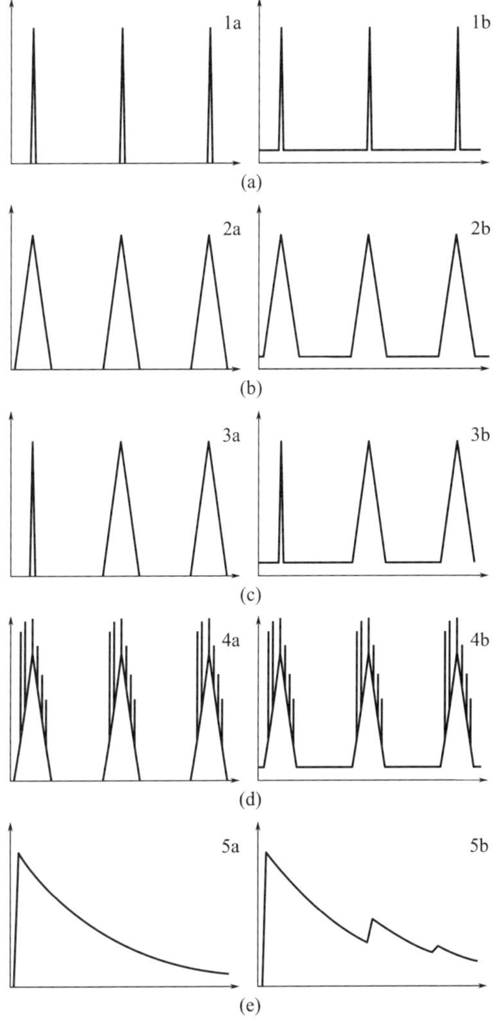

图 4-5　10 种普遍可能的暴露图示

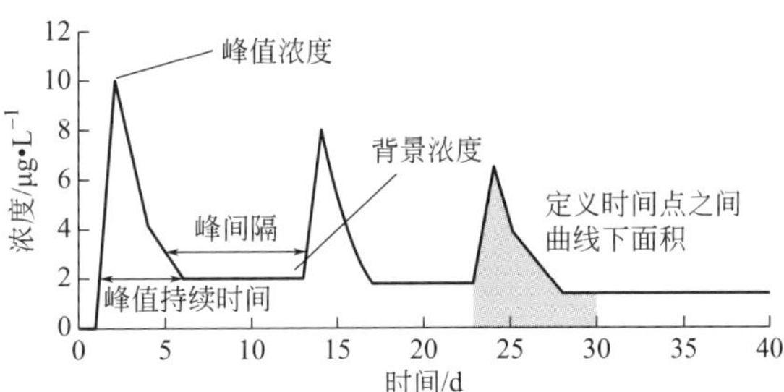

图 4-6　可能提示风险评价的暴露评估关键表征

作为数据分析的先决条件，必须在问题阐述过程中定义预设阈值浓度（初级 RAC），保守地估计暴露。我们可以针对短期和长期暴露的生态风险来区分不同的阈值浓度。需要注意的是，RAC 值的高低会影响对于脉冲持续时间的分析。

在暴露评估时，建议应特别强调对急性-慢性（A/C）比小于10的物质的峰值暴露描述，因为短期暴露可能已导致了环境风险。A/C 比应从潜在敏感的分类种群和可比的实验终点中导出。对于 A/C 比高于10的物质，应遵从科学判断以决定是否应强调描述峰值暴露或TWA暴露［考虑到作用方式，试验终点分别来自NOEC（无可见作用浓度）和在LOEC（最低可见作用浓度）观察到的效应水平］。

我们需要在模拟暴露场景下，使用移动时间窗口法，并通过研究持续时间来评估暴露表征参数的相关时间段以获得暴露表征。为了便于通信，可以在如表4-1所示的第一种情况下描述暴露表征参数。进一步的详细分析，特别是对于多年的应用研究，则有必要获取统计参数来描述频率分布。而对于多峰值事件、场景类型和水体类型来说，暴露表征参数的归类可能是必要的。暴露表征参数将取决于物质的环境归趋性质和效应类型，并且为了识别主因素成分，我们还可能需要进行多变量分析。

表4-1　US EPA农药生态风险评价的常用模型

类别	模　　型
地下水	地下水筛选水平浓度预测模型（SCI2 GROW）； 第1层次风险预测模型——地下水（Tier Ⅰ Eco-Risk Calculator）； 农药根际区带模型（PRZM3）； 渗流区流动转运模型（VADOFT）
地表水	暴露浓度一般估计模型（GENEEC）； 暴露评估模拟系统（EXAMS）； 农药根际区带——地表水暴露评估模型（PRZM2 EXAMS）； PRZM2 EXAMS暴露模拟外壳（EXPRESS）
水生生物	第1层次风险预测模型——水生生物（Tier Ⅰ Eco-Risk Calculator）； 生物富集及水生系统模型（BASS）； 水生效应风险评价模型（RRA）； 有毒物质食物链模型（FGETS）

针对ECOFRAM（FIFRA风险评价生态委员会）项目开发的RADAR工具[9]是在ELINK讨论中的一个很好的起点，但是我们仍需要一个更加灵活的工具，一个能导出预期使用中所列出的暴露表征参数的统计和测量的工具。ECPA（欧洲作物保护协会）将开发符合当前软件要求的特定独立软件工具（与ELINK建议一致），并将涵盖以下方面：①计算由ELINK提出的暴露表征参数和多个季节情况下的参数统计（例如多年的应用研究）的能力；②考虑不同的时间分辨率的能力（每小时、每天）；③考虑表格中提供的任何暴露模式的能力。

4.2.3.3　目标3：现实场景中暴露方案指导

对农田中农药使用的描述和随后暴露于地表水的广义表征可用于现实场景中暴露方案类型的选择（图3-2的第4～6栏）。这里描述了一般过程，接下来是一个工作示例。

（1）如何通过现实场景指导效应研究中的暴露方案　效应研究中待测试的暴露方案应主要通过化合物的作用方式（MOA）、A/C 比、试验观测的终点类型（例如死亡率与生长率）和受试生物体敏感生命阶段的生态毒理学考虑来确定。例如，拟订一个鱼类全生命周期研究中的暴露方案，应确保其在生物体的敏感生命阶段会受到暴露，并且不应仅受通过 FOCUS 地表水工具计算的典型暴露事件间隔所驱动。然而，在确定效应研究暴露方案时仍需捕获关键的暴露参数（见图 4-6），尤其是“峰值浓度”“曲线下面积（AUC）”“峰值持续时间”和“峰间隔”。此外，在确定适当的效应研究暴露浓度方案时，背景浓度（如果存在）可能是很重要的。AUC 可能是确定暴露方案的测试变量，效应研究中的暴露 AUC 应该至少覆盖现实暴露的 AUC（由 FOCUS 模拟或测量），或者应当可以推断不同暴露方案间的浓度-效应关系。

峰值持续时间与在建立毒理效应之前需要一定持续时间这一事实相关（另见第 7 章 TK/TD 模型的相关内容）。开始效应研究的时间（TOE）将会明确建立这种关系，这可能与具有低 A/C 比的物质的急性研究的特殊情况相关。TOE 研究的设计可以由暴露峰值持续的时间信息指导。

（2）峰值的毒性生态学和生态学上的独立性　当使用广义暴露评估设计更高级别的效应研究暴露时，且该高级别试验的焦点是获得毒性效应阈值水平的 RAC 表达（例如图 3-2 决策方案中的第 5 栏），评估重复脉冲暴露是否在毒理学上彼此独立是很重要的，半静态和流动水会模仿这种类型的暴露，特别是在不稳定化合物的情况下。如果敏感物种的个体的寿命足够长且也经历着重复脉冲暴露，则它可能产生对重复脉冲的毒理依赖性。例如：如果广义暴露评估由两个脉冲暴露组成，那么第二个脉冲可以认为在毒理学上独立于第一个脉冲；如果在两个脉冲之间敏感物种个体的内部暴露浓度下降且低于临界阈值水平、发生损坏的完全修复，峰值的毒理学独立性可以通过精细化暴露试验或 TK/TD 建模方法进行研究。如果可以针对所关注的物种表明其广义暴露评估中连续峰的毒理学独立性，则在微/中宇宙研究中采用单脉冲暴露方案可能是有效的，该研究旨在获得阈值水平的毒性效应的 RAC 表达。

当在风险评价中使用更高级别的测试（例如微/中宇宙试验研究），旨在获得基于 NOEAEC 的 RAC（无可见生态不良效应浓度，例如考虑敏感物种的生态恢复）时，评估连续脉冲暴露的生态依赖性/独立性将是重要的。如果峰值之间的间隔小于关注敏感群体的恢复时间，则这些峰应视为有生态学依赖性。由于在微/中宇宙测试中只能研究有限数量的生态恢复场景，建模方法可以作为时空外推的一种替代工具，来研究连续脉冲暴露是否具有生态依赖性。

尽管潜在敏感物种或这些物种的特定敏感生命阶段不在这些脉冲暴露发生的时期，可能存在的脉冲暴露的生态独立性在风险评价中仍是重要的。风险评价以及在更高阶次试验中支持该风险评价的暴露设计，应该着重于与所关注的物种（生命阶段）同时发生的那些暴露。

4.3　美国水生生态暴露评估模型

在评价农药对生态环境的风险时，不但要考虑农药自身的毒性，还要考虑靶生物在环境中与农药的接触程度，即暴露浓度，它是指在某一时期内靶生物以特定方式接触到的某种物质的浓度或数量。暴露是通过呼吸空气、饮用水、饮食或与各种包含某种化学品的产品相接触等途径而发生的，化学品的浓度和与化学品接触的程度是暴露评估的两个重要组成部分。通常用实测的数据或模型估计来进行暴露评估。典型的、有质量保证的实测数据优于模型并且可以用来验证和改善模型，但因为实测数据来之不易，所以在进行暴露评估时，通常用数学模型来预测农药在环境中的浓度。而在概率风险评价过程中，每一个层次都需要运用模型对暴露进行估计。

在水生生物模型中，多级模型预测系统用于评价复杂的和潜在的风险，低阶次的模型则为估计水中的农药提供了选项。

4.3.1 GENEEC 模型

在 20 世纪 90 年代早期，随着各种模拟模型的发展，计算机模拟暴露评估在生态风险评价中起到了越来越重要的作用。为了能在相同的基础上对所有的化学品进行评价，需要一个标准的水生生态环境，一般估计暴露浓度模型（generic estimated exposure concentration，GENEEC）就是在这样的要求下产生的。GENEEC 模型以下面的假设为基础：一块用农药处理过的 $10hm^2$ 的农田，经过一次较大的降雨后，使农药流失至一个面积为 $1hm^2$、水深为 2m 的“标准农田边缘的池塘”中（水体体积为 $20000m^3$）。

如今，GENEEC 模型已被广泛地用于第Ⅰ个层次的水生生态风险评价。它模拟了更复杂的 PRZM/EXAMS 模型，但是它比 PRZM/EXAMS 模型要简单得多，是一个单事件的模型，只是假设发生了一次大的降雨或流失事件将大量的农药一次性地从农田转移至水体中。该模型只需要输入少量的参数，因此能节省很多的时间和精力。模型所需要的参数主要包括化学品的使用信息（如使用量、使用次数、使用间隔时间）、土壤-水的分配数据及化学品的降解动态数据（如土壤、水中的降解半衰期）。输入上述参数即可估算出该化学品在标准农田边缘的池塘中的浓度。需要注意的是，该模型在估计潜在暴露时没有考虑气候、土壤、地形或作物的差别，在对水文的处理上，GENEEC 也比 PRZM 和 EXAMS 更简单。PRZM/EXAMS 模型模拟 36 年间日常气候对处理农田的影响，在这段时间里，农药被平均每年 20～40 次的降雨从农田冲刷至水体中，每一次冲刷都会有一定量的农药进入水体，进入水体的农药也在不断降解。而 GENEEC 则没有考虑这种影响，所以它只能用于第Ⅰ个层次粗略地估算农药的浓度。

4.3.2 PRZM 模型

农药根际模型（pesticide root zone model，PRZM）是 US EPA 于 1984 年开发的动态模型，主要用于模拟农药在作物根层土壤系统中的迁移和转化。研究结果表明，该模型能很好地预测农药在土壤中的行为，并且 PRZM 可与其他模型连在一起使用。如将它与 EXAMS 模型连在一起用于水生生态风险评价中第Ⅱ个层次的暴露估计（PRZM/EXAMS）；与渗流区流动转运模型（vadose zone flow and transport model，VADOFT）连用，用于估计进入地下水中的农药浓度。

该模型目前为 PRZM3 版本，由若干部分组成，其中两个主要组成部分是水文学和化学品迁移。水文学部分主要是估计土壤中农药因蒸发、侵蚀等水的运动而损失的量；

化学品迁移部分主要是模拟农药的施用（施于土壤或作物叶片上等）和农药在作物根际的生物降解，估算因作物对农药的吸收、农药在作物表面的流失等过程而导致的农药在土壤中的溶解和吸附浓度。运行 PRZM 需要 4 种类型的输入数据：气象学数据（农药施用地点的气候数据，主要包括降水、蒸发、日平均气温、气压、太阳辐射、湿度、风速及风向等）、土壤数据（如土壤吸收深度、土壤降解半衰期、K_d 值及 K_{oc}值等）、水文学数据（如水解半衰期、在深水中的降解半衰期）和农药化学行为数据（如施用量、施用频率、喷洒飘移以及在作物上的衰减、蒸发等）[10]。

4.3.3 EXAMS 模型

暴露评估模拟系统（exposure analysis modeling system，EXAMS）被认为是一个预测性的系统模型，于 1982 年首次公布。EXAMS 的核心是一套将基本的化学特性与影响化学品在水生生态环境中行为动力学的参数连在一起的处理模块，主要用于预测化学品在水生生态环境中的浓度。为了运行 EXAMS，需要 3 种类型的输入数据：水环境数据（大气压、水体温度等）、化学品数据（分子量、在水中的溶解度等）及环境释放数据（由土壤系统或喷洒飘移等进入水体中的农药浓度）。利用 EXAMS 能快速地估算出农药等化合物在水体中的浓度及化学物质释放至水生生态环境后在水体中自然降解所需的时间[11]。

4.3.4 PRZM/EXAMS 模型

PRZM 和 EXAMS 通常被连在一起用于更精确地估计地表水环境中的农药浓度。PRZM 模拟农药从农田的流失，EXAMS 模拟农药在受纳水体（模拟的水体是一个静态的池塘，紧邻着处理过的农田）中的行为。PRZM 的输出数据作为 EXAMS 的输入数据，最终的输出结果是即时峰值浓度和 96h、21d 的急性浓度及长期（60d、90d、1 年）的慢性浓度。PRZM 和 EXAMS 所需要的参数相对较多，输入较麻烦，为此，US EPA 开发了方便输入的 PRZM/EXAMS 暴露模拟外壳程序 EXPRESS、PE4. pl、PE4V 01. pl 等。在这些程序中整合了大量的气候数据和作物资料，使用时只需要向其中输入化学品方面的数据，程序就会创建必要的输入和执行文件，激活 PRZM 和 EXAMS，并自动运行模型，创建输出文件。

美国在农药水生生态风险评价工作的早期，大多用商值法定性地评价农药对水生生物的风险。20 世纪 90 年代后，农药项目办公室开始正式发展新的水生生态风险评价方法——概率水生生态风险评价，在 1991 年完成了第一例概率水生生态暴露评估。该实例用 PRZM 以及附加的热力学模型一起进行暴露评估，并对 K_{oc}中的不确定性进行了分析，对不同的管理措施进行了评价，还比较了在静水和激流中暴露的不同。1993 年，Jones 等用 PRZM 和 EXAMS 完成了多个拟除虫菊酯的概率风险评价[12]。此后，随着水生生态风险评价方法的不断完善，美国环保署相继完成了许多农药的水生生态风险评价，例如杀扑磷、毒死蜱、对硫磷，等等。在这些实例中，都采用了上述多层级的系统来估计地表水和地下水中的农药浓度，第Ⅰ个层级的评价利用的是简单的农田池塘模型——GENEEC，如果第Ⅰ个层次模拟得到的RQ值超过了水生生物的LOC值，就要进入第Ⅱ个层级的评价。第Ⅱ个层次的评价利用PRZM2 EXAMS模型及更广泛的监测数据，它能减少第Ⅰ个层次评价结果的不确定性，并更现实地估计农药浓度。由于更高阶次涉及更复杂的模型，需要进行大范围的实际监测，需要的经费也相当高，所以到目前为止，美国的农药水生生态风险评价实例大多只进行到第Ⅱ个层级。

4.4 中国水生生态暴露评估

4.4.1 暴露评估的一般方法

暴露评估采用分级方法，通常采用适当的环境暴露模型进行分析，也可使用田间实际监测数据。

① 初级暴露评估一般采用模型预测地表水中环境浓度的方法。

② 高级暴露评估可采用优化环境暴露模型参数、半田间试验数据，对于已广泛使用的农药也可采取实际监测数据获得地表水中的环境浓度。

③ 使用模型进行暴露评估时，应依据不同的农药使用技术和方法、不同场景和模型参数进行。当农药用于水稻田时，应选择TOP-RICE模型。

④ 在暴露评估中，需考虑初级暴露评估和高级暴露评估，以及用于急性风险评价和慢性风险评价的PEC。

4.4.2 暴露评估模型运用

4.4.2.1 场景点的选择

根据需评估农药的登记作物和防治对象选择具有代表性的场景点。应选择所有具有该作物生长期信息的场景点，有资料表明该防治对象局限在某些特定场景的情况除外。本书介绍的TOP-RICE模型采用的中国南方水稻田场景信息见本章附录B。

4.4.2.2 环境归趋终点数值选择

应按以下原则选择环境归趋终点：

① 土壤降解半衰期选择现有半衰期数据的几何平均值，当不同土壤降解试验的温度和土壤湿度不同时，可按附录B折算为标准条件下的半衰期后再取几何平均值；

② 土壤吸附系数选择现有吸附系数数据的几何平均值；

③ 水解半衰期选择目标化合物在3种pH值条件下水解半衰期的最大值；

④ 上述数据均应符合附录B中相关标准的规定。

4.4.2.3 模型输入参数

TOP-RICE模型的输入参数遵照本章附录B。

4.4.2.4 施药方法

施药方法（包括施药方式、施药时间、施药次数、施药间隔、施药剂量等）根据待评估农药推荐的使用技术和使用方法确定，选择最大施药剂量、最多施药次数和最短施药间隔。

4.4.3 初级暴露评估

4.4.3.1 初级暴露评估的一般方法

在对水生生态系统的初级暴露评估中采用初级暴露模型，或在模型模拟过程中选择较保守的输入参数或模型默认参数以获得初级 PEC。

4.4.3.2 初级急性暴露评估

可使用模型预测浓度的峰值（PEC_{max}）作为预测环境浓度，也可使用时间加权平均浓度（PEC_{TWA}）；时间加权平均浓度的时间窗口根据效应分析选择的生态毒性试验周期确定。当所采用的生态毒性试验中，试验期间处理组的浓度变化超过设计浓度或初始浓度的 20%，但试验终点以设计浓度或初始浓度表示时，只能使用 PEC_{max} 作为预测环境浓度。

4.4.3.3 初级慢性暴露评估

可使用模型预测浓度的峰值（PEC_{max}）作为预测环境浓度，也可使用时间加权平均浓度（PEC_{TWA}）；时间加权平均浓度的时间窗口根据效应分析选择的生态毒性试验周期确定。但在下列情况下只能使用 PEC_{max} 作为预测环境浓度：

① 所采用的生态毒性试验中，试验期间处理组的浓度变化超过设计浓度或初始浓度的 20%，但试验终点以设计浓度或初始浓度表示；

② 所采用的生态毒性试验终点是基于农药对供试生物生命周期中某一短期特定阶段的影响（如变态期的畸形），且有证据表明这一时期可能发生农药的暴露；

③ 所采用的生态毒性试验终点是基于试验前期（如前 96h）供试生物出现的死亡，或基于活动抑制或死亡的急性毒性与慢性毒性终点比值（急性 LC_{50} 或 EC_{50}/慢性 NOEC）＜10；

④ 在慢性毒性试验中，暴露结束后或将供试生物与农药隔离后仍观察到延迟效应，或其他证据表明农药存在这种作用方式。

4.4.4 高级暴露评估

4.4.4.1 高级暴露评估的一般方法

在水生生态系统的高级暴露评估中采用高级暴露模型，或在模型模拟过程中根据农药的理化性质、使用方式等选择接近实际情况的输入参数以获得高级 PEC。当有试验资料说明作物拦截系数、冲刷系数等参数时，可使用试验数据。在高级评估中，也可以使用田间消散研究结果和监测数据等。

4.4.4.2 田间消散研究

使用田间消散研究结果时，需要确认相关研究数据是否能够用于暴露评估。可使用参照 OECD《化学品测试及评估导则　旱田田间消散试验》[13]中的降解半衰期模块或《化学农药　旱田田间消散试验准则》（NY/T 3149—2017）[14]得出的 DegT_{50}作为土壤降解半衰期（好氧）。

4.4.4.3　实际监测数据

在高级暴露评估中，对于已有的、有代表性的监测数据，应在进行暴露评估时优先考虑，但需要确认监测数据的合理性和有效性。

使用实际监测数据时，所监测的地点应能代表该农药的典型使用地区，所使用的分析方法其灵敏度应满足风险评价的要求。

4.4.4.4　高级暴露评估中 PEC 的选择

高级急性暴露评估中 PEC_{max}和 PEC_{TWA}的选择原则同 4.4.3.2 节，高级慢性暴露评估中 PEC_{max}和 PEC_{TWA}的选择原则同 4.4.3.3 节。

4.5　暴露评估模型实例

4.5.1　集中地表水体的暴露值和实现方式

集中地表水情景模型在 1997 年建成，其目的是为了重新定义欧盟地表水中杀虫剂暴露值。所设定的水体是由排水系统和地表径流汇合的地表水体，因此称为集中地表水体。集中地表水体情景模型通过设置一系列标准情景模型而实现，这些情景模型是根据一系列暴露风险评价的步骤进行设计的，即：

第一步（步骤 1）：设计最差状况；

第二步（步骤 2）：考虑到应用消耗，根据连续应用模型设计最差状况；

第三步（步骤 3）：根据作物/气候情景，综合运用实际最坏情形的土壤学、地形学、水体学、气候学和农学等，设计最差状况；

第四步（步骤 4）：局部/地方的风险评价，包括可能的缓解措施。

4.5.1.1　第一步和第二步的计算

第一步和第二步的计算，是在一个 30cm 深的静态沟渠（没有流动水体的稀释）中进行的，其中有 5cm 深的沉积层，假定沉积物中有机碳含量为 5%，容积密度为 0.8kg·L^{-1}。设计者开发了一个名为“STEP1-2 in FOCUS”的应用软件，以便用户可以简单地计算第一步和第二步中的暴露水平。关于计算的详细信息在这个软件中都有所体现。其方法的简介如下：虽然水中化合物的 DT_{50}少于处理间隔的 1/3，但在步骤 1 中，仍假定了最大的单一应用剂量应用率。在沟渠中由于农药残留不会积累，因此应该对单一剂量的应用率进行评估。入水的喷雾偏差源于德国 BBA 的飘移数据，将发生率 90%设为基准点，并随着作物的种类进行变换。入水的航空应用数据是由美国喷雾偏差特别小组得到的。假定排状作物和水体边缘的间距为 1m 的固定值，高作物为 3m。在步骤1中，测得当天沟渠中溢流量、腐蚀量和排水管流量的混合量为15%。计算器的输出结果包括水中PEC、沉积物的最大量和真实状态下通过实践累加的平均PEC值。PEC_{max}是水中或沉淀物中预测的最大环境浓度，预计会在应用过程中或这之后达到(考虑到水中或沉淀物中可能出现的剩余物积累会产生更多稳定的有机物)。

而对于第二步的计算，大量的改良使模型情景设计变得更加合理。飘移喷射量是根据治理日期而分别设定的，同时个体漂流输入的百分比也进行了调整，用整体概率的90%漂流负荷代表（即个体事件不及多个应用的90%）。作物和水体的距离同第一步是相同的。

在步骤2中，依旧考虑了土壤沉积物的拦截作用，而与步骤1的区别在于作物种类和成长阶段。适当的拦截水平可以使很多种作物能够得以在此生存。在最后一次处理后的4天，受试土壤中剩余的部分农药（由土壤退化率决定）以溢流、腐蚀或进入排水管道等方式增加到了沟渠中，直接进入沟渠中的沉积层。这种损失的多少与季节和地区都有关。步骤2和步骤1的结果基本相近。PEC测定值常常采用时间变化的时间累计平均值和实际累积量采用“移动视窗”的方法进行计算，即利用整个暴露地区中的最大PEC_{TWA}(不仅仅是最后一次应用以后的PEC_{TWA})。因为有一些情况下，由单次使用带来的PEC可能会高于多次应用的量（主要是因为漂流物的进入会在多次应用中得到衰减），因此单次应用中的PEC也常常纳入计算中。这两者中较高的值会用来进行风险评价。

4.5.1.2　应用第一步和第二步的数据进行风险评价

根据集中水体中第一、第二步得出的适当PEC可以被用来比较毒性水平。如果化合物在这两个步骤中均有所衰减，则应进行下一个水平的风险评价。如果在第二步中鉴定到有重要区域，则必须缓和暴露物质的富集，比如应用缓冲区对其进行缓解。用户必须按照第三步的计算结果执行。

4.5.1.3　第三步

第三步情景中全部的细节和模型方法在集中地表水体报告中都应有表述。在总述中，步骤3包括6个排水系统和4个溢流情景。每个情景都代表了欧盟各地区不同土壤和气候的组合，这可能是引起排水和溢流进入地表水体从而引起其改变的最大参数。根据地理环境，每个情景都有可能与一个、两个甚至三个可能的水体（池塘、沟渠或者溪流）有关，每一个都有一系列的环境性能和对应的作物。混合物模型的应用决定了运用哪一种情景（“Wizard”键可以帮助用户进行这项任务）。在所有的情景中，漂流物的进入都按照德国BBA的喷雾偏差数据进行偏差计算，排水进入（适合的）是利用MSCRO的模型进行计算的，而溢流进入（适合的）数据是由PRZM提供的。在不同的水体中，混合物的归趋都用TOXSWA进行建模，且被流动水体进行缓和。各个情景中水体的流出都和第二步中的基本相似。

4.5.1.4　第四步

第四步是一个更高程度的暴露评估，它可能根据输入参数和区域水平的不同，包括不同等级、不同复杂风险缓和措施进行选择（在第四步之前认为没有适当的缓和措施）。步骤 4 本身会是一个具体分析的过程，根据农药的性能、模式以及在较低程度的评估中鉴定到的这个区域可能存在的风险。当然，各种集中水体的测试方法在风险缓和过程中都认为是有一定的常规指南的，这些情景的科学有效性应该有大量的数据作为支持，并且必须是被欧盟水平所接受的。

4.5.2 特殊的暴露情景

上文所提的集中水体的特殊情景仍不成熟，同样一些小作物如橄榄树、柑橘或葡萄等作物可能需要设定特殊情景，所以如果遇到这类的特殊场景就必须要进行具体分析。

对于农药在室内的应用，应该提供一种判定其是否会引起水生生物暴露的基本原则。这个原则应该是关于地表水潜在污染的，通过工具测定排水系统、冷凝水（在玻璃器皿内）和雨水（在玻璃器皿外）的相关数据，从而得出污水处理措施的潜在风险。

通常来说，通过挥发或干燥沉积物的方法进行植物保护也可以允许一些特殊方法以确定所用农药在地表水中的暴露水平。

4.5.3 时间加权浓度的应用

通常，慢性风险评价的初级阶段的暴露浓度是根据最初/最大量的 PEC 水平设定的。为了更切合实际情况，时间加权浓度 PEC_{TWA}的概念被引入风险评价。

在决定 PEC_{TWA}水平是否合适时，必须考虑农药化合物的归趋和行为以及活性物质的毒性（例如毒物的初始有效时间）等，提出相关端点的初始有效时间。应用 PEC_{TWA}水平时，应将特殊原因列入代谢物潜在暴露的考虑中，如 PEC_{TWA}不宜应用在母体化合物的研究中。为了评估水生生物的风险，从水体退化和消耗得出的 PEC_{TWA}水平应分阶段引入水-沉积物的研究中，而不是研究整个系统的 DT_{50}。由 PEC_{TWA}得出的有关水-沉积物的研究也与土壤情况（例如土壤的 pH 值）有关。

对于不稳定的活性物质，公式化的毒性数据与风险评价有关，暴露评估通常是不准确的，因为基于公式化的水-沉积物研究是不可用的，所以不能计算 PEC_{TWA}的值。在这些情况下，应用水-沉积物研究活性物质得出的 DT_{50}是可行的，通过活性物质毒性试验分析测量值得出的数据和公式化的数据也是可以比较的。如果公式化数据可以包括超过一种活性物质，那么应用相同方法测定多数毒性物质或衡量物质也是可行的。

另外，对于内分泌降解的化合物，可能不适合运用 PEC_{TWA}，因为所得出的结果可能是在短期内持续增长的暴露过程中测定的。

4.6 暴露评估的生态学意义

考虑到生物体是最敏感的物种，因此最终的 PEC 估计值是根据不同群体的生物性能而变化的。因此，“生态毒理学”应保证最终 PEC 对于生物学和生态学方面最敏感的生物群也是适应的，对水生生态系统而言，确定了使用水生生物进行风险评价。此外，暴露体系也会被运用于相关的毒性试验中，以得出最具相关性的 PEC 值。水生生态系统的环境风险评价总体流程及急、慢性环境风险评价流程见本章附录 A 中的附图 A-1～附图 A-3。

4.6.1　风险表征

风险商值（RQ）按式（4-1）计算：

$$RQ=\frac{PEC}{PNEC} \tag{4-1}$$

式中　RQ——风险商值；

PEC——预测环境浓度；

PNEC——预测无效应浓度。

如果 RQ≤1，则风险可接受；如果 RQ＞1，则表明风险不可接受，有必要进行高级风险评价。

4.6.2　对高富集性农药的评估方法

农药的最大生物富集因子（biomagnification factor，BCF）不应大于 100，即使在有充分数据证明该农药易生物降解的情况下，BCF 也不应大于 1000，否则，因生物富集带来的风险不可接受；但有数据证明在田间条件下按照推荐使用方法使用农药后，不会对受暴露物种的生存能力造成直接或间接不可接受影响的情况除外。

高富集性农药对水生生态系统的环境风险评价流程见本章附录 A 中的附图 A-4。

4.6.3　对代谢物的评估方法

如果环境行为资料表明，农药存在主要代谢物时，应逐个分析主要代谢物对鱼、溞的急性毒性和对藻的毒性。当某一主要代谢物对鱼和溞的急性毒性、对藻的毒性高于农药母体时，在效应分析过程中还需进一步分析该主要代谢物对其他水生生物的生态毒性（包括慢性毒性）；当某一主要代谢物对鱼和溞的急性毒性、对藻的毒性低于农药母体或与母体相当时，在效应分析过程中可以使用母体的慢性生态毒性代替该主要代谢物的慢性生态毒性，也可以使用该主要代谢物的慢性生态毒性端点的数据；当农药的某一主要代谢物为 CO_2、腐殖酸等环境中广泛存在的物质（但主要代谢物为重金属的情况除外）时，则认为该主要代谢物对水生生态系统的风险可忽略不计。

4.7　风险降低措施

当风险评价结果表明农药对水生生态系统的风险不可接受时，应采取适当的风险降低措施以使风险可接受，且应在农药标签上注明相应的风险降低措施。通常所采取的风险降低措施不应显著降低农药的使用效果，且应具有可行性。农药对水生生态系统风险降低措施信息参见本章附录 C。

附录 A 水生生态系统环境风险评价流程图

对水生生态系统的环境风险评价流程见附图 A-1～附图 A-4。

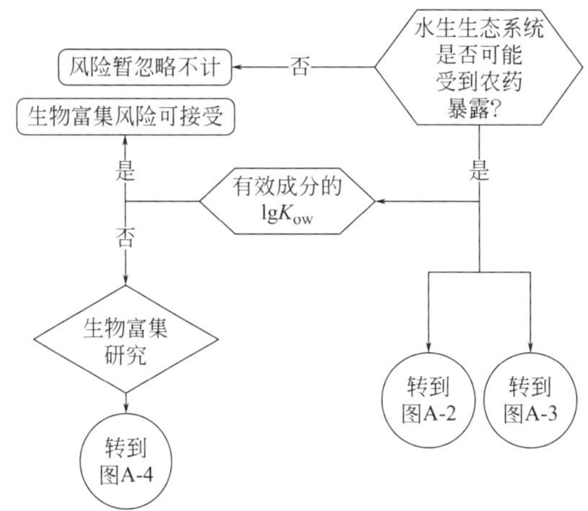

附图 A-1 水生生态系统的环境风险评价总体流程

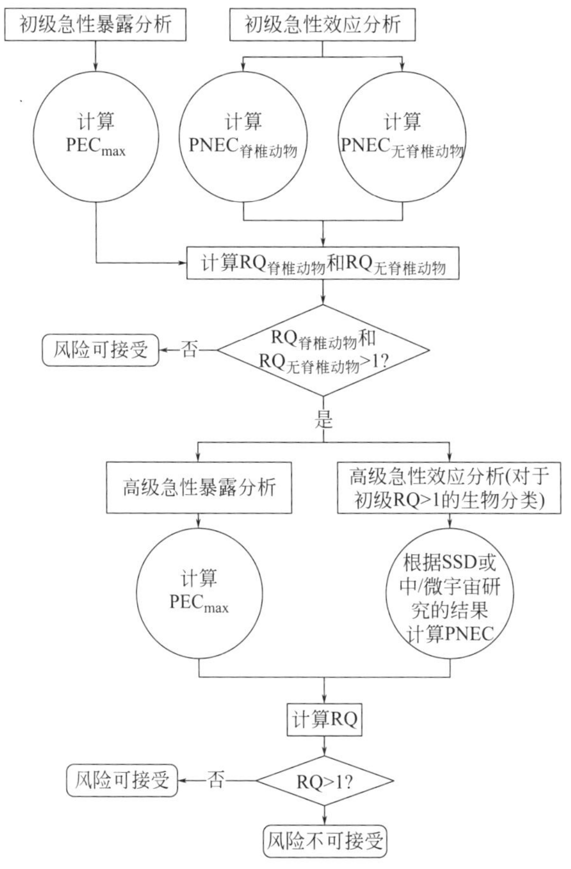

附图 A-2 水生生态系统的急性环境风险评价流程

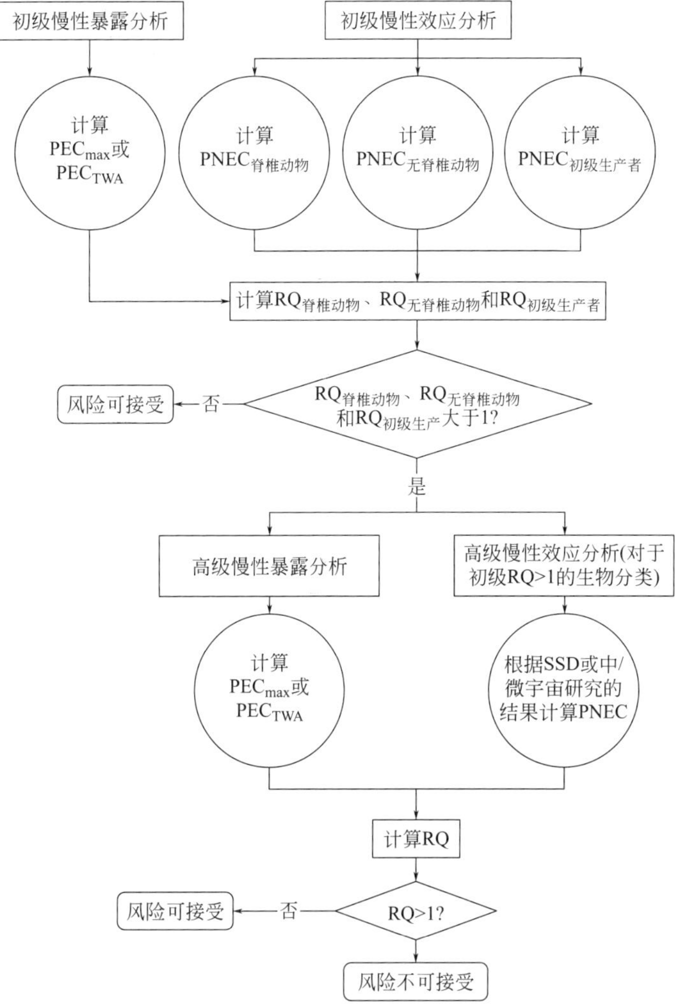

附图 A-3　水生生态系统的慢性环境风险评价流程

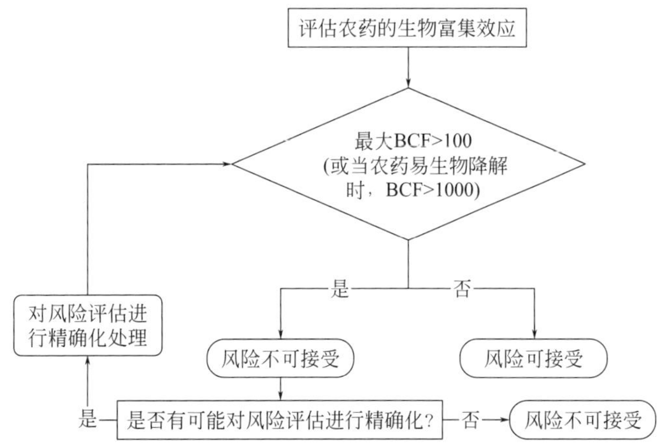

附图 A-4　高富集性农药的评估流程

附录 B TOP-RICE 模型输入参数

参数项（英文）	参数项（中文）	单位	默认值	备注
Molar mass	摩尔质量	$g \cdot mol^{-1}$	—	范围：10～1.0×10^4
Saturated vapor pressure	饱和蒸气压	Pa,℃	—	范围：0～10。如果测量温度未指定，默认为20℃。如果存在多个数值，取算术平均数；如果没有数据，取 0 Pa，20℃
Solubility in water	水中溶解度	$mg \cdot L^{-1}$,℃	10000	范围：0.001～1.0×10^6。如果测量温度未指定，默认为20℃。如果存在多个数值，取算术平均数
Molar enthalpy of vaporization	摩尔蒸发焓	$kJ \cdot mol^{-1}$	95	范围：−200～200
Molar enthalpy of dissolution	摩尔溶解焓	$kJ \cdot mol^{-1}$	27	范围：−200～200
Reference diffusion coefficient in water	水中参照扩散系数	$m^2 \cdot d^{-1}$,℃	4.3×10^{-5}，20	范围：0～200
Reference diffusion coefficient in air	空气中参照扩散系数	$m^2 \cdot d^{-1}$,℃	0.43，20	范围：0.1～3
平衡吸附（Equilibrium sorption）				
Option	类型		K_{om},pH-independent	现阶段唯一可用选项
K_{om}	土壤有机质吸附常数	$L \cdot kg^{-1}$,℃	—	范围：0～1.0×10^7。如果测量温度未指定，默认为20℃。如果存在多个数值，取几何平均值。$K_{om}=K_{oc}/1.724$
Reference concentration in liquid phase	水相中的参考浓度	$mg \cdot L^{-1}$	1	范围：0.001～100
Molar enthalpy of sorption	摩尔吸附焓	$kJ \cdot mol^{-1}$	0	范围：−100～100
Freundlich sorption exponent in soil	Freundlich 吸附指数	—	0.9	范围：0.1～1.5
非平衡吸附（Non-quilibrium sorption）				
Desorption rate coefficient	解吸附速率系数	d^{-1}	0	范围：0～0.5

续表

参数项（英文）	参数项（中文）	单位	默认值	备注
Factor relating Freundlich coefficient for non-equilibrium sorption and equilibrium sorption	平衡吸附与非平衡吸附的比例	—	0	范围：0～100
悬浮颗粒物中的平衡吸附（Equilibrium sorption in suspended solid）				
K_{om}	有机质吸附常数	$L \cdot kg^{-1}$,℃	土壤中的 K_{om}	范围：0～1.0×10^7。如果测量温度未指定，默认为 20℃。如果存在多个数值，取几何平均数。$K_{om}=K_{oc}/1.724$
Reference concentration	参考浓度	$mg \cdot L^{-1}$	1	范围：0.001～100
Freundlich sorption exponent	Freundlich 吸附指数	—	0.9	范围：0.1～2
水生植物中的平衡吸附（Equilibrium sorption in macrophytes）				
Coefficient for linear sorption on macrophytes	水生植物对农药的线性吸附系数	$L \cdot kg^{-1}$	0	范围：0～1.0×10^7
降解选项卡（Transformation）				
土壤好氧降解（Soil Aerobic transformation）				
Half life	土壤好氧降解半衰期	d,℃	1000，20	范围：0.1～1.0×10^6。如果存在多个数值，取几何平均数。如果测量温度未指定，默认为 20℃
Optimum moisture conditions	最佳湿度条件	—	勾选	—
Exponent for the effect of liquid	液体影响指数	—	0.7	范围：0～5
Molar activation energy	摩尔活化能	$kJ \cdot mol^{-1}$	65.4	范围：0～200
厌氧降解（Anaerobic transformation）				
Half life	土壤厌氧降解半衰期	d,℃	1000，20	范围：0.1～1.0×10^6。如果存在多个数值，取几何平均值。如果测量温度未指定，默认为 20℃
Molar activation energy	摩尔活化能	$kJ \cdot mol^{-1}$	65.4	范围：0～200
在池塘水中降解（Water layer of water body）				
Half life	半衰期	d,℃	1000，20	范围：1～1.0×10^6。如果存在多个数值，取几何平均数。如果测量温度未指定，默认为 20℃。选择 3 个 pH 条件下水解半衰期的最大值
Molar activation energy	摩尔活化能	$kJ \cdot mol^{-1}$	75	范围：0～200

续表

参数项（英文）	参数项（中文）	单位	默认值	备注
在稻田水中降解（Water layer of paddy field）				
Half life	半衰期	d,℃	1000，20	范围：$1\sim1.0\times10^6$。如果存在多个数值，取几何平均数。如果测量温度未指定，默认为20℃。选择3个pH条件下水解半衰期的最大值
作物选项卡（Crop processes）				
Wash-off factor	冲刷因子	m^{-1}	100	范围：$1.0\times10^{-6}\sim100$
Canopy process option	叶面选项	Lumped（视为等同的）	10	
		Specified（需要分别指定在叶面渗透、降解和挥发的半衰期）	10（降解半衰期）	取值范围：$1\sim1.0\times10^6$
		Calculated（需要分别指定在叶面渗透和降解的半衰期）	10（降解半衰期）	取值范围：$1\sim1.0\times10^6$
Coefficient for uptake by plant	农药从根系被水稻吸收的系数	—	0	取值范围：0～10
代谢物选项卡（Metabolites in soil compartment）				
Fraction	转化率	—	—	—
农药施药界面（Application scheme）				
Application type	施药方式	—	喷雾（spraying）	—
Application date	施药日期	—	—	根据农药标签和作物生产期表确定施药时间
Dosage	施药剂量	$kg(a.i.)\cdot hm^{-2}$	—	根据农药标签确定施药剂量，取推荐剂量的最大值
Spray drift	施药飘移率	%	3.73	施药时，若水稻株高＝5cm时，则设定为3.73；当水稻株高＝50cm时，设定为1.16

附录C 水生生态系统风险降低措施

风险降低措施	措施的有效性（暴露量相对降低）	使用条件	可行性
采用减少飘移的技术	视具体技术而定，减少25%～99%	不显著增加农民成本	有限
不批准飞机喷雾施药方式	有效性不确定	可以地面喷雾施用	良好
采用低环境释放的使用方式（例如温室内使用、种子处理等）	完全有效	措施应对防治对象有效； 具有替代药剂或其他防治手段	良好/有限
减少施用量	效果与施用量减少成线性正比关系	农药的药效不应显著降低	良好
采用减少飘移/径流的剂型	不确定	应对防治对象有效	良好
限于在不养殖鱼/虾/蟹的稻田中施用	部分有效	仅与水稻田相关的水生生态系统； 具备替代药剂或其他防治手段	有限
喷施后不立即从稻田排水	部分有效/有效性不确定	仅与水稻田相关的水生生态系统； 农业生产允许	良好
仅限于在附近没有水产区的农田施用	部分有效	具备替代药剂或其他防治手段	有限
拒绝登记	完全有效	具备替代药剂或其他防治手段	良好

参考文献

[1] [FOCUS] Forum for the Co-ordination of Pesticide Fate Models and Their Use. Landscape and mitigation factors in aquatic ecological risk assessment. Volume 1. Extended summary and recommendations, the final report of the FOCUS Working Group on Landscape and Mitigation Factors in Ecological Risk Assessment. EC Document Reference Sanco/10422/2005, version 2.0, 2007a, September. 169 p.

[2] [FOCUS] Forum for the Co-ordination of Pesticide Fate Models and Their Use. Landscape and mitigation factors in aquatic risk assessment. Volume 2. Detailed technical reviews. Report of the FOCUS Working Group on Landscape and Mitigation Factors in Ecological Risk Assessment. EC Document Reference SANCO/10422/2005, version 2.0, 2007b, September.

[3] Ashauer R, Boxall A B A, Brown C D. New ecotoxicological model to simulate survival of aquatic invertebrates after exposure to fluctuating and sequential pulses of pesticides. Environ Sci Technol, 2007b, 41: 1480-1486.

[4] Crawford C G. Sampling strategies for estimating acute and chronic exposures of pesticides in streams. J Am Water Res Assoc, 2004, 40: 485-502.

[5] Holvoet K M A, Veerle G, Ann van G, et al. Modelling the Effectiveness of Agricultural Measures to Reduce the Amount of Pesticides Entering Surface Waters. Water Resources Management, 2007, 21 (12): 2027-2035.

[6] Williams WM and Singh P. 1999 RADAR: Risk assessment tool to evaluate time-series exposure duration. www.mendeley.com.

[7] Boesten J J T I, Köpp H, Adriaanse P I, et al, Forbes V E. Conceptual model for improving the link between exposure and effects in the aquatic risk assessment of pesticides. Ecotoxicol Environ Saf, 2007, 66: 291-308.

[8] Brock, Forbes. Conceptual model for improving the link between exposure and effects in the aquatic risk assess-

ment of pesticides. Ecotoxicol Environ Saf，66：291-308. （Copyright Elsevier 2007. Reprinted with permission. ）

[9] ECOFRAM. Ecological committee on FIFRA risk assessment methods：report of the aquatic workgroup U S Environmental Protection Agency，Office of Pesticide Programs，Washington D C. 1999.

[10] Carsel R F，Mulkey L A，Lorber M N，et al. The pesticide root zone model（PRZM）：A procedure for evaluation pesticide leaching threats to groundwater [J] . Ecol Model，1985，30：49-69.

[11] US EPA. Exposure Analysis Modeling System（EXAMS）：User Manual and System Documentation [R] U S Environmental Protection Agency，Athens，GA，USA，2000.

[12] Hendley P，Christopher M，Holmes S K，et al. 2001 Probabilistic risk assessment of cotton pyrethroids：Ⅲ. A spatial analysis of the Mississippi，USA，cotton landscape. Environmental Toxicology and Chemistry，20（3）：669-678.

[13] OECD Series on Testing & Assessment，No. 232：Guidance Document for Conducting Pesticide Terrestrial Field Dissipation Studies，2016.

[14] NY/T 3149—2017 化学农药　旱田田间消散试验准则 . 北京：中国农业出版社，2017.

第5章 水生动物效应评估

生态效应（ecological effect）是指由农药等外源物质胁迫引起的生态受体的变化，包括生物个体水平上的病变、死亡，种群水平上的种群密度、生物量、种群或年龄结构的变化、群落水平上的物种丰度的增减、生态系统水平上的物质流和能量流的变化、生态系统稳定性改变等。生态风险评价（ecological risk assessment，ERA）是以化学、生态学、毒理学为理论基础，应用物理学、数学和计算机等科学技术，预测污染物对生态系统的有害影响。1992年美国环保署将其定义为“评价暴露于一个或多个压力状态下而发生不利生态效应可能性的过程”。生态效应有正有负，在生态风险评价中需要识别出那些重要的生态效应作为评价对象。欧盟环保组织则定义为“由人类投放的化学物质对生态系统中所有生物引起的生态风险”。水生生态风险评价是利用生态风险评价的原则和方法评价污染物进入水生环境之后产生生态危害的可能性及程度。

目前，欧盟对水生生物的初级风险评价主要采用标准生物物种不确定因子方法，在某些情况下还需要对其进一步进行生物富集毒性的风险评估。无论是急性毒性还是慢性毒性的评价都是根据标准测试物种的毒性研究资料对农药进行评价。在初级风险评价中主要是比较法规允许浓度（regulatory acceptable concentra-tion，RAC）和农药的预测环境浓度（predicted environmental concentration，PEC）的大小来判定农药风险程度。如果所测标准物种的RAC值全都高于评价产品的最大预测环境浓度（PEC_{max}）值，则认为对于将要推广使用的农药不存在不可接受的风险，即表明该化合物可以登记使用。如果，其中有任何一种测试物种的RAC值低于PEC_{max}值，则需要进一步开展高级阶段的试验和评估，以提供相关资料来决定该产品是否可以进行登记并推广应用。

水生动物最为保守的场景就是农田旁边与农药使用、转移及降解过程造成接触的最近的地表水体，其被称为田边地表水。农药对田边地表水水生物的初级风险评价（tier 1）主要从3个方面进行评价：①利用标准水生生物物种进行毒性风险评价；②针对鱼类进行的生物蓄积风险评价；③针对次级毒性（secondary poisoning）进行的风险评价。标准水生生物物种毒性风险评价中包括急性（短期）毒性和慢性（长期）毒性的风险评价。

5.1 急性和慢性效应评估

在实际的较低阶次评估中，半数致死浓度（LC_{50}）、抑制中浓度（EC_{50}）和非观测效应浓度（NOEC）被用作效应评估的标准指标值。而高级环境影响评估可根据方法不同而形成不同的评估指标。例如，对使用模拟生态系统，其测试系统的环境影响评估值采用了“无可见生态不良效应浓度（NOEAEC）”，主要是其考虑了生态系统可允许受损的恢复特性。

5.1.1 鱼的急性毒性试验

OECD 制定鱼类急性毒性试验方法，最新版本是 1992 年 7 月 17 日颁布的，即 OECD 测试准则 203 号[1]。我国国标 GB/T 31270.12—2014《化学农药环境安全评价试验准则　第 12 部分：鱼类急性毒性试验》[2]中对于鱼类急性毒性进行了描述：鱼类急性毒性测定方法有静态法、半静态法与流水式试验法三种。应按供试物的性质采用适宜的方法。分别配制不同浓度的供试物药液，于 96h 的试验期间每天观察并记录试验用鱼的中毒症状和死亡数，并求出 24h、48h、72h 和 96h 的 LC_{50} 值及 95%置信限。

5.1.1.1 材料和条件

（1）供试生物　推荐鱼种为斑马鱼（*Brachydanio rerio*）、鲤鱼（*Cyprinus carpio*）、虹鳟鱼（*Oncorhynchus mykiss*）、青鳉（*Oryzias latipes*）或稀有鮈鲫（*Gobiocypris rarus*）等的幼鱼，具体全长和适宜水温参见表 5-1。如果选用其他鱼类作为试验材料，应采用能够满足其生理要求的相应预养和试验条件，并加以说明。试验用鱼应健康无病，大小一致。试验前应在与试验时相同的环境条件下预养 7～14d，预养期间每天喂食 1～2 次，每日光照12～16h，及时清除粪便及食物残渣。试验前 24h 停止喂食。

表 5-1　试验用鱼的全长和适宜水温

鱼种	全长/cm	适宜水温/℃
斑马鱼	2.0±1.0	21～25
虹鳟鱼	5.0±1.0	13～17
青鳉	2.0±1.0	21～25
鲤鱼	3.0±1.0	20～24
稀有鮈鲫	3.0±1.0	21～25

（2）供试物　供试物应使用农药纯品、原药或制剂。对难溶于水的农药，可用少量对鱼低毒的有机溶剂、乳化剂或分散剂助溶，但其用量不得超过 0.1mL（g）$\cdot L^{-1}$。

（3）主要仪器设备　溶解氧测定仪、电子天平、温度计、酸度计，满足最大承载量的玻璃容器、量筒等。必要时，应采用气相或液相色谱仪等仪器设备对水中农药浓度进行测定。

（4）试验用水　试验用水为存放并去氯处理 24h 以上的自来水（必要时经活性炭处理）或能注明配方的稀释水。水质硬度在 10～250mg·L^{-1}（以 $CaCO_3$ 计），pH 值在 6.0～8.5，溶解氧不低于空气饱和值的 60%。试验水温参见表 5-1（单次试验温度控制在±2℃）。

5.1.1.2　试验操作

（1）方法的选择　按农药的特性选择静态试验法、半静态试验法或流水式试验法。如使用静态或半静态试验法，应确保试验期间试验药液中供试物浓度不低于初始浓度的 80%。如果在流水式试验法试验期间，试验药液中供试物浓度发生超过 20% 的偏离，则应检测试验药液中供试物的实际浓度并以此计算结果，或使用流动试验法进行试验，以稳定试验药液中供试物浓度。

（2）预试验　按正式试验的条件，以较大的间距设若干组浓度。每处至少用鱼 5 尾，可不设重复，观察并记录试验用鱼 96h（或 48h）的中毒症状和死亡情况。通过预试验求出试验用鱼的最高全存活浓度及最低全致死浓度，在此范围内设置正式试验的浓度。

（3）正式试验　在预试验确定的浓度范围内按一定比例间距（几何级差应控制在 2.2 倍以内）设置 5～7 个浓度组，并设一个空白对照组，若使用溶剂助溶应增设溶剂对照组，每组至少放入 7 尾鱼，可不设重复，并保证各组使用鱼尾数相同，试验开始后 6h 内随时观察并记录试验用鱼的中毒症状及死亡数，其后于 24h、48h、72h 和 96h 观察并记录试验用鱼的中毒症状及死亡数，当用玻璃棒轻触鱼尾部，无可见运动即为死亡，并及时清除死鱼。每天测定并记录试验药液温度、pH 值及溶解氧。

（4）限度试验　设置上限有效浓度 100mg(a. i.)·L^{-1}，即试验用鱼在供试物浓度达 100mg(a. i.)·L^{-1}时未出现死亡，则无须继续试验。若供试物溶解度小于 100mg(a. i.)·L^{-1}，则采用其最大溶解度作为上限浓度。

5.1.1.3　数据处理

可采用寇氏法、直线内插法或概率单位图解法计算每一观察时间（24h、48h、72h、96h）的鱼类急性毒性的半致死浓度 LC_{50}，也可采用数据统计软件进行分析和计算。

5.1.1.4　质量控制

质量控制条件包括：

① 试验用鱼预养期间死亡率不得超过 5%；对照组死亡率不超过 10%，若鱼的数量少于 10 条，则最多允许死亡 1 条。

② 试验期间，试验溶液的溶解氧含量应不低于空气饱和值的 60%。

③ 实验室内用重铬酸钾定期（每批 1 次或者至少 1 年 2 次）进行参比物质试验，

对于斑马鱼，LC_{50}（24 h）应处于 200～400mg・L^{-1}。

④ 静态试验法和半静态试验法的最大承载量为每升水 1.0g 鱼体重，流水式试验系统最大承载量可高一些。

5.1.2 鱼的长期/慢性毒性试验

除非可以有证据证明不会出现持续或反复暴露，否则农药登记试验都需要开展慢性（长期）的毒性研究[3]。因此，明确持续或反复暴露，有助于决定长期/慢性研究是否必要。在实践中，慢性试验几乎总是需要进行。需要注意的是，短期暴露可能导致亚致死，而不仅仅体现在急性毒性[4～6]。

一种或一类农药产品的使用可能导致持续或反复暴露。除非测定该农药产品在水中降解较快，如 DT_{50}<2d，否则都有必要开展试验，获得长期/慢性毒性数据，以清楚地表明设置何种合理施药间隔，不会导致持续或者反复暴露。

对于一些活性物质，提交的数据按照 OECD 203 指南的附件Ⅱ8.2.2.1 可能并不足以完全满足慢性毒性数据风险评价的要求。在这些情况下，应考虑开展早期生活阶段毒性试验（ELS）或鱼生命周期（FLC）试验。其中，触发值<0.1mg・L^{-1}（急性 LC_{50} 活性物质）表示的 ELS 试验也应该适用于 FLC 试验。生物富集系数 BCF>1000 时，需要开展 FLC 试验，测定生物富集情况。

5.1.2.1 鱼的长期毒性研究

（1）信息介绍　①先决条件：水溶性、蒸气压。②指导信息：结构式，测试物的纯度，物质在水中的量化分析方法、在光和水中的化学稳定性，正辛醇/水分配系数及一个已知的生物降解试验结果[7]。③符合资格的声明：在整个测试过程中应尽可能地保持恒定条件，通常使用流水过程，如果理由充足，半静态过程也可以接受。对实验条件下溶解度有限的化学品，可能满足本项测试要求。本类测试仅适用于淡水鱼。④规范性文件：没有相关的国际标准。

（2）方法　如采用半静态测试，应在规定时间（如 24h）内更换测试溶液；如采用流水试验，则应制定合适流量测试解决方案，以使试验溶液在试验中自动更新，保持稳定的浓度。

致死效应的阈值指该物质致死的最低浓度，该物质被观察到的效果以 NOEC（无可观察效应浓度）表示，即无显著致死作用的最高测试浓度。

（3）对照品　考虑到长期毒性研究的复杂性，本类测试不一定设置参考物质。

（4）测试方法的原则　在测试期间，按照一定的时间间隔来观察致死和其他效果。通常设置为 14d，如果测试期超过 14d 仍不明显的，应适当延长观察期。

（5）测试有效性的条件　在测试结果中，对照组的死亡率不应超过 10%。整个测试过程中溶解氧应不低于空气饱和值的 60%。在半静态试验中，自来水应当曝气，以保证供试物不会因此影响结果。供试物的浓度在测试期间应保持不变（不得低于初始浓度的 80%）。如果与初始浓度的偏差大于 20%，那么结果应根据实际测得的浓度进行计算和统计。

（6）测试程序的说明

① 仪器设备：测定温度、pH 值、氧气浓度和水的硬度的设备，充足的温度控制仪器，化学惰性材料和合适的测试容器。

② 供试物的解决方案：适当浓度的解决方案，准备符合要求的溶解供试物的稀释水。

在水中溶解度较低的供试物，需要通过超声、振荡等形式进行机械分散预处理。如有必要，可使用对鱼类毒性低的有机溶剂、乳化剂或分散剂助溶。有机溶剂、乳化剂或分散剂的浓度不宜超过 $100mg \cdot L^{-1}$。

确定浓度的测试方案前先用原液稀释。在测试时无须调整 pH 值，如果加入测试物质后鱼缸水的 pH 值有显著变化，建议调整 pH 值到加入测试物质前的鱼缸水的 pH 值。在调整 pH 值后，不应对原液的浓度发生任何重大改变，也不应导致测试物质发生化学反应或物理沉淀。通常，盐酸或氢氧化钠是首选调整 pH 值的化合物。

（7）试验准备

① 物种选择：根据实验室的条件，可以使用一个或多个品种。通常建议为长期试验所使用的物种宜从急性试验标准物种中选择。物种的选择标准非常重要，通常应全年可用，易于饲养，方便测试，经济便宜。鱼类应该健康，无任何明显畸形，属于当地优势物种。

② 环境：试验持续时间最少 12～15d，所有鱼必须提前 7d 暴露在试验环境中驯养，应避免可能改变鱼行为的任何干扰。

③ 水：可以用饮用水（如果必要可以脱氯）、良好的优质天然水或再造水，每升总硬度为 50～250mg 碳酸钙，pH 值为 6.0～8.5。稀释水应为分析纯、去离子水或蒸馏水，其电导率等于或小于 $10\mu S \cdot cm^{-1}$。

④ 光照：每天 12～16h 光照时间。

⑤ 温度：根据测试物种而定，应为适宜温度。

⑥ 溶解氧：最少 80%的饱和空气溶解度。

⑦ 预防性治疗：使用时应避免预防性治疗使用的药剂，以免影响试验结果。

⑧ 喂食：每天 1 次。

⑨ 死亡率：死亡记录应满足下列条件，在 7d 内死亡率大于 10%的，应重新试验；当死亡率在 5%～10%时，就继续观察 7d；当死亡率小于 5%时为适宜浓度。

（8）性能测试　如果有溶剂，则需设置溶剂对照。在流动水试验中，在试验开始时，就需要对设置溶剂对照。在半静态测试实验时，应以能够一直保持足够的测试物质浓度为宜。

（9）暴露条件

① 时间：正常情况下 14d，可以根据观察结果，延长 1～2 周。

② 容器：与种类相关的容器体积。

③ 装载：对于半静态试验建议最大的 $1.0g(鱼) \cdot L^{-1}$ 水的承载量，流水系统可有

更高的负载。

④ 鱼数量：每个浓度至少10条。

⑤ 测试浓度：选择的测试浓度必须有杀伤力和其他观测效应的阈值水平和NOEC值。测试物的浓度在超过100mg·L^{-1}不需要测试，如果一个阈值水平尚未达到该浓度，则需要测试。

⑥ 水：可以用饮用水（如有必要需脱氯）、质量好的天然水或再造水。每升水的总硬度是50～250mg碳酸钙，其pH值为6.0～8.5最佳。实际准备稀释水使用的应为分析纯、去离子水或蒸馏水，其电导率等于或小于10μS·cm^{-1}。

⑦ 光照：每天光照时间12～16h。

⑧ 温度：合适的物种，恒定范围内±2℃。

⑨ 溶解氧：不小于60%，为整个测试过程中最大的空气饱和度。

⑩ 喂食：每天多次（饲料的数量不应超过鱼立即摄入量）或一次（食物的数量保持不变，例如2%的干重，相对于初始鱼体重）。

⑪ 清理：通过测试槽的内表面必须清洁，如有必要去掉剩余的粪便，每周至少2次。在半静态测试时，当试验池干净的水改变时立即更换。

（10）观测　观测效果包括如下两个方面：

① 致死效应：如果没有呼吸运动和轻微的机械刺激无反应则被定义为死亡。

② 致死效应以外的效应：包括外观、大小和鱼的行为，使它们清楚的描述和空白的不同。

例如：不同的游泳行为，对外界刺激的反应不同，外观变化、食物摄入量的减少或停止的变化、长度或体重的变化。

鱼的死亡率至少一天检查一次，当死鱼被移除时请记录死亡值。每天记录保存所有观察到的效果。pH值、溶解氧和温度的测量至少每周2次。

试验用鱼在测试之前应称重和测量。所有的存活者在终止测试之前都要称量和测量。鱼在测试过程中不应该进行不必要的测试测量，因为可能会导致鱼的损伤或死亡。

（11）数据和报告　测试报告应包括下列信息：

测试物质：化学鉴定数据。

测试生物体：学名、株、大小、供应商、有何预处理等。

测试条件：测试使用方法（如半静态或流水态、曝气、鱼负荷等）；水质特性（包括溶解氧、pH值、硬度、温度、其他任何信息）；在每个观测阶段要有溶解氧浓度、pH值、温度和总硬度的测试方案；原料和测试方案的编制方法；使用浓度；在测试方案中的测试物质浓度；在每个测试浓度内的鱼的数量；鱼类的急性毒性试验。

（12）结果　以表格的形式观察每个时间每个浓度的影响。产生致命的或其他的影响浓度可以随时间显示。

致死效应的阈值水平：阈值水平的观察效果；NOEC；如果可能的话在每个浓度和每个观测的累积死亡率；死亡率的控制；鱼的行为观察；在测试过程中可能影响测试结果的事件；任何鱼测试指引的不同。

5.1.2.2　鱼的生物富集研究

目前，农药的正辛醇/水分配系数 $\lg K_{ow}>3$ 或者生物富集系数 BCF>1000 来作为鱼的生物富集研究中规定的触发值。如果鱼暴露于该类农药一段时间后，生物富集作用未发生，则没有必要进行该测定。一些在水中不稳定的农药也较少发生生物富集作用。这反映了经济合作与发展组织（OECD）305[8] 的要求，即生物富集研究主要考虑那些稳定的有机农药。因此，在整个水系统中农药的 $DT_{90}<10d$，鱼的生物富集研究应该不是必要进行的，除非该类农药多次应用、时间间隔短，且足以造成长期暴露作用，才需要开展鱼的生物富集作用试验。

水生生物有可能被一些放射性物质辐射，在以下几种情况时，对于辐射的风险评价可以不予评价[9]：①鱼类和水蚤毒性/辐射比例低于 100，并且实际辐射长期低于 10；②海藻生长抑制/辐射比例低于 10；③BCF 小于 1000（可能由于该类农药包含容易被生物降解的放射性物质）；④不易被降解的放射性物质 BCF 大于 100。

应该用于急性和慢性的风险评价的触发值应根据不同生物体而确定。例如，昆虫的数据评估（包括摇蚊昆虫）应该用水蚤的触发值（急性或长期的，哪个更合适）；藻类生长抑制数据也可以作为高等水生植物和微生物评价的触发值。

5.1.3　鱼的生物浓缩和二次毒害

5.1.3.1　鱼类生物浓缩

对于亲脂性化合物需要特别注意，它会在鱼类体内生物浓缩导致潜在的危害。通过 OECD 305 判断，生物富集因子（BCF）在 $\lg K_{ow}>3$ 时被认为是稳定的（即通过超过 24h 水解作用，原有能量失去小于 90%）。潜在的危害被认为是当化合物不容易被生物降解且实验性 BCF 大于 100，或是当化合物容易被生物降解且实验性 BCF 大于 1000。在这种情况下，亲脂性化合物不能被批准授权，除非长期的研究指出其没有令人不满的危险存在。

化合物进行 ELS 测试的要求为：－100<BCF<1000 或－BCF>1000，且 14d 内的净化>95%或 $DT_{90,系统}<100d$。

化合物进行 FLC 测试的要求为：BCF>1000 和净化<95%或 $DT_{90,系统}$ 大于 100d。

当 RAC_{ELS} 或 RAC_{FLC} 比 PEC（预测的环境浓度）低时，存在风险。如何选择适当的 PEC 已经在之前给出指导方法。

5.1.3.2　二次毒害

除了鱼体内潜在的影响外，还应特别注意亲脂性化合物通过食物链的潜在生物积累（见图 5-1）。

通过食物链或者二次毒物导致的生物积累通常与亲油性化合物有关。对于有机化学物质，正辛醇/水分配系数 $\lg K_{ow}\geqslant 3$，即意味着该化学物质存在生物积累的潜能。对于该类化合物，则必须开展风险评价。通常，在水生生物系统中，采用体重 1000g 的食鱼鸟类和身重 3000g 食鱼动物作为试材，测定化学物质的生物累积毒性，进行风险评价。

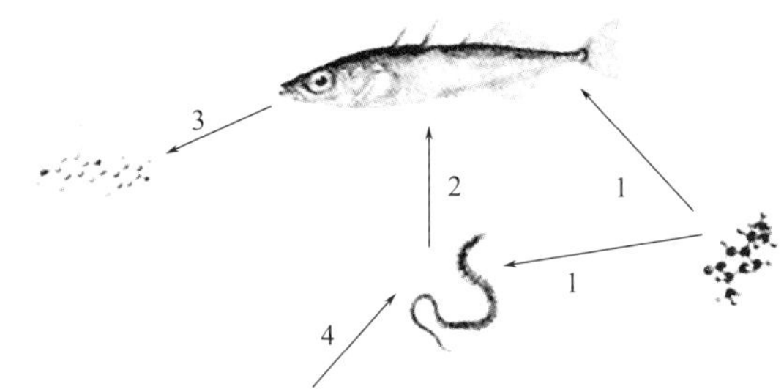

图 5-1 生物体对化合物的不同积累过程

1—生物浓缩；2—生物放大；3—新陈代谢；4—生物区沉积物积累

生物积累的过程通常是缓慢而稳定的，所以适合作长期的评估，化合物相关的新陈代谢也必须考虑。

5.1.3.3 基于鱼-食鱼鸟/动物食物链的二次毒害 RAC (风险评价浓度)

(1) 第一步　根据农药化合物的环境行为，选择最适合的平均权重预测环境浓度 PEC_{TWA}。这里要注意的是，除非基于科学理论要求更短的时间比较合适外，PEC_{TWA} 一般默认为 21d，即 $PEC_{TWA,21d}$。

(2) 第二步　测定鱼全身 BCF_{fish}。

(3) 第三步　评估鱼体内积累农药浓度：$PEC_{fish}=PEC_{TWA,21d}\cdot BCF_{fish}$。

(4) 第四步　将鱼体内积累农药浓度（PCE_{fish}）分别乘以 0.137（动物）或 0.205（鸟类）后，转换为每天的剂量，并且与无毒性反应（NOAEL）进行对比。

所乘指数为经验值，主要是基于 3000g 动物每天捕食 425g 鲜鱼及 1000g 鸟类每天捕食 159g 鲜鱼而得来的。

(5) 第五步　毒性暴露速率（ETR）与各自的触发值相对比：当 ETR＞5，表明存在风险，需要采取措施降低农药在食物链中的积累；ETR＜5 则风险可以接受，不需要进一步改善。

降低农药在食物链中积累的措施包括以下几项：

① 改善模型使之更符合田间实际，来计算水体表面生物浓缩的情况；

② 在水体表面和鱼体内测量生物浓缩值；

③ 运用鱼摄取的能量，排除鱼运动耗能及水体运动能量的损耗等信息来建立鱼体耐受能力。

食鱼鸟类和食鱼动物在水体表面的 RAC_{sp} 计算公式：

$$RAC_{sp}=\frac{NOAEL_{birds}}{5BCF_{fish}}$$

计算出的 RAC_{sp} 需要与 $PEC_{TWA,21d}$ 作比较。

5.1.3.4 生物放大

SANCO 在 2002 年的水生生物文献导则中提出，生物放大能用来解释化合物触发 FLC 的测试，即 BCF（全身）＞1000，并且排除了生物浓缩研究小于 95% 的 14d 净化阶段的放射性和稳定存在于水中或沉积物中的能量（DT_{90}＞100d）。文献导则指出，如果触发这些条件，则应该建立详细的食物链模型或进行微/中宇宙研究。但是，需要指出的是，建立食物链模型的方法，非常复杂并且需要大量的数据输入，此外实验用鱼因素也应考虑进去。因此，这说明了 TGD 和 QS 指导是首选的方法。TGD 方法列出了与 BCF 和 $\lg K_{ow}$有关的因素（表 5-2）。

表 5-2　有机体的默认 BMF

BCF_{fish}	$\lg K_{ow}$	BMF
＜2000		1
2000～5000		2
＞5000		10
	＜4.5	1
	4.5～5	2
	5～8	10
	＞8～9	3
	＞9	1

要注意的是，$\lg K_{ow}$≥3 的化合物作为实验性 BCF 是一直可以利用的，所以 $\lg K_{ow}$ 与 BMF 的选择不相关。从表格中可以看出，生物放大在化合物的 BCF≥2000 时与 BCF 有关。对于这类化合物将从表 5-2 中选择 BMF，并且 RAC_{sp}的计算公式将变为：

$$RAC_{sp}=\frac{NOAEL_{birds}}{5BCF_{fish}\cdot BMF}$$

如果发现潜在风险，则可能实施更高级的方法评估，并且方法的选择来自 SANCO（2002）的水生动物文献指南。

（1）简介　在第一级评估中，如果存在风险则需要增加信息资料。更高级的测试评估策略是更关注区域性。当增加的数据组足够大时，可以应用统计外推法（即物种敏感性分布法）。当所得预知的结论因为实验室标准测试的常数不精确而受到影响时，改良的毒性测试可以作为一个选择。当增加实验室数据不能去除所担心的潜在风险时，可以选择生态系统模型方法。应该注意的是，尽管通过 PPP（农药化学品）准则，较高等级的评估更加精确，但从第一级跃到生态系统模型水平也可以。同时，当扩展实验室毒性试验没有数据时，也可以使用生态系统模型。

（2）处理附加海洋生物的数据　Maltby 等（2005）和 Brock 等（2008）的研究指出，可以选择通过增加物种实现种群分类来代替在食物链或食物网（最高等级）中的测定。同时，Leung 等（2001）和 Wheeler 等（2002）呈现的杀虫剂数据指明，淡水和相同分类群的海洋代表物种之间在敏感度上没有差别。此外，水生动物第一级数据测定所需要的标准的测试物种，就包括淡水的大型溞（*Daphnia* sp.）和一种海洋甲壳虫（*Americamysis babia*）。

淡水和海洋的分类群中都积累了充分的毒性数据，因此有必要对这些数据组进行对照分析。当淡水和咸水的分类群生物体对化合物的敏感度相同时，可以合并进行统计分析，进而用于推论 RAC。值得注意的是，不是所有的淡水或咸水物种都与其他区域的物种具有严密的相关性。例如，虽然在潮间带或江口生态系统中，海生浮游生物（即完全生活在海水中）中大量的物种是已知的，但是其评估的结果却不具有太多可靠性。通常设置专门的海生物种作为标准物质用于毒性检验，例如棘皮类生物（海星、海胆）。总的来说，建议在使用海洋数据时，应与淡水数据比较后选用。

(3) 怎样引用（有限数量的）增加单个物种毒性试验的 RAC　如果开展增加物种试验，则有必要考虑应该要应用在风险评价中的毒性。在过去，提取大量敏感物种的毒性值已经是很普通的实验方法，至少，如果可应用的毒性数据的数量不是足够高，则不能应用物种敏感性分配法。

5.1.4　水生无脊椎动物的急性和慢性效应评估

绝大多数水生无脊椎动物生活史阶段将生活、栖息或产卵于水沉积物中，甚至底栖生物会生活在水沉积软物中，因此，水沉积物中农药的蓄积必然对水生无脊椎动物产生影响。农药使用可通过灌排水经过沟渠进入池塘、湖泊，还会在沟渠、池塘沉积物中蓄积，给水生生态系统造成危害。针对墨西哥库利亚坎地区农业沟渠系统中的沉积物测定，显示有 32 种农药被检出，其中有机氯农药 15 种、有机磷农药 8 种，其中二嗪磷含量最高，达到 1294μg・kg^{-1}。此外被检出的还有氯菊酯、氟虫腈、三唑酮（Garcia-De Parra 等，2012）。王伟研究发现美国南加州索尔顿湖有机氯农药在沉积物中检出率为 100%，最高浓度达到 109μg・kg^{-1}同时沉积物样品中拟除虫菊酯类农药检出率亦高达 90%，总浓度最高为 26μg・kg^{-1}（王伟，2011）。Ozmen M 等在土耳其萨里亚湖沉积物中检测出 9 种有机氯农药，浓度达到 708μg・kg^{-1}高于水体中浓度（Ozmen 等，2008）。对巴西潘塔纳尔流域的 17 条河流中采集的沉积物进行检测显示，氯氟氰菊酯、p,p'-DDT、溴氰菊酯和氯菊酯的含量超过 1μg・kg^{-1}（Miranda 等，2008）。Fairbairn 等研究了包括甲草胺和莠去津在内的 15 种新兴污染物在美国卜诺河沉积物及水样当中的时空分布，莠去津在沉积物中的检出率分别为 56.7% 和 21.7%（Fairbairn，2015）。此外该研究还证实，一些具有低 lgK_{ow}值通常被认为是非吸附的化合物也存在于农业流域沉积物中。在我国东部巢湖区域，11 种有机磷（杀扑磷、敌敌畏、二嗪磷、甲基毒虫畏、杀螟硫磷、马拉硫磷、对硫磷、毒虫畏、乙硫磷、三硫磷、伏杀硫磷）有约 2/3 在沉积物样品中检出率超过 60%，而且在农业区域附近的河流河口中有机磷农药检出浓度最高（Wu Y 等，2015）。

5.1.4.1　对水蚤的研究

按照 91/414/EEC 的指示，水蚤是一种典型的无脊椎生物。急性毒性数据是必需的，如果有持续反复染毒的情况，慢性毒性数据也是必需的。因此，对那些降解半衰期（DT_{50}）在水中高于或等于 2d，且每季度不止使用一次的农药产品，需要测定慢性毒性数据。实际上，这就意味着慢性毒性数据是经常需要的。

根据初步风险评价，急性和慢性效应获得的端点值分别除以不确定因子 100 和 10，以体现无脊椎动物种内敏感性的差异和其他不确定性因素。在国际上，水蚤作为代表性的无脊椎动物，因其易于培养和测试，常被用于作为急性和慢性的标准指示生物（OECD 202[10] 和 OECD 211[11]），以测定其对毒物的敏感性。多项研究已清楚地证实，对于包含一系列农药在内的有机化学药品，大型溞是最敏感的物种之一。

5.1.4.2　对其他无脊椎动物的研究

对于某些种类的农药或者农药的某些用途，可能需要对其他水生无脊椎动物物种开展研究。如，如果发生持续反复的染毒，就需要对腹足类软体动物和昆虫进行研究。不过，这种需要一般限于慢性毒性试验。

目前，公认的国际准则对慢性毒性试验缺少描述。此外，腹足类软体动物较水蚤而言，对农药一般都并不敏感。因此，腹足类软体动物的数据应该包括能表明软体动物对放射性物质的相对灵敏度的急性毒性试验数据，其慢性毒性的研究也只需要在发生持续反复染毒的情况时进行。

测定水蚤对除草剂和杀菌剂的急性和慢性毒性数据，通常可以有效代表水生昆虫和其他无脊椎动物。然而，对于杀虫剂，在测定水蚤基础上，应慎重考虑是否需要测定其对其他水生昆虫的额外数据。虽然对于大多数杀虫剂，水蚤已被证明是代表性生物种，然而最近发现具有特殊作用机制的农药等化学物的相关数据，也许不能被水蚤所代表。因此，应该考虑杀虫剂的作用机制，然后再决定是否需要补充增加物种试验。如果一种杀虫剂对水蚤的毒性低（48h 的 EC_{50}＞1mg・L^{-1}，21d 的 NOEC＞0.1mg・L^{-1}），这可能表明其有选择性，则有必要进行摇蚊属一龄虫（2～3 日龄）的急性毒性试验，观察 48h 水中测试结果。从最敏感的有机体（水蚤或摇蚊）获取毒性数据，应使用标准的风险评价。如果对水生昆虫开展了长期慢性毒性研究，就没有必要进行额外的急性研究。

如果在试验中测定，摇蚊的 48h EC_{50}值是水蚤的 1/10 以下，就有必要进行摇蚊的慢性毒性研究。对于昆虫生长调节剂（如苯甲酰脲类和类似的杀虫剂类），也应特别考虑其对水生昆虫的潜在影响。这类化合物往往比标准的急性毒性测定产生更长时间的影响作用。

在主要发生在淡水中的底栖昆虫群中，摇蚊物种是沉积物测试中使用最广泛的标准测试物种。OECD 准则 218（OECD，2004a）和 233（OECD，2010a）分别描述了长期（28～65d）和生命周期（44～100d）的测试，分别对 *Chironomus riparius*（欧洲最常用，＝*Chironomus tentans* 北美最常用）和 *Chironomus yoshimatsui*（日本常用）。这些 OECD 协议提倡使用含有 4%～5%的测试方法 ASTM E1706-057（ASTM，2010a）。作为美国监管要求的一部分，这些半长期的测试通常与摇蚊属和天然沉积物一起进行（US EPA，2000）。在欧洲的测试要求中，特别是遵循 OECD-218，使用摇床的慢性沉积物刺激毒性试验。在 Deneer 等的文章中提到用农药和摇蚊属进行的可用沉积物加标毒性试验的概述（2013 年）。指南 ASTM E1706-05 也用于北美地区进行 10d 的鞘翅目六角瓢虫的毒性测试（见 Harwood 等，2014）。

除了上述的摇蚊慢性毒性测试外，还有几个指南涉及半衰期为10d的摇蚊属沉积物毒性测试，例如用淡水无脊椎动物测量沉积物相关污染物的毒性的标准测试方法ASTM E1706-057（ASTM，2010a）。作为美国监管要求的一部分，这些半长期的测试通常与摇蚊属和天然沉积物一起进行（US EPA，2000）。在欧洲的测试要求中，特别是遵循经合组织指南218，使用摇床的慢性沉积物刺激毒性试验。

在底栖甲壳类动物中，淡水/河口两足动物端足虫是沉积物测试中使用最广泛的标准测试物种。这个物种在欧洲不是土著种。有关底栖甲壳类动物沉积物测试的可用测试指南都已经在北美开发并用于监管目的（US EPA，2000）。ASTM E1706-5（ASTM，2010a）描述了端足虫的慢性（42d）和半慢性（10d）测试（另见US EPA，2000）。此外ASTM国际试验准则可用于底栖双足类 *Diporeia* spp. 进行为期10d的沉积物加标毒性试验。

然而，在科学文献中主要有10d的沉积物加标试验（主要使用天然沉积物）和端足虫的毒性数据（Deneer等，2013）。北美为监管目的而产生的淡水甲壳类动物的沉积物毒性数据也可能被用作欧洲风险评估的补充信息。由于底栖甲壳动物在河口和海洋环境中非常普遍，因此官方试验指南也已开发用于河口两栖动物鸭脚病毒（ASTM，2010b）和始根勾虾属（US EPA，1996a），这些测试指南主要用于北美。如果将底栖节肢动物确定为一个敏感的分类群，那么在PPP和河口/海洋两栖动物的沉积物加标测试中得到的沉积物毒性数据可能适用于边缘地表水体沉积物中的高级效应评估程序。

在底栖淡水寡毛目中，带丝蚓和水丝蚓是沉积物测试中使用最广泛的标准测试物种。经合组织准则225（OECD，2007a）介绍了一项28d沉积物刺激性毒性试验，其中包括带丝蚓。此外，还开发了28d沉积物暴露测试的标准测试方案，以评估带丝蚓中的生物蓄积性（ASTM，2010c；US EPA，2000）。对于水丝蚓，可提供为期10d的沉降物毒性测试的测试指南（ASTM，2010a）。非常显著的是，在科学文献中可以找到这些寡毛纲标准测试物种和PPP的少量沉积物毒性数据（Deneer等，2013）。这可能是因为仅仅在最近一段时间内，带丝蚓的沉积物毒性值才成为监管数据要求。一种用于短期和长期沉积物加标测试的正式试验指南的多毛类海洋标准测试物种是刺沙蚕属（ASTM，2007）。由于长期的经济合作与发展组织沉积物毒性测试现已成为欧洲的数据要求，下面给出了该标准测试物种的生物学和生态学的简短描述。

此外，线虫的水生沉积物的生态毒理学评估通常涉及秀丽隐杆线虫。Traunspurger等（1997）和其他后续研究（如1999，2001；Donkin和Williams，2009）已经证明，这种自由生活的土壤物种可用于评估水相和整个水体的毒性沉淀。有关这种线虫的土壤和沉积物毒性测试的标准测试指南存在ISO/CD 10872（ISO，2010b）。这是一个为期4d的测试。在科学文献中，没有发现沉积物和秀丽隐杆线虫中加入的PPP的沉积物毒性数据（Deneer等，2013）。

最后，目前没有关于用淡水软体动物进行沉积物刺吸毒性试验的官方试验准则。Diepens等（2014a）提议开发一种用于内生淡水双壳类豌豆蚬的测试方案或球蚬。Duft

等（2003a，2003b）描述了水滴蜗牛和淡水蜗牛的慢性毒性试验。迄今为止，已经用 PPP 和软体动物进行了非常有限的沉积物毒性试验（Deneer 等，2013）。

5.1.4.3　江河入海口、海洋无脊椎动物的可用数据

在某些情况下，对江河入海口、海洋无脊椎动物的数据是可以利用的［例如糠虾（*Mysidopsis Bahia*）或牡蛎幼体和胚胎研究］。目前，各个国家对此没有强制的要求，但是风险评价时应加以考虑。

5.1.4.4　对栖息沉积物内的无脊椎动物试验

根据农药环境归趋的数据，即一种活性物质可能会存在于水生沉积物，应由专家来决定是否需要进行急性或慢性的沉积物毒性试验。这样的专家判断应考虑是否把沉积物中的无脊椎动物的影响与水生无脊椎动物的毒性 EC_{50} 值相比较。例如，摇蚊（昆虫纲，双翅目，摇蚊属）常常用以测试农药对于栖息沉积物生物体的潜在影响。

5.1.4.5　对无脊椎动物的沉积物毒性试验

如上所述，触发沉积物的研究应该考虑通过沉积物暴露的物质潜在毒性。对于农药，如果水生沉积物环境归趋测定值大于 10%，代表着母体化合物及代谢物在 14d 或更长时间存在于沉积物中，并满足触发无脊椎动物毒性潜在危险的条件，那么就应该进行沉积物栖息生物的试验。有关触发沉积物毒性研究的代谢产物或降解产物的信息，见 OECD 308[12]。

为了防止对对无脊椎动物低毒性的物质进行不必要的试验，设置了 NOEC 对水蚤的慢性毒性试验（或用昆虫的更敏感的组织器官进行对比研究）必须小于 $0.1mg \cdot L^{-1}$ 的条件。这个数字的选择是因为根据监测研究的数据，当浓度更高时往往会溢出到地表水中。相关研究表明水蚤的毒性数据与沉积物栖息生物的对比也支持上述方法（Streloke 等，2002 年）。

对于没有达到“10%的触发”，但在一季度应用不止一次的化合物，应适当考虑沉积物中残留农药累积的可能。基于水生沉积物的暴露诱导剂的研究更难应用于这种模式，因为在水中沉积物的研究中，通常只有一个单一的应用。

对于杀虫剂，水蚤很可能成为一种代表实验生物，摇蚊的急性毒性数据也可以用于进行长期的沉积物诱导研究。

5.1.4.6　沉积物中栖息动物的测试方法和端点值

摇蚊作为实验生物时，存活率及生长情况（包括出现成虫）作为端点指标。两种测试沉积物栖息生物（存在的沉积物）的方法都可用。一是“标准沉积物”毒性试验，以表示农药在沉积物中的结果（见 OECD 218[13]）；二是沉积物栖息生物的“标准水”毒性试验，并表示在水中的浓度结果（见 OECD 219[14]）。

有一些关于在何种情况下使用“标准水”或“标准沉积物”的方法是最合适的争论。虽然标准水实验可能被视为在大多数情况下能提供一个更真实的暴露方案，但是事实上这两种方法产生的数据应考虑各自的优点。比较而言，标准沉积物的研究数据对于暴露受污

染沉积物的风险评估更为有用，特别是当沉积物随着时间的推移有一个积累复合（例如从多次施用或通过不同的暴露途径）。为此，应测量沉积物毒性试验中的孔隙水、上覆水和沉积物的浓度。

从“标准水”研究的NOEC值表示为在水阶段的初始浓度，应该是与初期水层的PEC值比较，“标准沉积物”的测试应该与沉积物的PEC值比较。因为这两项研究是长期试验，作为进一步评估选用不确定因子10。如果不能获得通过，在更高层次的研究范围有可能进一步细化风险评价。

对沉积物栖息无脊椎动物的毒性也应该设计一个适当的微宇宙或中宇宙来进行研究。

5.2 水生动物的高级效应风险评估

5.2.1 SSD方法

物种敏感性分布法（species sensitivity distributions，SSD）是一种基于单物种测试的外推方法，是一种较高级的统计学外推方法，被列于欧盟风险评价技术导则（technical guidance document on risk assessment，TGD）的标准方法中，也被美国环境保护署研究者推荐用于特定生物的保护。它不仅用于水和沉积物中生态系统的风险评价，还被推广到土壤中。

SSD是指在结构复杂的生态系统中，不同的物种对某一胁迫因素（如有毒的化学物质）的敏感程度服从一定的（累积）概率分布，因此，可以通过概率或者经验分布函数来描述不同物种对胁迫因素的敏感度差异。这些不同物种主要由经挑选的物种集合、自然群落或者经过明确分类产生的物种组成。由于不清楚毒性终点的真实分布，所以通过毒性数据（通常是半数效应浓度EC_{50}或者无可见效应浓度NOEC）来估计SSD，并构造累积分布函数，一旦（累积）概率分布函数确定，一方面可以获得在特定剂量的胁迫因素下生态群落中所有物种受潜在影响的比例（potentially affeeted fraction，PAF），用以表征生态系统的生态风险，为制定环境政策和污染控制措施提供参考；另一方面，通过SSD还可以计算获得对应p%累积概率的污染物浓度，即最大环境危害浓度（hazardours concentration，HC_p），在该浓度下受到影响物种不超过总物种数的p%保护水平，通常情况下p取值为5。HC_5的获取可为制定环境质量标准提供理论依据。

应用SSD模型进行生态风险评价时首先需要收集足够的剂量-效应数据，并根据这些数据建立SSD曲线，从而计算PAF或者确定HC_5浓度，具体步骤包括：①毒性数据获取；②物种分组和数据处理；③曲线拟合；④HC_5和PAF计参数方法。拟合的模型主要有波尔模型（Burr TypeⅢ）、逻辑斯蒂累积密度模型（Logistic CDF）、对数正态累积密度模型（Lognormal CDF）、韦布尔累积密度模型（Weibull CDF）、蒙特卡罗（Monte Carlo）模型、高斯（Gaussian）模型、冈珀茨（Gompertz）模型、指数增长（Exponential Growth）模型和S形（Sigmoid）模型等；非参数方法拟合的模型主要是

Bootstrapping。

目前，还没有理论研究证明 SSD 属于某一特定曲线形式，因此可选择不同的拟合方法。美国和欧洲推荐使用对数正态分布模式拟合 SSD 曲线，而澳大利亚和新西兰则推荐使用 Burr TypeⅢ型。将不同生物的毒理数据浓度值对这组数据按照大小排列的分位数作图，并选用一种分布对这些点进行参数拟合，就得到 SSD 曲线。从一种生物毒性数据外推到其他生物具有很大的不确定性和误差，而多物种毒性数据的 SSD 法则可以降低这一不确定性并表现化合物影响在物种间的变化状况。SSD 的用法分为正向和反向两种。反向用法中 SSD 被用于确定一个可以保护生态系统中绝大部分生物物种的污染物浓度水平，一般使用 5%危害浓度 HC_5，或者以 95%保护水平表示。从 HC_5 出发可得到用于生态风险评价和环境质量标准中的预测无影响浓度 PNEC。正向用法从污染物环境浓度水平出发，计算潜在影响比例 PAF，用以表征生态系统或者不同类别生物的生态风险。有研究应用物种敏感性分布评估 DDT 和林丹对淡水生物的生态风险，并计算出 DDT 和林丹对淡水生物的 HQ 值分别为 1.70 和 5.96，DDT 对生态系统的危害大于林丹，同时通过比较分析不同类别生物 SSD 曲线的特点可以看出，无脊椎动物比脊椎动物对两种污染物更为敏感。也有物种敏感性分布在污染淡水生物生态风险评估中的研究，发现 T1 对不同物种的 HC_5 从小到大依次为藻类、无脊椎动物、脊椎动物，其中藻类最敏感，其 HC_5 为 113.01ng · L^{-1}。同时由于藻类是整个水生食物链的营养源，应重视污染对藻类的生态风险。物种敏感性分布评估 DEHP 对区域水生生态风险的结果表明，大部分水域中水生生态风险无影响，第二松花江和南京玄武湖等部分水体中藻类的生态风险比较明显。但是该研究仅以 OEHP 为研究对象，直接搜集国外毒理数据库数据，而实际水体中可能存在的毒害化学品类型众多，且我国区域生态系统差异大，所以可能难以有效反映水生生物生态风险的客观性。因此，全面开展多种毒害化学品及其联合毒性作用对能代表本地特色物种的生态毒理研究和水生生物风险的调查研究是非常有必要的。

尽管 SSD 作为生态毒理学的一种研究方法在很多国家得到了应用，但其自身也存在一些不确定性，还有进一步发展的空间。就毒理数据的选择而言，毒性数据可以从生态群落、分类单元或者物种集合中选取，理论上应该具有统计学或生态学上的代表性，而实际物种样本的数据是根据数据的有效性来定的，而不是随机样本。此外，Hopkin 对“所有物种中损失 5%总是可以接受的”的假设提出质疑。他用土壤生物作为论据，指出即使所有物种中的 95%都被保护了，一个核心物种的消失也将极大地影响土壤群落。所存在的这些争议也将促进 SSD 的发展，比如，毒理数据的选取为达到尽量接近实际生态系统中的情况来进行风险评估的目的，不应仅仅局限于室内毒性试验，还应该有野外数据的补充；化学物质所造成的风险不仅仅有毒理学效应，还会对生态系统中的生物丰度、生产量和持久性产生影响，SSD 模型还应该对这些生态终点进行评估；当前所用 SSD 模型主要是针对一些物种对单种化学物质的敏感性进行评估，而实际生态系统中存在的化学物质往往不是单一的，毒性作用也比较复杂，因此，需建立多种化学物质交互作用的 SSD 模型。

基于SSD模型，各个国家和地区纷纷制定了保护本国或本地区水生生物的水质基准推导指南。欧盟主要推荐使用评估因子法（AF）和物种敏感度分布法（SSD）两种方法，美国则建立了双值基准体系，即基准值包括基准最大浓度（criteria maximum concentration，CMC）和基准连续浓度（criteria continuous concentration，CCC）。CMC和CCC的计算主要采用毒性百分数（TPR）方法。目前，AF、SSD和TPR方法均是通过对急性、慢性毒性数据进行外推而获得农药等污染物的水质基准值，方法上仍然存在一些不足或问题。首先，许多污染物由于缺乏慢性毒性数据而无法计算水质基准值；其次，仅以急性毒性和慢性毒性试验结果为依据，数据集指标单一，难以对环境低浓度的污染暴露风险做出预警。

5.2.2 水生微宇宙

5.2.2.1 在现实暴露条件下的研究

环境中天然存在的农药的含量是现实条件下减轻风险的重要因素之一。如果消散的速度快，基于在恒定暴露条件下毒性研究的风险评估也许高于潜在风险。作为上文讨论过的平均权重预测环境浓度值 PEC_{TWA} 的一个补充途径，可以通过实验在更高层面上模仿天然的动力学。

暴露于毒物中潜在影响的最初征兆，也许是因为一些化学品的存在（尤其是那些容易水解或者是能充分吸收的化学品），可以通过比较在相同终点静态的和动态/半动态的毒性测试结果掌握。如果毒性在静态测试中的结果很低，那么可以在很大程度上减轻在自然条件下的风险。但是，还有很多情况下，水生生态表现为动态形式。因此，选择一个改进的暴露研究方法变得非常必要。

一个改进暴露研究的方法是改变测试系统而使一个特定的环境进程取代之前的环境。例如：通过向测试环境中添加沉积物来模拟吸附作用和环境退化过程，或者是把测试系统暴露在自然光的条件下来模拟光解作用。在仿真模拟的研究中，所用的方法应该合乎情理地基于与现实条件之间的关联。

一般来讲，水蚤、鱼和水生植物在水-沉积物系统中没有相应的测试方法，然而在沉积物-有机体的测试中却有一些经验可以参考。通常来讲，被测试的有机体应该是在测试物质加入之前就种植或者饲养的，而且相关的方法或者体系是否合理，在开展登记试验之前，有必要就相关方案与农药登记主管部门进行讨论。确定一个科学合理的评估指标和端点值非常重要。

5.2.2.2 微宇宙-室内多物种试验

室内微宇宙试验的目标是在一个室内可控系统中重现自然环境有机生物的生态系统，其特征是构成几个营养级，并且，其中的大部分是由自然生态系统直接构建的。因此，物质种类多样，充分体现了物种的敏感性和生物的多样性。通常来说，室内的微宇宙系统包含微生物、浮游生物、藻类、无脊椎动物、较小型水底生物及大型无脊椎动物等，并且当微宇宙足够大的时候，还可包括大型水生植物。很多与实验室微宇宙相关的基础问题还需要与室外的中宇宙系统保持一致或相当。

室内微宇宙试验的优点在于：

① 试验可以常年周期运行。然而，由于微宇宙内的一部分生物来自于自然生态系统，应当保持相关生物的季节性特征。

② 与田间实际情况相比，对于试验条件的控制更有力。

③ 与室外研究相比，实验室微宇宙系统的建设费用要更低一些。

以上这些优势在选用适用的风险评价工具时应该被充分考虑。

但是，在微宇宙中通常不允许大的生物体按照实际数量密度设置（例如鱼、蝾螈、青蛙、较大的昆虫）。因为如果这些动物被允许出现在实验室微宇宙中，可能会过度扰乱测试系统。因而，对于具有复杂生命周期的物种，其长时间的影响作用很难通过室内微宇宙试验测定。

微宇宙试验的缺点是：与室外的测试相比，其与现实的相似程度要低一些。因为微宇宙系统对于气候条件造成的波动反馈不充分，而且空间有限影响到了系统的稳定性。

5.2.2.3　中宇宙-室外多物种试验

中宇宙和微宇宙有很多相似之处，能更加体现出生态系统的影响、生物种类更多、食物链更复杂、与实际环境条件更加一致。而且，自然气候条件的波动会增强生物在现实环境中的存活水平。尤其是可以通过定植等加强某些物种恢复的概率。

关于微宇宙和中宇宙试验设计也存在一些标准化方面的争论，主要是为了使不同物质的数据更加具有可比性，并且易于对结果的解释。

当实验室初级研究表明存在潜在风险时，更高级的中宇宙研究则非常有必要，用以测试有关生态效应的特定假设。中宇宙研究更着眼于种群水平和群落水平的影响，从而得出一个无观测环境影响浓度，即 NOEAEC。

（1）试验方法指导　对于一个可重复的暴露-反应试验，其试验设计可以以更加清晰的简化数据阐释。选择的关注点不仅包括预测环境浓度 PEC，而且还应该获得预期效应浓度。

此前的试图模拟现场暴露化学品（“仿真”方法）以均匀的剂量进入水中（“毒理学”方法）的研究是首选的，它们往往更容易解释，也可以推广到各种风险评价方案中。

中宇宙试验常安排在春天和仲夏之间，主要是因为生物往往在这个阶段进入生长期。这段时间内，物种丰富，非常适合试验，而且用来观察回收率的时间非常充足。

中宇宙系统中物种丰富度经常与试验系统的规模成正相关。由于群落的功能和结构特征、食物链、系统的大小之间的关系等因素，中宇宙的响应应该考虑测试系统的自我维持能力。因此，所选中宇宙系统应满足以下条件：

① 确保研究生物的繁殖和发展；

② 应提供充足的捕食空间，以满足食肉动物捕食需要；

③ 营养物质应尽可能形成生态循环。

一般情况下，建立一个中宇宙时，应该尽可能地使用各种不同功能的分组。这包括初级生产者和不同层次的消费者，而之所以没有引进顶级捕食者，是因为它们可能会大大影响系统。研究中宇宙中的鱼类，当无脊椎动物群落作为研究的首要端点时，建议不要包括鱼类。

水生植物是浅层水生生态系统中一个重要的结构和功能组成部分，中/微宇宙中应予以体现。

中宇宙试验时应注明试验地点的精确位置，同时，避免试验区的邻近的自然生态系统影响到中宇宙系统。对于物种的定性和定量，应尽可能依据科学，或者是实际可行的。尤其是对于那些在低层研究中被认定为潜在的最敏感的群体，更应该认真鉴定和统计。

在统计方法上，种群水平调查可以采用单因素统计方法，而多元方法可以用来描述群落水平的影响。主要响应曲线（PRC）方法则是一种旨在分析微宇宙和中宇宙试验的合适的多元技术。

（2）试验结果评价　当审查中宇宙研究的结果时，所有的群体和物种都应被视为同等重要，因为很难确定“关键”物种。结构和功能一般来说具有相同的重要性，物种结构通常是最重要的关注点。因此，一般来说，研究结束时，试验组和对照组的物种组成的差异代表了某种效果，除非这些差异在种群和群落发展的自然或偶然变化中可以得到解释。

在研究中，具有足够数量的种群是非常重要的，这样可以得到的结论也更加科学和合理，便于统计。通常只有一小部分丰度高的物种可以使用单变量统计方法，而对于丰度低的物种，常常利用对照组数据来比较。然而，也存在第三种类型的物种，它们对于试验组和对照组的丰度是随机分散的。因此，考虑最敏感的生物群体是尤为重要的，需要有丰富实际经验的生态专家加以判断。

对于水生生态毒理学整体水平的评估可以分成以下几类：

第一级：“效果未见显示”

① 观察处理结果没有效果（根据统计学分析）；

② 观察处理与控制之间的差异，显示没有明显的因果关系。

第二级：“效果轻微”

① 对于效果的报告使用“轻微”或“暂时”和/或其他类似的描述信息；

② 对于敏感点获得短期和/或定量的限制性响应；

③ 效果只在个别采样上观察到。

第三级：“效果显著，短期可恢复”

① 对于敏感点有明显效应，但是最后一次处理结束后，需要8周才恢复；

② 效果报道使用“对于几个敏感物种具有临时效果”“对于敏感物种的临时消除”“对于较不敏感物种或敏感点的临时效果”或者其他类似的描述信息；

③ 在一些后续的采样实例中仍可以观察到相应效果。

第四级：“效果显著，短期不可恢复”

可以观察到明显的效果（比如敏感物种密度的大幅减少），但是这项研究时间太短以至于不能在最后一次处理后 8 周内完全恢复。

第五级："长期效果明显"

① 敏感点效应影响显著，且敏感点的恢复时间在最后一次处理后超过 8 周；

② 效果报道使用"对于许多敏感物种或敏感点上具有长期效果""敏感物种的消除""对于较不敏感物种或较不敏感点有效果"和其他类似的描述信息；

③ 在各种随后的抽样中均可以观察到影响效果。

在风险评价时，通常需要将相关影响效果等级转化成 NOEC 和 NOEAEC，因此，可以考虑下面的建议：如果只观察到第一级效果，在不受其他类影响的情况下，NOEC 和 NOEAEC 是一样的；关于第二级效果，虽然 NOEC 和 NOEAEC 的值经常相同，但是仍应该分别确定，对于出现的效果有必要进行解释，但是这些效果也被认为是对生态有利的一些原因；对于第三级的效果，NOEC 和 NOEAEC 具有明显的差别，应该分别确定；如果观察效果属于第四级和第五级的，则不能确定 NOEAEC。虽然对于第四级效果也可以使用其他统计工具来显示可接受的效果，但是对于第五级效果则非常难以确定。

5.2.2.4 欧盟对微/中宇宙的研究

近年来，以荷兰瓦赫宁根大学阿尔特拉研究中心为代表的研究小组，开始采用水生微宇宙试验（aquatic microcosms）进行更高层次的农药水生生态效应研究。该研究中心人员从郁金香种植地区附近的水域中采集水和生物，构建了模拟的微宇宙系统，对郁金香种植中氟啶胺、高效氯氟氰菊酯、磺草灵、苯嗪草酮等农药施用后因飘移造成的对水生生态系统的风险进行了研究。他们同时还研究了马铃薯生产过程中施用苄草丹、嗪草酮、高效氯氟氰菊酯、百菌清和氟啶胺 5 种农药后，对水生生态系统的风险[15]；其构建微宇宙系统的材料均来源于真实的农田环境。在此基础上，他们提出了用于种群效应评价的理论模型 PERPEST，MASTEP[16]。Altrra 研究重点是单一农药的水生生态效应，也有少量的有关两种农药联合效应的研究报道[17]，在剂量设置上一般按照某物种的 ECW [18] 或者推荐剂量乘以飘移系数折算[19]。目前，该机构已建立了 600L 的微宇宙系统和 $60m^3$ 的中宇宙系统，且运行熟练。根据系统受到短期和长期（群落恢复能力）影响的不同，该机构提出了 5 级制的分级标准[20]。

中/微宇宙理论经常被用于农药生态风险评估的高层次研究：微宇宙在实验室和自然环境之间建立了一座易于管理、可重复利用的桥梁；中宇宙提供了可操作性和能够接近代表真实生态系统、并能够研究化学物质的生物学效应的工具[21]。在美国风险评估方法生态委员会水生生态风险评价工作组制定的农药水生生态风险评估的多层次评价程序中，水生中/微宇宙处于最高层次[22]。

针对 PPP 授权进行的中/微宇宙研究旨在模拟现实的自然条件和环境现实的 PPP 暴露制度。这些研究通常遵循试验设计以证明治疗和效果之间的因果关系，并且还可以在群体和群体水平（包括结构和功能终点）确定浓度-效应关系。

中/微宇宙试验研究优于其他类型的试验性高层研究（例如额外的实验室毒性试验来构建SSD，精细暴露研究）的优势是它们将更多或更少的现实暴露方案与长期评估在更高水平进行生物整合（人口和群落水平的影响），并研究物种间和物种间的相互作用及有间接影响在的现实群落。此外，暴露更多数量的物种和生态群，可以获得其剂量-反应关系。由于中/微宇宙测试可以进行相当长的时间，并且观察可以持续很长时间，暴露已经降低到阈值效应水平以下，这些测试系统可以用于评估效应的延迟和群体及群落恢复。中/微宇宙研究对现场监测研究的优势是，由于对混杂因素的控制增加，PPP暴露和效应之间的因果关系更容易证明。此外，这种研究允许复制和实际控制，这在现场研究中是不可能的。

值得注意的是，中/微宇宙的群落和环境条件仅代表边缘地表水的许多可能条件之一。潜在风险的边缘地表水体在群落结构（包括物种组成和生命周期性状）和非生物条件方面不同。这应该在效应评估中考虑，例如，通过应用适当的评估要素在微/中宇宙观察到的浓度——响应关系的时空外推[23～28]。

用于中/微宇宙研究的群落应该代表地表水。边缘地表水的代表性淡水群落包括重要的分类学组（不一定是同一物种）、营养组（例如初级生产者、破坏者、食草动物、食肉动物）和生态特征（特别是与脆弱性相关的生命周期特征作为生成时间和分散能力），典型的池塘、沟渠和/或溪流中的群落。

中/微宇宙研究可以在人工结构（模拟池塘、沟渠或溪流）中进行，也可以通过封闭现有水生生态系统（封闭体）的一部分来进行。已经建立的、未受污染的水生生态系统，类似于中/微宇宙测试所需的物种组成，可以用作水、沉积物和有机体的来源，以种植人工测试系统。这将确保在测试系统中引入或多或少相似和代表性的群落（例如以动物园和浮游植物，中上层和底栖大型无脊椎动物，以及如果需要，大型植物为特征）。如果低层或其他信息指示对特定生物体的潜在风险，则可能需要和适当地添加来自其他来源的某些生物体（例如在建立的来源生态系统中不存在的，潜在敏感或易受影响的大型无脊椎动物或大型植物）。在测试系统中使用人工沉积物和水也可能是合适的，例如，如果中/微宇宙研究的焦点在于特定的生物体组，例如水生大型植物（如在户外测试系统中的除草剂研究与盆栽植物）。然而，使用人工沉积物和水构建的微型/中型实验室，旨在研究PPP对无脊椎动物的影响，可能需要更长的适应期以形成现实的中上层或底栖群落[29～32]。

欧盟主要采用的高级效应评估方法详细介绍如下。

(1) 选择适当的曝光方案在高级效应评估中处理时变性的曝光　在地表淡水水域，PPP的时间权重暴露浓度通常比例外更规则。时变曝光的形状取决于如PPP的物理化学性质、作物中的施用方式、不同的进入路线（例如飘移、表面径流、排水）和接收水体的性质（例如水流、水深、pH值、光渗透、植物的生物量）。作为示例，两个流场景（溪流D1和D5）和一个沟渠（D1）、一个池塘（D5）情景中假设的PPP的预测曝光分布呈现在图5-2中。这些预测基于FOCUS步骤3，在春季谷物中使用PPP（对于FOCUS情景和模型方法参见第6章）。在该示例中，预测的曝光曲线的特征在于重复的脉冲曝光（主要由于飘移），但是峰值浓度、脉冲持续时间和/或脉冲之间的间隔在不同场景之间不同。在图 5-2 所示的曝光曲线中，$PEC_{sw,max}$值对于 D1 沟渠最高，在溪流（D1 和 D5）中稍低，在 D5 池中更低，而当从溪流到达时，脉冲持续时间增加，依次是沟渠和池塘。

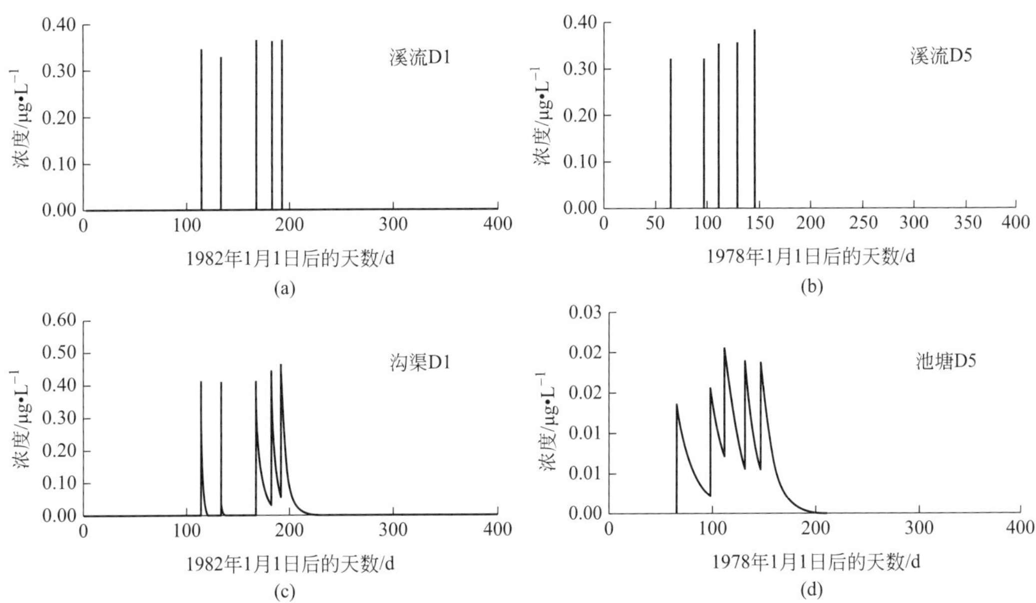

图 5-2　两个流场景（溪流 D1 和 D5）和一个沟渠（D1）、一个池塘（D5）情景中用于春季谷物的示例性 PPP 的预测曝光曲线

（2）在高分级效应评估中使用地表水的预测暴露分布　在开始基于时间变量暴露的更高分级效应评估之前，需要将相关流/沟/池塘情景中关注的 PPP 的预测暴露概况与第 1 级 RAC（基于标准实验室毒性数据）比较。在表 5-3 中，对于在图 5-2 中 PPP 的曝光曲线进行了与法规允许浓度（RAC）的比较。这显示了对于 D1 和 D5 溪流场景以及对于 D1 沟渠场景识别潜在的急性风险（$PEC_{sw,max} > RAC_{sw,ac}$）。对于这些情况，$PEC_{sw,max}$也大于慢性 1 级 RAC（$RAC_{sw,ch}$）；但是，如果可以使用加权时间平均值方法，则不会触发长期风险（$PEC_{sw,7d\text{-}TWA} < RAC_{sw,ch}$）。对于池塘情景，不会触发急性和慢性风险，因为急性和慢性 1 级调节可接受浓度都高于 $PEC_{sw,max}$。

表 5-3　用于春季谷物的假设 PPP 的 PEC（峰值和 7d TWA）与第 1 级 RAC（急性：$RAC_{sw,ac}$；慢性：$RAC_{sw,ch}$）的比较

场景	水体	$PEC_{sw,max}/\mu g \cdot L^{-1}$	$RAC_{sw,ac}/\mu g \cdot L^{-1}$	$RAC_{sw,ch}/\mu g \cdot L^{-1}$	$PEC_{sw,7d\text{-}TWA}/\mu g \cdot L^{-1}$
D1	溪流	0.36	0.20	0.17	0.03
D1	沟渠	0.47	0.20	0.17	0.14
D5	溪流	0.38	0.20	0.17	0.01
D5	池塘	0.02	0.20	0.17	0.02

由于为D1沟渠情况计算了最高暴露浓度（预测环境浓度$PEC_{sw,max}$和7d预测环境浓度$PEC_{sw,7d\text{-}TWA}$），因此在选择适合的高分级效应研究的暴露方案时，首先评估这种情况是合理的。这可以通过在预测的D1沟渠暴露概况（图5-3）上绘制1级调节可接受浓度$RAC_{sw,ac}$（和/或1级调节可接受浓度$RAC_{sw,ch}$）来做到。请注意，当可用时，Geom-调节可接受浓度或SSD-调节可接受浓度可用于替换第1级调节可接受浓度。在实施例中(图5-3)，暴露曲线的特征在于重复脉冲曝光方案（5个脉冲），并且所有脉冲的峰值在短时间内超过1级调节可接受浓度$RAC_{sw,ac}$。因此，为了评估这5个脉冲暴露的潜在风险，除非可以根据生态毒理学信息减少要研究的脉冲数（详情见下文），否则应在高分级效应研究中切实解决。

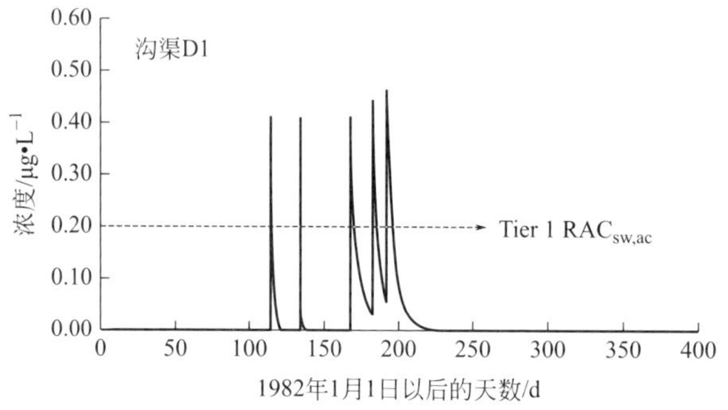

图5-3　在D1沟渠情形中的示例PPP的暴露曲线（其中绘制了1级调节可接受浓度）

（3）不同脉冲暴露的毒理学依赖性　为了适当评估以重复脉冲照射为特征的暴露特征的风险，首先重要的是在第一种情况下，确定脉冲是否是毒理学无关的（EFSA，2005a）。如果敏感物种的个体的寿命足够长以经历重复的脉冲暴露，则可能发生重复脉冲的毒理依赖性。例如，在针对D1沟渠情形的图5-3中所示的预测曝光轮廓中，如果第二和第三脉冲之间的32d的周期比第一和第二脉冲之间的32d的周期长于个体的平均寿命或敏感生命阶段的持续时间，或者是处于风险中的敏感物种的平均寿命，则认为前两个脉冲是独立的。此外，即使当敏感物种（或敏感生命阶段）的个体具有比32d更长的寿命时，相对于最后3个脉冲，前2个脉冲可以被认为是毒理学上独立的：①个体生物体内的内部暴露浓度低于临界阈值水平；②完全修复损伤发生在脉冲2和脉冲3之间。

（4）在更高级别效应研究中解决的毒理学依赖性脉冲暴露的最小数量　当处理生态阈值选择时，如果可以证明更少的脉冲暴露已经导致最大效应，则可能不需要在更高级效应研究中并入所有毒理学依赖性脉冲暴露。例如，如果图5-3中所示的示例性植物保护产品的所有脉冲都是毒理学依赖性的，并且前2个脉冲已经导致效应的最大幅度（例如死亡率），但是最后3个脉冲不再有助于响应的幅度，该效应的持续时间可能通过最后3次脉冲曝光而延长。所关注的一个重要问题是如何评估脉冲式曝光的最小频率和脉冲式曝光方式的时间窗口的最小持续时间，其可能导致最大效果量。在更高层级效应试验（例如精制暴露实验室毒性试验，微/中孔研究）中进行的植物保护产品应用的数量必须与预期的生物效应仔细地关联考虑。然而，认为高分级研究中的申请数量应尽可能低，并遵循以下原则：

① 预测暴露浓度若和毒理学依赖脉冲暴露的数量和持续时间超过更低级的风险可接受浓度 $RAC_{sw,ac}$ 或者 $RAC_{sw,ch}$；

② 在可用的实验室毒性试验中用敏感标准品和附加试验物质观察到的反应的时间过程；

③ 有潜在风险的物种的生物信息；

④ 具有相似毒性作用模式的化合物的读数信息。

（5）不同脉冲暴露的生态（内）依赖性　当连续脉冲暴露的毒理学（内）依赖性得到充分解决时，重要的是还要证明它们的生态依赖性，特别是当在效应评估中考虑生态恢复时（例如通过微/中震测试）。如果峰值间隔大于相关敏感群体的相关恢复时间，则连续脉冲曝光可被认为是生态无关的。如果潜在敏感物种或这些物种的特定敏感生命阶段不存在于某些脉冲暴露发生的时期（例如在冬季由于排水而脉冲暴露），脉冲暴露的可能的生态独立性也可能在风险评估中是重要的）。

评估连续脉冲暴露的生态依赖性将在旨在获得生态恢复选项-调节可接受浓度（RAC 基于 ERO）的风险评估中使用微震和中震测试时是重要的，并且当地表场景曝光轮廓中的脉冲曝光（或曝光图案）的频率偏离在微/中间试验中测试的频率时，产生这些调节可接受浓度的中尺度研究的特征在于植物保护产品的每周 3 次应用（模拟 D1 沟渠暴露分布图的最后 3 个脉冲）。在第 2 次和第 3 次每周施用之间观察到对敏感无脊椎动物群体的最大影响程度，而在产生 ERO-RAC 的治疗水平下，在最后一次施用后 6 周观察到受影响群体的完全恢复。因此，ERO-RAC 基于约 7 周的效应时间窗口，随后是恢复。在图 5-4 中，假定临时 ERO-RAC 为 $0.52\mu g \cdot L^{-1}$。注意，使用限定词“提供”是因为确定的 ERO-RAC 只有在基于 3 个周脉冲暴露和总暴露概况表征的中观试验研究结果的基础上考虑预期效果的总周期时才能建立为 D1 沟渠情况的预测。在图 5-4（a）中，假定从该中等渗透试验得到的 ETO-RAC 为 $0.43\mu g \cdot L^{-1}$，而在图 5-4（b）中为 $0.30\mu g \cdot L^{-1}$，从图 5-4 可以看出，只有当 SPG 允许一些效应跟随恢复时，才能授予示例 PPP 的授权。评估 ETO-RAC 上方的暴露期和从中孔试验得到的恢复所需的时间提供了可能预期的总效应期的洞察。对于图 5-4（a）所示的情况，总有效期最可能不长于来自中间试验测试的时期。如果效果期约为 7 周，然后完全恢复，被认为风险低，则临时 ERO-RAC 可升级为官方 ERO-RAC。相比之下，对于图 5-4（b）所示的情况，不能基于从中间试验研究（以 3 个每周脉冲表征）得到的临时 ERO-RAC，排除效果的总周期将持续更长时间，超过 7 周，因为效果可能已经由前 2 个脉冲引起，而恢复最可能在最后一次施用后不早于 6 周观察到。因此，在后一种情况下，如果从监管的角度来看，估计影响的总时间长于可接受的时间，则临时 ERO-RAC 不能用于得出官方的 ERO-RAC。

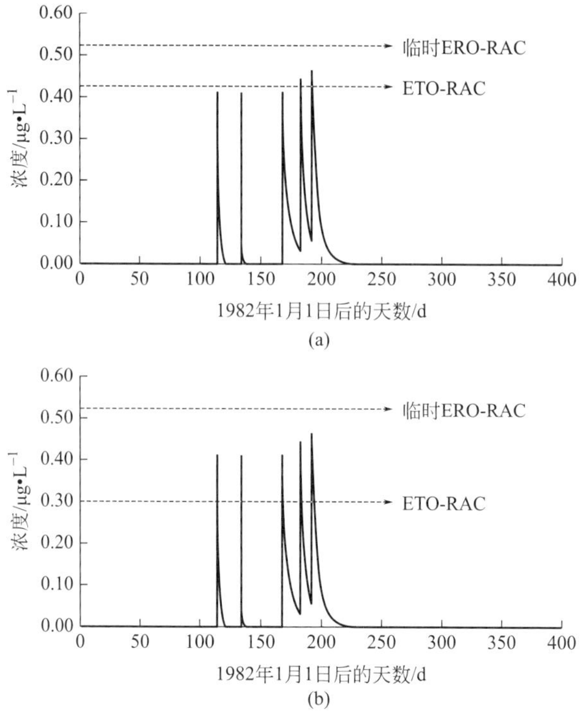

图 5-4　D1 沟渠中的示例植物保护产品的暴露曲线

其中描绘了来自衍生的生态恢复选项-调整可接受浓度（ERO-RAC）或生态阈值选项-调整可接受浓度（ETO-RAC）。在（a）中，ETO-RAC 为 $0.43\mu g \cdot L^{-1}$，在（b）中使用 $0.30\mu g \cdot L^{-1}$ 的 ETO-RAC，而临时 ERO-RAC 是相同的

参 考 文 献

[1] OECD（1992）Guideline 203：Fish，Acute Toxicity Test，OECD Guidelines for the Testing of Chemicals.

[2] GB/T 31270.12—2014 化学农药环境安全评价试验准则　第 12 部分：鱼类急性毒性试验．北京：中国标准出版社，2015.

[3] OECD（1984）Guideline 204：Fish，Prolonged Toxicity Test：14-day Study，OECD Guidelines for the Testing of Chemicals.

[4] OECD（1992）Guideline 210：Fish，Early-Life Stage Toxicity Test，OECD Guidelines for the Testing of Chemicals.

[5] OECD（2000）Guideline 215：Fish，Juvenile Growth Test，OECD Guidelines for the Testing of Chemicals.

[6] OECD（2015）Guideline 240：Medaka Extended One Genaration Reproduction Test，OECD Guidelines for the Testing of Chemicals.

[7] OECD（1992）Guideline 301：Ready Biodegradability，OECD Guidelines for the Testing of Chemicals.

[8] OECD（2012）Guideline 305：Bioconcentration：Flow-through Fish Test，OECD Guidelines for the Testing of Chemicals.

[9] OECD（1998）Guideline 212：Fish，Short-term Toxicity Test on Embryo and Sac-fry Stages，OECD Guidelines for the Testing of Chemicals.

[10] OECD（2004）Guideline 202：*Daphnia* sp.，Acute Immobilisation Test，OECD Guidelines for the Testing of Chemicals.

[11] OECD（2012）Guideline 211：*Daphnia magna* Reproduction Test，OECD Guidelines for the Testing of Chemicals.

[12] OECD（2002）Guideline 308：Aerobic and Anaerobic Transformation in Aquatic Sediment Systems，OECD

Guidelines for the Testing of Chemicals.

[13] OECD (2004) Guideline 218: Sediment-Water Chironomid Toxicity Test Using Spiked Sediment, OECD Guidelines for the Testing of Chemicals.

[14] OECD (2004) Guideline 219: Sediment-Water Chironomid Toxicity Test Using Spiked Water, OECD Guidelines for the Testing of Chemicals.

[15] Kinoshita M, Murata K, Naruse K, et al. Medaka: Biology, Management and Experimental Protocols, Wiley-Blackwell. 2009.

[16] Padilla S, Cowden J, Hinton D E, et al. Use of medaka in toxicity testing. Current Protocols in Toxicology, 2009, 39: 1-36.

[17] Seki M, Yokota H, Matsubara H, et al. Fish full life-cycle testing for the weak estrogen 4-*tert*-pentylphenol on medaka (*Oryzias latipes*). Environmental Toxicology and Chemistry, 2003, 22: 1487-1496.

[18] Shinomiya A, Otake H, Togashi K, et al. Field survey of sex-reversals in the medaka, *Oryzias latipes*: genotypic sexing of wild populations, Zoological Science 21: 613-619; Tatarazako N, Koshio M, Hori H, Morita M, Iguchi T. 2004. Validation of an enzyme-linked immunosorbent assay method for vitellogenin in the medaka. Journal of Health Science, 2004, 50: 301-308.

[19] Seki M, Yokota H, Matsubara H, et al. Effect of ethinylestradiol on the reproduction and induction of vitellogenin and testis-ova in medaka (*Oryzias latipes*). Environmental Toxicology and Chemistry, 2002, 21: 1692-1698.

[20] U S Environmental Protection Agency, 2013. Validation of the Medaka Multigeneration Test: Integrated summary report.

[21] 王印，王军军，秦宁．应用物种敏感性分布评估 DDT 和林丹对淡水生物的生态风险．环境科学学报，2009 (11): 2407-2414.

[22] Hopkin S P. Ecological Implications of '95% Protection Levels' for Metals in Soil. OIKOS, 1993, 66 (1): 137-141.

[23] USEPA Terms of Environment: Glossary, Abbreviations and Acronyms [R]. 2009.

[24] OECD Chemicals Hazard/ Risk Assessment [R]. 2009.

[25] USEPATechnical Overview of Ecological RiskAssessment [R]. 2009.

[26] Erstfeld K M. Environmental fate of synthetic pyrethroids during spray drift and field runoff treatments in aquatic microcosms. Chemosphere, 1999, 39 (10): 1737-1769.

[27] Maund S J, Taylor E J, Pascoe D. Population responses of the freshwater amphipod crustacean *Gammarus pulex*, (L.) to copper. Freshwater Biology, 2010, 28 (1): 29-36.

[28] Zuo Y, Zhang K, Deng Y. Occurrence and photochemical degradation of 17alpha-ethinylestradiol in Acushnet River Estuary. Chemosphere, 2006, 63 (9): 1583-1590.

[29] Clement B. Contribution of aquatic laboratory microcosms to the ecotoxicological assessment of pollutants. 2006.

[30] Wijngaarden R P A V, Cuppen J G M, Arts G H P, et al. Aquatic risk assessment of a realistic exposure to pesticides used in bulb crops: A microcosm study. Environmental Toxicology & Chemistry, 2010, 23 (6): 1479-1498.

[31] Wendt-Rasch L, Brink P J V D, Crum S J H, et al. The effects of a pesticide mixture on aquatic ecosystems differing in trophic status: responses of the macrophyte Myriophyllum spicatum and the periphytic algal community. Ecotoxicology & Environmental Safety, 2004, 57 (3): 383-398.

[32] Arts G H, Buijse-Bogdan L L, Belgers J D, et al. Ecological impact in ditch mesocosms of simulated spray drift from a crop protection program for potatoes. Integr Environ Assess Manag, 2010, 2 (2): 105-125.

第 6 章 水生植物效应评估

能在水中生长的植物统称为水生植物。水生植物是生态学范畴上的类群，是不同类群的植物通过长期适应水环境而形成的趋同性生态适应类型。地球上所有生物的生存都直接或间接地依赖初级生产者，初级生产者在生态系统中起着结构和功能的作用。作为主要的初级生产者，水生植物的生存需要静止或流动的水[1]，其对于水生生态系统的作用显而易见。水生初级生产者影响水的化学状态，产生水生生物所需的氧气，为水生生物提供食物，增强栖息地的复杂性，为其他植物和动物提供基质和栖息地。农药对于水生植物的影响必然会进一步作用于水生生态平衡系统。因此，开展农药对水生植物环境风险评价尤为重要。其中，用于测定农药对水生植物影响的代表性物种包括 3 类，即浮水植物、沉水植物和挺水植物。考虑到培养和试验方法的稳定性，水生植物的风险评价中最常用的生物为藻类。本章将以绿藻类为主，兼顾其他水生植物，来探讨相关研究、技术和标准。

6.1 问题阐述

6.1.1 水生植物的分类

淡水初级生产者可以分为微观藻类和大型水生植物。大型水生植物（macrophyte）指的是除小型藻类以外所有的水生植物，包括大型藻类、苔藓类、浮萍属、蕨类以及种子植物。

水生植物又可以分为非维管束植物和维管束植物，维管束植物与非维管束植物的本质区别在于维管束植物具有脉管结构，用以吸收营养物质、水分和矿物质，而非维管束植物没有这种结构。水生非微管束植物主要包括藻类和苔藓类植物，水生维管束植物包括低级维管束植物如水生蕨类植物和高级维管束植物如被子植物。水生植物主要以被子植物为主，水生被子植物可以分为水生双子叶植物（金鱼藻、浮萍属、半边莲、睡莲属、河苔草属、毛茛、狸藻等）和水生单子叶植物（水蕹属、凤眼莲属、伊乐藻属、黑藻、浮萍属等）[2]。

另外，人们习惯根据水生植物的生活方式将其分为挺水植物、浮叶植物、漂浮植物和沉水植物。挺水植物一般植株高大，下部或基部沉入水中，根部或茎部扎入泥中生长，上部挺出水面，常见物种有荷花、香蒲、芦苇、荸荠、莲、水芹、茭白荀等；浮叶植物无明显的地上茎，叶片漂浮于水面上，通常生长在平静受庇护地区的湖泊，以减少风和水体动荡对其叶片的影响，常见种类有睡莲、萍蓬草、荇菜、芡实等；漂浮植物是指根不着生于底泥中，整株漂浮于水面上的植物，该类植物具有发达的通气系统，常见种类包括浮萍和水葫芦、槐叶萍（*Salvinia natans*）、凤眼莲等；沉水植物则整个植株沉入水中，具有发达的通气组织，软骨草属（*Lagaro-siphon*）、狐尾藻属（*Myriophyllum*）、苦草、金鱼藻、黑藻等都属于沉水植物。

6.1.2　影响水生植物分布的因素

水深及环境坡度情况显著影响植物分布，挺水植物和浮叶植物通常生长在浅水区，分布在水岸边或水的表面。在水深为0.25～3.5m的水域生长着浮叶植物，在比较清澈的湖泊中可以发现12m下还生长着植物，轮藻植物和苔藓植物则可以生长在更深的水域，其中轮藻可以生长在深达65m的水域，苔藓植物可以生长在深度为120m的水域。比起挺水植物、浮叶植物和漂浮植物，沉水植物只能接受极少的光能，大部分的光照射在水面即被反射——尤其当阳光以低角度照射时，光线无法到达沉水植物生长的地区，剩下极微少的光也被悬浮颗粒（包括浮游生物）、溶解的有机质和水体本身所吸收，浮叶植物浓密的穹状枝叶也会削弱进入水中的光强。事实上，光能随着深度的增加而减少，这可能是决定植物生长的首要因素。同时温度和基底类型也显著影响植物的生长，但是目前只能确定在热分层湖泊中，温度是影响水生植物生长的主导因素。在一些开阔水域中，尽管拥有丰富的光照和适宜的条件，但是由于大量沉积物的存在，只有少量水生植物生长。波浪也会直接影响水生植物的分布，这主要是由于它的机械破坏力能够损坏植物的根部，同时波浪还会间接地带来底泥分层和悬浮液沉积物堆积等问题。深层平静水域的快速矿化作用也会限制水生生物的分布。

6.1.3　水生植物在生态系统中的作用

水生植物作为初级生产者对于水生生态系统的结构和功能起着重要的作用。水生植物能够产生氧气，为水中的动物和微生物提供食物来源。水中的多种生物，包括根际土壤中的微生物、食草的水生无脊椎动物、鱼类、水鸟和哺乳动物等都需要依赖淡水植物作为能量来源。水生植物表面分布着复杂的生物膜，非常利于无脊椎生物和鱼类的生存。水生植物在固碳释放氧气的同时还会吸收水中的氮、磷、重金属及有机污染物，从而抑制浮游藻类的繁殖，减轻水体的富营养化，提高水体的自净化能力，保护水生生态环境和生物多样性。水生植物可加快太阳光在水体中的衰减并导致温度下降，从而减少水体的动荡，进而促进悬浮物的沉淀。沉水植物的代谢活动会显著影响水体中的氧气、二氧化碳的浓度，pH 值以及氧化还原电位，并影响水中各种沉积物的形成。同时，沉积物中矿质营养物质的积累与释放可以影响水中水生植物的生长以及水中潜在有毒重金属的浓度，进而影响水质。浮叶植物通过气孔进行气体交换，可以将水和空气间的物质循环链接起来。

6.2 农药对水生植物的风险评价

农药产品的毒性评估可以分为急性毒性试验和慢性毒性试验。并不是每一种农药都需要进行急性毒性试验，然而，制剂中的共制剂和溶剂也会影响农药的毒性，因此预测哪种农药需要进行风险评价是困难的。如果一种农药中包含多种活性物质，基于一种活性物质的毒性数据不能指示整个产品的毒性。在评估制剂的急性毒性时也需要考虑共施剂的毒性作用，因为共施剂也会随着农药一起被释放到环境并对水生生态系统造成危害。特殊产品需要进行慢性毒性试验，然而基于当前的数据无法确定某种农药是否需要进行慢性毒性试验。慢性毒性研究提供了活性物质与共制剂相互作用下亚致死作用的信息。然而，制剂是否可以在淡水生态系统中较长时间地存留尚需进一步讨论。没有精确的暴露评估，长期制剂研究得出的无可观察效应浓度（no observed effect concentration，NOEC）只能与初始制剂预测暴露浓度（PEC）比较，这可能导致风险被高估。初级评价标准认为使用浮萍、藻类进行测试是一种慢性毒性评价，因为在很短的时间内（≥7d）能涵盖多个生殖周期。其他水生植物的测试数据则要基于实际的案例来具体分析[3]。

6.2.1 农药对水生植物风险评价的重要性和必要性

水生植物是水生生态系统中的关键物种，维持着水生生态系统的生物多样性并在水生生态系统中起着结构和功能的作用[4]。水生植物提供栖息地、食物和产卵底物，并且其异质性有助于提高水生生物多样性。水生植物也可以影响水生生态系统的化学性质和物理性质。光合活性和其他代谢过程可以通过影响气体（氧气、二氧化碳）溶解动力学，酸碱度（pH 值）和营养物（磷酸盐、氮）改变水的化学性质，继而影响水生生态系统中的净化和脱毒过程。大型生根植物能够改变水流状况，增加沉降速率，并稳定沉积物。水生植物在水体中的分布受到景观、土壤、水化学、气候和地方农艺实践的影响。农药是目前农业生产中重要的生产资料。全球农药年用量达到 440 万吨，但在使用过程中 70%～80%农药未到达防治靶标，而是直接分散到环境中，对土壤、空气和水体造成污染。农药按照防治对象主要分为杀虫剂、杀菌剂、杀螨剂、杀线虫剂、杀鼠剂、除草剂和植物生长调节剂（PGRs）等。残留于水体环境中的除草剂和 PGRs 两类农药对包括藻类在内的水生植物会产生直接影响[5]。其中，除草剂是以维管植物作为靶标，当农业上应用的除草剂通过各种方式进入到水体后，可能会危害水生植物，进而危害整个水生生态系统[6～9]。过去许多生态毒理学家都认为水生植物对毒物的敏感性低于动物[10,11]，但有不少水生植物对重金属、醇类、农药、表面活性剂、污水、部分有机物比动物更敏感[12]。随着水生植物的重要作用逐渐得到认可，近年来，利用水生植物进行的实验室毒性试验及野外环境监测评价正日益受到国内外研究者的重视。我国的农药管理起步较晚，对农药环境风险评价的研究较少，其中，对水生植物的风险评价研究尤为缺乏，与发达国家存在较大差异。近些年，我国在农药水生生态风险评价方面取得了一些进展，但依旧十分薄弱。因此，有必要借鉴国外初级风险评价导则，进行相关的建设与管理，发展适应我国农药使用特点的风险评价方法并逐步完善，使之在我国的农药环境安全管理中起到积极的作用。

6.2.2　水生植物风险评价的指示物种

OECD 201[13]和 OECD 221[14]分别为藻类和浮萍的风险评价导则。传统的水生植物风险评价程序主要测定藻类和浮萍的毒性数据，然而这两种植物有时并不能代表所有非靶标水生植物。浮萍属于浮萍科，是浮动的水生单子叶 C_3 植物，在世界上广泛分布。它喜水而且是已知最小的开花被子植物。它的特点是增长迅速，缺乏一个发育良好的和沉积物相互作用的不定根系统，缺乏茎或真叶，并主要是无性繁殖生物[15,16]。它们是许多动物重要的食物来源，浮萍喜欢生存在水禽选址区域，是大型无脊椎动物、鱼类和一些哺乳动物的栖息地和食物，而且它还能使有机碳溶解到周围海域，阻碍光和溶解氧越境进入地下水来改善周围的环境[17～21]。浮萍是一类生长较为快速的淡水水生植物，并且是水生食物网的关键组成部分。由于浮萍科吸收各种污染物的能力较强，它们成为许多有毒污染物进入生物圈的重要途径。浮萍的高生物浓缩能力使其具有修复水生生态系统的潜能，因此从生物管理的角度来看，研究浮萍种属具有重要意义并已成功应用于毒性评估研究。目前，虽然浮游植物广泛用于水生生态系统评估，但需要注意的是浮游植物和维管束植物对某些污染物质的敏感性不同，例如，藻类和浮萍对煤气化废物同样敏感，而藻类比其他高等植物对重金属、氯化酚等毒性物质更为敏感。

浮萍可以将有毒物质从液相直接吸收到叶片，毒性评估中的生长测试较为快速，不需要应用其他仪器，只需要通过计量浮萍的叶片数即可评估毒性物质对浮萍的生长抑制作用。由于浮萍维护成本低廉，植物较小，可以同时进行多种处理，是用于水生植物风险评价的理想大型水生植物。许多有机污染物能够通过各种反应改变化学性质，尤其是那些具有代谢活性和光化学活性的有机污染物。目前，已经有研究人员发现光照和污染物共同影响浮萍的生长发育[22]。浮萍通常漂浮在水面上，以单层状态存在，接受太阳光充足，因此浮萍适用于评估光化学活性有机物。浮萍具有很强的吸收有机物和重金属的能力，虽然一些有机污染物可以在浮萍体内被活化为毒性更强的物质，但大多数有机物能通过浮萍体内的多种次生代谢过程解毒。对于能够在浮萍体内解毒的物质，浮萍是良好的修复途径。浮萍能够在恶劣条件下生长。近一个世纪以来，浮萍已被用在植物生理学实验中，用来评估除草化合物的生理毒性[23～26]。目前，大型水生生物的风险评价主要基于为期 7d 的浮萍标准化测试，但是浮萍作为大型水生植物风险评价的指示物种，具有一定的局限性，主要包括：

① 浮萍种属属于单子叶植物，使用浮萍作为测试生物来预测植物保护产品对双子叶植物的影响时，毒性可能被低估，例如以双子叶植物作为靶标生物的除草剂，使用单子叶植物作为测试物种会低估该农药对双子叶植物的毒性作用[27,28]。

② 底泥也是农药的一个非常重要的暴露途径，化学物质易于从水中沉积到底泥中，水生植物根系可以从底泥中吸收农药。浮萍属于浮叶植物，底泥中的农药对它没有影响，在这种情况下需要选择一额外物种。

③ 无论是在野外还是实验室，浮萍偏爱富营养化状况，贫营养条件或中营养条件下浮萍的生长速率和恢复潜力都显著低于富营养条件，这可能导致在以上两种条件下浮萍的预测能力不足。为了降低浮萍测试产生的不确定性，水生植物的风险评价工作需要增加测试物种。但是，与浮萍相比，其他的大型物种体型更大，生长速率更慢，因此如果应用其他水生植物进行水生生物风险评价测试，必须使用更大的容器和更长的测试时间（通常需要1～4周）。浮萍在生态毒理学研究中的代表性不足，除非开发并广泛使用各种植物进行毒性测定，否则可能无法评估污染物对生物圈构成的真实风险，但开发使用各种水生植物进行污染物的毒性评估难度较大。

2008年1月，41名来自欧洲和北美的权威专家，在欧洲SETAC主办的“农药对水生大型植物风险评价”（AMRAP）研讨会上讨论了水生大型植物风险评价规程的现状和可能的改进方式，并且总结了可以应用在水生生物风险评价中的大型水生植物，如表6-1所示。

表6-1　AMRAP研讨会总结的水生植物名单

物种	按生活方式分类	是否在底泥中生根
天山泽芹（*Berula erecta*）	漂浮植物	是
水马齿（*Callitriche*）	沉水植物	是
金鱼藻（*Ceratophyllum demersum*）	沉水植物	否
细金鱼藻（*Ceratophyllum submersum*）	沉水植物	否
轮藻（*Chara intermedia*）	沉水植物	否
沼泽景天（*Crassula helmsii*）	沉水植物	是
水蕴草（*Egeria densa*）	沉水植物	是
伊乐藻（*Elodea canadensis* 和 *E. nuttallii*）	沉水植物	是
小竹叶（*Heteranthera zosterifolia*）	沉水植物	是
狐尾藻（*Myriophyllum aquaticum*、*M. heterophyllum*、*M. spicatum* 和 *M. verticillatum*）	沉水植物	是
菹草（*Potamogeton crispus*）	沉水植物	是
浮叶眼子菜（*Potamogeton natans*）	沉水和浮叶植物	是
毛茛属（*Ranunculus aquatilis*、*R. circinatus* 和 *R. trichophyllus*）	沉水和浮叶植物	是
紫萍（*Spirodela polyrhiza*）	漂浮植物	否
飞天章鱼（*Stratiotes aloides*）	沉水植物	否
苦草（*Vallisneria spiralis*）	沉水植物	是

事实上，单子叶植物和双子叶植物的植物生理学和形态学可能有很大差异，因此，具有特定作用模式的除草剂或其他毒物可以根据植物的生理特征诱导出非常不同的效果。2013年欧洲食品安全局提议将浮萍属作为大型水生植物风险评价的默认测试物种，并且建议将双子叶大型水生植物穗状狐尾藻（*M. spicatum*）和粉绿狐尾藻（*M. aquaticum*）以及单子叶植物水甜茅（*Glyceria maxima*）作为水生植物风险评价指示物种[29]。狐尾藻易于栽培和处理，全年可用，不易受到藻类和其他微生物的污染以及相对较高的敏感性使其适合作为环境风险评价的模型生物。狐尾藻的生长抑制试验具有可重复性和可靠性。Tanja Tunić等研究证实狐尾藻可以在水生植物风险评价中作为一类有代表性的沉水水生植物物种[30]。Giddings等的种群敏感度分析结果显示狐尾藻属应该是最适合的双子叶植物指示物种[31]。水生植物初级风险评价表明，单子叶植物比双子叶植物对农药敏感，水甜茅（*Glyceria maxima*）是更合适的水生单子叶植物。

6.2.3　水生植物风险评价程序

本书中介绍的水生植物风险评价程序参考欧盟的风险评价体系。关于农药对水生植物的风险评价，欧盟已经建立了良好的评估体系。相关法规（1107/2009/EC）规定了实验室针对水生植物进行急性毒性测定的初级风险评价（tier 1）程序[32]。水生生物的风险表征是通过比较水生指示物种在水生系统中（水体和底泥）暴露浓度的终点毒性效应来完成的。欧盟国家在进行农药评价时，通常用暴露浓度来划分终点毒性效应，而暴露浓度可以用毒性暴露率（toxicology exposure ratio，TER）来表示。在欧盟法规中，藻类（包括羊角月牙藻 *Pseudokirchneriella subcapitata*、近具刺链带藻 *Desmodesmus subspicatus*、羽纹硅藻 *Navicula pelliculosa*、水华鱼腥藻 *Anabaena flos-aquae* 及聚球藻 *Synechococcus leopoliensis* 等）和浮萍（*Lemna* spp.）被作为农药等化学物质的标准测试物种[32,33]。在其他的法规中，水生植物风险评价选取的方法标准并不是固定的，例如在水框架指令法规下进行化学品风险评价，不同的水体及不同的受测污染物，在测试方法的选择上有所差异[34]。

欧盟国家初级风险评价导则（1107/2009/EC）中规定评价杀虫剂、杀菌剂等农药时需要提供一种绿藻（如羊角月牙藻 *P. subcapitata*）的毒理学数据。对除草剂、植物生长调节剂（PGRs）及有除草剂作用的杀菌剂进行风险评价时，需要提供两种小型藻类和一种大型水生植物（浮萍 *Lemna gibba* 或 *L. minor*）的毒理学数据。所提供的藻类毒性数据必须包含绿藻72h或96h的毒性数据，并且还需要测试另一种其他分类群的小型藻类，可以是硅藻或蓝绿藻。对于含有植物生长素抑制剂或双子叶刺激剂的风险评价，则要进一步提供大型水生植物的毒理学数据。

在当前公认的水生植物风险评价中，农药对藻类及其他水生植物的风险主要通过计算毒性暴露比TER（toxicity exposure ratios）来评估：

$$\mathrm{TER}=\frac{\mathrm{EC}_{50}}{\mathrm{PEC}}$$

式中　EC_{50}——引起 50%个体产生效应的浓度；

PEC——农药在环境中的暴露浓度。

TER 值与触发值 10 相比较，如果 TER≥10，便认为该测试化合物对水生植物造成的风险可以接受；如果 TER<10，则认为该化合物造成的风险不可接受，继而需要进行高级风险评价。为了降低风险评价的不确定性，高级风险评价时需要采取降低农药暴露值的措施，包括飘移减少技术、测试外加物种的毒性以及田间试验等方式。

针对水生植物风险评价方法，环境毒理学和化学学会（SETAC）于 2008 年在荷兰瓦赫宁根召开“农药水生植物风险评价研讨会”（AMRAP）。研讨会讨论了当前欧洲水生植物风险评价的规章制度，分析了规章制度中的不确定性，改进水生植物的测试方法。会议提出了一种水生植物生态毒性风险评价方案（图 6-1）[28]。

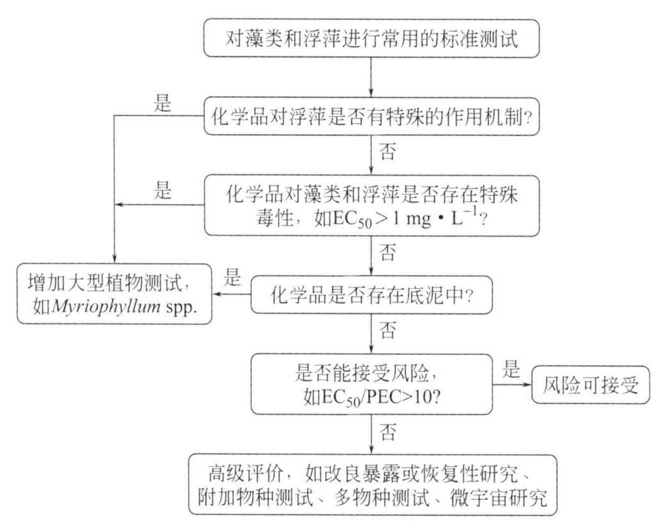

图 6-1　水生植物风险评价决策计划框架

首先，对藻类和浮萍进行标准测试。由于除草剂或植物生长调节剂有特殊的作用机制（如合成生长激素或合成抑制剂），根据受测的浮萍对这些化学品作用机制的敏感性（在一些实验案例中，浮萍不是合适的受测物种）决定是否需要加入大型水生植物（如狐尾藻 *Myriophyllum* sp.，表 6-1）测试[35,36]。其次，如果浮萍和藻类对除草剂或植物生长调节剂没有表现出预期的活性，则说明这些标准测试物种的灵敏度不足。在这种情况下，基于浮萍毒性终点作为评价因素的风险评价不适用于其他的水生植物，所以测试时建议选用一种灵敏度高的大型水生植物进行附加测试。同时 AMRAP 建议将植物生长抑制速率作为大型水生植物毒性终点，因为它不依赖于实验设计，而生物量作为毒性终点依赖于实验中植物的生长速率、实验的持续时间和其他实验中的因素。最后，再根据化学品在底泥中的存在情况判断是否能接受风险，如风险不可接受，就需要进一步进行高级风险评价研究。

表 6-2　狐尾藻毒性测试要求

项目	含底泥	纯培养液
物种	狐尾藻	狐尾藻
培养基	人工添加的营养物质（如 N、P），底泥	人工添加的营养物质（如 N、P）
持续时间	7d 或 14d	7d 或 14d
化学品	3,5-DCP	3,5-DCP
终点选择	枝条长度，植物干重和鲜重	枝条长度，植物干重和鲜重
前期测试结果	EC_{50}范围窄，只用了一种化学品（3,5-DCP），有必要加入更多的化学品	该测试可能不适合光合作用抑制剂

6.2.4　水生植物的高级风险评价

初级风险评价表明该植物保护产品具有生态风险时，须考虑进行高级的风险评价，高级风险评价通常要采取一些风险减缓措施，评价方法包括改善暴露研究、外加物种测试、物种敏感性分布分析、多物种测试和中/微宇宙方法。目前，高级风险评价还没有完整的评价导则。

6.2.4.1　种群敏感度分布

种群敏感度分布（species sensitive distribution，SSD）是通过增加测试物种，收集基于一系列形态学和分类学的数据，用于分析某类或某系列生物种群的变量范围，进而获得该类或该系列的敏感水平。对于水生植物需要回答以下问题：①计算浮萍属相对于其他大型植物的灵敏度；②针对大量除草剂和杀菌剂，比较浮萍在大型植物中的 SSD 地位。根据现有的结论，浮萍和其他水生大型植物的相对灵敏度在除草剂和杀菌剂之中变化很大，*Lemna gibba* 被认为是最灵敏的物种，毒性终点的选择强烈影响大型植物 SSD 的分析结果，但是实际情况可以通过增加包括浮萍属在内的水生大型植物测试种类，通过 SSD 获得水生大型植物的敏感度水平。

6.2.4.2　中/微宇宙研究

中/微宇宙概念起源于古希腊哲学界[37]，20 世纪初才从哲学界过渡到自然科学领域，尤其是生态学领域。到了 20 世纪 70 年代，随着生态毒理学的发展，中/微宇宙在生态毒理学领域受到重视。中/微宇宙（micro/mesocosm）是指应用小生态系统或实验室模拟生态系统进行研究。总体可分为三大类，即陆生、水生和水陆生（湿地）中/微宇宙[38]。中/微宇宙可在生态系统水平上研究毒物对生态系统影响和生态系统对毒物适应能力。中/微宇宙研究和实验室研究相比具有一定的优势，较单一生物实验信息更加完整，在接近自然条件的情况下维持自然种群，重视现实环境，如间接作用、生物补偿和恢复及生态系统复原能力。该方法被认为是最接近真实环境的实验生态系统，拥有可靠的参考条件和验证的优势。通过整合食物网上下级物种的直接或间接影响，构建参数化模型，可用于生态系统和生物地球化学研究。近年来在农药及其他毒物的生态风险评价中，中/微宇宙系统的应用越来越普遍。

在水生植物风险评价中使用的水体围隔试验，是操纵环境因子来模拟自然条件的中/微宇宙水体试验。确定一种试验方法是否适用，其灵敏度是重要标准之一[28]。作为中/微宇宙研究的靶标大型植物，在选择物种时形态和分类要广泛，研究应该伴随盆栽或自然种群的方法，或这两种方法的结合（二者差异见表 6-3)，物种组合和研究设计应该根据初级评价提供的资料，需要时还应包括浮萍和狐尾藻的数据并查阅现有的导则。得到 SSD 测试结果后针对 EC_{50}、EC_{10}、NOEC，选择合适的生态毒理终点。通过植物灵敏度 EC_{50}、EC_{10}、NOEC 来评价毒物的风险程度，其中中/微宇宙评价毒性终点通常选择幼芽长度或最终的生物量。

表 6-3 中/微宇宙研究中盆栽植物和自由生长种群的差异

盆栽植物	自由生长种群
只能直接作用	直接和间接作用
人工控制	田间处理
可变现减少	内在可变性较高
植物种类	种群和群落

中/微宇宙还用于研究生物遗传性的改变[39]，植物生长、初级生产力和产量的变化[40]，生物行为和种间相互作用的变化[41,42]，对生物多样性的影响[43,44]，剂量-效应关系[45]，反应与恢复[46]，化学品的预评价等等诸多生态毒理学问题。

在 AMRAP 推荐的风险评价框架中，提出通过增加水生植物测试种类使评价方案充分保护水体生态系统。但是，关于狐尾藻在内的大型水生植物具体试验方案尚未确定，还需进一步研究。SSD 评估中受测物种的选择仍具有很大的随意性，需要通过建立相关标准来实现科学和统一。随着生态毒理学的发展，中/微宇宙将趋于标准化，有必要建立中/微宇宙试验系统，来研究评价化学物质的行为和整体生态效应。总体上，对于水生植物的保护程度在逐步提高。

6.3 暴露评估

6.3.1 农药在水生生态系统中的暴露途径

农药中的活性物质可以通过喷雾飘移、挥发、沉积、径流和排水进入水相和沉积物中，通过水沉淀反应得到归趋和降解[47~52]。活性物质也可以在土壤中分解并产生流动代谢物，这种代谢物可以通过地表径流进入地表水中，并可以在实验室和田间土壤转化研究中测定。在土壤中形成的代谢物也可以进入到地下水中，当地下水污染地表水时，这些代谢物又会在地表水中出现。

污染物的暴露途径与水生植物的生态风险相关程度最高，将使用量等同于暴露到环境中的污染物量代表了在最坏的条件下进行水生植物生态风险评估。

6.3.2　时间加权浓度 PEC_{TWA}

在进行急性毒性和慢性毒性评价前都应该评估最大的暴露浓度值，如果使用最大暴露浓度计得出的 TER 小于触发值，那么需要使用时间加权浓度对风险评价进行细化。在使用时间加权浓度 PEC_{TWA} 值时，必须考虑活性物质迁移转化以及毒性特征。值得注意的是，在植物保护产品风险评价中使用时间加权浓度 PEC_{TWA} 会忽视暴露早期的影响。在水生植物风险评价中一般应用时间加权浓度 PEC_{TWA}，因为水生植物风险评价以毒性终点作为整个暴露阶段的生长抑制速率。计算时间加权浓度时通常不会考虑代谢物的量，因此在使用时间加权浓度进行水生植物风险评价时必须考虑代谢物的性质与潜在暴露风险，如果代谢物对水生植物存在潜在风险，那么使用时间加权浓度进行风险评价是不合适的。

使用时间加权浓度 PEC_{TWA} 进行水沉积物研究必须处在自然环境下。如果存在非稳定活性物质，则应用时间加权浓度进行暴露评估通常无法实现。如果测试产品中含有多种活性物质，使用相同的方法研究产品中其他活性物质也是合理的。在评估内分泌干扰物的生态风险时不适合使用时间加权浓度 PEC_{TWA} 值，因为内分泌干扰物在水生植物中发挥作用的时间较短。

6.3.3　植物保护产品代谢物暴露评估

一般来说，代谢物的分子低于其前体，鉴别和定量较为困难。由于土壤中的其他物质会干扰色谱和其他检测，因此分子量小的代谢物难以检测。检测代谢物的另一个困难是它们常常具有瞬时性，这种性质主要取决于土壤温育期间的微生物群体动力学及其代谢潜力。如果代谢产物为非有机化合物（如二氧化碳），或者是只含有碳氢氧氮的脂肪族有机化合物（碳链长度不大于 4），那么这种代谢产物不需要进行生态风险评价。如果代谢产物可以在水相和沉积物中生成，需要考虑是否进行毒性试验。如果对植物保护产品中的活性物质或相关制剂进行高级风险评价，那么其代谢产物也需要进行高级风险评价。如果风险评价结果表明代谢物和母体物质对水生环境产生的风险相同或代谢物更高，那么就需要考虑风险减缓措施。原则上，代谢物的风险评价过程与活性物质的风险评价过程类似。

定量结构活性关系（quantitative structure activity relationship，QSAR）可用来评估代谢产物的毒性，对于不含有毒素基团的代谢物准确度非常高。QSAR 主要通过结合理论计算方法和各种统计分析工具来研究系列化合物的结构和生物学性质与其理化性质之间的定量函数关系。其基本假设是分子理化性质或活性的变化依赖于其结构的变化，并且分子结构可用特征参数进行描述，即化合物的性质或生物活性可以用化学结构的函数来表示。它通过现有活性物质的结构信息，计算出分子的结构参数及理化性质的理论数据，以其为自变量，并所研究的生物性质实验数据为因变量，用数理统计方法建立起分子的结构参数和理化性质之间的定量关系。当可靠的定量结构性质相关模型建好之后，就可以用它来预测新的或未合成出来的化合物的各种性质。

6.3.4 FOCUS 模型

FOCUS 地表水模型通过一个循序渐进的过程计算地表水中的农药暴露浓度。FOCUS 模型由四步构成：第一步（步骤 1）使用简单的动力学方法估计出年度最大使用量；第二步（步骤 2）是评估该植物保护产品的一系列积累量；第三步（步骤 3）着重于更详细的建模，要考虑到该产品的施用量范围（种植作物的种类、土壤、天气和与田间毗邻的水生植物都会影响植物保护产品的施用量），并且也要将植物保护产品通过相关途径（径流、喷雾飘移、侵蚀和排水）进入到地表水中的最大量和第二步估计出的积累量考虑在内；第四步（步骤 4）是提出风险减缓措施。FOCUS 程序是一个循序渐进的过程而不是分级过程，这是因为起先的步骤比随后的步骤更保守。

FOCUS 程序中的第一步和第二步不仅计算了植物保护产品本身的积累量而且也计算了在土壤中形成的代谢物的积累量。在应用 FOCUS 模型时要求研究人员了解代谢物的性质，包括在土壤中形成的相关代谢物的最大量以及母体物质与代谢物的比例等。

6.3.4.1 步骤 1

默认为 30cm 深的静态水体，覆盖有 5cm 深的底泥并且底泥中有 5%的有机碳。参照式（6-1）计算农药的飘移量：

$$C_1=\frac{D_{sd}\cdot \mathrm{APP}}{h} \tag{6-1}$$

式中 APP——应用剂量，$g\cdot m^{-2}$；

D_{sd}——单位面积农田中，喷雾飘移沉积量与施用量的比值。

h——水深，m。

C_1——水体中该植物保护产品的浓度，$g\cdot m^{-3}$。

通过径流或排水途径进入到地表水中的农药量参照式（6-2）进行计算：

$$C_2=\frac{\mathrm{APP}\cdot A_{field}L_{RO}}{hA_{sw}} \tag{6-2}$$

式中 APP——应用剂量，$g\cdot m^{-2}$；

L_{RO}——通过径流损失的农药比例；

A_{field}——利于径流的田地面积，m^2；

A_{sw}——地表水的表面积，m^2；

C_2——通过径流或排水途径进入到地表水中的农药量，$g\cdot m^{-3}$。

计算通过喷雾飘移方式进入到水体的农药浓度时不需要明确水体的长度和宽度，因为这里默认飘移量占施用量的百分比为固定值。计算通过径流或排水方式进入到水体中的农药量时，默认 A_{field}/A_{sw} 为 10∶1。此比例通过 PRZM、MACRO 和 TOXSWA 模型计算得出。

在第一步中认为喷雾飘移、地表径流、侵蚀和排水是农药进入水体的全部途径，并且计算出农药处于最坏情况下在水体和底泥中的浓度。进入到田间的农药量基于施用量乘以单次最大施用率，然而，对于在水体或沉积物中存在时间较短的化合物并不适用。

如果某种农药产品的3倍半衰期小于该产品的施用时间，那么将单次最大施用率作为最大田间暴露浓度值。一级动力学中3倍半衰期的时间相当于该产品降解90%的时间。在步骤1中评估通过径流或排水进入到水体中的农药量是保守的。

4种作物群（大田作用、藤蔓植物、果园和啤酒花）代表了4种不同施用类型的作物。在步骤1和步骤2中将喷雾飘移分成了4个不同的飘移等级。表6-4中列出了应用FOCUS模型时的飘移值。

表6-4 FOCUS模型飘移值

作物	距离地表水的距离/m	飘移百分比/%
梨/核果（早期施药）	3	29.2
梨/核果（晚期施药）	3	15.7
土豆	1	2.8
大豆	1	2.8
甜菜	1	2.8
向日葵	1	2.8
西红柿	1	2.8
茎类蔬菜	1	2.8
果类蔬菜	1	2.8
叶类蔬菜	1	2.8
根类蔬菜	1	2.8
藤类植物（早期施药）	3	2.7
藤类植物（晚期施药）	3	8.0
飞机施药	3	33.2
人工施药（作物间距<50cm）	1	2.8
人工施药（作物间距>50cm）	3	8.0
没有飘移（豆类）	1	0

相比之下，将通过径流或排水进入水体中的污染量在所有场景中默认为施用量的10%。

在施用农药当天评估喷雾飘移在水体中的峰浓度时，假定农药仅存在于水相当中，施用农药一天之后认为化合物分散到水和底泥中。假定通过径流或排水途径流入水体的农药同时在水体和底泥中分布，则农药在有机碳中的分配系数K_{oc}与其在水体和底泥中的分配系数K_p之间关系通过式（6-3）计算：

$$K_p=\frac{W}{W+(S_{eff}\rho_{bd}w_{oc}K_{oc})} \tag{6-3}$$

式中 W——水的质量，g；

S_{eff}——能够吸附农药的底泥质量，g；

w_{oc}——底泥中有机碳的质量分数，g·g^{-1}；

K_{oc}——农药在有机碳中的分配系数，cm^3·g^{-1}；

ρ_{bd}——沉积物的堆积密度，$g \cdot cm^{-3}$。

6.3.4.2 步骤 2

第二步依然将水体设定为30cm深的静态水体，覆盖有5cm深的底泥并且底泥中含有5%的有机碳。计算农药在水体和底泥中分布时认为农药仅分布在底泥表面1cm深度。当计算农药在底泥中的PEC值时，认为农药可能暴露在底泥的5cm深度。

在第二步中也不需要明确水体的宽度，因为飘移和径流引入的农药浓度计算方法与第一步相同，并且计算通过径流或排水方式进入到水体中的农药量时，默认A_{field}/A_{sw}为10∶1。

为了防止将最坏的假设情形叠加，FOCUS根据农药在一个季节的施药次数规定了每次施药的飘移百分比（表6-5）。

表6-5 施药次数与每次施药飘移百分比关系

施药次数	飘移百分比/%	施药次数	飘移百分比/%
1	90	5	72
2	82	6	70
3	77	7	69
4	74	>8	67

农药通过飘移进入到水体后分布在水体和底泥中。然而在步骤2中认为通过飘移途径进入的农药吸附到底泥中需要1d以上（在步骤1中也认为农药吸附到底泥上时间为1d）。

$$M_{a_{sw}}=KM_{sw} \tag{6-4}$$

$$M_{u_{sw}}=(1-K)M_{sw} \tag{6-5}$$

式中 M_{sw}——进入到地表水中的农药总质量，g；

$M_{a_{sw}}$——吸附到底泥中的农药质量，g；

$M_{u_{sw}}$——不能吸附的农药质量，g；

K——能够吸附在底泥中的质量占总质量的分数。

FOCUS模型中K值的选取要进行实验室实验，通过农药的底泥吸附研究，将实验室测定值的2/3默认为FOCUS模型的K值。

由于作物的拦截作用，对步骤2中进入土壤的农药量进行修正。对于不同的作物规定了4个拦截类群（大田作用、藤蔓植物、果园和啤酒花）。作物拦截会减少到达土壤表面的农药量并且最终减少通过径流和排水进入到水体中的农药量。在步骤2中计算通过径流进入土壤中的农药量时不是使用施用量而是使用土壤中的残留量（$g \cdot hm^{-2}$），以欧洲为例，在表6-6中列出了通过径流途径进入到水体中的土壤残留量百分比。

表6-6 以欧洲为例径流携带土壤中残留量的百分比

地区/季节	携带的土壤残留量百分比/%
北欧，10月～翌年2月	5
北欧，3月～5月	2

续表

地区/季节	携带的土壤残留量百分比/%
北欧，6 月～9 月	2
南欧，10 月～翌年 2 月	4
南欧，3 月～5 月	4
南欧，6 月～9 月	3
没有径流	0

径流携带的农药量流入地表水后会在短时间内分布到水体和底泥中。水相和底泥相快速的吸附深度都为 1cm。在这种情况下默认高 K_{oc}的化合物直接分布到底泥相，而低 K_{oc}的化合物直接分散到水相，通过径流进入的农药量均可被底泥吸附。

6.3.4.3　步骤 3

在步骤 3 中要明确具体场景，2001 年欧盟总结了一系列可用于 FOCUS 模型的场景，如表 6-7 所示。在步骤 3 中需要考虑现实中的最坏情形并将农药进入水体的所有途径以及目标作物、地表水情况、地形、气候、土壤类型和农业管理实践考虑在内。

表 6-7　FOCUS 模型中具体场景

场景	春季和秋季平均温度/℃	年平均降水/mm	排水量/mm	斜坡坡度/%	土壤
D1	＜6.6	600～800	100～200	0～0.5	黏土浅层地下水
D2	6.6～10	600～800	200～300	0.5～2	黏土不透水基地
D3	6.6～10	600～800	200～300	0～0.5	沙子浅层地下水
D4	6.6～10	600～800	100～200	0.5～2	轻壤缓慢渗水基地
D5	10～12.5	600～800	100～200	2～4	中等壤土浅层地下水
D6	＞12.5	600～800	200～300	0～0.5	重壤浅层地下水
R1	6.6～10	600～800	100～200	2～4	具有小有机物质的轻质淤泥
R2	10～12.5	＞1000	＞300	10～15	有机物充裕的轻壤
R3	10～12.5	800～1000	＞300	4～10	具有小有机物质的重壤
R4	＞12.5	600～800	100～200	4～10	具有小有机物质的中等土壤

在所有情景中喷雾飘移都是农药进入水体的重要途径。在每一个场景中最多有两个水体类型，如表 6-8 所示。

表 6-8　农药进入水体的具体途径

场景	农药途径	水体类型
D1	排水和飘移	水沟，溪流
D2	排水和飘移	水沟，溪流
D3	排水和飘移	水沟
D4	排水和飘移	池塘，溪流
D5	排水和飘移	池塘，溪流

续表

场景	农药途径	水体类型
D6	排水和飘移	水沟
R1	径流和飘移	池塘，溪流
R2	径流和飘移	溪流
R3	径流和飘移	溪流
R4	径流和飘移	溪流

假定所有沟渠和溪流的长度为 100m，宽度为 1m，宽度可变，但最小深度为 30cm，池塘为 30m 长×30m 宽×100cm 深。

使用不同的模型计算水体中的农药量和浓度随时间的变化。目前通常应用 MACRO 模型计算排水途径引入的农药量，应用 PRZM 模型计算径流和侵蚀途径，应用 TOXSWA 模型评估地表水中农药的最终暴露浓度，应用 SWASH 模型评估飘移途径。

6.3.4.4 步骤 4

在 FOCUS 模型中，第四步需要使用 SWAN 软件，该软件由欧洲植物保护协会（European Crop Protection Association）开发。SWAN 软件修正了 TOXSWA 和 PRZM 模型，在计算飘移和径流途径时考虑了缓冲区。表 6-9 介绍了缓冲区对径流和侵蚀途径的标准削减效率。

表 6-9　缓冲区对径流和侵蚀途径的标准削减效率

指标	削减效率	
缓冲区宽度/m	10～12	18～20
径流水的减少体积/%	60	80
水相中运输的农药质量减少/%	60	80
侵蚀沉积物质量的减少/%	85	95
底泥相农药质量的减少/%	85	95

步骤 4 较前三步相比增加了挥发性物质通过空气进入到地表水的途径。当施药区距地表水的距离大于 100m 时，在 SWAN 程序中需要考虑缓冲区对喷雾飘移的影响。该模型默认的削减率与 SWASH 模型相同。FOCUS（2007）规定了缓冲区对喷雾飘移的最高削减率，即到达水体的飘移量<5%时，不考虑缓冲区的影响（喷雾飘移缓冲区的最高削减率为 95%）。研究多次施药模式时，为了在风险评价中得到合适的峰值浓度，在步骤 4 中有必要模拟单次施药与多次施药模式。

在应用 FOCUS 模型时，不但要计算农药本身的浓度，还要计算径流和侵蚀之前土壤中形成的代谢物浓度。在应用 FOCUS 模型时要考虑代谢物的性质，包括该代谢物在土壤中出现的概率以及母体和代谢物的分子量比值。在第一步及第二步中也要考虑在水体中形成的代谢物的迁移转化。

通过下式计算通过径流或排水途径进入到水体中的代谢物剂量：

$$APP_{met,runoff/drainage}=\frac{APP\cdot M_{met}\cdot R_{max,soil}}{M_{par}} \tag{6-6}$$

式中　$APP_{met,runoff/drainage}$——通过径流或排水途径进入到水体中的代谢物剂量，$g\cdot m^{-2}$；

APP——代谢物母体的应用剂量，$g\cdot m^{-2}$；

M_{par}——母体的摩尔质量，$g\cdot mol^{-1}$；

M_{met}——代谢物的摩尔质量，$g\cdot mol^{-1}$；

$R_{max,soil}$——土壤中代谢物的最大残留分数。

$$APP_{met,drift}=\frac{APP\cdot M_{met}\cdot R_{max,whole\ system}}{M_{par}} \tag{6-7}$$

式中　$APP_{met,drift}$——通过飘移途径进入到水体中的代谢物剂量，$g\cdot m^{-2}$；

APP——代谢物母体的施用剂量，$g\cdot m^{-2}$；

M_{par}——母体的摩尔质量，$g\cdot mol^{-1}$；

M_{met}——代谢物的摩尔质量，$g\cdot mol^{-1}$；

$R_{max,whole\ system}$——水体或沉积物中代谢物的最大残留分数。

MACRO 模型可以模拟单一母体化合物和单一代谢物的迁移转化。如果母体化合物可以形成多种代谢物，那么其他代谢物的迁移转化过程也需要模拟。但是，MACRO 模型不能模拟次级代谢物的迁移转化过程。PRZM 模型可以同时模拟两种代谢物，这两种代谢物可以来源于同一母体化合物也可以是次级代谢产物。

代谢物可以通过各种途径进入到水体中，FOCUS_TOXSWA_3.3.1 版本中 TOXSWA 模型仅仅能够处理在土壤中形成并通过排水或径流途径进入到水体的代谢物。TOXSWA_M 模型（在 FOCUS_TOXSWA_3.3.1 版本基础上开发的其他版本）也可以处理通过土壤侵蚀和水体或沉积物中形成的代谢物。

6.4　各国水生植物风险评价工作研究进展

6.4.1　美国

美国的农药风险管理由美国环保署负责，主要包括 4 个步骤，即危害鉴别、剂量-效应评价、暴露评估和风险性评价。美国自 20 世纪 80 年代开始发展农药水生生态风险评价方法与技术，至今已积累了大量的经验，形成了系统、完善的评价体系，国内的一些学者已对此进行综述[53]。美国在农药水生生态风险评价工作早期，大多用商值法定性地评价农药对水生生物的风险。20 世纪 90 年代后，开始正式发展新的水生生态风险评价方法——概率水生生态风险评价。之后又逐渐发展形成了由低到高的多层次评价方法，与欧盟基本一致，只是所采用的评估指数在描述上存在差异。如美国采用风险指数 RQ 整合农药在环境中的残留量和毒性。RQ 等于某特定环境（如水环境）中某种农药残留浓度的期望值 EEC 与该环境中某种生物的一种毒理学终点（toxicological endpoint，TE，如 EC_{50}）的比值，即 RQ=EEC/TE。对于农药登记所需的水生植物毒性数据，美国在 tier 1 中选用的标准物种包括：绿藻（羊角月芽藻 *P. subcapitata*）和浮萍 *L. gibba*。需要注意的是，羊角月芽藻 EC_{50} 的测定时间为 96h。在 tier 2 阶段，增加测试的水生植物种类包括羊角月芽藻 *P. subcapitata*、浮萍 *L. gibba*、腥藻 *A. flos-aquae*、硅藻 *Skeletonema costatum* 和舟形藻 *Navicula pelliculosa*。这主要与当地优势种群或敏感种群情况有关。

6.4.2 日本

日本 1963 年建立了用于水生生物保护的相关法规标准[54]。2003 年日本环境部建立了一个基于水生环境风险评价的新法规系统，要求在评估中充分考虑环境中的不同条件，如降雨、河流、生态系统特点和农田特征，同时参考西方国家水生生物风险评价方案，引入不确定因子来考量物种间的敏感性。目前，日本在水生生态系统风险评价中采用急性有效浓度（acutely effective concentration，AEC）作为评价标准。日本初级风险评价中只要求提供一种绿藻（如羊角月芽藻 *P. subcapitata*）的 72 h 的急性毒性数据 EC_{50}，并规定其不确定因子为 1，即 $AEC=EC_{50}/1$。AEC 等于毒理学终点 TE 与不确定因子的比值。如果 PEC 小于 AEC，风险可接受；如果 PEC 大于 AEC，则要进行进一步的研究。和欧美国家一样，日本同样采用分级的方法通过模型计算 PEC 值，缺点是没有考虑到 PEC 的消散问题。

6.4.3 中国

1982 年颁布的《农药登记规定》标志着我国农药登记管理制度正式确立。1997 年颁布《农药管理条例》，实行农药登记制度。2007 年，农业部第 3 次修订发布的《农药登记资料规定》中完善了慢性毒性、环境影响、农产品残留等安全性试验资料。2017，《农药管理条例》进行第 2 次修订、《农药登记资料要求》进行第 4 次修订，修订增加了环境慢性、亚慢性毒性试验，高级阶段试验方法，引入风险评估和分阶次管理理念，提高了农药管理的科学性和准确性。在新《农药登记资料要求》中，除了对化学农药原药及主要代谢物要求提供绿藻生长抑制试验资料外，对于防除双子叶植物的除草剂要求穗状狐尾藻毒性试验，对于防除单子叶植物的除草剂则要求浮萍生长抑制试验。必要时进行水生生态模拟系统（中宇宙）试验。国内对水生生物环境风险评价的研究工作也始于 20 世纪 80 年代。1989 年，国家环保局正式发布《化学农药环境安全评价试验准则》，首次规范了农药生态毒理和环境行为试验。2014 年农业部发布了 21 项《化学农药环境安全评价试验准则》国家标准（GB/T 31270）[55]，描述了包括水生生物在内的非靶标生物急性毒性试验方法，成为国内农药登记过程中环境风险评价的主要依据。近年来，不断有农业行业标准对试验方法进行完善，为风险评估提供端点数据和技术支撑。比如 NY/T 3090—2017《化学农药　浮萍生长抑制试验准则》[56]、NY/T 3274—2018《化学农药　穗状狐尾藻毒性试验准则》(报批稿)[57]。

水生植物的相关试验方法见本章附录，试验数据见本章附表 1～附表 4。

附录　水生植物相关试验方法

1. 狐尾藻属试验

Knauer 和 Kubitza 等的研究表明狐尾藻属（穗状狐尾藻 *Myriophyllum spicatum* 和粉绿狐尾藻 *Myriophyllum aquaticum*）可以作为水生植物风险评价的大型水生植物物种[58,59]。91/414/EEC（EU，1997）修订版本提出将狐尾藻应用于评估生长素抑制剂和对于陆生双子叶植物有更高敏感性的化合物。目前，穗状狐尾藻 *Myriophyllum spicatum* 有两个不同的风险评价试验准则，其中一种方法在试验时需要使用人工底泥，另一种不需要[60,61]。

狐尾藻属于被子植物门，双子叶植物纲，小二仙草科中的狐尾藻属；水生草本，均为沉水植物。中国狐尾藻属植物常见的有4～5种，如小狐尾藻、穗花狐尾藻、轮叶狐尾藻、三裂叶狐尾藻等。

这里介绍一种应用狐尾藻属（穗状狐尾藻和粉绿狐尾藻）评估有毒物质对水生生根植物影响的方法，其他大型水生植物也可以应用此方法，试验时只需根据试验需求调整容器尺寸和试验时间。本试验方法的目的是在标准化条件（水、底泥和营养物质）下评估物质相关效应，在相同的测试条件下评估不同浓度的物质对狐尾藻属的影响。首先，将健康植物的顶芽插到试验器皿的底泥中，容器中装满水。顶芽发育一段时间后，将一系列浓度的物质加入水中，当植物生长平稳后评估不同浓度的影响，此时收获植物并且记录植株长度、生物量和其他能够观察到的量。生物量是重要的测量因素，为了量化物质相关效应，测试植株的生长情况要和空白对照中的植株相比较。试验中被测物质的浓度、蒸气压，该物质在水中的稳定性以及底泥的种类为已知参数。试验需要一个2L的玻璃烧杯（高约24cm，直径约11cm）和一个小花盆（直径约9cm，高约8cm，容积500mL），烧杯中的水应保证在整个试验过程中能使植物完全浸没，小花盆作为固定植物和底泥的容器。底泥应该覆盖小花盆的70%，最小覆水深度应为12cm。

（1）试验方法

① 预试验：在正式试验前，应进行预试验，以便确定探明受试物对狐尾藻生长抑制的半抑制浓度 EC_{50} 的大致范围。预试验按正式试验的条件，以较大的间距设3～5个浓度，尽量使 EC_{50} 的值落在所设置的浓度范围内。试验时根据预试验的结果，选取5～7个浓度进行试验。

② 粉绿狐尾藻（*Myriophyllum aquaticum*）试验方法：为了引导根的发育，实验前粉绿狐尾藻 *Myriophyllum aquaticum* 的顶芽要在贫营养的底泥中生长3d，预培养完成后，将顶芽移出并且清除底泥和多余的水。丢弃那些明显不健康和没有生根的顶芽，将试验中挑选好的顶芽称重然后将顶芽插入到沉积物中，测量沉积物上方的顶芽长度。试验开始后每盆插入3株粉绿狐尾藻，每个处理重复3次。并设一个空白对照组，如使用助溶剂或乳化剂，应另外加设一个溶剂对照组。将装有底泥和植物的盆放入盛有水的玻璃烧杯中，然后向烧杯中加入测试物质和植物生长所需的营养成分，使测试物质在烧

杯中混合均匀，最后记录水的体积。如果在测试过程中水的体积减少超过 10%（有必要在试验时在烧杯上标记下水的位置），那么需要再向烧杯中加入蒸馏水至初始体积。在测试基质中将粉绿狐尾藻培养 7d（对于已知的能够使植物生长缓慢或延迟反应的化合物，适当的增加一周的测试时间）。在试验期间至少记录 2 次芽的长度和其他能观测到的变量，对于粉绿狐尾藻一般在试验的第 3 天和第 5 天进行观测。试验结束时测量所有的植株，记录任何生长异常，然后收获整株植物，记录所有能够测量的特征。测定植物的湿重和干重，如果存在侧芽，那么侧芽的数量和长度都要测定。在测试开始时记录光条件、pH 值、氧含量和水温，在整个测试期间应监测水中和实验室的温度。

③ 穗状狐尾藻（*Myriophyllum spicatum*）试验方法：应用穗状狐尾藻进行试验时，为了引导根的发育，要将其顶芽在贫营养的底泥中预培养 7d。预适应阶段每盆插入 5 个顶芽，预适应阶段完成后移出 2 个，保留 3 个生长均匀的顶芽，此时测量芽（也包括侧芽的长度）的长度和生物量。

试验开始后每盆插入 5 株预培养完成后的穗状狐尾藻，每个处理重复 3 次，并设一个空白对照组，如使用助溶剂或乳化剂，应另外加设一个溶剂对照组。将装有底泥和植物的盆放入盛有水的玻璃烧杯中，然后向烧杯中加入测试物质和植物生长所需的营养成分，使测试物质在烧杯中混合均匀，最后记录水的体积。如果在测试过程中水的体积减少超过 10%（有必要在试验时在烧杯上标记下水的位置），那么需要再向烧杯中加入蒸馏水至初始体积。在测试基质中将穗状狐尾藻培养 14d（对于已知的能够使植物生长缓慢或延迟反应的化合物，适当的增加一周的测试时间）。在试验期间至少记录 2 次芽的长度和其他能观测到的变量，穗状狐尾藻一般在试验的第 5 天和第 10 天进行观测。试验结束时测量所有的植株，记录任何生长异常，然后收获整株植物，记录所有能够测量的特征。测定植物的湿重和干重，如果存在侧芽，那么侧芽的数量和长度都要测定。在测试开始时记录光条件、pH 值、氧含量和水温。在整个测试期间应监测水中和实验室的温度。

测量株高的方法：用一把尺子在试验容器内靠近芽测量长度（测量包括主芽和侧芽），必要时稍微拉直苗条，但不能损坏植株。

（2）测试条件　试验中使用白色荧光灯作为光源，在水的表面上以 16∶8 的光周期（16h 白昼，8h 黑夜）进行照射。容器内水温为（20±2）℃，在测试期间，对照培养基的 pH 值变化不应超过 1.5。

（3）狐尾藻属的生长培养基　培养狐尾藻可以在下列营养条件下进行，例如附表 1～附表 3 Smart and Barko 培养基（1985）[62]、Elendt M4 培养基（Elendt 1990，只有微量元素）[63]、AAP 培养基。试验中为了保证植物在最佳状态下生长，培养基的 pH 值应该维持在 7.5～8.0。

附表 1　Smart and Barko 培养基

组分	添加到水中的剂量/mg·L^{-1}
$CaCl_2 \cdot 2H_2O$	91.7
$MgSO_4 \cdot 7H_2O$	69.0

续表

组分	添加到水中的剂量/mg·L^{-1}
$NaHCO_3$	58.4
$KHCO_3$	15.4

附表2　Elendt M4 培养基

储备液中组分	加入水中的总量/mg·L^{-1}（制备储备液）	储备液加入到培养基中的量/mL·L^{-1}
$CaCl_2 \cdot 2H_2O$	293800	1.0
$MgSO_4 \cdot 7H_2O$	246600	0.5
KCl	58000	0.1
$NaHCO_3$	364800	1.0
$Na_2SiO_3 \cdot 9H_2O$	50000	0.2
$NaNO_3$	2740	0.1
KH_2PO_4	1430	0.1
K_2HPO_4	1840	0.1

附表3　AAP 培养基

组分	储备液配比	储备液添加到培养基中的量/mL·L^{-1}	培养基的最终浓度
$NaNO_3$	12.750g·0.5L^{-1}	1	25.50mg·L^{-1}
$MgCl_2 \cdot 6H_2O$	6.082g·0.5L^{-1}	1	12.16mg·L^{-1}
$CaCl_2 \cdot 2H_2O$	2.205g·0.5L^{-1}	1	4.41mg·L^{-1}
H_3BO_3	92.760mg·0.5L^{-1}		0.1855mg·L^{-1}
$MnCl_2 \cdot 4H_2O$	207.690mg·0.5L^{-1}		0.415mg·L^{-1}
$ZnCl_2$	1.635mg·0.5L^{-1}		3.27μg·L^{-1}
$FeCl_3 \cdot 6H_2O$	79.880mg·0.5L^{-1}		0.1598mg·L^{-1}
$CoCl_2 \cdot 6H_2O$	0.714mg·0.5L^{-1}		1.428μg·L^{-1}
$NaMoO_4 \cdot 2H_2O$	3.630mg·0.5L^{-1}		7.26μg·L^{-1}
$CuCl_2 \cdot 2H_2O$	0.006mg·0.5L^{-1}		0.012μg·L^{-1}
$Na_2EDTA \cdot 2H_2O$	150.000mg·0.5L^{-1}		0.300mg·L^{-1}
$MgSO_4 \cdot 7H_2O$	7.350g·0.5L^{-1}	1	14.70mg·L^{-1}
K_2HPO_4	0.522g·0.5L^{-1}	1	1.044mg·L^{-1}
$NaHCO_3$	7.500g·0.5L^{-1}	1	15.00mg·L^{-1}

（4）数据分析　试验的目的是评估测试物质对狐尾藻的生长抑制作用，使用式（1）计算特定变量的生长率，变量可以包括植株的干重和湿重、芽的长度、侧芽的数量和其他任何能观测到的指标。

$$V_{i \sim j} = \frac{\ln X_j - \ln X_i}{T_j - T_i} \tag{1}$$

式中　$V_{i\sim j}$——从时间 T_i 到 T_j 的平均生长速率；

X_i——变量在时间 T_i 时的量；

X_j——时间 T_j 时的生物量。

根据式（2）可以计算出生长速率抑制百分比：

$$I_r=\frac{V_c-V_t}{V_c}\times 100\% \tag{2}$$

式中　I_r——某变量的平均生长速率抑制百分比；

V_c——空白试验中某变量的生长速率的平均值；

V_t——试验组中某变量的生长速率的平均值。

2. 斜生栅藻试验

斜生栅藻（*Scenedesmus obliquus*）属于绿藻纲，绿球藻目，栅藻科，栅藻属，是一种淡水单细胞绿藻，广泛分布于温暖地区池塘、沟渠及河流中，其生命力强、繁殖快、对环境条件变化反应敏感。试验中所用的斜生栅藻是基本达到同步生长并进入对数生长期的纯种藻。

（1）主要器材　血细胞计数板（25 大格×16 小格）、光学显微镜、高压灭菌锅、智能气候箱、紫外-可见分光光度计、玻璃比色皿、电子天平、数字式 pH 计、生物安全柜、玻璃器皿、棉塞等。

（2）实验中药剂的配制

① 2 倍药液：在生物安全柜中进行操作。用灭菌的培养液配制一定浓度的待测药液 50mL，其浓度为试验所需浓度的 2 倍。用 HCl 或 NaOH 调节溶液的 pH 值，使其维持在 7.4～8.0。

② 2 倍藻液：用同样的 50mL 灭菌培养液，接种预培养好的栅藻细胞，使其浓度达到$2\times(10^4\sim10^5)$个/mL。将 2 倍药液和 2 倍藻液按照 1∶1 混合，即得到试验液。[试验用栅藻细胞的获得见“（4）栅藻的实验室培养规程”]

（3）试验方法

① 预试验：在正式试验前，应进行预试验，以便确定探明受试物对藻类生长抑制的半抑制浓度 EC_{50}的大致范围。预试验按正式试验的条件，以较大的间距设 3～5 个浓度，尽量使 EC_{50}的值落在所设置的浓度范围内。观察并记录受试绿藻 96h 的生长抑制情况。

② 标准曲线：对处于对数生长期的藻培养液进行镜检计数，按一定浓度梯度稀释藻液，得到一组 5～7 个不同浓度的藻液。用蒸馏水作参比，使用分光光度计测定各浓度藻液在 650 nm 波长处的吸光度，建立藻细胞浓度-吸光度标准曲线。标准曲线的测定应至少进行 3 组，每次藻种重新复壮或引种后，应再次测定标准曲线。

③ 正式试验：根据预试验结果设置 5～7 个浓度组，并设一个空白对照组，如使用助溶剂或乳化剂，应另外加设一个溶剂对照组。每个浓度组设 3 个平行。试验容器用 250mL 三角瓶，每瓶中试验液 100mL，用棉塞封口。将所有三角瓶放入光照培养箱，随机摆放。试验进行 96h，培养过程中，分别在第 0h、24h、48h、72h、96h 取样 5～10mL，用蒸馏

水作为参比，测定试验液在 650nm 处的吸光度。试验结束，染毒的藻液倒入指定容器，统一处理。

④ 藻细胞浓度测定方法：用紫外-可见分光光度计和玻璃比色皿测定 650nm 处各试验液的吸光度（$A_{试验液}$），根据标准曲线换算，可以得到不同时间各试验液中藻的细胞浓度。起始藻液的吸光度（$A_{藻起始}$）可通过测定 2 倍藻液的吸光度或空白对照组的吸光度获得。由于试验药物本身也会具有一定的光吸收能力，因此需要测定不含藻细胞的各浓度试验液的吸光度值，作为药物参比（$A_{药物}$），在后续计算中扣除。

⑤ 质量控制：本试验不适用于高挥发性、难溶解、在水中不稳定或可使培养液着色的化合物。使用助溶剂时，其在水中的含量不得超过 $0.1mg \cdot L^{-1}$；使用乳化剂时，不得影响溶液的透光性。

浓度设置应使最低浓度试验组与对照组相比生长率没有明显下降，最高浓度组与对照组相比，生长抑制率应高于 50%，试验起始藻量应控制在每毫升 10^4～10^5 个。

（4）栅藻的实验室培养规程

① 试验中所用的主要器材：血细胞计数板（25 大格×16 小格）、光学显微镜、高压灭菌锅、智能气候箱、电子天平、生物安全柜、玻璃器皿等。

② 培养条件：日常培养为置于智能气候箱内静止培养，每天定时摇动 5～6 次。温度为（24±2)℃，相对湿度为 70%～80%，光强为 4800lx，连续光照。长期保种需置于 4℃冰箱保存。

③ 培养及转接方法：当试验需连续使用绿藻时，采用液体培养、连续转接的方法。在 250mL 三角瓶中，装入经过高压灭菌的绿藻培养液 90mL，按无菌操作方法接入藻种 10mL，用较松软的棉塞封口，置于光照培养箱内培养，每隔 96h 用血细胞计数板对栅藻镜检计数，再次转接。按日常培养方法转接栅藻 2～3 次后，栅藻可基本达到同步生长。转接后培养 72～96h 的栅藻即可用于试验。

当试验间隔时间较长时，应对绿藻进行长期保种处理。取处于对数生长期的藻液（日常培养转接后 72～96h），转接到斜面培养基上，用较松软的棉塞封口，置于光照培养箱中培养 96h 后，转入 4℃冰箱保存。每隔 2 月复壮一次，即将藻体转接到培养液培养 96h，再按照日常培养及转接方法转接 1～2 次，同时镜检并计数。

④ 引种及扩大培养：在引种 2 年后或发现藻种受到污染时，应及时重新引种，以保证藻种健壮、单纯。定购藻种后，应尽快准备好液体培养基，收到藻种后尽快进行转接。第一次转接应按 1/5～1/2 的比例将 5～10mL 藻种转接入培养液，置于智能培养箱内，为便于藻种逐步适应实验室环境，调节温度为（24±2)℃，相对湿度为 70%～80%，光照强度为 2400lx，昼夜比为 14∶10。转接后每天定时摇动 5～6 次，注意观察藻液颜色变化。72～96h 后对藻种进行镜检计数，进行第二次转接，转接量适当减小，光照强度增大到 4800lx，其余培养条件不变。72～96h 后再次镜检计数，进行第三次转接，转接量为 10mL，培养条件同日常培养。

⑤ 斜生栅藻试验培养基：见附表 4。

附表 4　用于培养斜生栅藻的培养基

硫酸铵［$(NH_4)_2SO_4$］	2.00g
过磷酸钙饱和液［$Ca(H_2PO_4)_2 \cdot H_2O \cdot (CaSO_4 \cdot H_2O)$］	10mL
硫酸镁（$MgSO_4 \cdot 7H_2O$）	0.80g
碳酸氢钠（$NaHCO_3$）	1.00g
氯化钾（KCl）	0.25g
三氯化铁 1%溶液（$FeCl_3$）	1.50mL
土壤浸出液①	5.00mL

① 土壤浸出液：用园田土和水以 1∶1 混合，充分摇匀，静置澄清 24h，取上清液过滤。滤液高压蒸汽灭菌后贮存备用，使用期一年。

以上成分用蒸馏水定容至 1000mL，高压灭菌（121℃，15min）后置于 4℃冰箱保存，有效期 2 个月。使用时用高压灭菌（121℃，15min）过的蒸馏水稀释 10 倍即可。

固体培养基：取上述储备液，用蒸馏水稀释 10 倍后，加入 1.5%的琼脂，高压灭菌（121℃，15min），在试管中铺成斜面培养基。

（5）数据处理　根据标准曲线求得相对应的生物量，计算处理组藻生物量抑制率，计算公式如下：

$$B=\frac{N_{空白}-N_{处理}}{N_{处理}}\times 100 \tag{3}$$

式中　B——处理组生物量抑制的百分率，%；

$N_{空白}$——空白对照组测定的藻类细胞数，个 · mL^{-1}；

$N_{处理}$——处理组测定的藻类细胞数，个 · mL^{-1}。

3. *Glyceria maxima* 试验

欧洲食品安全局 2013 年发布的《边缘地表水域分级风险评价指南》指出，在特殊情况下需要对水甜茅 *Glyceria maxima* 进行测试。生长在静态水体中的植物可能会受到有害化学品长期和重复危害。所以本书中介绍了应用 *Glyceria maxima* 进行的剂量反应试验和生长能力恢复试验。

Glyceria maxima 属于挺水植物，其通常生长在营养物质丰富的洪水区域，主要通过根茎进行无性繁殖。然而这种植物培养起来较为困难。

（1）试验进程　水甜茅 *Glyceria maxima* 试验与穗状狐尾藻 *Myriophyllum spicatum* 的试验程序相似。在正式试验之前要进行预试验，将 *Glyceria maxima* 在试验条件（昼夜比 16∶8，高光强，温度 22℃±2℃）下培养使其适应试验环境。将单个植株放入装有人工沉积物的小罐并且暴露在液体培养基（Smart and Barko）中。液体培养基的液面应该高于沉积物表面至少 3cm。试验中每个浓度应该设置 4～5 个重复，空白对照应当设置 7～8 个重复。

当 *Glyceria maxima* 长至 3～4 片叶片时预培养结束，此时经过驯化的水甜茅 *Glyceria maxima* 可以应用到试验中。试验中可以将测试物质加入到液体培养基中或者是加入到底泥中，试验通常进行 21d。如果测试物质易于降解，可以采用半静态方法进行试验。

在试验开始前和结束后要测量水甜茅 *Glyceria maxima* 茎的长度及生物量。

（2）毒性终点 测定植株茎的长度以及干重和湿重，计算产量和生长率及 NOEC、LOEC、EC_{50}。另外植株所呈现的亚致死效应也要记录，例如生长异常或坏死。

参考文献

[1] 王国祥，濮培民，张圣照，等．冬季水生高等植物对富营养化湖水的净化作用．中国环境科学，1999，(02)：106-109.

[2] Titus J E，Urban R A. Air/water and land/water interfaces，wetlands and the littoral. ZONE，43-51.

[3] SANCO D G. Guidance document on aquatic ecotoxicology—in the context of the Directive 91/414/EEC. Sanco/3268/2001 rev，2002，4.

[4] Wetzel R G. Limnology：lake and river ecosystems. Gulf professional publishing，2001.

[5] 况琪军，胡征宇，赵先富，等．藻类生物技术在水环境保护中的应用前景探讨．安全与环境学报，2004 (S1)：46-49.

[6] Lewis M A. Use of freshwater plants for phytotoxicity testing：a review. Environmental Pollution，1995，87 (3)：319-336.

[7] Cedergreen N，Streibig J C. The toxicity of herbicides to non-target aquatic plants and algae：assessment of predictive factors and hazard. Pest management science，2005，61 (12)：1152-1160.

[8] Cuppen J G M，Van den Brink P J，Van der Woude H，et al. Sensitivity of macrophyte-dominated freshwater microcosms to chronic levels of the herbicide linuron. Ecotoxicology and environmental safety，1997，38 (1)：25-35.

[9] Mohr S，Berghahn R，Feibicke M，et al. Effects of the herbicide metazachlor on macrophytes and ecosystem function in freshwater pond and stream mesocosms. Aquatic toxicology，2007，82 (2)：73-84.

[10] Wang W C，Freemark K. The use of plants for environmental monitoring and assessment. Ecotoxicology and environmental safety，1995，30 (3)：289-301.

[11] Blaylock B G，Frank M L，McCarthy J F. Comparative toxicity of copper and acridine to fish，Daphnia and algae. Environmental toxicology and chemistry，1985，4 (1)：63-71.

[12] Lepper P. Manual on the methodological framework to derive environmental quality standards for priority substances in accordance with Article 16 of the Water Framework Directive (2000/60/EC). Schmallenberg，Germany：Fraunhofer-Institute Molecular Biology and Applied Ecology，2005.

[13] Organisation for Economic Co-operation and Development. Test No. 201：Freshwater Alga and Cyanobacteria，Growth Inhibition Test. OECD Publishing，2011.

[14] OECD (2006) Guideline 221：*Lemna* sp. Growth Inhibition Test，OECD Guidelines for the Testing of Chemicals.

[15] Hillman W S. The Lemnaceae，or duckweeds. The Botanical Review，1961，27 (2)：221-287.

[16] Wang W，Wu Y，Yan Y，et al. DNA barcoding of the Lemnaceae，a family of aquatic monocots. BMC Plant Biology，2010，10 (1)：205.

[17] Courcelles R，Bédard J. Habitat selection by dabbling ducks in the Baie Noire marsh，southwestern Quebec. Canadian Journal of Zoology，1979，57 (11)：2230-2238.

[18] Jorde D G，Krapu G L，Crawford R D. Feeding ecology of mallards wintering in Nebraska. The Journal of Wildlife Management，1983：1044-1053.

[19] Jacobs D L. An Ecological Life-History of Spirodela Polyrhiza (Greater Duckweed) with Emphasis on the

Turion Phase. Ecological Monographs, 1947, 17 (4): 437-469.

[20] Harper C A, Bolen E G. Duckweed (Lemnaceae) as habitat for macroinvertebrates in eastern North Carolina. Wetlands, 1996, 16 (2): 240-244.

[21] Baker J H, Farr I S. Importance of dissolved organic matter produced by duckweed (Lemna minor) in a southern English river. Freshwater Biology, 1987, 17 (2): 325-330.

[22] Huang X D, Dixon D G, Greenberg B M. Photoinduced toxicity of polycyclic aromatic hydrocarbons to the higher plant Lemna gibba L. G-3 [M] //Plants for Toxicity Assessment: Second Volume. ASTM International, 1991.

[23] Ashby E. The interaction of factors in the growth of Lemna Ⅲ. The interrelationship of duration and intensity of light. Annals of Botany, 1929, 43 (170): 333-354.

[24] Scotland M B. Lemna minor and its use in the biology laboratory. Turtox News, 1945, 23: 9-10.

[25] Blackman G E. Studies in the Principles of Phytotoxicity: Ⅰ. the assessment of relative toxicity. Journal of Experimental Botany, 1952, 3 (1): 1-27.

[26] Robertson-Cuninghame R C, Blackman G E. Effects of Preliminary Treatment on the Subsequent Variation in the Resistance of Lemna minor to the Phytotoxic Action of 2: 4 Dichlorophenoxyacetic Acid. Nature, 1952, 170 (4324): 459.

[27] Davies J, Honegger J L, Tencalla F G, et al. Herbicide risk assessment for non-target aquatic plants: sulfosulfuron—a case study. Pest management science, 2003, 59 (2): 231-237.

[28] Maltby L, Arnold D, Arts G, et al. Aquatic macrophyte risk assessment for pesticides. New York: CRC Press, 2009.

[29] EFSA Panel on Plant Protection Products and their Residues (PPR). Guidance on tiered risk assessment for plant protection products for aquatic organisms in edge-of-field surface waters. EFSA Journal, 2013, 11 (7): 3290.

[30] Tunić T, Knežević V, Kerkez D, et al. Some arguments in favor of a Myriophyllum aquaticum growth inhibition test in a water—sediment system as an additional test in risk assessment of herbicides. Environmental toxicology and chemistry, 2015, 34 (9): 2104-2115.

[31] Giddings J M, Arts G, Hommen U. The relative sensitivity of macrophyte and algal species to herbicides and fungicides: An analysis using species sensitivity distributions. Integrated environmental assessment and management, 2013, 9 (2): 308-318.

[32] EC (European Commission). Regulation No 1107/2009 of the European Parliamen and of the Council of 21 October 2009 concerning the placing of plan protection products on the market and repealing Council Directives 79/117/EEC and 91/414/EEC. Official Journal of the European Union, 2009, 309: 1-50.

[33] EU. Commission proposal for a council directive establishing Annex VI to Directive 91/414/EEC concerning the placing of plant protection products on the market. Off J Eur Comm C, 1997, 240: 1-23.

[34] Lepper P. Manual on the methodological framework to derive environmental quality standards for priority substances in accordance with Article 16 of the Water Framework Directive (2000/60/EC). Schmallenberg, Germany: Fraunhofer-Institute Molecular Biology and Applied Ecology, 2005.

[35] Poovey A G, Getsinger K D, Skogerboe J G, et al. Small-plot, low-dose treatments of triclopyr for selective control of Eurasian watermilfoil. Lake and Reservoir Management, 2004, 20 (4): 322-332.

[36] Skogerboe J G, Getsinger K D. Endothall species selectivity evaluation: Northern latitude aquatic plant community. Journal of Aquatic Plant Management, 2002, 40: 1-5.

[37] Conger G P. Theories of Macrocosms and Microcosms in the History of Philosophy. Columbia: Columbia University Press, 1922.

[38] 杜秀英，竺乃恺，夏希娟，等．微宇宙理论及其在生态毒理学研究中的应用．生态学报，2001（10）：1726-1733.

[39] Pearson N，Crossland N O. Measurement of community photosynthesis and respiration in outdoor artificial streams. Chemosphere，1996，32（5）：913-919.

[40] Lighthart B. Enrichment of cadmium-mediated antibiotic-resistant bacteria in a Douglas-fir（Pseudotsuga menziesii）litter microcosm. Applied and environmental microbiology，1979，37（5）：859-861.

[41] Wilson S C，Meharg A A. Investigation of organic xenobiotic transfers，partitioning and processing in air-soil-plant systems using a microcosm apparatus. Part Ⅰ：Microcosm development. Chemosphere，1999，38（12）：2885-2896.

[42] 尹大强，杨兴烨，孙昊，等．用微宇宙法研究稀土元素在富营养化水体中的归趋．环境化学，1998，（03）：250-254.

[43] Dai S，Huang G，Chen C. Fate of 14C-labeled tributyltin in an estuarine microcosm. Applied organometallic chemistry，1998，12（8-9）：585-590.

[44] Adey W H，Loveland K. Dynamic aquaria：building living ecosystems. Elsevier，2011.

[45] Topping G，Windom H L. Biological transport of copper at Loch Ewe and Saanich Inlet：controlled ecosystem pollution experiment. Bulletin of Marine Science，1977，27（1）：135-141.

[46] Huddleston G M，Gillespie W B，Rodgers J H. Using constructed wetlands to treat biochemical oxygen demand and ammonia associated with a refinery effluent. Ecotoxicology and Environmental Safety，2000，45（2）：188-193.

[47] Di Guardo A，Williams R J，Matthiessen P，et al. Simulation of pesticide runoff at Rosemaund Farm（UK）using the SoilFug model. Environmental Science and Pollution Research，1994，1（3）：151-160.

[48] Dabrowski J M，Schulz R. Predicted and measured levels of azinphosmethyl in the Lourens River，South Africa：Comparison of runoff and spray drift. Environmental toxicology and chemistry，2003，22（3）：494-500.

[49] Liu F，O'Connell N V. Simazine runoff from citrus orchards affected by shallow mechanical incorporation. Journal of environmental quality，2003，32（1）：78-83.

[50] Kreuger J. Pesticides in stream water within an agricultural catchment in southern Sweden，1990—1996. Science of the Total Environment，1998，216（3）：227-251.

[51] Neumann M，Schulz R，Schäfer K，et al. The significance of entry routes as point and non-point sources of pesticides in small streams. Water Research，2002，36（4）：835-842.

[52] Moschet C，Wittmer I，Simovic J，et al. How a complete pesticide screening changes the assessment of surface water quality，Environmental Science and Technology，2014，48（10），5423-5432，doi：10. 1021/es500371t，Institutional Repository.

[53] 程燕，周军英，单正军．美国农药水生生态风险评价研究进展［J］．农药学学报，2005（04）：293-298.

[54] YASUHIRO H. Developments in aquatic risk assessment in Japan［S］. In：Proceedings of IUPAC-KSPS International workshop on pesticides 2003：Harmonization of data requirements and evaluation. Seoul，Korea，2003：194-200.

[55] GB/T 31270. 7—2014 化学农药环境安全评价试验准则．北京：中国标准出版社，2014.

[56] NY/T 3090—2017 化学农药　浮萍生长抑制试验准则．北京：中国农业出版社，2017.

[57] NY/T 3274—2018 化学农药　穗状狐尾藻毒性试验准则．2018.

[58] Knauer K，Mohr S，Feiler U. Comparing growth development of Myriophyllum spp. in laboratory and field experiments for ecotoxicological testing. Environmental Science and Pollution Research-International，2008，15（4）：322.

[59] Kubitza J，Dohmen G P. Development of a test method for the aquatic macrophyte Myriophyllum aquaticum

[C]. SETAC Europe 18th Annual Meeting, Warsaw, 2008.

[60] Ebert I, Bachmann J, Kühnen U, et al. Toxicity of the fluoroquinolone antibiotics enrofloxacin and ciprofloxacin to photoautotrophic aquatic organisms. Environmental toxicology and chemistry, 2011, 30 (12): 2786-2792.

[61] Mohr S, Schott J, Maletzki D, et al. Effects of toxicants with different modes of action on Myriophyllum spicatum in test systems with varying complexity. Ecotoxicology and environmental safety, 2013, 97: 32-39.

[62] Smart R M, Barko J W. Laboratory culture of submersed freshwater macrophytes on natural sediments. Aquatic Botany, 1985, 21 (3): 251-263.

[63] Elendt B P. Selenium deficiency in Crustacea. Protoplasma, 1990, 154 (1): 25-33.

第7章 鸟类环境风险评价

作为自然生态系统中重要的生物类群，鸟类（禽类）在食物链中处于重要位置。鸟类不但在消灭农林有害生物以及维护生态平衡方面发挥重要贡献，而且为世界增添了无限的生机和意趣[1,2]。中国是鸟类资源最丰富的国家，拥有1244种及944亚种不同的鸟类，约占全球现存已知鸟类总数9021种的13.79%。然而，由于全球范围内农药的大量使用，对鸟类的生息构成巨大影响。化学农药进入环境后，不但能直接毒害家禽与鸟类，而且可以通过食物链在禽鸟体内蓄积[3]。作为食物链中较为高级的生物，由于鸟类容易观察、生活史阶段明晰、物种丰富、对外源化合物敏感，也较容易体现生物富集、生物放大等农药在食物链中的传导作用，因此，鸟类在监测农药对环境生态系统的影响中作用巨大。

7.1 问题阐述

以鸟作为农药指示生物，最早于1973年由Kenaga提出[4]。20世纪80年代，EPA为反映农药登记中对鸟类影响的实际情况，逐渐增加了田间试验部分。继美国EPA之后，欧洲植物保护组织The European Plant Protection Organization（EPPO）于1994年建立了农药对鸟类的风险评价标准。2002年欧盟制定了鸟类和哺乳动物风险评价指导文件（Guidance Document on Risk Assessment for Birds and Mammals under Council Directive 91/414/EEC)(SANCO/4145/2000)[5]，2006～2007年多次修订和征求意见，2008年就2002年版指导文件进行了科学评价（Scientific Opinion of the PPR Panel on the Science behind the Guidance Document on Risk Assessment for Birds and Mammals)[6]，在2008年文件中广泛采用模型进行评估；随后2009年，其被欧洲食品安全局（European Food Safety Authority，EFSA）法规取代，形成由欧洲食品安全局发布的指导文件“鸟类和哺乳动物风险评价（Risk Assessment for Birds and Mammals）”[7]。在该指

导文件中，详细描述了鸟类和哺乳动物暴露评估场景、模型，效应评估指标及表征阈值等，是欧盟评估鸟类风险的主要依据。以后的鸟类风险评价工作多依据于此，2013 年出台的转基因产品鸟类风险评价也都脱胎于此。

测定农药对鸟类毒性时，为体现代表性，更好地进行不同药剂、不同试验间比较，试验用的鸟类选择原则一般遵循分布地区广泛、材料易得、易于饲养、生长发育迅速、繁殖快等原则，目前常用于农药毒性试验的鸟类包括鹌鹑、野鸭、鸽、雉等（表 7-1）。其中，室内试验以鹌鹑最具代表性。由于鹌鹑经人类百余年的驯化和培育，已表现出较好的生活习性与适应性，世界范围内广泛饲养，以其作为鸟类指示生物符合筛选原则。田间试验则选择试验地的特色物种或优势物种。

表 7-1　农药试验常用鸟类

鸟类	鸟龄/d	温度/℃	相对湿度/%	试验持续时间/d	参考资料
野鸭 *Anas platyrhynchos*	0～7 8～14 >14	32～35 28～32 22～28	60～85	10～17	OECD 205
白喉鹑 *Columba virginianus*	0～7 8～14 >14	35～38 30～32 25～28	50～75	10～17	OECD 205
鸽子 *Columba livia*	>35	18～22	50～75	56～70	OECD 205
日本鹌鹑 *Coturnix coturnix japonica*	0～7 8～14 >14	35～38 30～32 25～28	50～75	10～17	OECD 205
环颈雉 *Phasianus colchicus*	0～7 8～14 >14	32～35 28～32 22～28	50～75	10～17	OECD 205
红尾鹧鸪 *Alectoris rufa*	0～7 8～14 >14	35～38 30～32 25～28	50～75	10～17	OECD 205
虎皮鹦鹉					[8]
山齿鹑 *Colinus virginianus*	0～7 8～14 >14	35～38 30～32 25～28	50～75	10～17	

对于鸟类风险评价同样遵循由简单到复杂、由低级到高级、由室内可控到田间实际的评估趋势（图 7-1）[9]。暴露评估主要从农药剂型、鸟类接触农药方式等角度分析暴露量。国内外有关鸟类暴露的模型较多，且成熟。效应评估由急性经口灌注法和饲喂法，向鸟繁殖试验、田间试验逐级开展，在田间试验中又探索能够监测鸟类个体、种群及群落动态的不同方法。

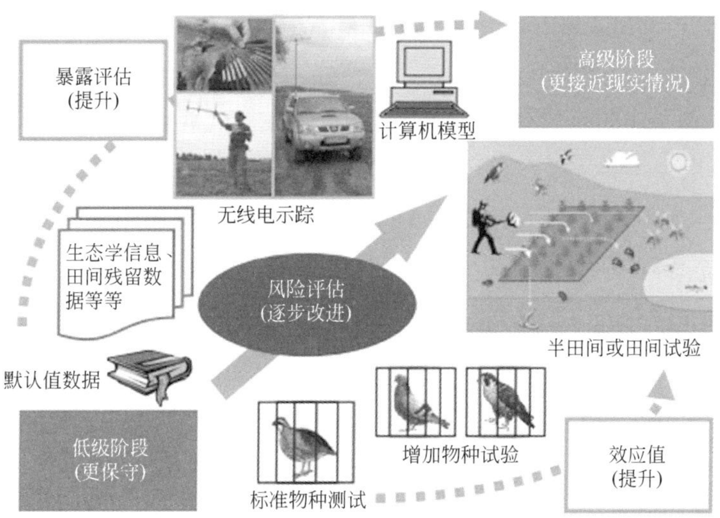

图 7-1　鸟类风险评价由低级到高级的趋势图（引自 Toru Utsumi 等， 2011）

7.2　暴露评估

鸟类暴露于农药的主要方式包括：①直接取食包衣农药的种子；②取食石子时误食农药颗粒剂等；③取食的食物或水中含有农药；④直接喷雾接触。

对于鸟类来说，由于其良好的移动性，有关喷雾直接接触农药的情形，仅在特殊情况下发生，较为少见，在此不进行系统讨论。

目前，针对鸟类暴露评估，国外已开发有多种评价模型。鸟类暴露评估模型主要基于农药使用的剂型和使用方式建立。现在 EPA 主要使用的模型包括：Tier Ⅰ Eco-Risk Calculator、TREX（terrestrial residue exposure model）、TIM（terrestrial investigation model）、MCnest（markov chain nest productivity model）等。欧盟各个国家采用的模型不同，欧盟推荐 POCER 模型，荷兰主要采用 PROAST 模型。我国于 2016 年发布了农业行业标准《农药登记　环境风险评价指南　第 3 部分：鸟类》（NY/T 2882.3—2016），对于鸟类不同暴露途径进行了规范和分析，在暴露途径、统计公式等方面以参考欧盟体系为主。

7.2.1　美国 EPA 主要模型

7.2.1.1　Tier Ⅰ风险评价模型

根据谭丽超等（2013）文献资料，Tier Ⅰ风险评价模型（Tier Ⅰ Eco-Risk Calculator）由 EPA 在 1997 年 3 月公布。该软件包含了对蜜蜂、鸟类、蚯蚓、哺乳动物、植物、农药施用者及地下水等风险评价程序。相关模型目前主要用于 Tier Ⅰ层次评价工作，可分别预测农药在急性经口和饲喂两种暴露途径下对鸟类和哺乳动物存在的风险。

对于鸟类风险评价程序，如下所述：

(1) 急性经口暴露评估　该评价主要是针对作为颗粒剂使用的农药。评价需要两方面的信息，即农药对鸟类的 $LD_{50}/mg \cdot kg^{-1}$ 和环境暴露浓度（EEC）。环境暴露浓度（EEC）又分为两个水平：暴露浓度高限［High EEC Value，式（7-1）］和暴露浓度低限［Low EEC Value，式（7-2）］。暴露高限假设为鸟对农药颗粒剂 100% 暴露，且不考虑农药施用后的土壤吸附、降解等因素，因此该值高度保守；暴露低限考虑了土壤吸附等因素，设定值为暴露高限的 15%。

$$\text{High EEC Value}(mg \cdot ft^{-2}) = \frac{XXX \cdot lb(a.i.)}{acre} \times \frac{acre}{43560ft^2} \times \frac{453592mg}{lb}$$

$$= \frac{XXX \cdot lb(a.i.)}{acre} \times \frac{acre \cdot mg}{lb \cdot ft^2} \times 10.41 \quad (7\text{-}1)$$

$$\text{Low EEC Value}(mg \cdot ft^{-2}) = \text{High EEC Value}(mg \cdot ft^{-2}) \times 0.15 \quad (7\text{-}2)$$

式中，$XXX \cdot lb(a.i.) \cdot acre^{-1}$ 表示田间实际用量（以有效成分计）。1acre（英亩）$=4046.9m^2$，$1lb=0.45kg$，$1ft^2=0.09m^2$。

在进行风险评价时，通常会采取保守的评价，一般选用暴露浓度高限与毒性终点值进行比较，得到风险商值。此处毒性终点值为每千克鸟体重的经口毒性 LD_{50} 值［式（7-3）］。因此，需在暴露评估中将体重作为指标考虑进去。对此，EPA 测定了不同鸟类的平均体重（表 7-2）。

$$\text{经口毒性}(mg \cdot 只^{-1}) = LD_{50}(mg \cdot kg^{-1}\text{体重}) \times \text{体重}(kg) \quad (7\text{-}3)$$

表 7-2　各种鸟的平均体重

鸟种	体重/kg	鸟种	体重/kg
山齿鹑	0.17	麻雀	0.0139
野鸭	1.2	蓝山雀	0.011
哀鸽	0.1		

(2) 饲喂暴露评估　主要适用于喷雾施用的农药。饲喂环境暴露浓度（Dietary EEC）的计算需考虑农药的使用量、农药在鸟类和哺乳动物食物上的残留量。US EPA 也设置了两种暴露水平。其中，将鸟类取食短草类作物视为高暴露水平，将鸟类取食长草类作物或昆虫视为低值暴露水平。两种暴露水平的经食暴露浓度分别由式（7-4）和式（7-5）计算得到：

$$\text{高暴露饲喂浓度} = 240mg \cdot kg^{-1} \times \text{施用次数} \quad (7\text{-}4)$$

$$\text{低暴露饲喂浓度} = 58mg \cdot kg^{-1} \times \text{施用次数} \quad (7\text{-}5)$$

7.2.1.2 TREX 模型

陆生残留暴露模型（terrestrial residue exposure model，TREX）用于预测农药使用对鸟类和哺乳动物的风险，目前使用版本为 1-5-2 版（图 7-2）。TREX 主要用以评价一次或多次用药后对于鸟类和哺乳动物的食物中的农药残留量，也可评价急性毒性和生殖毒性风险。TREX 评价的暴露途径包括以喷雾方式施用的农药及颗粒剂、种衣剂等。

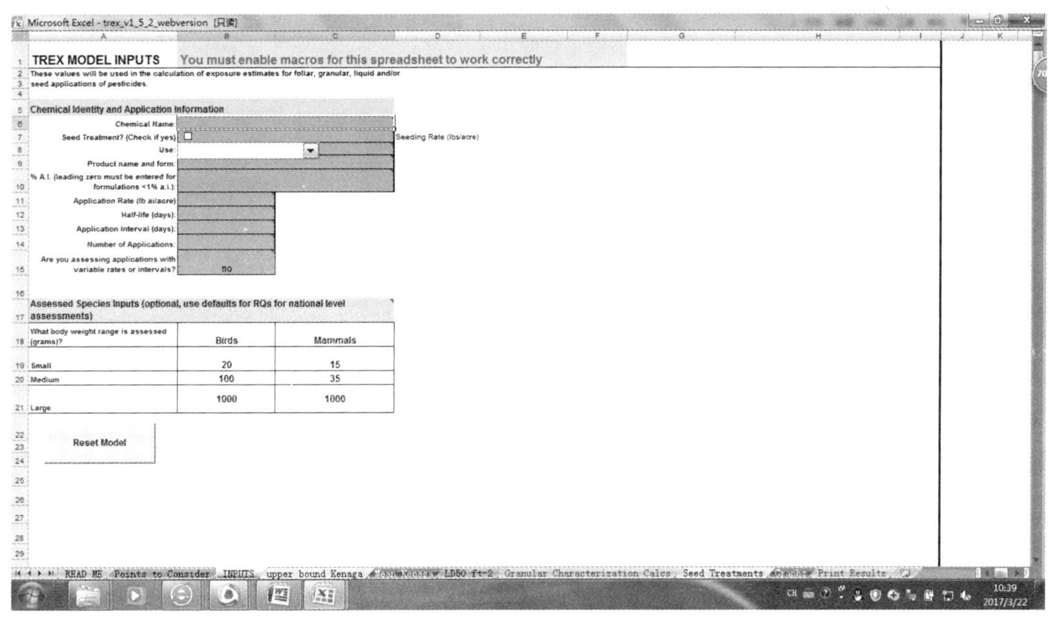

图 7-2　TREX 评价鸟类界面

TREX 的输入参数包括农药名称、使用方式、活性成分含量、使用量、农药在植物叶面上的降解半衰期、施用次数及施用间隔等。为了计算风险商值，同时还要求用户提供鸟类的毒性终点值，包括：急性经口 LD_{50}、急性饲喂 LC_{50}、繁殖 NOAEC/L。

（1）喷雾施用　对喷雾施用农药，根据农药使用量、农药在植物叶面上的降解半衰期计算农药在鸟类食物上的残留，后将残留量与饲喂毒性试验 LD_{50} 值比较，获得饲喂处理的风险商值。或者，根据不同体型鸟类的体重和取食状况，将农药在鸟类食物上的残留量转化成鸟经口剂量，将该剂量与校正过的 LD_{50} 值相比，得到经口风险商值。这两种方法各有优缺点，可同时用于喷雾施用农药的评价。

① 基于饮食的暴露估计计算采用一级降解速率方程：

$$\ln C_t = \ln C_0(-kt) \tag{7-6}$$

式中　C_t——t 时的浓度，$mg \cdot kg^{-1}$；

C_0——鸟类食物上的初始农药浓度，$mg \cdot kg^{-1}$；

k——ln2/叶面降解半衰期；

t——距模拟开始时的天数，农药首次施用时为第 0 天。

模型可模拟 365d，计算每种食物上每天的农药残留量，取 365d 中最大的农药残留值作为基于饲喂的暴露浓度 EEC（dietary based EEC）。对于每年施用 1 次的农药来说，其基于饲喂的 EEC 即为农药使用量与不同类型食物农药残留量的乘积［见式(7-7)］。

基于饲喂试验的 EEC/mg·kg^{-1}=农药使用量× 农药在不同类型食物中的残留 (7-7)

式中，使用量单位为 lb(a.i.)·hm^{-2}，农药在不同食物类型中的 EEC 值见表 7-3。

表 7-3 食物中 EEC 值 单位：mg·kg^{-1}

食物	最大 EEC	平均 EEC
短草	240	85
长草	110	36
阔叶草	135	45
昆虫、种子、果实	15	7

注：表中各 EEC 值为使用量 lb(a.i.)·hm^{-2}时鸟类食物中的农药残留量，农药施用量不同时，鸟类食物中的农药残留量可依此换算。

② 基于剂量的暴露估计计算：基于剂量的预测环境浓度 EEC 的计算公式见式(7-8)。

基于剂量的预测环境浓度 EEC=基于饲喂的 EEC×鸟类每日食物消耗量占体重的百分比(%身体重量消耗) (7-8)

其中鸟类每日食物消耗量占体重的百分比，可参考表 7-4。

表 7-4 鸟类每日食物消耗量占体重的百分比[10]

鸟类体型	体重/g	食物消耗占体重的百分比/%
小型	20	114
中型	100	65
大型	1000	29

鸟类食物消耗量计算公式：

$$F=(0.648\times BW^{0.651})/(1-W) \quad (7\text{-}9)$$

式中 F——每日摄入的食物鲜重，g·d^{-1}；

BW——鸟的体重，g；

W——食物中水分的百分比含量（鸟类和食草哺乳动物默认值为 0.8，食谷类哺乳动物默认值为 0.1）。

(2) 颗粒剂 颗粒剂的暴露计算与 Tier Ⅰ Eco-Risk Calculator 相同，主要根据农药使用量计算单位面积田块中的农药含量，并将该数据与校正过的 LD_{50} 值相比，得到 LD_{50}·ft^{-2} ($1ft^2=0.0929m^2$)（每平方英尺范围内农药处理过的地块中，含有导致鸟类暴露死亡率达到 50%的农药量），风险表征时可直接将 LD_{50}·ft^{-2}与关注标准进行比较。

对于颗粒剂，首先计算单位面积田块中的农药含量［mg(a.i.)·ft^{-2}］，计算公式见式（7-10），然后将单位面积田块中的农药含量与校正后的 LD_{50} 相比，得到 LD_{50}·ft^{-2}［式（7-10）］。

$$LD_{50}\cdot ft^{-2}=\text{农药施用量}\times 10.41/\text{校正 }LD_{50} \quad (7\text{-}10)$$

式中，LD_{50}·ft^{-2}单位为 mg(a.i.)·ft^{-2}；农药施用量单位为 lb·$acre^{-1}$。

7.2.1.3 TIM 模型

TIM（terrestrial investigation model，陆生调查模型）是专门用于鸟类暴露评估设计的模型，目前使用的是 3.0 版本（图 7-3）。该模型基于美国 MathWorks 公司矩阵实验室数学软件 Matlab Compiler Runtime（MCR），主要针对陆生生物复杂的暴露途径设计。为了更好地估计陆生生物的暴露，需要估计生物个体通过各种暴露途径接收的农药剂量，而不是简单地将环境浓度用作暴露浓度。因为陆生生物暴露途径多而复杂，US EPA 在充分考虑这些暴露途径的基础上，开发了 TIM 模型。TIM 模型是一个多介质的暴露评估模型，可以通过一个用户定义的暴露窗口进行一般种或特殊种的急性毒性评价，将适用于第Ⅱ层次的风险评价。它所涉及的空间范围只是处理田块内部，对于田边或临近的栖息地，它假设污染为零。它所需要的输入参数包括：基本的化学品数据（施用方法、施用量等），施用地点土壤、气候特性，化学品特性（半衰期、K_d/K_{oc} 等），吸入暴露参数，表皮暴露参数，毒性数据等。

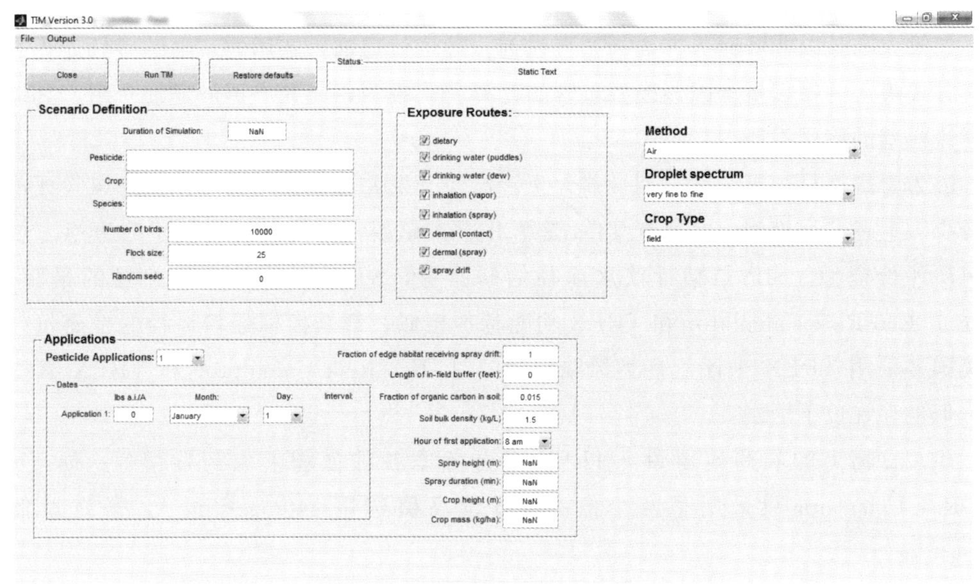

图 7-3　TIM 评价鸟类界面

7.2.1.4 SIP 模型

SIP 模型由 US EPA 环境行为和效应部门（Environmental Fate and Effects Division，EFED）的陆生暴露工作组（Terrestrial Exposure Technical Team，TETT）开发完成，2010 年 8 月发布 1.0 版本。该模型主要用于估计鸟类和陆生生物通过饮水途径摄入的农药量。在此模型中，饮水作为单独的考虑因子。为得到一个最大的暴露估计值，SIP 模型作了如下假设：

① 饮用水中的农药浓度为农药在水中的最大溶解度（25℃）；

② 鸟类完全通过饮水这一途径来满足日常对水的需求；

③ 日饮用水的量稳定，符合 Nagy 和 Peterson（1988）所推算的用率；

④ 评估的鸟体重与 TREX 所规定的模型体重一致。

根据这些假设，暴露量可由鸟类每日摄入的饮用水量乘以农药在水中的最大溶解度再除以待评价鸟的体重（同 TREX 模型中规定的体重）得到，计算公式见式（7-11）：

$$暴露量=(Flux_{water}\times 溶解度)/体重 \tag{7-11}$$

式中 $Flux_{water}$——鸟类每日摄入的饮用水量，$Flux_{water}=(1.180\times 体重^{0.874})/1000$；

溶解度——农药在水中的最大溶解度。

7.2.1.5 STIR 模型

吸入风险筛查模型（the screening tool for inhalation risk，STIR）是 US EPA 开发的用于估计吸入途径暴露量的模型，主要根据农药的理化特性及农药的施用方法、施用量估计鸟类通过吸入途径摄入的农药量。其中农药的理化特性决定了以蒸气方式吸入的农药量，农药的施用方法和施用量决定了以雾滴方式吸入的农药量。如果农药是以喷雾方式施用的，则模型同时估计雾滴吸入和蒸气吸入两种方式的暴露量作为总的吸入暴露量；如果农药是以非叶面等方式（如颗粒剂、种子处理剂）施用的，则模型只计算通过蒸气方式吸入的暴露量。因该模型包含的计算公式较多，此处不再做详细介绍，具体可参考该模型的使用手册。

因为暴露途径的复杂性，到目前为止，已经开发并可以使用的陆生生态风险评价模型较少。上述几个模型中，只有 TIM 是第Ⅱ层次模型，其他几个均属于陆生第Ⅰ层次的风险评价模型。SIP 是估计饮水途径的暴露量，STIR 是估计吸入途径的暴露量。Tier Ⅰ Eco-Risk Calculator 和 TREX 功能基本相似，都是模拟经口途径的暴露量。目前美国多采用 TREX 来评价鸟类风险。Tier Ⅰ Eco-Risk Calculator 和 TREX 有些类似，但也存在以下区别：

（1）食物上的农药残留量　TREX 综合考虑各种食物上农药残留值；而 Tier Ⅰ Eco-Risk Calculator 只采用了两个值，暴露量高值选用 $240mg\cdot kg^{-1}$，暴露量低值 $58mg\cdot kg^{-1}$。

（2）鸟的体重　TREX 设定供试鸟的平均体重鹌鹑为 178g、野鸭为 1580g，同时 TREX 将待评价鸟分成 20g、100g 和 1000g 三个等级；Tier Ⅰ Eco-Risk Calculator 将供试鸟的平均体重分别设定为山齿鹑 170g、野鸭 1200g 、哀鸠 100g、麻雀 13.9g、蓝山雀 10g，也未对供试鸟的体型、体重进行细分。

（3）LD_{50}的转换　TREX 将待评价鸟的体重与试验鸟的体重进行比较来校正待评价鸟的 LD_{50}值，用于基于剂量的风险商值的计算；而 Tier Ⅰ Eco-Risk Calculator 需要将 LD_{50}［mg(a.i.)$\cdot kg^{-1}$体重］的鸟体重转换成 $mg\cdot 只^{-1}$，以用于颗粒剂的风险评价。

（4）TREX 考虑的因素更多　TREX 考虑农药的降解、多次施用；TREX 可对种子处理剂作出评价，且在进行颗粒剂和种子处理剂的评价时要考虑不同的施用方式，Tier Ⅰ Eco-Risk Calculator 不具备该功能。

7.2.1.6　MCnest 模型(markov chain nest productivity model)

主要针对农药使用对鸟类繁殖影响进行风险评价。该模型于 2013 年发布，至今已修订 2 次，基于 Matlab R2012a 平台，其模型软件、使用方法见网址 https://www.mathworks.com/products/compiler/mcr.html。模型评估的生物对象为雌鸟，采用了首次产卵期、孵化平均间隔期等 20 个鸟类种群繁殖指标，旨在探索由于农药使用对于鸟种群繁殖的间接和直接影响。

在每个模型运行后的最基本输出，即显示在主窗口的指标包括每头雌鸟成功育雏平均数（95%可信区间）及农药应用日期、频率等。除此以外，进一步的全表指标还可以包括建巢尝试平均数（95%可信区间）、筑巢成功数（95%可信区间）等（图 7-4）。

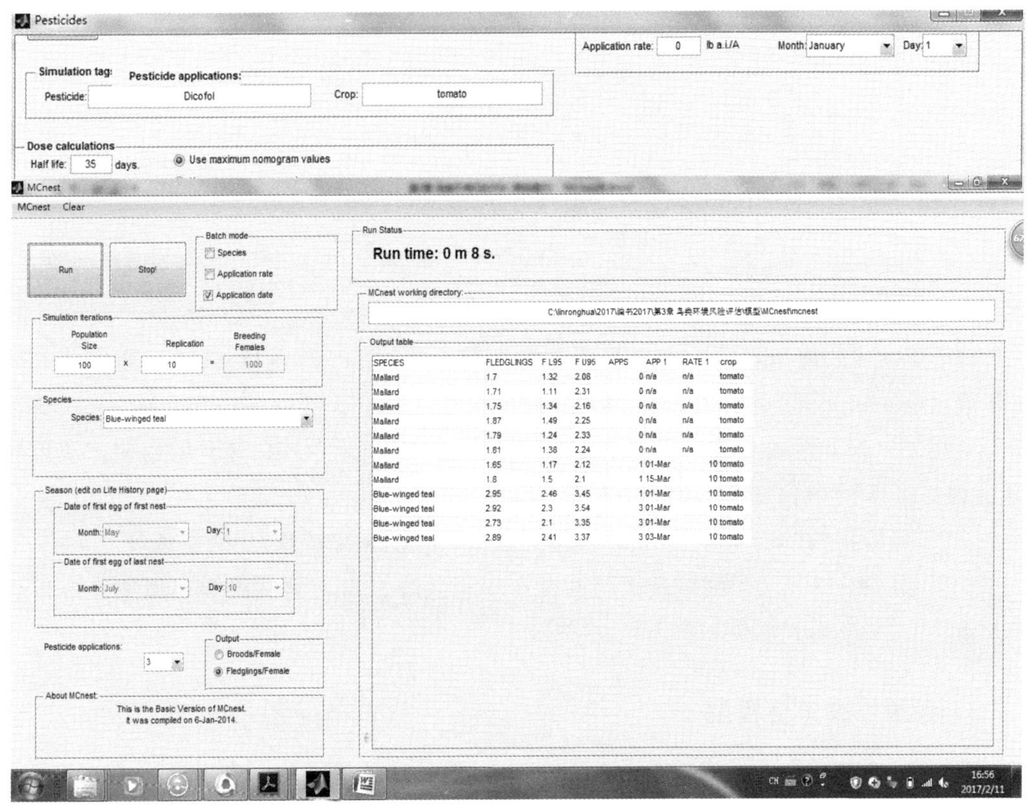

图 7-4　MCnest 模型评价界面

7.2.2　欧盟模型

POCER 模型，即农药职业和环境风险指示器模型（pesticide occupationaland environmental risk indicator）。该模型由比利时根特大学设计，基于 OECD 原则，主要按照欧盟指令 91/414/EC 附件Ⅵ中的标准，针对弗兰德（Flanders）地区典型农业条件下建立的农药对人员和环境影响的风险评价方法。模型涉及 10 个组成模块（表 7-5），涵盖了人体健康和环境风险两大部分。其中，暴露风险 3 个模块分别反映了 3 类接触人群类型的影响，评价健康风险；环境风险 7 个模块涵盖了农药施用对不同环境场景的影响，评价其对环境的风险。

表 7-5　POCER 指标中的 10 个模块[11]

分类	模块	备注
暴露风险	农药操作者风险	农药操作者即混合装载和施用农药的人群
	农田工人风险	农田工人即因农药施用后重返田间作业而接触喷施农药后作物上残留农药的人群，其最主要的接触途径是皮肤接触
	路人风险	路人即在农药施用过程中出现在地块附近的人，如过路人或相邻地块的工人
环境风险	土壤中的持久性（风险）	主要参考因子是农药在土壤中的半衰期 DT_{50}
	地下水污染风险	农药施用后部分或全部农药可通过土壤媒介渗透到地下水，采用喷雾施用方式时需考虑不同农作物对农药到达地面的拦截系数
	水生生物风险	农药喷雾飘移到附近水域是水生生物接触农药的主要途径
	鸟类急性风险	在施用农药后的地块采食会导致鸟类的农药接触风险
	蚯蚓急性风险	进入土壤的农药会对蚯蚓等土壤生物产生风险
	对有益生物蜜蜂急性风险	首先认定只在喷雾施用方式下才对蜜蜂产生急性风险，根据指令统一原则采用一级（first tier）评估
	有益节肢动物风险	农药会导致有益节肢动物（害虫天敌）的死亡率升高、产卵量卵孵化率下降以及排斥反应等亚致死效应

对于 POCER 模型，风险大小采用风险指数（risk index，RI）描述，即估计人体接触值（human exposure values）或预测环境浓度（predicted environmental concentrations，PEC）与毒性效应端点值（如 LC_{50}、LD_{50}、EC_{50}、NOEC 等）的商值。获得的 RI 值即为指令 91/414/EEC 中附件Ⅵ定义的端点值。

风险指数(RI)＝接触值/毒理学终点值＝预测环境浓度/无影响浓度

如果 RI 值大于 1.0，则该测试药剂存在安全风险，对人类健康和环境造成危害的风险大。

7.2.3　我国暴露评估模型

我国于 2016 年发布了农业行业标准《农药登记　环境风险评价指南　第 3 部分：鸟类》。具体要求请参考指南，在此不再赘述。

7.3　效应分析

有关农药对鸟类效应风险的分析，仍是 EPA 和欧盟开展的工作更为系统。

在 1984 年 OECD 成员国家建立了鸟类毒性试验准则，其后 20 多年相关的研究一直未停止。OECD 成立的测试准则项目国家间协调工作组［the OECD Working Group of the National Coordinators of the Test Guidelines Programme（WNT）］承担了鸟类相关标准的组织协调工作，并于 1994 年 12 月在美国弗罗里达州彭萨科拉组织召开了

SETAC/OECD 鸟类毒性测试研讨会（a SETAC/OECD Workshop on Avian Toxicity Testing，held in Pensacola，Florida，in December 1994）。该彭萨科拉工作组确定了 4 个研究领域，对 1994～2015 年进行了研究，也召开了多次会议，但是很遗憾的是，所开展的工作除了 OECD 223 号测试准则外，多数都没有形成指南或准则。但是这些研究成果为进一步的管理提供了技术基础，如，该工作组进行了鸟急性经口毒性、饲喂毒性、两代繁殖毒性及回避行为研究。目前，欧盟在鸟类毒性中采纳的测试准则有 OECD 223 号测试准则：鸟类急性经口毒性测定（OECD Test Guideline 223：Avian Acute Oral Toxicity Test，2010、2016 年两次改版）、OECD 205 号测试准则：鸟类饲喂毒性测定（OECD Test Guideline 205：Avian Dietary Toxicity Test，1984 年 4 月 4 日版）、OECD 206 号测试准则：鸟类繁殖毒性测定（OECD Test Guideline 206：Avian Reprodction Toxicity Test，1984 年 4 月 4 日版）。

鸟类效应分析端点值包括死亡率、繁殖性、生理指标、生化指标、遗传学特性、化学特性、行为表征等[12]。

鸟类急性毒性试验主要包括两种方法：①急性经口法；②急性饲喂法。

7.3.1　急性经口法

急性经口法即将一定量的供试农药品种药液一次性经口灌注入胃，测定半数致死中量 LD_{50} 值。我国国标中规定半致死剂量为在急性经口毒性试验中，引起 50%供试生物死亡时的供试物剂量[13]，单位为 $mg \cdot kg^{-1}$（体重）。

急性经口方法国际上基本一致，仅在测试物种、观察时间等有所差异。

7.3.1.1　美国 EPA

EPA 制定鸟类急性经口毒性试验方法，源于 1994 年，最新版本为 2012 年 1 月颁布，即 Ecological effects test guidelines（OCSPP 850. 2100）：Avian acute oral toxicity test[14]。在该版本中对于之前的一些相关文件进行了汇总，包括：鸟类急性经口毒性测定（OPPT guideline under 40 CFR 797. 2175 avian acute oral toxicity test）、鸟类单次经口给药 LD_{50} 测定［the OPP 71-1 Avian Single-Dose Oral LD_{50} Test（Pesticide Assessment Guidelines Subdivision E）］、鸟类单次经口给药 LD_{50} 标准评估程序（the Avian Single-Dose Oral LD_{50} Standard Evaluation procedure）及农药再登记否决率分析：生态效应部分（OPP Pesticides Reregistration Rejection Rate Analysis：Ecological Effects）。

（1）试验用鸟

① 种类：EPA 规定采取山齿鹑（*Colinus virginianus*）作为陆地鸟类代表种，野鸭（*Anas platyrhynchos*）作为水生鸟类代表种。另外，雀形目鸟类如麻雀（*Passer domesticus*）、斑胸草雀（*Taeniopygia guttata*）、红翅黑鹂（*Agelaius phoeniceus*）及鸽（*Columba livia*）、日本鹌鹑（*Coturnix coturnix japonica*）、环颈雉（*Phasianus colchicus*）、红腿鹧鸪（*Alectoris rufa*），也可作为测试鸟类，但是在试验之前，应向

EPA 提供采用该鸟类作为代表测试种的说明。

② 来源：对于一个测定试验，所有鸟类可以自己繁育或者购买，但是应该来源相同，即同一母系或者繁殖种群，并具有明确的繁殖历史。测试鸟类应与野生种群在表型上没有区别，对于饲喂的鸟类种群，建议定期从遗传野生种群中繁殖出来，以维持与自然物种异质性相近的遗传组成，且购买的鸟类应该被证明是无病的。

③ 年龄：通常情况下，测试鸟类应该是尚未交配的健康雏鸟，并在给药时至少达到16 周龄。EPA 也描述了一个不太理想的选择，即可以使用第一年已经交配的测试鸟，但是需要通过调整光周期使鸟停止产卵。同批次测试鸟类年龄相差最好不超过 1 周，体重范围不超过测试平均体重的 10%，以保证更加一致的毒性反应。试验用鸟每个处理浓度至少 10 只，雌雄各半，仅在有特殊需要（如已经明确药剂对于雄性或雌性鸟有影响）时，调整雌雄数量。

④ 控制条件：饲养和试验温度控制在 15～27℃，相对湿度 45%～70%，光照周期夜：日（L：D）=10：14。测试前试验用鸟应该预养至少 2 周，笼养的鸟类死亡率不得高于5%（野生捕捉的鸟类不得高于 10%），并避免光周期、声音等非试验的各类干扰，以保持健康状态。

⑤ 鸟笼：应为镀锌金属、不锈钢或全氟化碳塑料，有毒物质或可吸附试验物质不应使用。地板和外墙用钢丝网。地板的铁丝网应足够细，以免干扰鸟类的正常移动，又应以使有利于粪便材料脱落为宜。对于山齿鹑，鸟笼应保证每只鸟面积至少为 $500cm^2$，高 24cm；对于野鸭，每只鸟面积至少为 $1000cm^2$，高 32cm。每个处理浓度设 2 只鸟笼，尽量做到雌雄、数量各半。

⑥ 饲养：对于测试用鸟的饲料，EPA 建立了营养值表（表 7-6）。在试验前至少停止饲喂 15h，一旦给药后，应按时提供饲料。饲料中不应含抗生素等药物，重金属、农药等污染物，以免影响测试结果。饲喂用水也应干净无污染。

表 7-6　推荐饲料的营养组分

营养组分	推荐范围/%	营养组分	推荐范围/%
粗蛋白（crude protein）	27～29	钙（calcium）	2.6～3.6
粗纤维素（crude fiber）	3.5～5.0	磷（phosphorus）	0.9～1.1
粗脂肪（crude fat）	2.5～7.0		

注：引自 EPA OCSPP 850.2100

⑦ 清理：测试的鸟笼应可拆卸，并彻底清洗，以防止疾病传播和交叉污染。推荐采用蒸汽法清洗笼。洗涤剂或漂白剂的使用是可以接受的，但不应使用其他化学消毒剂，如季铵化合物。

⑧ 检查：测试后应每日观察鸟中毒症状，在用药后 60～120min 内观察记录任何反常行为，用药当天至少观察 3 次，记录所有异常行为和死亡率、中毒迹象，包括呼吸、下肢无力、出血、抽搐、羽毛竖起、过度侵略行为等。每周记录一次体重、取食量（EPA 推荐在用药后第 3 天进行一次体重测定）。对于所有死亡的鸟进行病理检查，并

与各个剂量下随机选取的一定量的存活试鸟比对（对照组至少 3 只）。

⑨ 药剂：灌注农药优选的溶剂是蒸馏水或去离子水、玉米油、丙二醇、1%羧甲基纤维素和阿拉伯树胶等。

（2）测定方法

① 预试验：对于毒性值未知的测试农药，有必要开展预试验确定毒性范围。通常预试验采用 3～5 个浓度梯度，EPA 推荐用量梯度为 2mg·kg^{-1}体重、20mg·kg^{-1}体重、200mg·kg^{-1}体重和 2000mg·kg^{-1}体重。超过 2000mg·kg^{-1}体重的剂量水平仍未死亡时，则进行限度试验。

② 正式试验：采取至少 5 个几何级浓度梯度，以充分表征 LD_{10}～LD_{90}间剂量反应关系。至少 3 个浓度梯度使试验鸟类居于致死率 0%～100%间。将每浓度至少 10 只鸟，雌雄各半置于 2 个鸟笼中，单次给药或者多次给药，持续观察至少 2 周，记录死亡率和各项中毒指标，计算 LD_{50}值。如果测试物质有可能为低毒性，可以先进行限度试验，设定的限量值为 2000mg·kg^{-1}体重。同时，EPA 给出了一个计算限量值的公式：对于农药喷雾于矮生草地的场景，基于 EPA-UTAB 数据库，设定经口残留农药的使用量不超过 1120g(a. i.)·hm^{-2}，获得列线图值（nomogram value）为 240。则公式如下：

$$\text{Limit dose}[\text{mg(a. i.)}\cdot\text{kg}^{-1}\text{体重}]=\frac{C_{\text{max}-\text{diet}}}{(\text{AW}/\text{TW})^{(\text{SF}-1)}} \tag{7-12}$$

每年单次用药时，

$$C_{\text{max-diet}}=\text{ApRate}\times 1.14\times 240 \tag{7-13}$$

每年多次用药时，

$$C_{\text{max-diet}}=\sum_{i=1}^{n}(\text{ApRate}\times 1.14\times 240\text{e}^{-\frac{0.6931}{\text{Halflife}}\times(n-1)\times\text{Interval}}) \tag{7-14}$$

式中　$C_{\text{max-diet}}$——最大取食量，mg(a. i.)·kg^{-1}体重；

ApRate——单次最大用药量，lb(a. i.)·acre^{-1}；

Halflife——叶面半衰期，默认值为 35d；

Interval——最小使用间隔期，d；

i——第 n 次用药；

n——总用药次数；

AW——评估用鸟的平均体重，g，设定最保守体重值为 20g；

TW——测试用鸟体重，g；

SF——体重异速生长比例因数，默认值为 1.15；

1.14——剂量转换因子，即 20g 鸟每天消耗的饲料为其体重的 114%。

7.3.1.2　OECD 方法

OECD 制定鸟类急性经口毒性试验方法，最新版本为 2016 年 7 月 6 日颁布，即 OECD 测试 223 号准则[15]：鸟类急性经口毒性测定（OECD test guideline 223：Avian acute oral toxicity test）。与 EPA 方法比较，OECD 223 号准则侧重于动物福利保护，所以测试的方法通过分步测定 LD_{50}值，以尽量减少试验用鸟量。

（1）试验用鸟

① 种类：OECD 推荐的代表鸟为山齿鹑（*Colinus virginianus*）和日本鹌鹑（*Coturnix coturnix japonica*），并且不建议采用野生鸟类。仅在进行种群敏感性比较时，可以采用野鸭［*Anas platyrhynchos*（Anseriform）］、野鸽［*Columba livia*（Collumbiform）］、斑胸草雀［*Poephila guttata*（Passeriform）］及虎皮鹦鹉［*Melopsittacus undulatus*（Psittaciform）］。

② 来源：首选鸟类是具有野生遗传表型的品系。繁育鸟类应该来源相同。建议定期杂交以保持种群异质性，且购买的鸟类应该被证明是无病的。

③ 年龄：所用试验鸟类应羽翼成熟，不在繁殖期内。试验动物从同性别的鸟类中选择后，随机分配到各试验组。

（2）饲养和试验条件　为了有效观察和记录每个试验组动物的毒性症状，OECD 规定在给药后 3d 内将每只鸟单独安置，安置条件的最小空间为：野鸽 $3333cm^2$、野鸭 $2000cm^2$、鹌鹑 $1000cm^2$、虎皮鹦鹉和斑胸草雀 $500cm^2$。

鹌鹑和野鸭适宜的温度为 15～27℃，每小时至少进行 10 次空气交换，光照周期 $L:D=8:16$，对于其他品种鸟类，需要将光照增加到 10h。

7.3.1.3　中国方法

我国国标 GB/T 31270.9—2014[13] 中对于急性经口毒性进行了描述：将不同剂量的供试物以经口灌注法一次性给药 $1.0mL\cdot(100g)^{-1}$ 体重，连续 7d 观察试验用鸟的中毒和死亡情况，并求出 7d 的 LD_{50} 值及 95％置信限。对于毒性较低的原药和不溶于水的颗粒制剂可采用胶囊灌喂法进行染毒，体重与观察时间与陈锐等（1994）一致，对于观察期根据供试农药的特性或作用机制可以延长至 14d（如后 3d 内鸟类仍有中毒症状或死亡现象时需延长至 21d），其毒性以 7d 或 14d 的 LD_{50} 值来表示。

（1）供试鸟要求　供试生物可自行繁殖，也可购买标准化繁殖材料。

对于试验鸟年龄的选择，有数据表明，与 21 日龄鸟相比，初孵化的幼鸟敏感 20 倍[16]。国标为保证试验的稳定性，并未采用初孵幼鸟，要求所选试验用鸟应健康状况良好且没有明显的畸形，供试鸟引入实验室后前 7d 的死亡率＜5％，且生长状态符合该物种生长规律的视为健康状况良好。同时，试验用鸟应通过动物检疫，确保没有任何疾病，且应来自同一个母本种群、同一天孵化。为此，国标推荐选择野鸭 *Anas platyrhynchos*、山齿鹑 *Colinus virginianus*、鸽子 *Columba livia*、日本鹌鹑 *Coturnix coturnix japonica* 4 种代表性鸟类。

（2）供试农药　供试物应为农药纯品、原药或制剂。难溶于水的可用少量对鸟类毒性小的有机溶剂助溶，有机溶剂用量一般不得超过 $0.1mL(g)\cdot L^{-1}$。

（3）试验操作　包括预试验和正式试验两阶段，一定条件下进行限度试验。预试验：以较大的间距设置 4～5 个浓度组，求出供试物对试验用鸟的最低全致死浓度和最高全存活浓度，在此范围内设置正式试验的浓度。设置试验条件与正式试验一致。

① 正式试验（图 7-5）：根据预试验确定的浓度范围按一定间距至少设置 5 个浓度

组，每组 10 只鸟，雌雄各半，并设空白对照组，使用溶剂助溶的还需增设溶剂对照组。对照组和每一浓度组均不设重复，各浓度组间的浓度级差不得超过 2 倍。每隔 24h 观察并记录试验用鸟的中毒症状及死亡情况。试验结束后对数据进行数理统计，计算半致死浓度 LD_{50} 值及 95% 置信限。

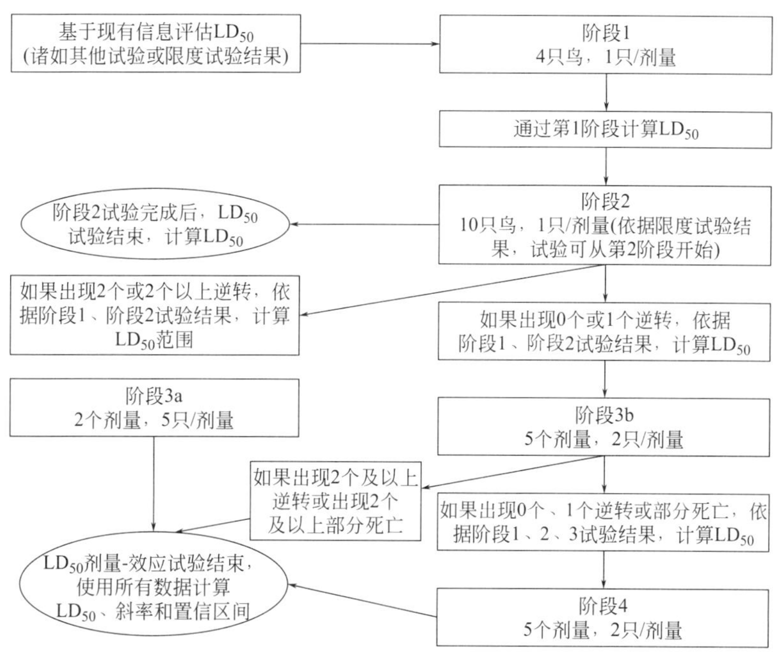

图 7-5　LD_{50}斜率和仅计算 LD_{50}的试验逐级程序（不包括对照组的鸟）

② 限度试验（图 7-6）：根据农药对鸟类的毒性划分标准，设置上限剂量 2000mg(a. i.)·kg^{-1}体重，即在供试物达 2000mg(a. i.)·kg^{-1}体重时仍未出现鸟死亡，则无

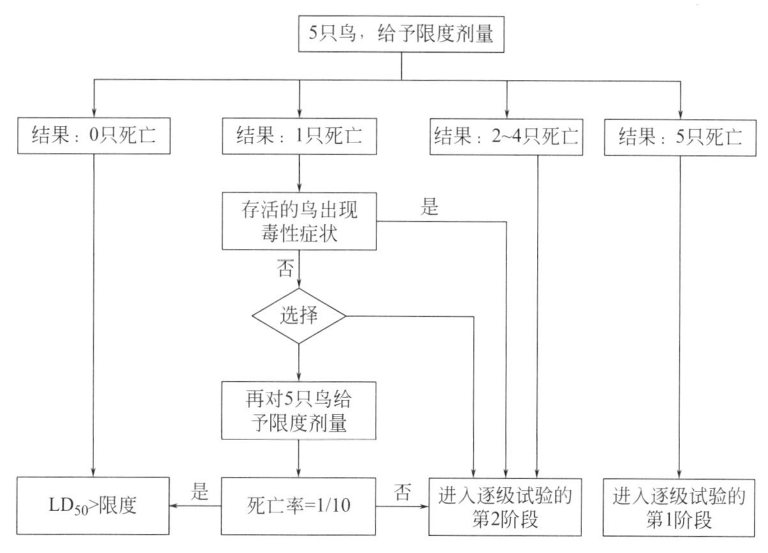

图 7-6　限度试验步骤（不包括对照组的鸟）

须继续试验。此时，即可判定供试物对鸟类的经口毒性为低毒。

以往研究中还对于化合物最高可溶解浓度进行了规定，但国标规定可采用胶囊灌喂法，从而解决了难溶供试物和颗粒剂的试验问题。

7.3.2 急性饲喂法

急性饲喂法，即将一定量农药添加到鸟饲料中，持续饲喂 5d 后，正常饲养观察鸟的死亡率和中毒情况。

7.3.2.1 EPA 方法

EPA 制定鸟类急性饲喂毒性试验方法，最新版本为 2012 年 1 月颁布的，即 OCSPP 850.2200：Avian dietary toxicity test[17]。在该版本中汇总了之前的一些相关文件，包括：鸟类饲喂毒性测定（OPPT guideline under 40 CFR 797.2050 Avian Dietary Toxicity Test)、鸟类饲喂 LC_{50} 测定［the OPP 71-2 Avian Dietary LC_{50} Test (Pesticide Assessment Guidelines Subdivision E)］、鸟类饲喂 LC_{50} 标准评估程序（the Avian Dietary LC_{50} Standard Evaluation Procedure）、OECD 205 鸟类饲喂毒性测定（OECD 205，Avian Dietary Toxicity Test)[18]；ASTM 鸟类亚急性饲喂毒性测试标准操作（ASTM E 857-05e1，Standard Practice for Conducting Subacute Dietary Toxicity Tests with Avian Species)。

在该方法中，连续 5d 饲喂鸟类以测试药剂，观察记录死亡和中毒情况，5d 后停止饲喂带毒食物，代之以正常饲料，并继续观察 3d，记录食物摄取、体重、亚致死症状及组织病理和生理变化等数据，并计算亚急性致死中浓度 LC_{50} 值。

(1) 试验用鸟

① 种类：EPA 规定采取山齿鹑［*Colinus virginianus*（L.）］作为陆地鸟类代表种，野鸭［*Anas platyrhynchos*（L.）］作为水生鸟类代表种。另外，鸽（*Columba livia*）、日本鹌鹑（*Coturnix coturnix japonica*）、环颈雉（*Phasianus colchicus*）、红腿鹧鸪（*Alectoris rufa*），也可作为测试鸟类，但是在试验前应确保这些鸟类不会取食到测试物质。

② 来源：对于一个测定试验，所有鸟类可以自己繁育或者购买，但是应该来源相同，即源自同一母系或者繁殖种群，亲源明确。测试鸟类应与野生种群在表型上没有区别，对于饲喂的鸟类种群，建议定期从遗传野生种群中繁殖出来，以维持与自然物种异质性相近的遗传组成，且购买的鸟类应该被证明是无病的。另外，EPA 建议山齿鹑如购买以孵卵为宜，将即将孵化的卵购回置于 39℃、相对湿度 70%的试验环境下，因为山齿鹑幼鸟不耐运输。

③ 年龄：对于饲喂试验，选择试验野鸭的年龄 5d 和山齿鹑 10～14d，同批次测试的年龄差异不超过 1d。由于幼鸟难以区分雌雄，本试验对于雌雄没有特殊规定。

④ 控制条件：饲养和试验温度根据幼鸟的生长情况，控制由 38℃ 至 22℃ 逐渐下降，相对湿度 45%～70%，光照周期 L∶D＝10∶14，光照可以是白炽灯或荧光灯，应

保证均匀光照。建议通风量为每小时 10～15 次换气。测试前试验用鸟：野鸭应该预养 3d，山齿鹑预养 7d；驯养测试用鸟死亡率不得高于 5%，以保持健康状态。

⑤ 鸟笼：应为镀锌金属、不锈钢或全氟化碳塑料，有毒物质或可吸附试验物质不应使用。地板和外墙用钢丝网。地板的铁丝网应足够细，以免干扰鸟类的正常移动，又应以使有利于粪便脱落的材料为宜。对于山齿鹑，鸟笼应保证每只鸟面积至少为 $300cm^2$；对于野鸭，每只鸟面积至少为 $600cm^2$。每个处理浓度设 2 个鸟笼，每笼至少 5 只鸟。鸟笼建议不垛叠，如果必须垛叠，建议同样处理浓度的鸟笼垛叠在一起，即尽量避免交叉污染。EPA 建议采用 30cm 长饲喂器，上覆盖 1.27cm（山齿鹑）或 2.5cm（野鸭）网格，并以金属挡板防止食物溅出。同时，为防止某些挥发性药剂产生的交叉污染，每间屋不得同时开展多个试验。

⑥ 饲养：对于测试用鸟的饲料，EPA 建立营养值表。饲料中尽量采用不含抗生素等药物，重金属、农药等污染物，以免影响测试结果。鱼粉和油作为饲料的成分时，也应该采取措施，因为鱼容易受到高氯代烃的污染。饲喂用水也应干净无污染。

⑦ 清理：测试的鸟笼应可拆卸，并彻底清洗，以防止疾病传播和交叉污染。推荐采用蒸汽法清洗鸟笼。洗涤剂或漂白剂的使用是可以接受的，但不应使用其他化学消毒剂，如季铵化合物。

⑧ 检查：测试后应每日观察鸟中毒症状，用药当天至少观察 3 次，记录所有异常行为和死亡率、中毒迹象，包括呼吸、下肢无力、出血、抽搐、羽毛竖起、过度侵略、脚趾踩踏行为等。试验前、给药期后及观察 3d 后记录体重，如果继续观察超过 8d，则至少每周记录 1 次，并在试验结束时记录体重。每日测量取食情况，如果继续续观察超过 8d，则至少每周记录 1 次。对于所有死亡的鸟进行病理检查，并与各个剂量下随机选取的一定量的存活试鸟对比（对照组至少 3 只）。

（2）测定方法

① 预试验：对于毒性值未知的测试农药，有必要开展预试验确定毒性范围。通常预试验采用 3～5 个浓度梯度，EPA 推荐用量梯度为 $5mg(a.i.)\cdot kg^{-1}$、$50mg(a.i.)\cdot kg^{-1}$、$500mg(a.i.)\cdot kg^{-1}$和 $5000mg(a.i.)\cdot kg^{-1}$饲料。超过 $5000mg(a.i.)\cdot kg^{-1}$饲料的剂量水平仍未死亡时，则进行限量试验。

② 正式试验：采取至少 5 个几何级浓度梯度，以充分表征 LC_{10}～LC_{90}间剂量反应关系。至少 3 个浓度梯度使试验鸟类居于致死率 0%～100%间。将每浓度至少 10 只鸟，雌雄各半置于 2 个鸟笼中，单次给药或者多次给药，持续观察至少 2 周，记录死亡率和各项中毒指标，计算 LC_{50}值。同时，EPA 给出了一个计算限量值的公式：对于农药喷雾于矮生草地的场景，基于 EPA-UTAB 数据库，设定饲喂农药的使用量不超过 $1120g(a.i.)\cdot hm^{-2}$，获得列线图值（nomogram value）为 240。则公式如下：

每年单次用药时，

$$\text{食物极限浓度}[mg(a.i.)\cdot kg^{-1}\ (diet)] = ApRate\times 240 \tag{7-15}$$

每年多次用药时，

$$食物极限浓度=\sum_{i=1}^{n}(\mathrm{ApRate}\times 240\mathrm{e}^{-\frac{0.6931}{\mathrm{Halflife}}\times(n-1)\times \mathrm{Interval}}) \tag{7-16}$$

式中　ApRate——单次最大用药量，lb(a. i.)·$acre^{-1}$；

Halflife——叶面半衰期，默认值为35d；

Interval——最小使用间隔期，d；

i——第n次用药；

n——总用药次数。

7.3.2.2 OECD方法

OECD制定鸟类饲喂毒性试验方法，最新版本为1984年4月4日颁布的，即OECD测试准则205号[18]：鸟类饲喂毒性试验（OECD Test Guideline 205 Avian Dietary Toxicity Test）。试验原理是将拌有一定浓度供试农药的饲料供鸟类摄食，饲喂受试鸟持续5d后，改为正常饲料持续饲喂3d或3d以上，进而观察受试鸟的死亡率和中毒症状情况。

（1）试验用鸟　OECD推荐6种测试鸟类，包括驯化野鸭、白喉鹑、鸽子、日本鹌鹑、环颈雉、红尾鹧鸪等（表7-1）。所有试验用鸟应来源于亲鸟已知的同一种群，鸟龄相同，试验幼鸟的鸟龄为10～17d。饲养条件：使用适合鸟类生活的室内饲养笼具，控制温度、湿度及光照条件。一般正常条件为：饮水干净清洁、光照12～16h·d^{-1}、通风条件良好可控。受试鸟应该在室内试验装置内至少驯化7d，饲喂以基本食物。基本食物（basal diet）即适合并满足受试鸟营养需求的初始食物量，不含有任何稀释剂、助溶剂及供试品。所选鸟的种类应符合试验的要求，应健康无病，外表无可见畸形。OECD设置对照组死亡率5%作为鸟健康指标。对照组死亡率等于或超过5%，受试鸟群不正常，应舍弃；小于5%，该受试鸟群可以采用。

（2）试验条件　供试农药至少5个浓度梯度，浓度应以等比级数排列，其比例应不超过2。进行测试时，发现供试农药至少5000mg·kg^{-1}食物的剂量下，未见有与供试农药相关的致死效应或者其他明显的毒性作用，则不需进行剂量浓度完整测试。

含供试农药的食物制备：按照浓度梯度要求，将适量供试农药加入定量的基本食物中，进行混合获得。必要时，可采用少量的对鸟低毒的稀释剂进行助溶以便混合均匀。OECD规定稀释剂不应超过食物重量的2%，且在对照鸟食物中加入等量稀释剂。推荐稀释剂包括：水、玉米油、丙二醇及其他已有充分证据表明不会对供试农药毒性产生干扰的溶剂。

（3）试验观察时间　饲喂法观察期为8d（如后3d内受试鸟类仍有中毒症状或死亡现象时，观察期需再延长至连续72h内无毒性症状或至21d停止），其毒性常以致死中浓度LC_{50}表示，单位为mg·kg^{-1}饲料。

（4）观察指标

① 死亡率：OECD规定为暴露期的第1天统计2次，之后每天1次，观察记录。

② 中毒症状：与死亡率观察频率一致，记录症状。农药导致的鸟类中毒症状包括：羽毛蓬松、痉挛、昏睡、呼吸困难、心率加快、肌肉震颤、麻痹无力、下痢、流泪流涎、惊厥抽搐。

③ 体重：体重影响也是鸟类动物对农药毒性反应的重要指标。OECD 规定在试验开始 0、5d、8d 分别测定。

④ 取食量：统计计算暴露前后的食物消耗量。

7.3.2.3　中国方法

我国国标 GB/T 31270.9—2014[13] 中对于急性饲喂毒性的描述为：使用喷雾器将不同剂量的药液喷在食物上，边喷边拌，直至搅拌均匀。用含有不同浓度供试物的饲料饲喂试验用鸟 5d，从第 6 天开始，以不含供试物的饲料饲喂 3d，每天记录鸟的中毒与死亡情况，并求出 8d LC_{50} 值及 95％置信限。要求供试鸟引入实验室后前 7 天的死亡率小于 5％。

试验操作：包括预试验和正式试验两个阶段。试验方法和要求与急性经口毒性试验基本一致，在此不再赘述。对于限度试验，设置限度试验上限剂量为 5000mg(a. i.)・kg^{-1} 饲料，当供试农药达到 5000mg(a. i.)・kg^{-1} 饲料，则无须进行进一步试验，判定供试农药对鸟类的饲喂毒性为低毒。

7.3.3　鸟繁殖试验

农药会对鸟繁殖产生各种影响，如对父母代的行为、蛋壳厚度或种蛋孵化率的影响。通过所有的繁殖阶段的作用，最终表现为在每年繁殖成功率的变化（产生主要影响的不同暴露途径见表 7-7）。Bennett 等（2005）[19] 描述了直接接触造成影响的 3 种情况：①外部暴露对成鸟行为和繁殖性能的影响，包括蛋和蛋壳质量；②外部暴露对幼鸟生长和存活的影响；③卵内暴露对幼鸟的生长和存活的影响。农药对鸟繁殖间接影响主要表现在由于农药应用而减少成鸟和幼鸟的食物资源，进而影响到生长和繁殖。

在每一个繁殖阶段，农药会通过一个或多个暴露途径对鸟类产生影响（表 7-7）。为了全面评估农药暴露对鸟类繁殖的潜在风险，应发现掌握测试农药所有的潜在影响，并在风险评价中予以体现。

7.3.3.1　EPA 方法

EPA 制定鸟类繁殖试验方法，最新版本为 2012 年 1 月颁布的，即 Ecological effects test Guidelines，OCSPP 850.2300：Avian Reproduction Test[20]。在该版本中汇总了之前的一些相关文件，包括：山齿鹑和野鸭繁殖测定（OPPT guidelines under 40 CFR 797.2130 Bobwhite Reproduction Test and 797.2150 Mallard Reproduction Test)、鸟类繁殖测定［the OPP 71-4 Avian Reproduction Test（Pesticide Assessment Guidelines Subdivision E）］、OECD 鸟类繁殖测定（OECD206，Avian Reproduction Test）及农药再登记否决率分析：生态效应部分（the Pesticide Reregistration Rejection Rate Analysis：Ecological effects)。

表 7-7　在鸟的繁殖阶段对鸟产生影响的暴露途径

<table>
<tr><th>繁殖阶段</th><th>成鸟（直接）</th><th>卵母细胞</th><th>雏鸟（直接）</th><th>成鸟（间接）</th><th>雏鸟（间接）</th></tr>
<tr><td>配对/繁殖地的选择</td><td>由于亚致死或死亡导致领域损失或弃巢</td><td colspan="2" rowspan="2">不适用</td><td>由于适宜的/习惯的食物减少而导致领域损失或放弃</td><td rowspan="3">不适用</td></tr>
<tr><td>卵泡生长/产蛋</td><td>窝卵数减少；由于成鸟亚致死或死亡或蛋壳损坏导致弃巢</td><td>窝卵数减少；由于适宜的/习惯的食物减少导致弃巢</td></tr>
<tr><td>孵卵</td><td>由于成鸟亚致死或死亡导致弃巢；由于不育而孵化减少</td><td>由于卵内暴露导致胚胎毒性</td><td>由于外部卵壳暴露导致胚胎毒性</td><td>由于适宜的/习惯的食物减少导致弃巢</td></tr>
<tr><td>育雏</td><td>由于亚致死或死亡而放弃饲育；
由于成鸟照顾和保护的减少而导致雏鸟生长和存活降低</td><td>由于卵内暴露导致雏鸟生长和存活降低</td><td>由于孵化后直接暴露导致雏鸟生长和存活降低</td><td>由于适宜的/习惯的食物减少而放弃饲育；由于成鸟成功觅食减少而导致雏鸟生长和存活降低</td><td>由于适宜的/习惯的食物减少而导致雏鸟生长和存活降低</td></tr>
</table>

该方法在繁殖季节前至产卵前对成鸟每天饲以测试农药，收集标记产蛋并孵化。孵出的幼鸟饲喂以干净的饲料持续 2 周。观察成鸟、胚胎到孵化的全过程，评估测试农药对鸟繁殖的影响作用。根据测定指标（表 7-8），确定测试农药对鸟的无观察效应浓度（NOEC），确定最敏感阶段 NOEC 为整体生殖 NOEC 值指标。

表 7-8　繁殖反应的评估指标

观察响应变量	计算响应变量
每笼孵化鸟蛋数量（EL_j）	每笼未裂纹鸟蛋比率［$(EL_j-EC_j)/EL_j$］
每笼非正常鸟蛋数量（EA_j）	每笼成形鸟蛋比率（ES_j/EL_j）
每笼裂纹鸟蛋数量（EC_j）	每笼成形鸟蛋中成胚比率（VE_j/ES_j）
每笼成形鸟蛋数量（ES_j）	每笼活胚占成胚比率（LE_j/VE_j）
每笼成胚数量（VE_j）	每笼正常孵化鸟蛋比率（NH_j/EL_j）
每笼可用胚胎数量（山齿鹑 18d、野鸭 21d，LE_j）	每笼正常孵化鸟蛋占成形鸟蛋比率（NH_j/ES_j）
每笼正常孵化数量（NH_j）	每笼正常孵化鸟蛋占活胚比率（NH_j/LE_j）
每笼 14d 存活数量（HS_j）	每笼 14d 存活鸟占成形鸟蛋比率（HS_j/ES_j）
	每笼 14d 存活鸟占正常孵化鸟的比率（HS_j/NH_j）
	每笼平均蛋壳厚度（$THICK_j$）
	每笼孵化鸟平均体重（$HATWT_j$）
	每笼孵化 14d 鸟的平均体重（$SURVWT_j$）
	每笼雄成鸟体重（ΔBW_j）
	每笼雌成鸟体重（ΔBW_j）
	每笼成鸟消耗食物总量（$FOOD_j$）

（1）试验用鸟

① 种类：采取山齿鹑［*Colinus virginianus*（L.）］作为陆地鸟类代表种，野鸭

[*Anas platyrhynchos*（L.）] 作为水生鸟类代表种。测试鸟应该能够笼养。

② 来源：对于一个测定试验，所有鸟类可以自己繁育或者购买，但是应该来源相同，即同一母系或者繁殖种群，亲源明确，且购买的鸟类应该被证明是无病的。对于饲喂的鸟类种群，建议定期从遗传野生种群中繁殖出来，以维持与自然物种异质性相近的遗传组成。

③ 年龄：测试鸟类应是第一个产卵季的成鸟，至少达到 16 周龄，且同批次试验用药年龄差异不超过 1 个月。在试验前提前置于笼中驯养 2 周，并观察选择健康鸟用于试验。畸形、生病、受伤、不正常或驯养中超过 3%出现虚弱症状的鸟都不宜用于试验。

④ 鸟笼：应为镀锌金属、不锈钢或丝网。地板和外墙用钢丝网，天花板可以用固体薄膜。地板的铁丝网应足够细，以免干扰鸟类的正常移动。鸟笼应保证每只鸟足够的空间，以不影响正常活动、产卵为宜。

⑤ 清理：测试的鸟笼应可拆卸，并彻底清洗，以防止疾病传播和交叉污染。推荐采用蒸汽法清洗笼。洗涤剂或漂白剂的使用是可以接受的，但不应使用其他化学消毒剂，如季铵化合物。当需要控制疾病媒介时，建议使用加热或制冷消毒技术，以保证在笼子里不留下化学残留物。对于制冷杀菌，建议使用环氧乙烷。

⑥ 卵孵化和存储：所有 2 周的卵应放在相同孵化条件下，保持稳定的温湿度条件，并机械或手工定期翻转卵。山齿鹑 21d、野鸭 24d 时将卵转移至单独的孵化器中。孵化器应具通风功能。孵化后的雏鸟应置于适合的鸟笼中控温控湿，科学喂养。

（2）控制条件　控温控湿：成鸟饲养和试验温度控制在 15～30℃，相对湿度 45%～70%，光照周期 L∶D=10∶14。卵储存于 13～16℃，相对湿度 55%～80%，并每天翻转，放置 1 周后孵化。孵化卵设置温度为 37.5℃±1℃，相对湿度 70%。初孵雏鸟温度范围 35～22℃，逐步降低，相对湿度 70%。光照：光周期是成功繁殖的关键。本试验中成鸟应以模拟日光光谱的灯光，光照强度应为 10～65lx（相当于 0.2～1.2μmol·m^{-2}·s^{-1}）。刺激鸟产卵，应选取适宜的光暗周期，光明和黑暗之间设置 15～30min 的过渡期。重要的是，在初始阶段，除非绝对必要，不要中断黑暗期。建议的光周期为初期维持光照时间为每天 7h 或 8h，初始阶段结束时，光周期增加到每天 16～17h。光周期按照增加 15min·d^{-1} 调整。雏鸟按照光暗比 16∶8，并用光暗间 15～30min 过渡。通风：应保持良好的通风，建议通风速率为每小时 10～15 次。

（3）观察

① 验蛋：采用验蛋灯检查蛋壳中的细小裂缝、不育卵和死胚情况。

② 成鸟：试验开始、开始产卵前及试验结束称量每只鸟的体重和食物消耗量。食物消耗量按笼测定，且每两周至少测定一次。每天一次观察记录成鸟的中毒情况，对死亡和存活鸟均进行病理检查，检查器官包括胃肠道、肝脏、肾脏、心脏、生殖器官和脾脏等。除非已知 24h 内完成降解，否则应检查脂肪、肌肉等组织内测试农药含量。

③ 鸟蛋：所有产卵应每日收集、计数和标记，并按鸟笼存储。塑料袋贮存可提高孵化均匀性。贮藏鸟蛋应每日翻转。每周或每两周一次，存储鸟蛋应用光检测蛋壳裂纹，0 天时检测，所有有裂纹的蛋应记录并丢弃。除了碎的和蛋壳厚度不合格的，所有

的鸟蛋应置于孵化器中孵化。每两周一次，将当天所产的蛋取出测量蛋壳厚度，鸟蛋应在最宽的部分打开，洗净（或取出测定鸟蛋中农药残留），并风干至少 48h，然后用千分尺测定外壳及干燥膜的厚度，至少测定 3 点。

④ 胚胎发育：在山齿鹑 11d、野鸭 14d 时鸟蛋应对着光检查确定胚胎发育和死亡情况。山齿鹑 21d、野鸭 24d 时鸟蛋应移到单独的孵化器孵化。

⑤ 雏鸟：24d 左右雏鸟破壳而出时做好记录，称重，并转移至适合的环境饲养。每日观察记录死亡、中毒及其他异常行为，直至 14d 再次称重。

（4）测定方法

① 预试验：除非 NOEC 值已知，否则应进行预试验以获得正式试验的测试农药浓度。如果进行预试验，可以进行为期 6 周的膳食暴露试验。

② 正式试验：正式试验的目的是确定膳食暴露中测试农药浓度和鸟繁殖反应间的关系，并确定无作用浓度 NOEC。测试物质应包括至少 3 个浓度梯度，并设空白对照。正式试验包括 3 个阶段：最初阶段，饲喂成鸟以含有测试物质的饮食，通常是 6～8 周长；第二阶段，调节光/暗光周期，刺激母鸟进入产蛋阶段，一般是 2～4 周；最后阶段，从产卵开始持续至少 8 周，建议 10 周。如果观察到繁殖能力下降或者测试物质具有生物富集作用，可以增加一个不超过 3 周的停药观察期。

对于结果的计算，EPA 多采用算术平均值，以鸟笼为单位进行统计。所采用的公式也多基于算术平均值，在此不再赘述。

7.3.3.2 OECD 方法

OECD 制定鸟类繁殖试验方法，最新版本为 1984 年 4 月 4 日颁布的，即 OECD 测试准则 206 号[21]：鸟类繁殖试验（OECD Test Guideline 206，Avian Reproduction Test）。试验原理是用含不同浓度供试农药的食物饲喂受试鸟，调控光照周期，诱导受试鸟产蛋，收集 10 周内所产鸟蛋，置于人工孵化器，孵出幼鸟后，饲养 14d。测定成鸟的死亡率、产蛋量、破裂蛋数量、蛋壳厚度、存活力、孵化力及对幼鸟的影响作用。

（1）供试鸟类　OECD 推荐的试验种类为驯化野鸭、白喉鹑和日本鹌鹑。受试鸟应经过检查，没有任何疾病和伤害。处理组与对照组应来自同一亲代种群。鸽子单头喂养，绿头鸭和鹌鹑以每笼 5 只或 10 只为宜。

（2）饲养条件　必要的饲养装置，包括良好的通风设施，合适的温度、相对湿度及光照条件等。人工光照应与当地自然光照大体一致，且可自动控制。每天光照时间 12～16h，在黎明和黄昏，设置 15～30min 的光照过渡期。供试鸟类环境驯养时间不少于两周。驯养期内，如任一性别鸟的死亡率超过 3%，或者受试鸟变衰弱，则不能采用于试验。成鸟饲养和试验温度为 (22±5)℃，相对湿度 50%～75%。

所测的端点值为无可见效应浓度（NOEC），表现为在鸟繁殖试验中死亡和症状情况，单位为 mg·kg^{-1}或 mg·L^{-1}食物。NOEC 可以通过系数转换为 NOEL，其单位为 mg·kg^{-1}体重·d^{-1}，即每天每单位体重食物中的供试农药量。

（3）设备要求　幼鸟育雏器应具有温度控制装置；孵化器应控温、控湿、能够翻转鸟卵；鸟蛋储存装置应恒温恒湿；尽量选择强制通风的孵化器和育雏器。无对流靠重力换气的孵化器和育雏器，温度应高 1.5～2℃，相对湿度增加 10%左右。在距离笼底 2.5～4cm 处测量孵化器中的温度。

(4) 剂量设置　试验中供试农药一般设 3 个处理浓度，浓度以限定每日食物 LC_{50} 值的试验结果为依据（该要求遵照 OECD 准则 205 号）。最高浓度大约为 LC_{10} 的 50%，较低浓度设置按照最高浓度的几何级数递减设置。推荐的最高浓度为 $1000mg \cdot kg^{-1}$。孵化的幼鸟饲养采用无供试农药和载体的纯净食物。

(5) 测定方法　以 1 对或 1 雄 2 雌（鹌鹑）或 3 雌（绿头鸭）为 1 组，至于鸟笼中饲养，对于以 1 对鸟为供试单位的，每个处理组和对照组应至少设置 12 个重复；对于以 1 组鸟为供试单位的，每个处理组和对照组，绿头鸭至少为 8 笼，鹌鹑至少为 12 笼。试验开始，即对供试鸟投喂含供试品的饲料，在整个试验过程中，都应对成鸟投喂含供试品的饲料，对于在试验过程中产生的幼鸟不投喂含供试品的饲料。一旦开始产蛋，每天收集并储存鸟蛋，进行孵化。

(6) 观察　每天的死亡率和中毒症状；成鸟的体重：在试验的暴露期开始、产蛋开始以及研究结束时测定；幼鸟的 14 日龄体重；成鸟的饲料消耗量：计算试验期间每间隔一周或两周的平均饲料消耗量；幼鸟的饲料消耗量：在孵化后的第 1 周和第 2 周进行；所有死亡成鸟的病理检查。

7.3.4　蓄积试验

采用剂量定期递增染毒法[3,22]。取鹌鹑 20 只，每天染毒，以 4d 为一期。染毒剂量每期递增一次，开始给 0.1 LD_{50}，以后按等比级数 1.5 逐期递增，每天染毒的剂量见表 7-9。若连续染毒 20d，动物死亡未达半数，此时染毒剂量已达一次给药剂量 LD_{50} 的 5.3 倍，即已达轻度蓄积的评价标准（表 7-10），试验可结束。若试验期间动物发生半数死亡，则可按表 7-9 查得相应的染毒总剂量，即蓄积系数。为使染毒剂量准确起见，每 4 天称鹌鹑体重一次，并观察记录其中毒死亡情况。

表 7-9　剂量定期递增染毒法染毒剂量用表

染毒总天数/d	1～4	5～8	9～12	13～16	17～20	21～24	25～28
每天染毒剂量/$mg \cdot kg^{-1}$体重	0.10	0.15	0.22	0.34	0.50	0.75	1.12
各期染毒总剂量/$mg \cdot kg^{-1}$体重	0.40	0.60	0.90	1.40	2.00	3.00	4.50
染毒期间的总剂量/$mg \cdot kg^{-1}$体重	0.4	1.0	1.9	3.3	5.3	8.3	12.8

表 7-10　蓄积评价标准

蓄积系数	蓄积作用分级	蓄积系数	蓄积作用分级
<1	高度蓄积	≥3～5	中等蓄积
≥1～3	明显蓄积	≥5	轻度蓄积

7.3.5　田间试验

对于室内或半田间试验仍不能明确时，需要进行田间试验。相对于室内或半田间试验，田间试验降低了不确定系数，使试验结果更加接近于农药实际使用情况。

7.3.5.1 EFSA(2010)方法[23]

（1）无线电标记 Radio-tagged 方法　田间试验的试验用鸟种类没有统一规定，一般以能反映供试农药特性及试验地点特征为宜。如果所试农药为水溶性或者试验环境中有水体，所用农药可能对水生生物造成影响，以水生生物为食物或者以水环境为主要栖息地的鸟类则应优先考虑。已有毒理学信息数据的鸟类开展研究的意义更大，同时应充分考虑该鸟在食物链中的作用。

（2）中毒症状

① 克百威：受试鹌鹑在给药后迅速表现出中毒症状，高剂量组尤其明显，症状为颤抖、呼吸困难、突然惊厥等，有的在给药后立即死亡。低剂量组的先出现兴奋、流涎、羽毛竖起等症状。鹌鹑的死亡大多数发生在给药后半小时内。中毒症状的恢复较缓慢，一般要经过 4h 后才能正常进食饮水。

② 甲基对硫磷：受试鹌鹑在给药后，表现为流涎、喘气、颤抖及羽毛蓬松竖起等症状，有的表现为突然跳动、僵直死亡。高剂量组在给药后几分钟内即死亡。鹌鹑死亡大多数在 1h 内。中毒症状出现较呋喃丹缓慢，大约 2h 后恢复正常活动并进食饮水。

③ 丙体六六六：中毒症状出现缓慢，高剂量组先表现为羽毛蓬松竖起、食欲减退，第二天其他剂量组才出现中毒症状，第三天才开始死亡，体重明显下降。

（3）听力影响试验　采用引导脑干听觉诱发电位（brainstem auditory evoked potentials，BAEP）测试法[8]。药物处理结束后一周，用 10% 氨基甲酸乙酯（0.5mL/只）腹腔注射麻醉，安插 3 根针状电极（记录电极置于颅顶，参考电极置于耳乳突，接地电极置于额头部）。用 2000～4000Hz 的短声，脉宽为 100μs 的方波，经过 TDH39 型耳机换能器转换成的短声（click）进行刺激（刺激声强分别为 75dB、55dB、35dB），刺激重复频率为 10 次・s^{-1}。刺激方式为单耳（左耳）刺激，耳机中央孔距外耳道口分别为 1cm、3cm，非测试右耳用胶泥封堵外耳道口。用 WD4000 Ⅲ型神经电位诊断系统听觉电生理信号处理系统进行记录和分析。对每组鸟分别进行短声刺激后，在鸟头顶记录 BAEP，分析其波形，测量峰潜伏期、振幅。

酶等生物化学指标检测。Ronald 和 Akerman（1992）采用血浆中的乙酰胆碱酯酶代替了脑细胞中的乙酰胆碱酯酶，作为检测农药对鸟类风险的指标。其优点表现在两个方面：①该方法从个体水平上对无线电或其他方式标记的捕获动物进行取样处理；②有机磷农药对于血浆乙酰胆碱酯酶的抑制效果较脑细胞内乙酰胆碱酯酶快速而明显。

7.3.5.2 EPA 方法

EPA 制定的陆生野生动物田间试验方法，最新版本为 2012 年 1 月颁布的，即 Ecological Effects Test Guidelines，OCSPP 850.2500：Field Testing for Terrestrial Wildlife[24]。在该版本中汇总了之前的一些相关文件，包括：哺乳动物和鸟类的模拟和实际田间测定［OPP 71-5 Simulated and Actual Field Testing for Mammals and Birds（Pesticide Assessment Guidelines Subdivision E — Hazard Evaluation：Wildlife and Aquatic Organisms）］和开展陆生田间研究指导文件（the Guidance Document for Conducting Terrestrial Field Studies）。

该方法主要评估测试农药对于野生生物的风险。田间试验的目的是量化测试农药对于陆地生物个体、种群和群落的影响，涉及的方法包括标记重捕、无线电遥测、样线采样、鸟巢监控、领域测绘、成幼鸟比例测量等。

7.4 风险表征

OECD、SETAC、加拿大野生生物服务中心建立了禽类动物 LD_{50} 数据库。EPA 也建立了“one liner”数据库。除此之外，德国（Federal Biological Research Centre for Agriculture and Forestry）、荷兰（National Institute of Public Health and the Environment）、法国（Institut National de la Recherche Agronomique）及英国（Pesticide Disclosure Documents from the Pesticide Safety Directorate）相关机构也建立了各自的数据查询系统（Mineau 等，2001）。

欧洲化学管理局（ECB）现有化学物质的数据评估方法（ECB，2003）[25]。

（1）美国鸟类风险评价标准　美国对鸟类风险关注水平分为急性关注标准 Acute-LOC 和慢性关注标准 Chronic-LOC 两种。将风险商值（RQ）与 LOC 进行比较，当 RQ 大于 LOC 时，即表示存在风险[2]。

$$RQ = ETE/\text{毒性端点值} \tag{7-17}$$

式中　RQ——风险商值（risk quotient，RQ）；

毒性端点值——包括 LC_{50}、LD_{50}、NOEC 等；

ETE——环境暴露量。

毒性终点值一般由试验得到，ETE 常通过模型计算得到，US EPA 制定的农药鸟类风险评价标准见表 7-11。

表 7-11　美国农药鸟类生态风险关注水平 LOC

急性高风险	急性风险 限制使用	濒临物种 急性风险	慢性风险
RQ≥0.5	0.2≤RQ<0.5	0.1≤RQ<0.2	慢性 RQ>1.0

Tier Ⅰ风险评价模型中急性经口暴露评估：针对作为颗粒剂使用的农药的风险评价需要两方面的信息，即农药对鸟类的 LD_{50}（$mg \cdot kg^{-1}$）和环境暴露浓度（EEC）。在进行风险评价时，通常会采取保守的评价，一般以暴露浓度高限与毒性终点值进行比较得到风险商值。

$$RQ_{\text{经口}} = \frac{EEC_{\text{高值,经口}}(mg \cdot ft^{-2})}{\text{经口毒性}(mg \cdot bird^{-1})} \tag{7-18}$$

饲喂暴露评估：针对喷雾施用农药，用经食饲喂环境暴露浓度（Dietary EEC）除以试验得到的毒性终点值（LC_{50}）即为饲喂风险商值（Dietary RQ）。

$$RQ_{经食}=\frac{EEC_{经食}}{LC_{50,经食}} \tag{7-19}$$

（2）欧盟鸟类风险评价标准　同美国一样，欧盟也采用商值法进行风险表征，但与美国不同的是商值的计算公式不同。欧盟用毒性暴露比（toxicity-exposure ratio，TER）来表征风险。

$$TER=毒性端点值/PEC \tag{7-20}$$

式中　TER——毒性暴露比；

　　PEC——预测环境暴露量。

TER越大，风险越小。PEC在欧盟通常采用计算机预测得到。欧盟现行的农药鸟类风险分级标准见表7-12。

表7-12　欧盟农药鸟类生态风险分级标准

触发值	风险级别	触发值	风险级别
急性和短期TER＞100	低风险	慢性 TER＞5.0	低风险
10＜急性和短期TER≤100	中等风险	慢性 TER≤5.0	存在风险
急性和短期TER≤10	高风险		

（3）EPPO鸟类风险评价标准　EPPO采用暴露毒性比值（exposure-toxicity ratios，ETR）来进行风险表征。ETR值越大，风险也越大，呈正相关，与欧盟相比，用ETR来表征风险更直观。EPPO农药鸟类风险分级标准见表7-13。

表7-13　EPPO农药鸟类生态风险分级标准

评价标准	风险级别
鸟不暴露	微风险
喷雾施用、颗粒剂撒施及种子处理剂：在最坏场景下暴露ETR≤1；	低风险
喷雾施用、颗粒剂撒施及种子处理剂：在最坏场景下暴露ETR＞1，在最可能场景下ETR＜1；	中风险
喷雾施用、颗粒剂撒施及种子处理剂：在最可能场景下暴露ETR≥1	高风险

（4）中国鸟类风险评价标准　我国关于农药对于鸟类的毒性等级划分，主要按照农药对鸟类急性经口半致死剂量LD_{50}和急性饲喂半致死浓度LC_{50}，将农药对鸟类的急性毒性分为四级，如表7-14所示。

表7-14　中国农药对鸟类的毒性等级划分

毒性等级	急性经口LD_{50}/mg(a.i.)·kg^{-1}体重	急性饲喂LC_{50}/mg(a.i.)·kg^{-1}饲料
剧毒	LD_{50}≤10	LC_{50}≤50
高毒	10＜LD_{50}≤50	50＜LD_{50}≤500
中毒	50＜LD_{50}≤500	500＜LD_{50}≤1000
低毒	LD_{50}＞500	LD_{50}＞1000

7.5　我国鸟类风险评价

一次中毒（primary poisoning）：鸟类直接摄食含有杀鼠剂的毒饵而引起中毒的过程。

二次中毒（second poisoning）：鸟类因摄食体内含有杀鼠剂的啮齿动物而引起自身中毒的过程。

7.5.1　基本原则

本部分的农药对鸟类的风险评价是针对农药在非靶标鸟类和家禽经常出没的区域使用时，不应对鸟类个体造成急性、短期和长期不可接受的风险。农药对鸟类的风险评价采用分级评估方法，以风险商值（RQ）表征风险。

农药对鸟类的风险评价总流程遵照本章附录 A 中的附图 A-1。

7.5.2　评估程序和方法

7.5.2.1　问题阐述

根据农药作用机理和使用方式确定对鸟类暴露的可能性，当不能排除对鸟类的暴露可能性时，应选择相应的暴露途径进行风险评估：

① 农药喷雾：评估鸟在喷施农药场景下摄食造成的风险；

② 种子处理：评估鸟类将经农药处理的种子当作食物摄取引起的风险；

③ 撒施颗粒剂：评估鸟类将颗粒剂当作细石子或土壤摄取引起的风险；

④ 投放毒饵：评估鸟类摄取杀鼠剂等毒饵的一次中毒风险和摄食食用过杀鼠剂的啮齿类动物引起的二次中毒风险。

用于多种作物或多种防治对象的农药，当针对每种作物或防治对象的施药方法、施药量或次数、施药时间等不同时，应对其使用分组方法评估：

① 分组时应考虑作物、施药剂量、施药次数和施药时间等因素；

② 某一分组确定对鸟类风险的最高情况，并对该分组开展风险评估；

③ 当风险最高的分组对鸟类的风险可接受时，认为该农药对鸟类的风险可接受；

④ 当风险最高的分组对鸟类的风险不可接受时，应对其他分组开展风险评估。

7.5.2.2　暴露评估

（1）初级暴露评估

① 农药喷雾的暴露评估

a. 暴露评估流程：根据农药使用模式确定暴露场景，选择指示物种，分别计算急性、短期和长期的预测暴露剂量。指示物种的相关信息遵照本章附录 B 附表 B-1。

b. 农药喷雾初级急性暴露评估：急性预测暴露剂量（PED_{acute}）按式（7-21）计算。

$$PED_{acute}=FIR_{bw\cdot d}\times RUD_{90}\times AR\times MAF_{90}\times 10^{-3} \tag{7-21}$$

式中 PED_{acute}——急性预测暴露剂量，$mg(a.i.)\cdot kg^{-1}$体重$\cdot d^{-1}$；

$FIR_{bw\cdot d}$——指示物种每克体重日食物摄取量，$g\cdot g^{-1}$体重$\cdot d^{-1}$；

RUD_{90}——第90百分位的单位剂量残留量，$mg(a.i.)\cdot kg^{-1}$食物/$[kg(a.i.)\cdot hm^{-2}]$；

AR——推荐的农药最高施药剂量，$g(a.i.)\cdot hm^{-2}$；

MAF_{90}——RUD_{90}对应的多次施药因子，遵照本章附录C附表C-1；

10^{-3}——单位换算系数。

c. 农药喷雾初级短期暴露评估：短期预测暴露剂量（$PED_{short\text{-}term}$）按式（7-22）计算。

$$PED_{short\text{-}term}=FIR_{bw\cdot d}\times RUD_{mean}\times AR\times MAF_{mean} \tag{7-22}$$

式中 $PED_{short\text{-}term}$——短期预测暴露剂量，$mg(a.i.)\cdot kg^{-1}$体重$\cdot d^{-1}$；

$FIR_{bw\cdot d}$——指示物种每克体重日食物摄取量，$g\cdot g^{-1}$体重$\cdot d^{-1}$；

RUD_{mean}——单位面积施药剂量的食物农药残留量的算术平均值，$mg(a.i.)\cdot kg^{-1}$食物/$[g(a.i.)\cdot hm^{-2}]$；

AR——推荐的农药最高施用量，$g(a.i.)\cdot hm^{-2}$；

MAF_{mean}——RUD_{mean}对应的多次施药因子平均时间，遵照本章附录C表C-2。

d. 农药喷雾初级长期暴露评估：长期预测暴露剂量（$PED_{long\text{-}term}$）按式（7-23）计算。

$$PED_{long\text{-}term}=FIR_{bw\cdot d}\times RUD_{mean}\times AR\times MAF_{mean}\times 0.53 \tag{7-23}$$

式中 $PED_{long\text{-}term}$——长期预测暴露剂量，$mg(a.i.)\cdot kg^{-1}$体重$\cdot d^{-1}$；

$FIR_{bw\cdot d}$——指示物种每克体重日食物摄取量，$g\cdot g^{-1}$体重$\cdot d^{-1}$；

RUD_{mean}——单位剂量残留量的算术平均值，$mg(a.i.)\cdot kg^{-1}$食物/$[g(a.i.)\cdot hm^{-2}]$；

AR——推荐的农药最高施药剂量，$g(a.i.)\cdot hm^{-2}$；

MAF_{mean}——多次施药因子的平均时间；

0.53——时间加权平均因子。

② 种子处理剂的暴露评估

a. 暴露评估流程：根据种子大小选择相应的指示物种，分别计算急性、短期和长期的预测暴露剂量。粒径＜10mm的小型种子和粒径≥10mm的大型种子（如玉米和花生）对应的指示物种分别为小型鸟类和大型鸟类，其每克体重日食物摄取量分别设定为$0.3g\cdot g^{-1}$体重$\cdot d^{-1}$和$0.1g\cdot g^{-1}$体重$\cdot d^{-1}$。

b. 种子处理的急性和短期暴露评估：急性预测暴露剂量（PED_{acute}）和短期预测暴露剂量（$PED_{short\text{-}term}$）按式（7-24）计算。

$$PED_{acute}\text{或}PED_{short\text{-}term}=FIR_{bw\cdot d}\times ARS\times 10 \tag{7-24}$$

式中 PED_{acute}——急性预测暴露剂量，$mg(a.i.)\cdot kg^{-1}$体重$\cdot d^{-1}$；

$PED_{short\text{-}term}$——短期预测暴露剂量，$mg\cdot kg^{-1}$体重$\cdot d^{-1}$；

$FIR_{bw\cdot d}$——指示物种每克体重日食物摄取量，$g\cdot g^{-1}$体重$\cdot d^{-1}$；

ARS——种子处理的最高农药使用剂量，$g(a.i.)\cdot(100kg)^{-1}$种子。

c. 种子处理的长期暴露评估：长期预测暴露剂量（$PED_{long\text{-}term}$）按式（7-25）计算。

$$PED_{long\text{-}term}=FIR_{bw\cdot d}\times ARS\times 10\times 0.53 \tag{7-25}$$

式中　$PED_{long\text{-}term}$——长期预测暴露剂量，mg(a.i.)·kg^{-1}体重·d^{-1}；

$FIR_{bw\cdot d}$——指示物种每克体重日食物摄取量，g·g^{-1}体重·d^{-1}；

ARS——种子处理的最高农药使用剂量，g(a.i.)·$(100kg)^{-1}$种子。

③ 撒施颗粒剂的暴露评估

a. 暴露评估流程：根据颗粒剂大小，选择相应的指示物种，分别计算急性、短期和长期的预测暴露剂量。粒径≥0.5mm且<6mm的颗粒剂，则作为沙砾被鸟类有意摄取；当颗粒剂粒径<0.5mm时，设定鸟类觅食或啄食时，将颗粒剂作为土壤的构成部分无意摄取；粒径≥6mm的颗粒剂，则不被鸟类摄取。颗粒剂暴露评估流程遵照本章附录D附图D-1。

b. 颗粒剂被作为沙砾有意摄取的暴露评估

(a) 颗粒剂被作为沙砾有意摄取的急性和短期暴露评估：急性预测暴露剂量（PED_{acute}）和短期预测暴露剂量（$PED_{short\text{-}term}$）按式（7-26）～式（7-28）计算。

$$PED_{acute}\text{或}PED_{short\text{-}term}=DGI\times\frac{S_{surface}}{SP_{surface}+S_{surface}}\times S_{loading} \tag{7-26}$$

$$S_{surface}=\frac{AS}{OSW\times 10} \tag{7-27}$$

$$S_{loading}=\frac{OSW\times ARS}{100} \tag{7-28}$$

式中　PED_{acute}——急性预测暴露剂量，mg(a.i.)·kg^{-1}体重·d^{-1}；

$PED_{short\text{-}term}$——短期预测暴露剂量，mg(a.i.)·kg^{-1}体重·d^{-1}；

DGI——鸟类每千克体重日细石子摄取量，个·kg^{-1}体重·d^{-1}；

$S_{surface}$——土壤表面的种子数量，个·m^{-2}；

$SP_{surface}$——与种子相同尺寸等级的土粒数量，个·m^{-2}；

$S_{loading}$——单粒种子中农药有效成分的质量，mg；

OSW——单粒种子质量，g；

AS——单位面积种子使用量，kg种子·hm^{-2}；

ARS——种子处理的最高农药使用剂量，g(a.i.)·$(100kg)^{-1}$种子。

(b) 颗粒剂被作为沙砾有意摄取的长期暴露评估：长期预测暴露剂量（$PED_{long\text{-}term}$）按式（7-25）计算。

颗粒剂作为沙砾有意摄取时计算预测暴露量的参数见本章附录E附表E-1。

c. 颗粒剂被作为土壤构成无意摄取的暴露评估

(a) 颗粒剂被作为土壤构成无意摄取的急性和短期暴露评估：假设颗粒剂在1cm厚的土层中均匀分布，急性预测暴露剂量（PED_{acute}）和短期预测暴露剂量（$PED_{short\text{-}term}$）按式（7-29）、式（7-30）计算。式中使用单位换算系数10^3和10^5。

$$PED_{acute}\text{或}PED_{short\text{-}term}=DDSI\times\frac{RUD}{10^3}\times\frac{ARS\times AS}{10^5} \tag{7-29}$$

$$DDSI=\frac{DDFI\times\%soil}{100-\%soil} \tag{7-30}$$

式中 PED_{acute}——急性预测暴露剂量，mg(a. i.)·kg^{-1}体重·d^{-1}；

$PED_{short\text{-}term}$——短期预测暴露剂量，mg(a. i.)·kg^{-1}体重·d^{-1}；

DDSI——指示物种日干土摄入量，g·kg^{-1}体重·d^{-1}；

RUD——农药单位剂量的土壤农药残留量，即每公顷每千克农药有效成分用量下土壤中的农药浓度，mg·kg^{-1}干土；

ARS——种子处理的最高农药使用剂量，g(a. i.)·$(100kg)^{-1}$种子；

AS——单位面积种子使用量，kg 种子·hm^{-2}；

DDFI——指示物种日干食物摄入量，g·kg^{-1}体重·d^{-1}；

%soil——指示物种的干土摄入占干食摄入的百分比，%。

(b) 颗粒剂被作为土壤构成无意摄取的长期暴露评估：假定颗粒剂在 5cm 厚的土层中均匀分布，长期预测暴露剂量（$PED_{long\text{-}term}$）按式（7-31）计算，式中使用时间加权平均因子 0.53 和单位换算系数 10^3、10^5。

$$PED_{long\text{-}term}=DDSI\times\frac{RUD}{10^3}\times\frac{ARS\times AS}{10^5}\times 0.53 \tag{7-31}$$

式中 $PED_{long\text{-}term}$——长期预测暴露剂量，mg(a. i.)·kg^{-1}体重·d^{-1}；

DDSI——指示物种日干土摄入量，g·kg^{-1}体重·d^{-1}；

RUD——单位剂量残留量，mg·kg^{-1}/[g(a. i.)·hm^{-2}]；

ARS——种子处理的最高农药使用剂量，g(a. i.)·$(100kg)^{-1}$种子；

AS——单位面积种子使用量，kg·hm^{-2}。

颗粒物作为土壤构成无意摄取时计算预测暴露量的参数见本章附录 F 附表 F-1。

④ 投放毒饵的暴露评估

a. 暴露评估流程：当杀鼠剂对鸟类存在暴露的可能性，应计算一次中毒的预测暴露浓度；当摄入杀鼠剂的啮齿类动物对鸟类存在暴露的可能性，且所摄入的杀鼠剂属于抗凝血剂或具有在生物体内聚集和缓释作用的性质，应计算二次中毒的预测暴露浓度。对于非杀鼠饵剂（如杀蚁饵剂）仅评估一次中毒，风险评估方法与杀鼠剂一次中毒的方法一致。暴露评估流程遵照本章附录 G 附图 G-1。

b. 投放毒饵一次中毒的暴露评估：当进行一次中毒的暴露评估时，通常采用体重为 15g 的小型鸟类作为指示物种，其单位体重的日食物摄入量（$FIR_{bw\cdot d}$）设定为 0.3g·g^{-1}体重·d^{-1}。在初级风险评价时，设定鸟类摄食杀鼠剂比例为 100%，且不考虑农药降解。杀鼠剂不涉及多次施药因子，急性、短期和长期三种效应类型的预测暴露剂量相同，按式（7-32）计算一次中毒的预测暴露剂量。

$$PED_P=FIR_{bw\cdot d}\times cr\times 10^4 \tag{7-32}$$

式中 PED_P——一次中毒的预测暴露剂量，mg(a. i.)·kg^{-1}体重·d^{-1}；

$FIR_{bw\cdot d}$——指示物种每克体重的日食物摄入量，g 食物·g^{-1}体重·d^{-1}；

cr——杀鼠剂产品中有效成分的含量，%。

c. 投放毒饵二次中毒的暴露评估：

(a) 投放毒饵二次中毒的急性和短期暴露评估：鸟类二次中毒的急性预测暴露剂量

（PED_{acute}）和短期预测暴露剂量（$PED_{short\text{-}term}$）按式（7-33）～式（7-35）计算。公式中的啮齿类动物每克体重日摄入食物量（$FIR_{bw \cdot d,rodent}$）的默认值是0.1g，EL的默认值是0.3。

$$PED_{acute,s} \text{或} PED_{short\text{-}term,s} = FIR_{bw \cdot d} \times EC_{rodent} \tag{7-33}$$

$$EC_{rodent} = \sum_{i=1}^{n} EC_i + EC_0 \tag{7-34}$$

$$EC_i = FIR_{bw \cdot d,rodent} \times C \times (1 - EL)^i \tag{7-35}$$

式中 $PED_{acute,s}$——二次中毒预测急性暴露剂量，mg(a.i.)·kg^{-1}体重·d^{-1}；

$PED_{short\text{-}term,s}$——二次中毒预测短期暴露剂量，mg(a.i.)·kg^{-1}体重·d^{-1}；

$FIR_{bw \cdot d}$——指示物种每克体重的日食物摄入量，g·g^{-1}体重·d^{-1}；

EC_{rodent}——啮齿动物体内的杀鼠剂估计浓度，mg(a.i.)·kg^{-1}体重；

EC_i——第n天取食前啮齿动物体内杀鼠剂的估计浓度；

EC_0——啮齿动物取食毒饵后体内杀鼠剂的估计浓度；

EL——啮齿动物每日摄入量排泄比例，其值为0～1；

C——杀鼠剂毒饵中有效成分的浓度，mg(a.i.)·kg^{-1}；

$FIR_{bw \cdot d,rodent}$——啮齿动物每克体重的日食物摄入量，g·g^{-1}体重·d^{-1}；

n——啮齿动物摄入杀鼠剂的天数。

（b）投放毒饵二次中毒的急性和短期暴露评估：按式（7-36）计算二次中毒预测长期暴露剂量（$PED_{long\text{-}term,s}$）。

$$PED_{long\text{-}term,s} = FIR_{bw \cdot d} \times EC_{rodent} \times 0.5 \tag{7-36}$$

式中 $PED_{long\text{-}term,s}$——二次中毒预测长期暴露剂量，mg(a.i.)·kg^{-1}体重·d^{-1}；

$FIR_{bw \cdot d}$——指示物种每克体重的日食物摄入量，g·g^{-1}体重·d^{-1}；

EC_{rodent}——啮齿动物体内的杀鼠剂估计浓度，mg(a.i.)·kg^{-1}体重。

（2）高级暴露评估

① 实际残留数据。当高级风险评价时，应使用鸟类食物中农药残留的实测数据，以更准确估算风险评价所需要的暴露量。通常实际残留数据的处理与初级风险评价相同，即对于急性暴露，初始残留量采用第90%位的数值；对于短期和长期暴露，初始残留量则采用第50%位的数值。当采用最后一次施药后的实际残留数据（重复施药的情况）时，因数据已体现残留累积，则不需使用多次施药因子。

② 时间加权平均因子。当可获得植物体内的农药半衰期（$DegT_{50}$）或施药的平均时间范围时，且与初级风险评价对应的默认值有所不同，则使用式（7-37）和式（7-38）重新计算时间加权平均因子f_{TWA}值。

$$f_{TWA} = \frac{1 - e^{-kt}}{kt} \tag{7-37}$$

$$k = \frac{\ln 2}{DegT_{50}} \tag{7-38}$$

式中 f_{TWA}——时间加权平均因子；

k——农药降解常数；

$DegT_{50}$——农药在植物体内的半衰期；

t——21d。

③ 多次施药因子。多次施药的初级风险评价采用农药在植物体内的半衰期（$DegT_{50}$）为10d的多次施药因子平均时间（MAF_{mean}）。当数据表明农药在鸟类食物中降解速度较快，按式（7-39）重新计算用于短期和长期暴露评估的MAF_{mean}。

$$MAF_{mean}=\frac{1-e^{-nki}}{1-e^{-ki}} \tag{7-39}$$

式中 MAF_{mean}——鸟类食物中实际残留量算术平均值所采用的多次施药因子平均时间；

k——农药降解常数；

n——农药施药次数；

i——两次施药之间的间隔期，d。

7.5.2.3 效应分析

（1）初级效应分析

① 毒性终点。通过分析急性、短期和长期毒性试验数据，获得毒性效应终点。当进行初级效应分析时，有效成分和制剂产品的鸟类毒性数据限度试验的外推系数见本章附录H，且毒性终点确定可按下列过程进行：

a. 当有相同指示物种的多个急性毒性数据时，应使用数据最小值作为毒性效应终点值。

b. 当有不同指示物种的急性毒性数据时，应使用多物种毒性试验数据的几何平均值进行效应分析。但当几何平均值大于10倍的最敏感物种毒性试验终点值时，则使用最敏感物种的毒性试验终点，且在急性效应分析中不考虑不确定因子。

c. 当有多种物种的繁殖毒性试验数据时，则长期效应分析中应使用最敏感物种的繁殖毒性终点值。因短期饲喂试验和繁殖试验结果分别以LC_{50}和NOEC表示，其单位均为“mg(a.i.)·kg^{-1}食物”，故使用试验鸟类的平均体重和每天平均食物消费量按式（7-40）进行换算获得LD_{50}和NOED。

$$LD_{50,short\text{-}term}\text{或}NOED=LC_{50,short\text{-}term}(\text{或}NOEC)\times\text{平均食物消费量}/bw \tag{7-40}$$

式中 $LD_{50,short\text{-}term}$——短期饲喂毒性试验半致死剂量，mg(a.i.)·kg^{-1}体重·d^{-1}；

NOED——繁殖试验无作用剂量，mg(a.i.)·kg^{-1}体重·d^{-1}；

$LC_{50,short\text{-}term}$——短期饲喂毒性试验半致死浓度，mg(a.i.)·kg^{-1}食物；

NOEC——繁殖试验无作用浓度，mg(a.i.)·kg^{-1}食物；

bw——鸟体重，g。

d. 当某些农药通过急性经口毒性试验无法获得试验终点时，应进行限度试验。当急性经口毒性限度试验中试验鸟类没有死亡或出现单一个体死亡时，可使用本章附录H的附表H-1外推系数推导$LD_{50,acute}$。

$$LD_{50,acute}=\text{Limit Dose}\times EF \tag{7-41}$$

式中　$LD_{50,acute}$——限度试验中推导的急性经口半致死剂量，mg(a.i.)·kg^{-1}体重·d^{-1}；

Limit Dose——每千克体重限度试验的试验剂量，mg(a.i.)·kg^{-1}体重；

EF——外推系数。

e. 当无法获得繁殖毒性数据，可按式（7-42）用短期饲喂试验终点 $LD_{50,short\text{-}term}$ 推导 NOED。

$$NOED=\frac{LD_{50,short\text{-}term}}{10} \tag{7-42}$$

式中　NOED——繁殖试验无作用剂量，mg(a.i.)·kg^{-1}体重·d^{-1}；

$LD_{50,short\text{-}term}$——短期饲喂毒性试验半致死剂量，mg(a.i.)·kg^{-1}体重·d^{-1}。

② 不确定性因子。初级效应分析通常针对不同效应类型采用不同水平的不确定性因子。因不确定性因子的选择取决于风险分析所采用的暴露途径、暴露持续时间以及用于分析的数据量，故急性、短期、长期三种效应类型不确定性因子的选择遵照本章附录I的附表I-1。

③ 预测无效应剂量的计算。根据毒性终点和不确定性因子，使用式（7-43），计算PNED。

$$PNED=\frac{EdP}{UF} \tag{7-43}$$

式中　PNED——预测无效应剂量，mg(a.i.)·kg^{-1}体重·d^{-1}；

EdP——毒性试验终点，mg(a.i.)·kg^{-1}体重·d^{-1}；

UF——不确定因子。

（2）高级效应分析　当进行高级效应分析时，可使用农药引起的鸟类死亡和繁殖危害的田间试验监测数据，且可不考虑从实验室试验推导田间的不确定性因子及降低从试验物种的毒性推导田间物种的不确定因子。

7.5.2.4　风险表征

LD_{50}在获得暴露评估和效应评估结果后，可用风险商值（RQ）对鸟类受到的风险进行表征，风险商值（RQ）按式（7-44）计算。

$$RQ=PED/PNED \tag{7-44}$$

式中　RQ——风险商值；

PED——预测暴露剂量，mg(a.i.)·kg^{-1}体重·d^{-1}；

PNED——预测无效应剂量，mg(a.i.)·kg^{-1}体重·d^{-1}。

若 RQ≤1，则风险可接受；若 RQ>1，则风险不可接受。

7.5.3　风险降低措施

当风险评价结果表明农药对鸟类的风险不可接受时，可采取适当的风险降低措施以使风险可接受，且应在农药标签上注明相应的风险降低措施。通常所采用的风险降低措施不应显著降低农药的使用效果，且应具有可行性。

附录 A　农药对鸟类的风险评价总流程

农药对鸟类的风险评价总流程见附图 A-1。

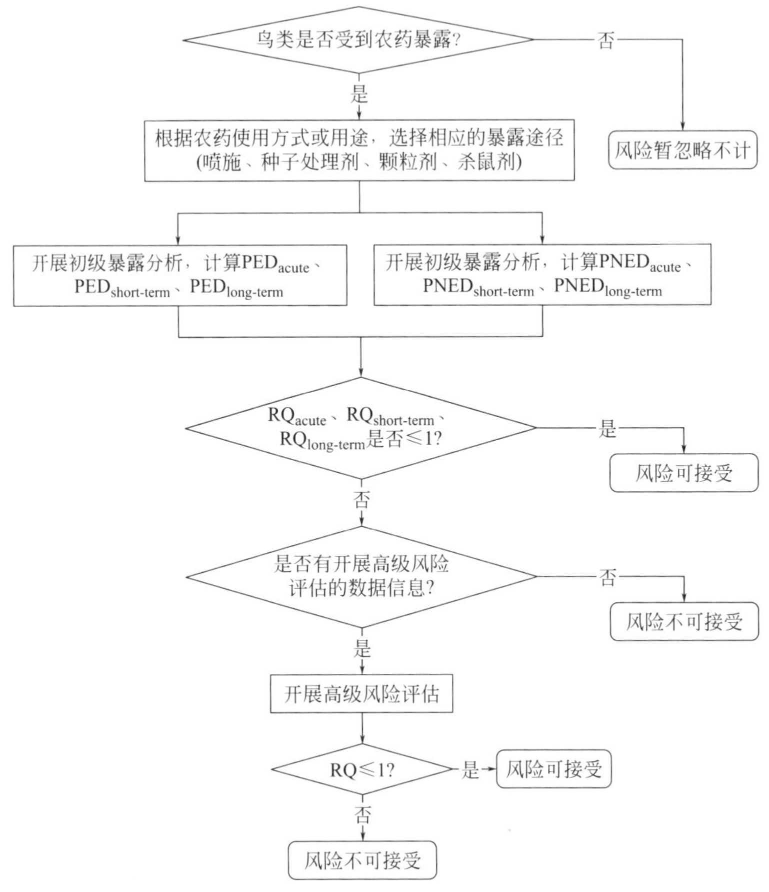

附图 A-1　农药对鸟类的风险评价总流程

附录 B　农药喷雾暴露场景指示物种及其相关信息

农药喷雾暴露场景指示物种及其相关信息见附表 B-1。

附表 B-1　农药喷雾暴露场景指示物种及其相关信息

暴露场景	指示物种	日食物摄取量/$g \cdot d^{-1}$	体重/g	日单位体重食物摄取量/$g \cdot g^{-1}$体重$\cdot d^{-1}$	RUD_{90}/[mg(a. i.)$\cdot$kg^{-1}食物]/[kg(a. i.)$\cdot$hm^{-2}]	RUD_{mean}/[mg(a. i.)$\cdot$kg^{-1}食物]/[kg(a. i.)$\cdot$hm^{-2}]
裸土	小型食谷鸟类（摄食草种）	4.3	15.3	0.28	87	40
果园和观赏植物/苗圃	小型食虫鸟类	11.4	13.3	0.87	54	21

续表

暴露场景	指示物种	日食物摄取量/g·d^{-1}	体重/g	日单位体重食物摄取量/g·g^{-1}体重·d^{-1}	RUD_{90}/[mg(a. i.)·kg^{-1}食物]/[kg(a. i.)·hm^{-2}]	RUD_{mean}/[mg(a. i.)·kg^{-1}食物]/[kg(a. i.)·hm^{-2}]
草地	大型食草鸟类	740	2645	0.30	102	54
球茎类作物、粮谷类、果实类蔬菜、叶菜蔬菜、豆科牧草、玉米、油菜、马铃薯、豆类、根茎类蔬菜、草莓、甜菜和向日葵、葡萄园	小型杂食鸟类（摄食25%的农作物叶子，25%的草种，50%的地面节肢动物）	14.8	28.5	0.52	46	21
棉花	小型杂食鸟类（摄食25%的草种，25%的植物，25%的动物）	10.5	27.7	0.38	46	29

附录 C　多次施药因子 MAF 值

多次施药因子 MAF_{90} 值见附表 C-1。

附表 C-1　多次施药因子 MAF_{90} 值

施药间隔期/d	施药次数								
	1	2	3	4	5	6	7	8	>8
7	1.0	1.4	1.6	1.8	1.9	1.9	1.9	2.0	2.0
10	1.0	1.3	1.5	1.5	1.6	1.6	1.6	1.6	1.6
14	1.0	1.2	1.3	1.3	1.4	1.4	1.4	1.4	1.4

多次施药因子 MAF_{mean} 值见附表 C-2。

附表 C-2　多次施药因子 MAF_{mean} 值

间隔期/d	施药次数								
	1	2	3	4	5	6	7	8	>8
7	1.0	1.6	2.0	2.2	2.4	2.5	2.5	2.5	2.6
10	1.0	1.5	1.8	1.9	1.9	2.0	2.0	2.0	2.0
14	1.0	1.4	1.5	1.6	1.6	1.6	1.6	1.6	1.6

附录 D　撒施颗粒剂对鸟类的暴露评估流程

撒施颗粒剂对鸟类的暴露评估流程见附表 D-1。

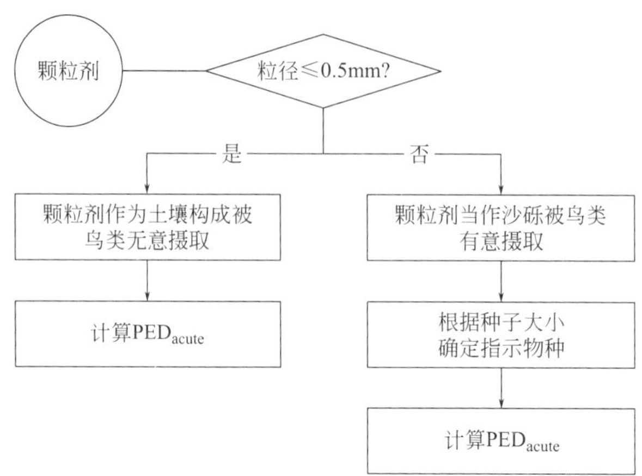

附图 D-1　撒施颗粒剂暴露评估流程

附录 E　颗粒剂作为沙砾有意摄取时计算预测暴露量的参数

颗粒剂作为沙砾有意摄取时计算预测暴露量的参数见附表 E-1。

附表 E-1　颗粒剂作为沙砾有意摄取时计算预测暴露量的参数

效应类型	颗粒剂大小	日细石子摄取量/数量・d^{-1}	与颗粒剂相同尺寸的土粒量/数量・m^{-2}	时间加权因子
急性	2mm≤ϕ<6mm	2450	70	不适用
	0.5mm≤ϕ<2mm	650	15200	不适用
短期	2mm≤ϕ<6mm	2450	70	不适用
	0.5mm≤ϕ<2mm	650	15200	不适用
长期	2mm≤ϕ<6mm	1300	70	0.53
	0.5mm≤ϕ<2mm	390	15200	

附录 F　颗粒剂作为土壤构成无意摄取时计算预测暴露量的参数

颗粒剂作为土壤构成无意摄取时计算预测暴露量的参数见附表 F-1。

附表 F-1　颗粒剂作为土壤构成无意摄取时计算预测暴露量的参数

效应类型	日干土摄入量/g・kg^{-1}体重・d^{-1}	RUD/mg・kg^{-1}	时间加权因子 f_{TWA}
急性和短期	43	6.7	不适用
长期	19	1.3	0.53

附录 G　投放毒饵对鸟类的暴露评估流程

投放毒饵对鸟类的暴露评估流程见附图 G-1。

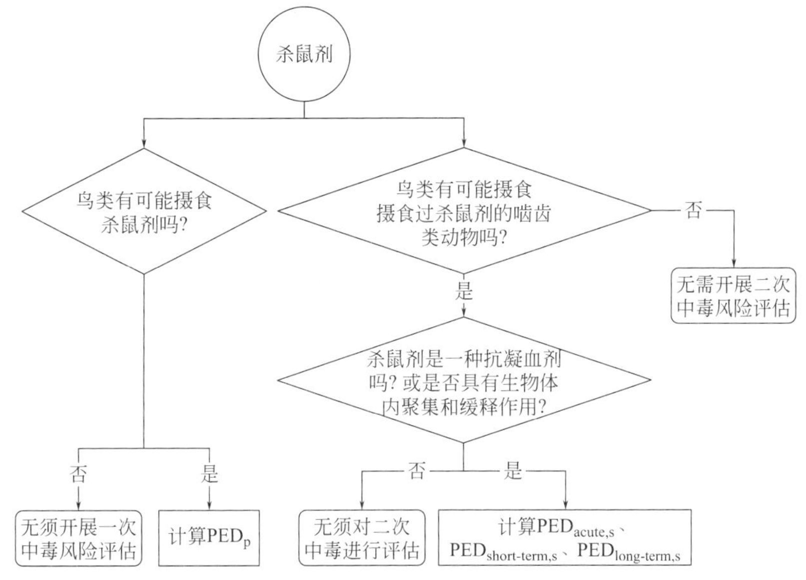

附图 G-1　投放毒饵对鸟类的暴露评估流程

附录 H　限度试验的外推系数

限度试验的外推系数见附表 H-1。

附表 H-1　限度试验的外推系数

试验动物数量/只	无死亡时的外推系数	单一个体死亡时的外推系数
5	1.61	1.23
10	1.89	1.52
15	2.05	1.70
20	2.17	1.80

附录 I　初级效应评估采用的毒性试验终点和不确定性因子

初级效应评估采用的毒性试验终点和不确定性因子见附表 I-1。

附表 I-1　初级效应评估采用的毒性试验终点和不确定性因子

预测无作用剂量	毒性试验终点	不确定性因子
$PNED_{acute}$	急性经口试验得出的 LD_{50} 值	10
$PNED_{short\text{-}term}$	短期饲喂试验得出的 LD_{50} 值	10
$PNED_{long\text{-}term}$	鸟类繁殖试验得出的 NOED	5

参考文献

[1] 朱忠林，龚瑞忠，韩志华，等．农药对鸟类的毒性及其安全性评价．生态与农村环境学报，2003，19（3）：53-57.

[2] 谭丽超，程燕，田丰，等．国外农药鸟类风险评价技术研究综述．污染防治技术，2013，6：39-44.

[3] 杨佩芝，蒋新明，蔡道基．化学农药对禽鸟的毒性与评价．农村生态环境，1986，2（3）：8-11.

[4] Kenaga E E. Factors to be considered in the evaluation of the toxicity of pesticides to birds in their environment. Environment Quality Safety，1973.

[5] EC（2002）：Guidance Document on Risk Assessment for Birds and Mammals under Council Directive 91/414/EEC. Working document SANCO/4145/2000，25 September 2002. European Commission，Brussels.

[6] Scientific Opinion of the PPR Panel on the Science behind the Guidance Document on Risk Assessment for Birds and Mammals. The EFSA Journal，2008，6（7）：734.

[7] Guidance of EFSA. Risk Assessment for Birds and Mammals. EFSA Journal，2009，7（12）：1438.

[8] 张海珠，高临红．链霉素对鸟听觉毒性作用的研究．生物学杂志，2003，20（6）：28-30.

[9] Toru Utsumi，Mitsugu Miyamoto，Toshiyuki Katagi. Ecotoxicological Risk Assessment of Pesticides in Terrestrial Ecosystems. 2011.

[10] 谭丽超，程燕，田丰，等．国外农药鸟类风险评价技术研究综述．污染防治技术，2013，6：47.

[11] 王颜红，王姗姗，王世成，等．欧盟消费者膳食暴露风险评估策略及在我国的适用性．食品科学，2009，30（1）：290-295.

[12] Kendall R J，Akerman J. Terrestrial wildlife exposed to agrochemicals：an ecological risk assessment perspective. Environ Toxicol Chem，1992，11，1727-1749.

[13] GB/T 31270. 9—2014 化学农药环境安全评价试验准则　第 9 部分：鸟类毒性试验．2014.

[14] US EPA（2012）．Avian acute oral toxicity test（OCSPP 850. 2100）．Ecological effects test guidelines. EPA 712-C-025，Washington D C，United States of America.

[15] OECD（2016）．Guideline 223：Avian acute oral toxicity test，OECD Guidelines for the Testing of Chemicals.

[16] Hooper 1990.

[17] US EPA（2012）．Avian dietary toxicity test（OCSPP 850. 2200）．Ecological effects test guidelines. EPA 712-C-024，Washington D C，United States of America.

[18] OECD（1984）．Guideline 205：Avian dietary toxicity test，OECD Guidelines for the Testing of Chemicals.

[19] Bennett，et al. 2005.

[20] US EPA（2012）．Avian Reproduction test（OCSPP 850. 2300）．Ecological effects test guidelines. EPA 712-C-023，Washington D C，United States of America.

[21] OECD（1984）．Guideline 206：Avian Reproduction test，OECD Guidelines for the Testing of Chemicals.

[22] 陈锐，戴珍科，蔡道基．农药对禽鸟的毒性与评价．农村生态环境，1994，10（4）：78-80.

[23] EFSA（2010）Risk assessment for birds and mammals. Guidance of EFSA，first published 17 December 2009，revised April 2010. European Food Safety Authority，Parma. EFSA Journal 7（12）：1438.

[24] US EPA（2012）．Field Testing for Terrestrial Wildlife（OCSPP 850. 2500）．Ecological effects test guidelines. EPA 712-C-021，Washington D C，United States of America.

[25] 张亚辉，曹莹，覃璐玫，等．PFOS 对太湖水体中典型鱼和食鱼鸟的次生毒性风险．环境科学学报，2014，34（10）：2718-2723.

第 8 章
蜜蜂环境风险评价

8.1 问题阐述

8.1.1 蜜蜂的经济价值

蜜蜂为昆虫纲、膜翅目、蜜蜂总科的统称，是人类饲养的重要的小型经济动物之一，而且是一种营社会性群居生活的昆虫。一般情况下，蜂群由一头蜂王、千百头雄峰（季节性出现）和数千头乃至数万头工蜂 3 类组成（图 8-1）。蜂王、雄峰和工蜂组成一个有机整体，在种群内各司其职，分工合作，大量个体在群体内进行着具有随机且重复性质的特定行为，从而彼此相互依存、完成群居生活。

图 8-1 组成一个蜜蜂蜂群的 3 种类型

蜂王为蜂群之母，是由受精卵逐步生长发育而成，且具有发育完全的生殖器官的雌蜂。在蜂群中，蜂王终身司职产卵，是蜜蜂品种种性的载体，以其分泌王浆物质的多少和产卵数量的大小控制蜂群。自然情况下，蜂王的寿命在 3～5 年，繁殖能力最盛期在 1 年至 1 年半。

雄蜂是蜂王所产的未经受精的卵发育形成的雄性蜂。正常情况下，仅出现在春末和夏季分蜂季节，其数量以每蜂群中数百只不等，其主要的职责为和处女蜂王交尾，来达到平衡蜂群中性比关系的目的。在适合条件的下午，通过“婚飞”，与处女蜂王交配；和处女蜂王完成交配的雄蜂，马上就会死亡。这些雄蜂不具备自卫和采集等能力，通常情况下处于饱食终日、无所事事的状态，其寿命约24d。在秋末来临之时，尤其是在缺蜜期，雄蜂则将被工蜂驱逐出巢。

工蜂则是由受精卵发育而来具有不完全的生殖器官的雌蜂。工蜂是蜂群中个体最小、数量最多的蜜蜂，在繁殖季节，一个强群可达5万～6万只。根据蜜蜂日龄大小的不同、蜂群内部需求的不同以及外界环境变化的差异，工蜂能够改变各自的“工种”。工蜂的寿命视工作强度、温度高低以及花粉丰欠等而决定，通常平均寿命在35d左右，在工作繁忙的夏秋季为28～30d，而在没有幼虫哺育的越冬期可长达150～180d。

蜜蜂作为主要传粉昆虫，在全世界均有分布，以热带、亚热带种类为多。全世界已知蜜蜂约15000种，其中，中国约1000种。蜜蜂一方面给人类提供具有极佳功能的组分复杂的蜂产品，如蜂蜜、蜂胶、蜂王浆、花粉等，这些产品具有调节人体生理机能、提高免疫力功能、增强体力、消除疲劳、抗衰老、美容等多种功能作用，而且可以治疗和辅助治疗多种顽疾，因此蜂产品在保健品行业和医学领域受到各国关注；另一方面，作为自然界中最主要的授粉昆虫，蜜蜂授粉带来的商业价值是蜂产品本身价值的100多倍，且其承担了维护生态农业的可持续性发展的重要责任，在改善生态环境和保护植物多样性方面发挥着不可替代的作用，具有重大的生态学意义。

世界上大部分农作物属虫媒植物，作物通过昆虫授粉可以提高产量，改善果实和种子品质，提高后代的生活力。膜翅类的蜂类因其具有独特的形态结构和生物学特性，在授粉昆虫中占主导地位，为最理想的授粉者。据统计，全球约87.5%的开花植物依靠昆虫授粉，其中87种为主要粮食作物，其产量占世界粮食总产量的35%。蜜蜂作为最主要的授粉昆虫（约占授粉昆虫总数的80%），无论是人工饲养还是野生存在，都在农作物的授粉方面发挥着重要的作用。国外用蜜蜂为亚麻杂交制种，种子产量提高18%～49%。蜜蜂授粉的增产效果是十分显著的，早在20世纪70年代，就有蜜蜂授粉使我国油菜大面积丰收的例证。有关研究显示，蜜蜂授粉可提高棉花结铃率和增加皮棉产量38%左右，棉绒长度提高8.6%，发芽率也提高27.4%，生长期缩短5～7d。美国通过蜜蜂授粉成功地挽救了一种濒临绝种的黄芪植物。蜜蜂授粉所获增产效益远远超过蜂产品的自身价值。例如，我国1990年蜂产品价值仅8亿～9亿元，而同期蜜蜂授粉的油菜、向日葵、棉花、油菜增产价值达60亿元以上。而美国蜜蜂授粉所获效益为蜂产品自身价值的143倍之多。同时，作物种类属性不同，对蜜蜂授粉的依赖程度也不一样，根据2009年研究统计，刺激性作物咖啡、可可豆、可乐树等的依赖程度为31%；在全球农产品产值占有比重较大的水果、蔬菜类和油料等作物，依赖程度在12.2%～23.1%；而谷类作物、糖类作物和薯类作物不依赖蜜蜂授粉。但总体而言，蜜蜂授粉的增产价值达1530亿欧元，占全球食用农产品总价值的9.5%。同时蜜蜂授粉在现代农业生产中，尤其是设施生产中，不仅经济效益显著，而且在生态学和社会效益方面有深远影响。具体表现在蜜蜂的授粉代替繁重的人工授粉，降低了社会成本；在水果等生产过程中蜜蜂还可取代 2,4-D 等植物生长调节剂，不仅促进坐果，还改善果实品质，避免了激素的污染；可以利用蜜蜂的授粉进行农作物病虫害的生物防治，减少化学农药的使用，减轻环境的负担。因此蜜蜂在植物多样性保护和维护生态系统平衡方面做出的生态学贡献远大于农作物授粉所产生的经济价值。

8.1.2　蜜蜂与农药间的关系

现代农业生产过程中，病虫害的防治离不开药物的防治，化学农药因其具有高效、快速、使用方便等优点，因此在植物保护工作中广泛使用。然而近年来随着农药不合理的大量使用，蜜蜂在作物授粉的同时也受到农药的影响，造成巨大的经济损失。

农药造成的危害主要表现在两个方面：一方面，农药以在水体、空气、土壤中聚集和飘移方式造成危害，空气中的农药通过降水返回陆地，而降落在陆地上的农药随降水和灌溉水在地表流失或下渗入地下水，对包括蜜蜂在内的非靶标生物造成影响；另一方面通过生物富集等途径转移至生物体内，并通过食物链危害包括人类在内的高等生物健康。

蜜蜂种群的实际损失主要由农药自身毒性大小、暴露方式以及药剂的剂型与施用方式共同决定。直接喷洒在植物叶片和花朵上的农药，可直接与蜜蜂接触，而混入土壤或黏在种子上的内吸性农药，同样也会残留在植物叶片、花朵、果实中，对蜜蜂造成危害。蜜蜂接触到农药，一方面不利于蜜蜂的健康；另一方面直接影响蜂产品的安全，使中国蜂产品向外出口受限制。

就蜜蜂种群而言，蜜蜂的家族中与农药暴露接触最多的为工蜂。工蜂暴露涉及取食和直接接触两种途径。工蜂通过采集花粉花蜜、取食水分等方式接触到农药，也可能在飞行过程中或停靠植株等时接触喷洒的农药，从而富集在蜜蜂体表；而其全身覆盖的绒毛，加大其在采集过程中直接接触并使农药附着在其体表的概率。工蜂在飞翔和采集过程中接触了土壤、水、植物、空气所有环节因子。

蜂后与农药接触主要来自作为食物的蜂王浆，蜂后取食蜂王浆，其主要为工蜂咽腺及咽后腺分泌的乳白色胶状物。因此，通常农药对蜂后产生影响的主要途径为挥发接触和工蜂分泌的蜂王浆中存留的农药成分。

雄蜂可以通过食物、飞行行为等接触到农药，但鉴于雄蜂较短的生活史阶段，对于种群整体的影响较小。

在生活史阶段中，幼虫、成蜂接触农药机会更大，而幼虫主要通过工蜂饲喂蜂蜜或蜂王浆获得食物，在生活史阶段中也以与工蜂接触更多。同时，由于蜜蜂具有贮存食物的特性，在蜂巢中贮存大量的花蜜、花粉、蜂胶等食物，农药可通过在蜜蜂本身和蜂产品中富集体现。

总之，蜜蜂采集的花粉和蜂蜜全部直接来源于外界植物，同时农药也通过植物的生物富集作用或者直接暴露蜜粉源植物的蜜腺和花朵，在植物花蜜和花粉中得以累积。当蜜蜂采集花粉与花蜜后，可能直接导致其死亡或者一些异常行为，同时各种农药的残留也会在蜜蜂种群或者最终蜂产品中体现其影响效应。2006 年，美国发现蜂巢内工蜂突然大量消失的现象，约有 35%的蜜蜂损失的蜂群崩溃失调（colony collapse disorder，CCD)，随后加拿大、巴西以及部分欧洲国家相继出现类似现象，虽然其出现原因尚不明确，但在后期的研究中发现，化学农药、病原物和寄生虫都可能是造成 CCD 危害的原因，因此对蜜蜂进行安全性评价是必要的。

蜜蜂对杀虫剂非常敏感，在采集喷洒过毒性较强的杀虫剂的植物花蜜和花粉时，它可能会因中毒而无法返还蜂巢死在野外，会造成蜂群内蜜蜂数量的锐减；若中毒并未造成蜜蜂的大量死亡，则也会引起比较严重的应激反应，如四处飞舞、蜇人等异常症状。同时，农药对蜜蜂行为的影响还包括对蜜蜂的亚致死效应，急性中毒效应发生较快，且临床症状表现比较明显，容易判断和识别，而亚致死剂量的农药，不易被人察觉，进而会对蜂群造成长期的影响危害。杀虫剂对蜜蜂的半致死效应包括：对蜂王产卵和越冬存货行为有明显的影响，从而对蜂群的生存造成了极大的潜在威胁；对工蜂分工包括采集、酿蜜和巢房清洁行为有明显影响，而且寿命也缩短 20%；对蜜蜂的舞蹈交流、回巢、定位以及采集效率等与记忆、学习、导航等有关的其他行为有明显效应影响。同时不同作用机制的农药对于蜜蜂种群产生的影响也存在差异。如内吸性杀虫剂，通过拌种或者喷雾后，经过植物吸收传导，到达生长点或者花朵的花粉或花蜜；蜜蜂采集花粉或花蜜后，接触染毒或者取食饲喂染毒。同时滥用或误用农药都将破坏蜜蜂栖息地及其食物来源，从而对蜜蜂产生严重威胁。1990 年至今，因农药中毒导致蜜蜂死亡、蜂群数量骤减的现象遍及北美、欧洲、亚洲等许多国家，导致世界范围内蜜蜂群体数量锐减，引发作物授粉危机，从而对农业生产造成严重影响。因此，农药对蜜蜂的危害已成为全球普遍关注的环境污染与生物安全问题。

8.1.3 选取蜜蜂作为指示生物的原因

指示生物是指在一定地区范围内，通过其特性、数量、种类或者群落的变化，指示环境或者某一环境因子的生物，用以对环境变化的敏感性所产生的反应来评价、检测环境质量，为环境质量的检测提供生物学依据。

蜜蜂以及蜂产品作为一种灵敏、经济、可靠的环境污染生物指示剂，具备以下优势：

① 蜂群中蜂王繁殖能力较强，工蜂寿命短，更新快，蜂群中可保持存在大量适合采集的青壮年工蜂；

② 作为典型的社会性昆虫，蜜蜂以蜂群的形式生产繁衍，具有高度发达的社会性结构，可对人类等社会性生物的研究提供借鉴作用；

③ 蜜蜂具有贮存食物的习性，污染物会通过生物富集的作用直接或者间接地在花蜜和花粉中蓄积，蜜蜂在采集过程中将污染物残留于身体及蜂产品中；

④ 蜜蜂具有采集单一性，每次出巢多采集同一花粉或者花蜜，有利于准确判断污染源所在；

⑤ 蜜蜂的饲养管理技术成熟，可以根据实验需要对其个体或者群体进行管理操作，可为试验提供大量的试验素材；

⑥ 蜜蜂生活史较短，工蜂从卵发育成成虫只需要 21d，成虫期只有几周到几个月；

⑦ 蜜蜂的个体大小适宜，易观察；

⑧ 蜜蜂对多数农药敏感，其接触农药后死亡率和行为特征可在一定程度上反映环境污染状况；

⑨ 蜜蜂的可移动性强，认巢且飞行路径远，以及其飞行过程中和采集过程中几乎接触了所有环境介质，由于其采集活动的密集性和广面性，使得检测采样的精确度可达到较高水平；

⑩ 蜜蜂作为一种标准易测的代表物种，可以以此对其他的传粉昆虫的风险进行推测。

如其他的一些媒介昆虫（例如马蜂等），也需要对其进行相关的风险评价，然而我们缺少一些相应的信息。而且，其他花粉传播昆虫比蜜蜂更加难研究和处理。因此，以蜜蜂的研究数据为基础外推出一些关于其他物种的风险预测。

8.1.4　评估终点的选择

农药施用期间或之后蜜蜂在开花作物上觅食时可能会受到农药暴露。虽然只是个体工蜂在离开其蜂群觅食时受到农药暴露，但人们最为关注的却是群体层面上的问题，即整个蜂群是否能够正常繁衍。某一只工蜂的健康或存亡并不能代表整个蜂群的长期健康或存亡。因此，对蜜蜂风险评估的终点应当建立在一个蜂巢中的整个蜂群层面上，即应当评估农药对整个蜂群的长期生存、繁衍是否产生不可接受的影响。

此外，我国养蜂业发达，人工饲养的蜂群数量巨大。这些蜂群对作物传花授粉具有重要意义，同时，产出的蜂产品具有重要的经济价值。因此，在对蜜蜂的评估中，还应当适当考虑农药对蜜蜂传花授粉能力和最终蜂产品的数量、质量是否造成影响。

8.2　暴露评估

8.2.1　基本原则

蜜蜂类授粉昆虫的暴露根据产品的应用模式不同而形成极大差别，故在评估开始前需了解农药产品，以及综合考虑农药的使用模式和详细方法。根据农药化学性质使用方法和类型可分为喷雾和内吸农药两类。喷洒型农药产品暴露往往发生在花期表面残余的接触，蜜蜂由口服，即在采蜜过程中摄入受污染的花粉，或与药液直接接触两种途径，在采集植物受污染的部分（花粉和花蜜）而发生暴露。蜜蜂接触农药的主要途径一般为直接暴露于喷雾中，但在一些特殊情况下，蜜蜂不可能暴露，则无须进行详细的评估。例如在蜜蜂不出来活动的冬季和萌发期或者温室内等情况下，即为可忽略风险。但若存在农药化合物引起的间接暴露，则需考虑进行模拟条件和田间条件的高层次试验。

8.2.2　直接暴露途径

蜜蜂受到农药暴露的最重要途径是田间喷施直接暴露。虽然一般风险评价，主要分析接触暴露量与效应值间的关系，进而进行风险表征。由于测定单只蜜蜂农药暴露量相当困难，FAO（1989）和 EPPO（2010）中有关农药蜜蜂影响的初级环境风险评估中，没有试图计算或预测单只蜜蜂农药暴露量，而是采用了经验值，直接用田间施药剂量与蜜蜂急性毒性终点值进行比较。

8.2.3 土壤处理或种子处理

通过土壤处理或种子处理施用农药时，有效成分的作用机理决定对蜜蜂的风险是否具有相关性。如果农药具有内吸性作用，那么就可能被植物吸收到花粉和花蜜中。因此，蜜蜂可能会在觅食活动中或者在将花粉带回蜂巢的过程中受到污染花粉或花蜜的暴露。此时，需要通过估算或测定花粉、花蜜中的暴露浓度，进而推测蜜蜂摄入的农药暴露剂量。《农药登记　环境评估指南　第 4 部分：蜜蜂》（NY/T 2882.4—2016）规定蜜蜂在花粉或花蜜中受到农药暴露的 PED 值是花粉/花蜜中估计残留或测量残留水平以及花粉和/或花蜜消费量之间的函数，计算 PED 值时，应在代表当地实际使用的农业生产实践条件下，优先使用花粉或花蜜中的实测农药残留量，当缺少该数据时，也可使用植物地上部分的残留量水平，且应尽量使用接近开花期时段实测的植物体内的残留量水平。使用植物地上部分的残留量会高估花粉或花蜜中的残留量水平。在初级评估中，应当选择相关作物第 90 百分位的残留数据。

8.2.4 其他暴露途径

目前，相关科学文献描述了一些新的暴露方法，与传统的途径有着显著不同。大致主要包括：①在播种过程中所产生的受农药污染的灰尘以及自由扩散带毒物质进入空气，与采集蜂（forager bee）接触，受污染的蜂进入蜂房，这一方式在法国已影响上万个蜂房。②受 PPP 污染的花粉和花蜜被带入蜂房贮存，蜜蜂在采集过程中立即受影响，但可消化的花粉在存储过程中增加，这一途径会增加蜜蜂受污染的时间尤其是在群体没有食物供给的冬天。③在生长过程中的幼小植物外排的水滴可以污染叶子上的晨露或加剧植物生长处的土壤污染。尽管这些外排水从营养学方面对蜜蜂无作用，但其可视为饮用水资源，这种说法在田间试验中得以证明。表面水（如河流、运河、河渠等）和农业灌溉水也无疑被蜜蜂收集和食用，但还未证明其是否造成较大影响。不同环境区域的相互作用以及植物产生的外分泌物等也包括在内会使其受影响。

8.3 效应分析

效应分析方法通常包括急性毒性、慢性毒性、半田间、田间试验。

自 20 世纪 50 年代起，欧美及地中海植物保护组织（EPPO）等国家、地区或组织就开展了农药对蜜蜂生物毒性的测试方法和安全性风险评价技术研究，制定了蜜蜂急性毒性试验准则，并提出了较为完整的农药对蜜蜂生物安全性评价体系。经过 OECD、欧洲和地中海植物保护组织（EPPO）等的研究与探索，对于蜜蜂的效应评估方法已较为稳定和一致。

从 20 世纪 80 年代起，我国环保部门、农业部门也逐渐将农药对蜜蜂生物毒性与安全性评价列为农药登记管理、农药使用环境安全管理的重要内容之一，《化学农药环境安全评价试验准则　第 10 部分：蜜蜂急性毒性试验》（GB/T 31270.10—2014）规定了化学农药对蜜蜂急性经口和急性接触毒性试验方法。

对蜜蜂而言，当暴露发生时，首先需对蜜蜂进行经口或触杀毒性测试得到相应的急性 LD_{50} 值 [μg(a.i.)·蜂$^{-1}$] 以确定农药自身毒性。对于昆虫生长调节类农药和一些内吸性的农药成分，欧盟采用蜜蜂育雏试验（bee brood-feeding tests），主要研究特殊农药对蜜蜂育雏产生的影响。必要时，则需选择性地进行模拟或田间条件的高层次试验。由于蜜蜂是社会性的昆虫，其无法脱离群体以独立个体的形式存活，故需在 Tier 2 高阶试验中，评价蜜蜂种群的发展以及半致死效应。在蜂箱试验（tunnel test）中，蜂巢食物减少必然会对试验中蜜蜂数量的评价产生影响，故其并不是评价蜂巢数量的最优选择，质量的影响可通过相关准则确定。而更高层次试验，主要包括半田间或者田间试验（field test），研究农药或者农药残留对蜜蜂行为、种群存活率和生长等方面的影响，现场试验结果比模拟试验更接近实际情况，且二者均需在具有代表性的条件中进行。蜜蜂效应评估相应准则或方法见表 8-1。

表 8-1　蜜蜂效应评估相应准则或方法

试验阶段代码	国家/地区/组织	准则或方法	备注
A	US EPA 欧盟 中国	OPPTS 850.3020 OECD TG 213、TG 214 GB/T 31270.10—2014	
B	欧盟 中国	OECD TG 237 NY/T 3085—2017	
C	欧盟	OECD TG 245	
D	欧盟	Oomen test	尚未形成准则
	US EPA	OPPTS 850.3030	叶片残留毒性试验
E	欧盟 中国	OECD TG 75 CEB 230 NY/T 3092—2017	法国，钟穗花属和小麦中的蜂箱试验
F	US EPA 欧盟	Field Testing for Pollinators OPPTS 50.3040 EPPO 170（4）2010	

注：A—Acute oral and contact LD_{50} on adults，蜜蜂急性经口或接触毒性试验。
B—Aupinel test，蜜蜂幼虫毒性试验。
C—Adult LC_{50} test，蜜蜂 10d 慢性饲喂毒性试验。
D—Oomen test（Bee Brood Feeding Test），蜂巢孵化试验，主要针对 IGR 产品。
E—Tunnel test（semi-field），蜜蜂半田间试验。
F—Field test，蜜蜂田间试验。

8.3.1　急性毒性

蜜蜂的急性毒性试验是蜜蜂生物毒性等级评价的划分依据，通常以半致死浓度/剂量表示。根据不同的暴露途径，分为经口暴露毒性试验（摄入法）和急性接触暴露试验（接触法）。

8.3.1.1 蜜蜂急性经口毒性

蜜蜂急性经口毒性试验（图 8-2）有利于反映作用机制为胃毒或内吸性农药的毒性水平。为此，OECD 于 1998 年制定了农药和其他化学品对蜜蜂经口毒性试验导则，即 OECD 213 导则[1]。导则中，摄入毒性采用饲喂管法，即将含有受试药液的蔗糖溶液注入尖嘴玻璃管（离心管或注射器）中，然后将其安装在蜂笼顶部，蜂笼内蜜蜂通过口器伸入管内取食含药溶液。试验条件通常为温度（25±2）℃，相对湿度 50%～70%，避光黑暗，试验周期为24～96h，记录 24h、48h，最长可延长至 96h 蜜蜂死亡数及中毒症状，求出相应的半致死剂量 LD_{50}。对于昆虫生长调节剂等农药，可以适当延长观察时间。

图 8-2 蜜蜂急性经口毒性试验

中国在 2014 年发布了《化学农药环境安全评价试验准则　第 10 部分：蜜蜂急性毒性试验》（GB/T 31270.10—2014）[2]，标准中对于急性经口描述为“将不同剂量的供试物分散在蔗糖溶液中，用以饲喂成年工蜂，并对药液的消耗量进行测定，药液消耗完后饲喂不含供试物的蔗糖溶液。在 48 h 的试验期间每天记录蜜蜂的中毒症状及死亡数，并求出 24h 和 48h 的 LD_{50} 值及 95%置信限”。

具体做法为：将贮蜂笼内的蜜蜂引入试验笼中，每笼至少 10 只；然后在饲喂器（如离心管、注射器等）中加入 100～200μL 含有不同浓度供试物的 50%（质量浓度）蔗糖水溶液，并对每组药液的消耗量进行测定。一旦药液消耗完（通常需要 3～4h），将食物容器取出，换用不含供试物的蔗糖水进行饲喂（不限量）。对于一些供试物，在较高试验剂量下，蜜蜂拒绝进食，从而导致食物消耗很少或几乎没有消耗的，最多延长至 6h，并对食物的消耗量进行测定（即测定该处理的食物残存的体积或重量）。正式试验前先做预试验，可以以较大的间距设置 4～5 个剂量组，求出受试蜜蜂最高全存活浓度与最低全致死浓度。正式试验时在此浓度范围内按一定间距设置 5～7 个剂量组，并设空白对照组，使用有机溶剂助溶的还需设置溶剂对照组。对照组及每一处理组均设 3 个重复。记录处理 24h、48h 死亡数，对试验数据进行数理统计，求出 LD_{50} 值及 95%置信限。在对照组的死亡率低于 10%的情况下，若处理 24h 和 48h 后的死亡率差异达到 10%以上时，还需将观察时间最多延长至 96h。

该方法与 OECD 方法基本一致，已广泛应用到包括农药在内的化学物质急性毒性测定中。

8.3.1.2　蜜蜂急性接触毒性

急性接触毒性主要反映农药的触杀毒性，主要就是因为蜜蜂会接触到喷施了农药的花粉及植物。

OECD 于 1998 年制定了农药和其他化学品对蜜蜂接触毒性的 OECD 214 导则[3]，主要是用微量注射器对准蜜蜂中胸背板处点滴一定浓度的受试药液，待蜂身晾干后，将蜜蜂转入试验蜂笼正常饲喂。

美国环保署农药及有毒物质预防办公室在 1996 年 8 月颁布了测定农药及其他有毒物质对蜜蜂的急性接触试验准则，即 OCSPP 850.3020 准则[4]。而目前美国只有农药对蜜蜂的急性接触毒性试验，尚未制定急性经口毒性试验准则。在 EPA 试验准则中，以致死中量 LD_{50}，即导致 50%蜜蜂死亡的农药有效成分量 [μg(a.i.)·蜂$^{-1}$]，作为指标，并观察蜜蜂受药后的行为或症状。当无法求得 LD_{50} 值时，则以 25 只蜜蜂的限度试验（limit test）为准，并且规定了对照组死亡率不得超过 20%，否则试验无效。

另外，EPA 专门为微生物类农药的蜜蜂急性接触毒性制定了准则 OPPTS 885.4380（Microbial Pesticide Test Guidelines OPPTS 885.4380 Honey Bee Testing, Tier Ⅰ. 1996：1-4)，我国在《化学农药环境安全评价试验准则　第 10 部分：蜜蜂急性毒性试验》（GB/T 31270.10—2014）标准中对于急性接触描述为“在蜜蜂被麻醉后，将不同浓度试验药液点滴在试验用蜜蜂的中胸背板处，待溶剂挥发后，将蜜蜂转入试验笼中，用脱脂棉浸泡适量蔗糖水饲喂。在 48h 的试验期间每天记录蜜蜂的中毒症状及死亡数，并求出 24h 和 48h 的 LD_{50} 值及 95%置信限”。具体做法为：供试物用丙酮等溶剂溶解，配制成不同浓度的药液。对准蜜蜂中胸背板处，用微量点滴仪分别点滴各浓度供试药液 1.0～2.0μL，待蜂身晾干后转入试验笼中，用 50%（质量密度）蔗糖水饲喂。正式试验前先做预试验，可以以较大的间距设置 4～5 个剂量组，求出受试蜜蜂最高全存活浓度与最低全致死浓度。正式试验时在此浓度范围内按一定间距设置 5～7 个剂量组，并设空白对照组和溶剂对照组。对照组及每一处理组均设 3 个重复，每个重复至少 10 只蜜蜂。记录处理 24h、48h 中毒症状和死亡数，对试验数据进行数理统计，求出 LD_{50} 值及 95%置信限。在对照组的死亡率低于 10%的情况下，若处理 24h 和 48h 后的死亡率差异达到 10%以上时，还需将观察时间最多延长至 96h。我国于 2017 年 12 月 12 日也正式发布了《微生物农药　环境风险评价试验准则　第 2 部分：蜜蜂毒性试验》（NY/T 3152.2—2017)，并已于 2018 年 6 月 1 日正式实施。

8.3.2　慢性毒性

8.3.2.1　农药对蜜蜂慢性 10d 饲喂毒性试验

OECD 于 2017 年制定了化学品对蜜蜂（意大利蜜蜂）慢性 10d 饲喂毒性试验的

OECD 245 导则[5]，主要是参考 Adult LC_{50} test 方法，收集健康蜂群中刚刚出房的幼蜂（小于 2d）于实验室内，用含有供试物的 50%蔗糖水溶液饲喂蜜蜂 10d，试验期间观察蜜蜂的死亡数量、亚致死作用、异常行为，并记录各处理组每天的食物摄取量及整个试验期间的累积摄取量。正式试验至少设置 5 个剂量组，设置 3 个重复，每重复 10 只蜜蜂。以不含供试物的 50%蔗糖水溶液饲喂空白对照蜜蜂，并用高效液相色谱仪（HPLC）等检测仪器检测食物中供试物的真实含量。试验结束后求供试物对蜜蜂的端点值，即无作用剂量值（NOEC）。

8.3.2.2 农药对蜜蜂幼虫毒性试验

OECD 于 2013 年制定了化学品对蜜蜂（意大利蜜蜂）幼虫毒性试验，一次暴露的 OECD 237 导则[6]，主要是在蜜蜂繁殖期，从蜂群中移取 1 日龄（L1）蜜蜂幼虫至育王台基，将育王台基放入 48 孔细胞培养板，人工标准化饲养至试验结束。当幼虫达 4 日龄时，将相应剂量的供试物与人工饲料混合，一次性投喂给幼虫，观察并记录 24h、48h 和 72h 蜜蜂幼虫的中毒症状、其他异常行为和死亡数，求出染毒后 72h 的半致死剂量（LD_{50}）及 95%置信限。2014 年制定了《蜜蜂（意大利蜜蜂）幼虫毒性试验，重复暴露》指导文件草案[7]，主要是在蜜蜂繁殖期，从 3 个不同的蜂群中移取 1 日龄蜜蜂幼虫至育王台基，将育王台基放入 48 孔细胞培养板，人工标准化饲养至羽化成蜂。从幼虫 3 日龄时始至 6 日龄时止，每天投喂含有相应剂量供试物的人工饲料。第 4～8 天每天观察并记录幼虫的中毒症状、死亡数及其他异常行为，第 15 天观察并记录蛹及未化蛹幼虫的死亡数，第 22 天观察并记录蛹的死亡数及羽化数。计算幼虫死亡率、蛹死亡率、羽化率，通过对供试物处理组和空白对照组的羽化率进行差异显著性分析，确定无可见效应浓度或无可见效应剂量（NOEC 或 NOED）。如可能，计算半效应浓度或半效应剂量（EC_{50}或 ED_{50}）及 95%置信限。

中国在 2017 年发布了农业行业标准《化学农药　意大利蜜蜂幼虫毒性试验准则》（NY/T 3085—2017）[8]，其技术内容与 OECD 237 和蜜蜂幼虫毒性重复暴露草案一致，但在国内实验室验证各项技术指标的基础上，做了部分结构和编辑性修改。比如蜜蜂幼虫室内饲养时，删除在 48 孔培养板中添加 15%甘油杀菌液的建议、孵化箱或孵化盒内相对湿度修订为 50%～70%等。

8.3.2.3 昆虫生长调节剂类农药(IGR)对蜜蜂慢性毒性试验

P. A. Oomen 等在 2010 年发表了关于昆虫生长调节剂类农药（IGR）对蜜蜂慢性毒性试验研究[9]。主要研究方法是将 IGR 做成在糖溶液和纯糖溶液同时饲喂其他的蜂群，同时标记 200 个含卵的蜂巢、200 个含低龄幼虫的蜂巢、200 个含老龄幼虫的蜂巢。试验期间（至少 3 周）检查并记录各个虫态发育情况，利用蜂箱前的死蜂收集箱来调查成蜂和幼虫的死亡率，从而评价供试物对蜜蜂幼虫的影响。

8.3.3 半田间试验

在初级风险评价方面，各个国家与组织制定了农药对蜜蜂的急性与慢性毒性试验准则，高阶主要通过半田间风险评价研究试验。

8.3.3.1　叶面残留农药对蜜蜂的影响评价

美国 EPA 在 2012 年发布了叶面残留农药对蜜蜂的毒性试验准则[10]。叶面残留毒性试验是指对喷洒农药后的植物定期采样，对蜜蜂进行暴露处理，确定在自然条件下残留在叶面上的农药对蜜蜂的危害。待测农药以推荐浓度施用于受试农作物（首选为紫花苜蓿），以预定的时间间隔收割处理区和对照区的叶片，磨碎后对蜜蜂进行暴露处理。在暴露期间进行监测，记录受试蜜蜂的中毒症状及 24h 蜂的死亡数、暴露 4h 和试验结束后的死亡率、死亡剂量水平和发生时间。叶面农药残留毒性试验结果报告了每个浓度组和对照组蜜蜂的中毒症状和异常行为，包括发作时间、持续时间、激烈程度和死亡率，表明蜜蜂是否由于暴露于叶片上残留的农药而致死。当叶片上的农药残留毒性＜7h（施药 7h 后），叶面残留农药不会对蜜蜂产生急性毒性影响，则为低风险；反之，当叶片上的农药残留毒性＞7h，则表明该农药对蜜蜂显示出高风险，需要进行下一步的田间风险评价研究。

8.3.3.2　蜜粉源作物施药后对蜜蜂种群影响评价

我国在 2017 年发布了农业行业标准《化学农药　蜜蜂影响半田间试验准则》（NY/T 3092—2017）[11]，技术内容等效采用了欧洲及地中海植物保护组织（EPPO）准则：PP1/170（4）《植物保护产品效力评估——对蜜蜂副作用》（2010）[12]，技术路线是：选择均匀一致、合适的小蜂群，在田间大棚中强迫蜜蜂在经农药暴露的开花试验作物上飞行觅食，或在蜜蜂飞行期间，分别在不同的大棚中施用供试药剂和已知的高风险参比物质（如乐果），与对照大棚比较观察蜜蜂种群的变化和影响。试验分为暴露前阶段、暴露阶段和暴露后阶段 3 个部分。暴露前阶段为试验地、试验蜂群、试验作物和供试物等的准备过程；暴露阶段为试验蜂群在大棚中暴露于施药中或施药后的作物上，需对蜜蜂死亡数、飞行活动、觅食情况和蜂群状况等作评估；暴露后阶段即监测阶段，包括数次蜂群状况调查和蜜蜂死亡数及行为等的评估。

8.3.4　田间试验

田间风险研究主要是为了评价在野外环境下农药对非靶标陆生生物的危害风险，评价农药在实际使用中可能带来的风险。当叶面残留毒性试验结果表明农药对蜜蜂产生不利影响后，则需要开展田间试验。根据 EPPO 170(4)(2010) 准则要求，在田间条件下使用 4~6 箱蜜蜂，每箱蜜蜂种群在 20000～60000 只成年工蜂。试验田面积至少 $2hm^2$，方圆至少 4km 无其他农作物的干扰。试验周期为蜜蜂暴露后至少 42d。评估的内容包括死亡数、飞行强度、蜜蜂行为、种群评估、蜂产品产量（整箱称重），测定内吸性农药对蜜蜂急性经口毒性值的内吸性农药试验，以及针对农药母体无须进行蜜蜂毒性试验而代谢产物需要测定对蜜蜂的生物毒性等试验。

8.4　风险表征

2014 年我国发布的《化学农药环境安全评价试验准则》，建立了安全性评价的标准，明确了农药对蜜蜂等非靶标生物的毒性试验准则。《化学农药环境安全评价试验准则》[2]将农药对蜜蜂毒性等级进行划分，毒性分为 4 等：低毒（$LD_{50}>11.0\mu g \cdot 蜂^{-1}$）、中毒（$2.0\mu g \cdot 蜂^{-1}<LD_{50}\leqslant 11.0\mu g \cdot 蜂^{-1}$）、高毒（$0.001\mu g \cdot 蜂^{-1}<LD_{50}\leqslant 2.0\mu g \cdot 蜂^{-1}$）、剧毒（$LD_{50}\leqslant 0.001\mu g \cdot 蜂^{-1}$）。

2016 年我国发布《农药登记　环境评估指南　第 4 部分：蜜蜂》（NY/T 2882.1—2016）详细规定了蜜蜂风险表征方法和标准，其中，风险商值 RQ≤1 时，风险可接受；RQ>1 时，风险不可接受，可进行高级风险评估。

OECD[13]、欧洲和地中海植物保护组织（EPPO）[12]等通常采用危害商值（hazard quotients，HQ）对暴露和效应及其相互关系研究以判断农药的生态风险。单对蜜蜂而言，当暴露发生时，则首先需对蜜蜂进行经口或触杀毒性测试得到相应的急性 LD_{50} 值（$\mu g \cdot 蜂^{-1}$）以确定农药自身毒性，再被量化为农药田间推荐用量（application rate，AR，$g \cdot hm^{-2}$）与 LD_{50} 比值 HQ 来初步判断农药对蜜蜂的生态风险。HQ（$HQ=AR/LD_{50}$）是一个无纲量的计算公式，从某种程度上表示每公顷被测作物 LD_{50} 的数值。结果与触发值（trigger value）50（阈值下限）作比较，当口服和接触 HQ 均小于 50 时，则可根据现有数据信息判断在此环境下该产品不会对蜜蜂有更深的影响和作用，该农药被认定为低风险。如果其中一个 HQ 值大于 50，则需要额外的信息（成虫的残留毒性试验、半致死效应、幼虫的毒性试验）来研究毒性模式和确定其对整个群体程度和性质的影响，进行包括残余试验、田间和半田间条件高层次试验，来模拟蜜蜂的现实暴露的情况。同时 OECD 认为，当 HQ 大于 2500（阈值上限）时，则判断其为高风险。为判断化学农药对蜜蜂幼虫是否存在风险，需考虑药剂是否为昆虫生长调节剂（IGR）或者该农药化合物对工蜂是否有相似的毒性作用。此阶段，蜜蜂与残留在花和叶子上农药间接接触所产生的影响应被考虑在内，且试验条件需与实际近似，否则会由于数据信息的缺失而导致试验结果难以解释。若已确定农药对幼虫有影响，则需取得农药对蜜蜂幼虫足够的毒性数据，分别评估农药对成虫和卵的风险。欧盟采用蜂巢孵化试验（bee brood-feeding tests）研究昆虫生长调节类农药对蜜蜂孵化产生的影响，内吸性的产品也应通过这一方法进行评价。若无影响则需判断是否对工蜂有相似的毒性作用效应；反之，则需高层次试验（higher tier test）。当该化学农药对工蜂没有相似的毒性作用，则需重新计算 HQ 值判断。当该农药对工蜂也有相似的毒性作用，则需选择性地进行模拟或田间条件的高层次试验。在半田间（semi-field test）试验中蜂巢食物减少必然会对试验中的蜜蜂数量评价产生影响，故其并不是评价蜂巢数量的最优选择，质量的影响可通过相关准则确定。Tier 1 主要是对蜜蜂成虫和幼虫口服或接触 LD_{50} 作出急性和慢性毒性评价，而由于蜜蜂是社会性的昆虫，其无法脱离群体以独立个体的形式存活，故需 Tier 2 高层试验评价群落的发展以及半致死效应。高层次试验主要包括半田间或者田间试验，研究农药或者农药残留对蜜蜂行为、种群存活率和生长等方面的影响，现场试验结果比模拟试验更接近实际情况，且二者均需在具有代表性的条件中进行。模拟条件和田间条件试验在适当危害情况下，观察到蜜蜂的存活和生长发育与无农药处理对照基本相似则被认为是低风险；若两试验发现该农药对蜜蜂有重大影响，则需判断试验能否通过改变条件减小其对蜜蜂的影响。此阶段主要通过暴露和效应的相关数据进行不确定性分析，综合评估农药对环境可能造成的危害。根据之前的生态风险评价，可大致定性描述为高风险、中等风险、低风险、可忽略风险 4 部分。

8.5 风险管理

环境风险管理的目的是以环境风险为基础，在行动方案效益与其实际或潜在的风险已降低的代价之间谋求平衡，以选择较佳的管理方案。

在农药对蜜蜂风险评价中，当风险很低或者可以忽略的情况下，使用上没有限制；在中等风险情况中，允许在如傍晚或监测条件等指定条件下的使用；高等风险，应在蜜蜂不会暴露的情况下在指定条件中限制使用，如只允许在没有蜜蜂出入的温室内等条件下限制使用。如果使用在蜜蜂有规律传授花粉的农作物中，限制要更加严格；如果数据不完整，应将该药剂放入高等风险级别中，指导证实其对蜜蜂没有风险才可使用。但提出的措施通常不可行，如将蜂窝移走。同时，有些被特殊标注在标签中的预防措施也被忽视。因此，减轻风险的措施不能代替全面完整的风险评估，对蜜蜂和其他授粉昆虫的保护措施应在 PPP 授权前就实施。

农药对蜜蜂风险评估概况图如图 8-3 所示，IGR 产品技术路线图及非 IGR 产品技术路线图如图 8-4、图 8-5 所示。

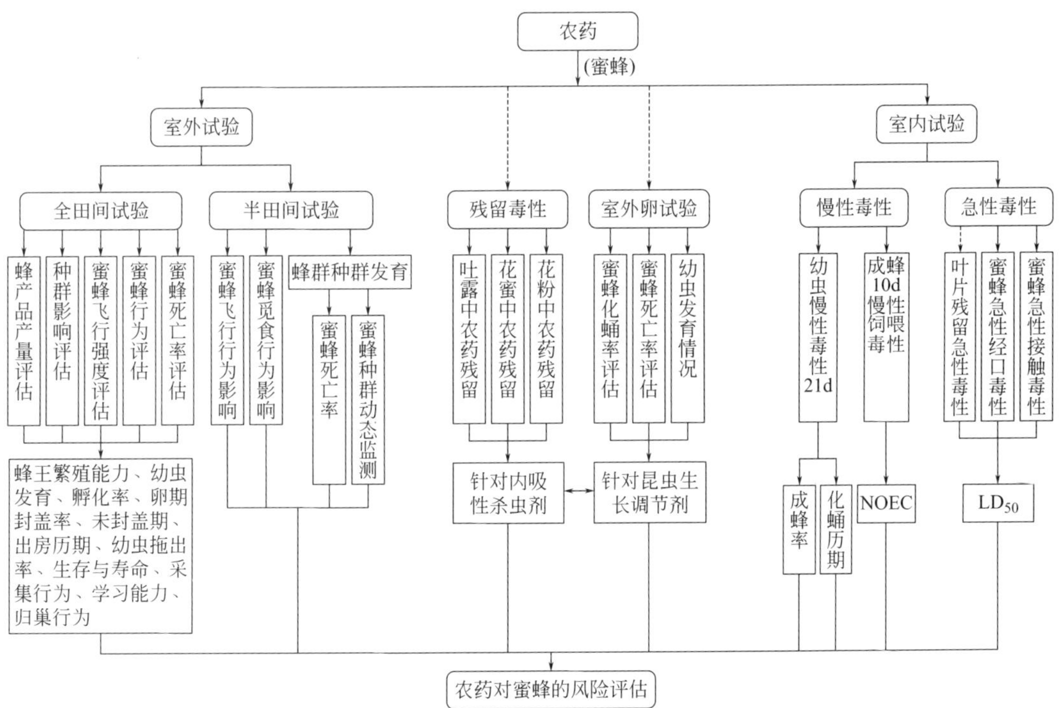

图 8-3　农药对蜜蜂风险评估概况图

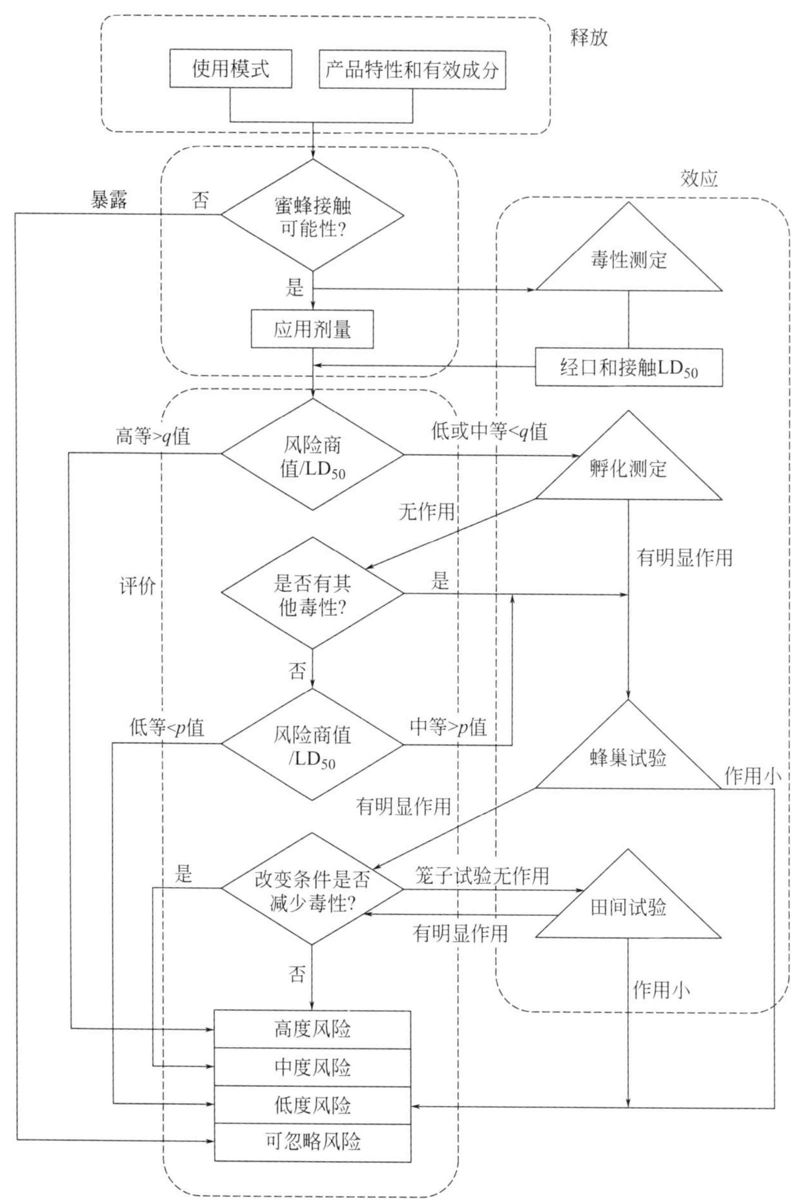

图 8-4　IGR 产品技术路线图

风险评价：

低风险、可忽略风险——不限制使用；

中度风险——特定情况下的使用，在傍晚或监测条件下；

高度风险——特定情况下限制使用，如种子处理还要避开花期、温室、特定的植物。

如果数据不完整，应将该药剂放入高风险级别中，直到证实对蜜蜂没有风险才可以使用。

设定应用率和毒性的比率作为阈值，建议阈值上限 $q=2500$，阈值下限 $p=50$（图 8-5 同）。

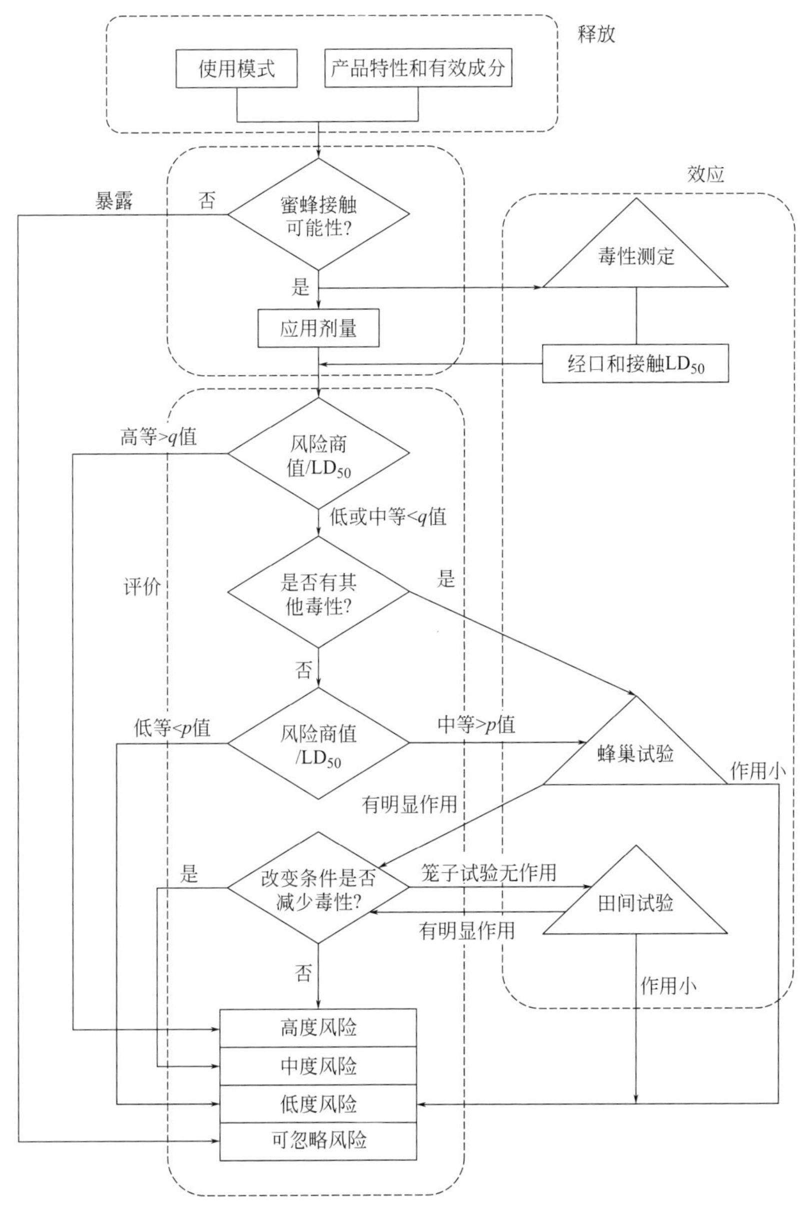

图 8-5　非 IGR 产品技术路线图

风险评价：

低风险、可忽略风险——不限制使用；

中度风险——特定情况下的使用，在傍晚或监测条件下；

高度风险——特定情况下限制使用，如种子处理还要避开花期、温室、特定的植物。

如果数据不完整，应将该药剂放入高风险级别中，直到证实对蜜蜂没有风险才可以使用。

参 考 文 献

[1] OECD (1998a) Guideline 213：Honeybees，acute oral toxicity test，OECD Guidelines for the Testing of Chemicals.

[2] GB/T 31270.10—2014 化学农药环境安全评价试验准则 第10部分：蜜蜂急性毒性试验．北京：中国标准出版社，2015.

[3] OECD (1998b) Guideline 214：Honeybees，acute contact toxicity test，OECD Guidelines for the Testing of Chemicals.

[4] US EPA (2012) OCSPP 850.3020. Honey bee acute contact toxicity test. Ecological effects test guidelines. Washington D C，United States of America.

[5] OECD (2017) Guideline 245：Honey Bee (*Apis Mellifera* L.)，Chronic Oral Toxicity Test (10-Day Feeding).

[6] OECD (2013) Guideline 237：Honey Bee (*Apis Mellifera* L.) larval toxicity test，single exposure.

[7] OECD Draft Guidance Document (2014). Honey Bee (*Apis Mellifera* L.) larval toxicity test，repeated exposure.

[8] NY/T 3085—2017 化学农药 意大利蜜蜂幼虫毒性试验准则．北京：中国农业出版社，2017.

[9] Oomen P A，Ruijter A，& Steen J. Method for honeybee brood feeding tests with insect growth-regulating insecticides. Eppo Bulletin，2010，22 (4)，613-616.

[10] US EPA Office of Pesticides and Toxic Substances (US EPA，OPPTS). Ecological Effects Test Guidelines 850.3030 Honey Bee Toxicity of Residues on Foliage (June 2012).

[11] NY/T 3092—2017 化学农药 蜜蜂影响半田间试验准则．北京：中国农业出版社，2017.

[12] EPPO. Guideline on test methods for evaluation the side-effects of plant protection products on honeybees (NO. 170). Bulletin OEPP/EPPO Bulletin，2010，22：203-215.

[13] OECD Guidance for Industry Data Submissions on Plant Protection Products and their Active Substance (Revision 2)，Appendix B，Part 3，Ecotoxicological Studies and Risk Assessments [S]. Pairs，France：OECD，2005.

第 9 章
家蚕环境风险评价

9.1 问题阐述

9.1.1 家蚕的经济价值

家蚕，又名桑蚕、家桑蚕，拉丁文名为 *Bombyx mori* L.，是一种以桑叶为食料的昆虫，在分类学上属节肢动物门，昆虫纲，鳞翅目，蚕蛾科，蚕蛾属，桑蚕种。栽桑养蚕在经济学上具有重要意义，主要是因为其生产的蚕茧。蚕茧可以药用、食用，更重要的是丝绸原料。作为我国特色的丝绸织物来源，家蚕是人类自古以来饲养的重要的小型经济动物之一。

蚕一生经过卵、幼虫、蛹、成虫 4 个形态上和生理机能上完全不同的发育阶段（图 9-1）。家蚕以卵繁殖，卵有越年卵和不越年卵之分。不越年卵产下后，胚胎不停地向前发育，经过十多天就形成幼虫而孵化。但是越年卵产下后，经 1 周左右，即胚胎发育到一定程度后，便进入一个停滞发育的“滞育期”。胚胎在滞育期间，形态变化很小，即使保护在适宜的温度下也不会向前发育，必须在一定条件下解除滞育后，才能继续发育和孵化。越年卵要催青8～10d 后方可孵化。刚从卵孵出的幼虫，一般为黑色，也有褐色的，形态像蚂蚁，故称蚁蚕。蚁蚕食桑后，迅速生长，体色逐渐变淡而呈青白色。家蚕幼虫生长到一定程度时，必须脱去旧皮换上新皮，才能继续生长，此称“蜕皮”。在蜕皮期间家蚕不食不动，俗称“眠”。刚蜕皮的幼虫称起蚕。眠是划分蚕龄的分界线，蚁蚕食桑后至第 1 次蜕皮称为 1 龄蚕，第 1 次蜕皮后至第 2 次蜕皮称为 2 龄蚕，第 2 次蜕皮后至第 3 次蜕皮称为 3 龄蚕，第 3 次蜕皮后至第 4 次蜕皮称为 4 龄蚕，第 4 次蜕皮后至吐丝结茧称为 5 龄蚕。通常 1～3 龄的蚕称小蚕，4～5 龄的蚕称为大蚕。幼虫发育到最后一龄的末期，即 5 龄末期，家蚕逐渐停止取食桑叶，整个蚕体呈透明状，身体缩短，头部摆动，即为熟蚕。熟蚕开始吐丝结茧，经过 2d 左右后吐丝完毕，结成茧。结茧完毕后，经过 2～3d 后蜕去幼虫表皮而化蛹。化蛹以后，虽然蛹体外观上没有形态变化，但蛹体内剧烈地进行着组织溶解和组织发生两个过程，前一个过程破坏幼虫的器官和组织，后一个过程形成成虫的器官和组织。当成虫的体制完成后，蜕去蛹皮，羽化为成虫（蛾），从茧内钻出。此时成虫的生殖器官已成熟，无须从外界摄取食物。待成虫交配产卵后 7d 左右便会自然死亡，至此家蚕的一个世代结束。

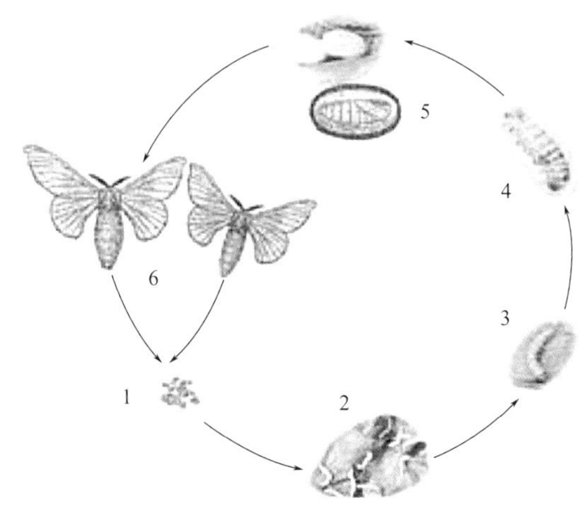

图 9-1　家蚕生活史形态

1—卵；2—低龄幼虫；3—大龄幼虫；4—蛹；5—蚕茧；6—成虫

家蚕起源于中国，由古代栖息于桑树的原始蚕驯化而来，是中国古代最主要的经济昆虫之一。蚕的经济价值在于蚕丝，中国是最早利用蚕丝的国家。蚕丝和大麻、苎麻，以及后来的棉花一道，成为中国人主要的衣着原料，蚕桑也就成为中国农业结构的重要组成部分。中国古代蚕丝的发展促成了对外通商和文化交流。早在公元 11 世纪，蚕种和养蚕技术已传入朝鲜，公元前 2 世纪传入日本，公元 6 世纪传入土耳其、埃及、阿拉伯及地中海沿岸国家。桑蚕饲养技术是公元 6 世纪传入欧洲的，所以蚕丝代表东方古代文明，在东西方文化交流中起着非常重要的作用。丝绸是广受欢迎的商品，它和桑蚕饲养技术通过丝绸之路向西传播，路经草原、沙漠、绿洲和山川，沿途兴起一批著名的市镇，如武威、张掖、酒泉、敦煌、龟兹、疏勒等。2000 多年前，张骞从建元三年（公元前 138 年）到元朔三年（公元前 126 年）奉汉武帝刘彻的命令由中国西部出发，到过帕米尔高原以西的一些国家，用丝绸打开了中国通往西域各国的贸易通道，使得中国与西方的物质和文化交流成为现实，史称的“古丝绸之路”就是从那时开始的。在南方另有丝绸之路，经成都、保山等地到达缅甸与印度；在东部沿海又有徐闻（广东）、合浦（广西）以及蓬莱（山东）、宁波（浙江）等港口通往太平洋诸岛屿和地区。

目前，亚洲、非洲、欧洲、拉丁美洲、大洋洲的多个国家与地区饲养家蚕，年产蚕茧约 800 万担，产丝约 5 万吨，而中国的产茧量和产丝量都占全世界的首位。目前，我国桑蚕生产遍布除青海、西藏、宁夏以外的所有省、市、自治区。2016 年，全国桑园面积 1189.5 万亩，桑蚕茧发种量 1564 万张，桑蚕茧产量 62 万吨，桑蚕茧收购每 50 千克均价 1918 元，蚕农实现收入 228.4 亿元人民币，生丝产量 15.7 万吨，真丝绸商品出口额 29.2 亿美元。

家蚕对人类的奉献远远不止蚕丝，蚕的每一个发育阶段均具有广泛的药用价值，家蚕幼虫每个身体部位乃至它的代谢物，都是一味珍药。蚕的蛹、蛾、蚕蜕和蚕粪也可以综合利用，是多种化工和医药工业的原料，也可以作植物的养料。目前，我国在家蚕的利用上已经深入到家蚕彩色茧、生物制药、生物反应器以及对转基因家蚕的研究。

此外，家蚕作为典型的鳞翅目昆虫，易于在实验室内饲养和繁殖，世代短，子代群体大，遗传背景清楚，便于进行实验操作。2002 年，国际无脊椎动物协会正式将家蚕确定为鳞翅目模式昆虫。作为鳞翅目昆虫的典型代表和理想的生物学模型，家蚕对动物科学的发展起到了巨大的推动作用。不仅如此，家蚕还作为基础研究试验材料，成为遗传学、生物化学、分子生物学、细胞生物学等生物学科主要研究领域的重要研究对象。2009 年，我国科学家完成了家蚕基因组测序，并构建了世界上第一个家蚕遗传数据库，为以家蚕为模式生物进行研究提供了关键的基础和技术平台。随着家蚕全基因组框架图和精细图制作的完成，其将成为后基因组时代生命科学研究领域较为理想的模式生物。

综上所述，家蚕和蚕桑产业在我国古代经济发展中就具有重要作用。现如今，随着国家“一带一路”倡议的提出，古老的丝绸之路又被重新认识和发扬光大，与此同时，家蚕的经济、食用、药用、保健、研究等方面的价值亦愈发受到人们的关注与重视。

9.1.2　农药对家蚕的影响

桑叶是家蚕最适合的天然食料，但在养蚕季节，桑树往往发生病虫害，尤其桑叶害虫，不仅与家蚕争食桑叶，还会降低桑叶的质量和产量，对养蚕业影响很大。目前防治桑树害虫主要以农药防治为主，蚕农难以控制使用和采摘桑叶的时间，家蚕中毒事故经常发生。另外，由于农药频繁的、不正确的使用，已使不少病虫对许多农药产生了抗药性，不仅加大了病虫害的防治难度，而且也导致农药污染环境问题日益严重。因而，家蚕的饲料——桑叶在生长过程中很容易被农药污染，加上目前桑园、粮田、果园交错布局，粮田、果园喷药治虫会污染桑园小气候，造成桑蚕中毒。而桑树吸附了污染空气中的农药悬浮粒子，逐渐积累也会使家蚕中毒。此外，药物管理粗放，各类药物混杂任意放置于蚕室或蚕室附近，导致农药及其挥发气体污染蚕用药物、蚕具，也会造成家蚕中毒现象。

家蚕在 5700 多年的驯养过程中，由于人为地提供适合其生长发育的环境条件，使家蚕对农药等极端环境变得比较敏感。综上所述，作为家蚕的唯一食料，无论是农药飘移还是直接农药施用，桑叶在害虫防治期间都比较容易受到农药污染。而污染后的桑叶一旦喂食家蚕则可能对家蚕造成急性或慢性毒性影响，进而严重影响茧丝产量。

农药对家蚕的毒性一般通过触杀、胃毒和熏蒸起作用，家蚕农药中毒的类型根据中毒状态可分为：农药急性中毒和农药慢性中毒。家蚕的农药急性中毒是指桑蚕在短时间内取食大量有毒物质并表现出典型的中毒症状，表现十分明显，主要表现为体缩、身体扭曲呈“C”或“S”形、吐液、昂头和头部肿大等。不同类型、不同作用方式的农药引起的中毒症状各有不同。如有机磷农药可导致中毒家蚕产生胸部肿大、腹部后端及尾部缩短、口吐胃液污染全身、侧倒等现象；氨基甲酸酯类农药可引起小蚕中毒、吐浮丝、向蚕区边缘乱爬；拟除虫菊酯类农药中毒可导致家蚕产生摆头、吐液和身体扭曲等症状；沙蚕毒素类农药的中毒症状主要是吐液和头胸部肿大；蜕皮激素类农药可导致家蚕产生提前蜕皮、幼虫拒食、体色发黑、体缩等症状。急性中毒一般能在短时间内发现。但农药对家蚕的毒性不仅有急性毒性，还有慢性毒性。慢性毒性是指微量农药进入蚕体，不足以导致家蚕短时间内中毒死亡，但随着农药摄入量的积累，对家蚕生长发育和产茧性状等方面产生不利影响。而家蚕的慢性中毒症状不明显（食桑不旺、发育迟缓、不结茧、不化蛹、蛹小等症状），实际生产中不易被发现和确诊。微量农药虽不会直接引起家蚕死亡，但会干扰到家蚕正常的生长发育和生理代谢；特别是接触农药亚致死剂量后的家蚕，其死亡率很低或者不死亡，但正常的生长发育和生理代谢受到干扰，家蚕的经济性状和营养利用效率也因此受到影响。农药对家蚕的生物学影响主要体现在以下几个方面：微量的农药就有可能造成眠蚕体重的变化和眠性的不齐；有些农药会造成家蚕发育历期的延长；还有部分农药对家蚕的生殖力有一定的影响；此外，有研究表明农药对家蚕的食物利用也可产生不利影响。农药对家蚕的这些生物学影响会导致家蚕不结茧或畸形茧等，从而给养蚕业带来严重损失。

农药对家蚕的毒性大小与农药种类、家蚕品系、幼虫龄期及发育阶段等因素有关。一般杀虫剂毒性较杀菌剂和除草剂高。除蚁蚕外，2 龄蚕对农药最敏感，龄期越大，敏感性越低。但至 5 龄幼虫中、后期，反而比低龄期更敏感，微量的农药即可使家蚕不结茧或结畸形茧、薄皮茧，羽化后的雌蛾产卵数减少，不受精卵增多，孵化率显著降低等。因此，农药污染对蚕桑生产造成了巨大的直接或间接的经济损失，已成为家蚕饲养生产中最为严重的危害因子之一。

9.2 暴露评估

家蚕是我国重要的经济昆虫，又是对农药极其敏感的非靶标生物。农药对家蚕的毒性及安全性评价不仅在农药登记中必不可少，对指导农民科学合理用药更是意义非凡。完善农药生态风险评估方法，从源头上控制农药对家蚕可能产生的污染，不仅为蚕桑区合理使用农药进行有害生物防治提供科学依据，而且对保护桑蚕产业的安全生产具有重要的经济意义。农药对家蚕的风险评价，主要是分析接触暴露量与效应值间的关系，进而进行风险表征。

但是，由于家蚕主要在亚洲国家饲养，所以欧美国家并没有将家蚕作为其保护的非靶标生物。目前除我国和日本外，OECD、美国等国家和组织均没有建立家蚕的安全评价方法。在我国，家蚕作为代表性非靶标生物，在 20 世纪 80 年代已经制定了相应的评估标准。农业部 2014 年后连续制定了 3 个评估指南，包括：《化学农药环境安全评价试验准则　第 11 部分：家蚕急性毒性试验》（GB/T 31270.11—2014）[1]，《农药登记　环境风险评估指南　第 5 部分：家蚕》（NY/T 2882.5—2016）[2] 及《化学农药　家蚕慢性毒性试验准则》(NY/T 3087—2017)[3]。

在风险评估指南中，主要根据农药使用方法确定对家蚕暴露的可能性。当根据使用方法不能排除家蚕受到农药的暴露时，应考虑可能的暴露途径，在相应的暴露场景下进行风险评估。家蚕对农药的暴露可以概括为以下几方面：

① 由于桑田防治病虫草害的用药时间、农药品种、配制浓度、使用方法不当，蚕农对农药的性能、毒性、防治对象等不了解，桑园滥用农药或蚕农难以控制使用和采摘桑叶的时间等等原因而造成家蚕人为农药暴露。

② 因农民在桑田用药时，造成桑叶农药残留，引起家蚕暴露。

③ 由于桑、粮、果交错布局，粮田、果园喷药防治病虫草害而污染桑园小气候，造成家蚕中毒。主要表现在：a. 粮田、果园用药不注意风向和与桑园的间隔距离，农药细雾液滴喷射或随风飘移到邻近桑园，污染桑叶使蚕中毒；b. 夏秋期气温高，粮田、果园大面积使用有熏蒸作用的农药污染空气，桑树吸附被污染空气中的农药悬浮粒子，逐渐积累使蚕中毒；c. 粮果等作物施药时用量大，造成水源农药污染，使用带有农药的污水喷洒桑叶或作为灌溉用水，桑树通过桑根吸收使桑叶带毒；d. 稻田使用了具有内吸传导作用的农药后，田间水流入桑田等。

④ 农民进行了种植结构调整。蚕农普遍是粮、桑、果多种经营。家家户户存放农药，有蚕桑用药、农田用药或果园用药，种类多、数量大。各类药物混杂任意放置于蚕室或蚕室附近，导致农药及其挥发气体污染蚕用药物、蚕具，造成人为暴露。

⑤ 养蚕期间，农田使用的农药随风飘进蚕室或打过农药后的人员不更衣直接进入蚕室或采叶喂蚕均会造成家蚕对农药的暴露。

为此，农业部制定的《农药登记　环境风险评估指南　第 5 部分：家蚕》(NY/T 2882.5—2016) 中设定了直接施药和飘移两种暴露场景。

指南规定，当农药直接喷施于桑树时，应在直接喷雾场景下进行评估。当农药喷施于毗邻桑树种植园的其他作物时，应在飘移场景下进行评估。当农药既用于桑树直接喷施，又用于毗邻桑树种植园的其他作物时，则应同时在两种暴露场景下进行评估。而当农药用于室内如温室、住宅、粮仓等封闭结构，或用于室外如树干注射、种子处理剂和颗粒剂（内吸性农药除外）、浸果等的非喷雾使用，或其他有充分证据证明农药使用不会造成家蚕接触到该农药时，农药对家蚕的风险忽略不计。

指南中的暴露评估分为初级暴露评估和高级暴露评估。初级暴露评估分为直接施药场景和飘移场景，而不同场景又分为单次施药和多次施药。高级暴露评估也分为直接施药场景和飘移场景并分别进行了阐述。

9.2.1　初级暴露分析

应在相应暴露场景中的现实最坏情形下进行初级暴露分析。

9.2.1.1　桑树直接喷雾

当桑树直接喷雾暴露场景中进行初级暴露分析时，采用大型残留数据库（Baril 等，

2005）中提供的单位残留量（RUD）计算预测暴露浓度，其中 RUD 值采用该数据库中类似桑树的作物第 95 百分位单位残留量（RUD_{95}），本部分 RUD_{95} 使用 950mg(a. i.)・kg^{-1}桑叶/g(a. i.)・hm^{-2}。

（1）单次施药条件下的预测暴露浓度（PEC_{sa}）

当家蚕饲养期间，农药仅在作为家蚕饲料的桑树上施用一次，则按式（9-1）和式（9-2）计算单次施药条件下的 PEC_{sa}，即单次施药后桑叶上的农药残留水平。

$$PEC_{sa}=AR\times RUD_{95}\times DF_{PHI} \tag{9-1}$$

$$DF_{PHI}=e^{(-\frac{0.693}{DT_{50}}\times PHI)} \tag{9-2}$$

式中 PEC_{sa}——单次施药条件下的预测暴露浓度，mg(a. i.)・kg^{-1}桑叶；

AR——单位面积农药施用量，kg(a. i.)・hm^{-2}；

RUD_{95}——类似桑树的作物第 95 百分位的单位残留量，mg(a. i.)・kg^{-1}桑叶/[g(a. i.)・hm^{-2}]；

DF_{PHI}——降解系数；

DT_{50}——农药在桑树上的降解半衰期，d；

PHI——农药施用与桑叶采摘之间的安全间隔期，d。

（2）多次施药条件下的预测暴露浓度（PEC_{ma}）

当家蚕饲养期间，农药在桑树上多次施用，则可能会造成农药在桑叶上的残留累积。初级暴露分析中，通过多次施药因子（MAF）描述农药在桑叶上的残留动态，按式（9-2）、式（9-3）和式（9-4）计算多次施药的 PEC_{ma}，即多次施药后桑叶上的农药残留水平。

$$PEC_{ma}=AR\times RUD_{95}\times MAF\times DF_{PHI} \tag{9-3}$$

$$MAF=\frac{1-e^{(-ni\times\frac{0.693}{DT_{50}})}}{1-e^{(-i\times\frac{0.693}{DT_{50}})}} \tag{9-4}$$

式中 PEC_{ma}——多次施药条件下的预测暴露浓度，mg(a. i.)・kg^{-1}桑叶；

AR——单位面积农药施用量，kg(a. i.)・hm^{-2}；

RUD_{95}——类似桑树的作物第 95 百分位的单位残留量，mg(a. i.)・kg^{-1}桑叶/[g(a. i.)・hm^{-2}]；

DF_{PHI}——降解系数；

DT_{50}——农药在桑树上的降解半衰期，d；

MAF——多次施药因子；

n——施药次数；

i——施药间隔期，d。

9.2.1.2 作物施药飘移

当作物施药飘移暴露场景中进行初级暴露分析时，采用 9.2.1.1 中所述第 95 百分位的单位残留量（RUD_{95}）和农药飘移因子（PDF）计算预测暴露浓度 PEC。PDF 是作物高度、农田与桑树间距、桑叶高度和气候条件（即温度和湿度）之间的函数。在初级暴露分析中采用飘移模型计算现实最坏情形下桑树种植园最外围一行桑树的飘移因子（PDF_{fr}）和次外围一行桑树的（PDF_{sr}），具体数值见表 9-1。

表 9-1　飘移因子

飘移因子	PDF_{fr}	PDF_{sr}
数值/%	9.8	0.6

（1）单次施药条件下的预测暴露浓度（PEC_{sa}）

当家蚕饲养期间，农药仅于毗邻桑树种植园的其他作物上喷雾施用一次时，则按式（9-2）和式（9-5）计算单次施药后最外围桑树上的预测暴露浓度（$PEC_{sa\text{-}fr}$），即单次施药后最外围桑叶上的农药残留水平；按式（9-2）和式（9-6）计算单次施药后次外围桑树上的预测暴露浓度（$PEC_{sa\text{-}sr}$），即单次施药后次外围桑叶上的农药残留水平。

$$PEC_{sa\text{-}fr}=AR\times PDF_{fr}\times RUD_{95}\times DF_{PHI} \quad (9\text{-}5)$$

$$PEC_{sa\text{-}sr}=AR\times PDF_{sr}\times RUD_{95}\times DF_{PHI} \quad (9\text{-}6)$$

式中　$PEC_{sa\text{-}fr}$——单次施药后最外围桑树上的预测暴露浓度，mg(a. i.)·kg^{-1}桑叶；

$PEC_{sa\text{-}sr}$——单次施药后次外围桑树上的预测暴露浓度，mg(a. i.)·kg^{-1}桑叶；

AR——单位面积农药施用量，kg(a. i.)·hm^{-2}；

PDF_{fr}——最外围一行桑树上的飘移因子（见表 9-1）；

PDF_{sr}——次外围一行桑树上的飘移因子（见表 9-1）；

RUD_{95}——类似桑树的作物第 95 百分位的单位残留量，mg(a. i.)·kg^{-1}桑叶/[g(a. i.)·hm^{-2}]；

DF_{PHI}——降解系数。

（2）多次施药条件下的预测暴露浓度（PEC_{ma}）

当家蚕饲养期间，农药于毗邻桑树种植园的其他作物上多次喷雾施用时，则按式（9-2）、式（9-4）和式（9-7）计算多次施药后最外围桑树上的预测暴露浓度（$PEC_{ma\text{-}fr}$），即多次施药后最外围桑叶上的农药残留水平；按式（9-2）、式（9-4）和式（9-8）计算多次施药后次外围桑树上的预测暴露浓度（$PEC_{ma\text{-}sr}$），即多次施药后次外围桑叶上的农药残留水平。

$$PEC_{ma\text{-}fr}=AR\times PDF_{fr}\times RUD_{95}\times MAF\times DF_{PHI} \quad (9\text{-}7)$$

$$PEC_{ma\text{-}sr}=AR\times PDF_{sr}\times RUD_{95}\times MAF\times DF_{PHI} \quad (9\text{-}8)$$

式中　$PEC_{ma\text{-}fr}$——多次施药后最外围桑树上的预测暴露浓度，mg(a. i.)·kg^{-1}桑叶；

$PEC_{ma\text{-}sr}$——多次施药后次外围桑树上的预测暴露浓度，mg(a. i.)·kg^{-1}桑叶；

AR——单位面积农药施用量，kg(a. i.)·hm^{-2}；

PDF_{fr}——最外围一行桑树上的飘移因子（见表 9-1）；

PDF_{sr}——次外围一行桑树上的飘移因子（见表 9-1）；

MAF——多次施药因子；

RUD_{95}——类似桑树的作物第 95 百分位的单位残留量，mg(a. i.)·kg^{-1}桑叶/[g(a. i.)·hm^{-2}]；

DF_{PHI}——降解系数。

9.2.2 高级暴露分析

当进行高级暴露分析时，应用试验实测得出的农药在桑叶上的残留量值，且应考虑采用可行的风险降低措施。

9.3 效应分析

日本颁布了农药对家蚕的毒性测定方法，但尚未制定家蚕的风险评估程序。我国农业部制定了《化学农药环境安全评价试验准则　第 11 部分：家蚕急性毒性试验》（GB/T 31270.11—2014）和《化学农药　家蚕慢性毒性试验准则》（NY/T 3087—2017），并在世界上首次建立了农药对家蚕的风险评估程序及相应的暴露评估和效应评估方法：《农药登记　环境风险评估指南　第 5 部分：家蚕》（NY/T 2882.5—2016）。我国农药对家蚕的风险评估采用分级评估，将室内毒性数据与环境暴露数据结合起来，评估农药可能对家蚕造成的风险。家蚕急性毒性试验和慢性毒性试验数据见表 9-2。

农业部制定的《农药登记　环境风险评估指南　第 5 部分：家蚕》（NY/T 2882.5—2016）中农药对家蚕的风险评估分为初级效应分析和高级效应分析。初级效应分析和高级效应分析分别采用急性毒性试验得出的半致死浓度（LC_{50}）和慢性毒性试验得出的毒性终点与对应的不确定性因子计算预测无效应浓度（PNEC）。

9.3.1 急性毒性

家蚕的急性毒性试验是家蚕生物毒性等级评价的划分依据，通常以半致死浓度表示。目前国内对家蚕安全性评价的急性毒性试验有食下毒叶法、触杀法、熏蒸法、叶片夹毒法等等，关于家蚕的毒性等级划分标准也不一致。在测定农药对家蚕急性毒性时，农业部颁布《化学农药环境安全评价试验准则　第 11 部分：家蚕急性毒性试验》（GB/T 31270.11—2014）中规定使用食下毒叶法（浸叶法）毒性试验和熏蒸法毒性试验。食下毒叶法反映了农药对家蚕的胃毒、触杀和熏蒸的综合毒性，更接近于农药对家蚕的实际危害情况，也比较符合实际情况，又可简化试验程序，快速提供试验结果。同时，对于挥发性强的农药，尚需结合熏蒸毒性试验。

（1）《化学农药环境安全评价试验准则　第 11 部分：家蚕急性毒性试验》（GB/T 31270.11—2014）中浸叶法毒性试验　以 2 龄起蚕为试验材料。试材培养体系中，蚁蚕饲养和试验温度为 (25±2)℃，相对湿度为 70%～85%。采用不同浓度的药液浸渍桑叶 10s，晾干后饲喂家蚕。整个试验期间饲喂以药液处理的桑叶，观察 24h、48h、72h、96h 后受试家蚕的中毒症状及死亡情况，试验结束后对数据进行统计分析，并计算半致死浓度值 LC_{50} 及 95%置信限。

准则中农药对家蚕毒性等级分为 4 等，即低毒［$LC_{50}>200mg(a.i.)\cdot L^{-1}$］、中等毒［$20mg(a.i.)\cdot L^{-1}<LC_{50}\leqslant 200mg(a.i.)\cdot L^{-1}$］、高毒［$0.5mg(a.i.)\cdot L^{-1}<LC_{50}\leqslant 20mg(a.i.)\cdot L^{-1}$］及剧毒［$LC_{50}\leqslant 0.5mg(a.i.)\cdot L^{-1}$］。但是，《化学农药环

表 9-2　家蚕急性毒性和慢性毒性试验数据

序号	有效成分	英文名	家蚕急性毒性试验	家蚕慢性毒性试验
			中国（浸叶法）/mg(a.i.)·L^{-1}	中国（浸叶法）/mg(a.i.)·L^{-1}
1	2,4-滴二甲胺盐	2,4-D dimethyl amine salt	$>2.00\times10^3$	—
2	2甲4氯	MCPA	$>2.00\times10^3$	—
3	2甲4氯二甲胺盐	MCPA-dimethylamine salt	$>2.00\times10^3$	—
4	2甲4氯钠	MCPA-sodium	$>2.00\times10^3$	—
5	2甲4氯异辛酯	MCPA-isooctyl	$>2.00\times10^3$	—
6	S-诱抗素	(+)-abscisic acid	$>2.00\times10^3$	—
7	阿维菌素	abamectin，avermectin	平均值：0.0310；最大值：0.0593；最小值：0.0130	—
8	矮壮素	chlormequat	$>2.00\times10^3$	—
9	氨基寡糖素	oligosaccharins；chitosan	$>2.00\times10^3$	—
10	氨氯吡啶酸	picloram	$>2.00\times10^3$	—
11	百草枯	paraquat	1670	—
12	百菌清	chlorothalonil	1740	—
13	倍硫磷	fenthion	115	—
14	苯丁锡	fenbutatin oxide	292	—
15	苯醚甲环唑	difenoconazole	平均值：1.18×10^3，最大值：2.04×10^3，最小值：750	—
16	苯唑草酮	topramezone	$>2.00\times10^3$	—
17	吡丙醚	pyriproxyfen	1.52×10^3	—
18	吡虫啉	imidacloprid	平均值：0.718；最大值：1.49；最小值：0.358	—
19	吡嘧磺隆	pyrazosulfuron-ethyl	$>2.00\times10^3$	—
20	吡蚜酮	pymetrozine	平均值：1.54×10^3；最大值：5.23×10^3；最小值：224	—
21	吡唑醚菌酯	pyraclostrobin	平均值：14.6；最大值：27.4；最小值：5.32	—

续表

序号	有效成分	英文名	家蚕急性毒性试验	家蚕慢性毒性试验
			中国（浸叶法）/mg(a. i.)·L^{-1}	中国（浸叶法）/mg(a. i.)·L^{-1}
22	丙草胺	pretilachlor	>2.00×10^3	—
23	丙环唑	propiconazole	平均值：1.21×10^3；最大值：1.42×10^3；最小值：947	—
24	丙炔噁草酮	oxadiargyl	平均值：1.35×10^3；最大值：3.62×10^3；最小值：239	—
25	丙炔氟草胺	flumioxazin	>2.00×10^3	—
26	丙森锌	propineb	3220	—
27	丙溴磷	profenofos	1.48	—
28	草铵膦	glufosinate-ammonium	平均值：397；最大值：586；最小值：178	—
29	草除灵	benazolin-ethyl（benazolin）	2.23×10^3	—
30	草甘膦	glyphosate	>2.00×10^3	—
31	草甘膦铵盐	glyphosate ammonium（CAS：114370-14-8）	>2.00×10^3	—
32	草甘膦二甲胺盐（暂定）	glyphosate dimethylamine salt	>2.00×10^3	—
33	草甘膦异丙胺盐	glyphosate isopropylamine salt（CAS：38641-94-0）	>2.00×10^3	—
34	茶尺蠖核型多角体病毒	EONPV	>2.00×10^3	—
35	超敏蛋白	harpin protein	>2.00×10^3	—
36	赤霉酸	gibberellic acid	>2.00×10^3	—
37	赤霉酸 A_3	gibberellic acid（GA_3）	922	—
38	虫螨腈	chlorfenapyr	392	—
39	虫酰肼	tebufenozide	0.168	—
40	除虫脲	diflubenzuron	>9.28×10^3	—
41	春雷霉素	kasugamycin	>2.00×10^3	—

续表

序号	有效成分	英文名	家蚕急性毒性试验	家蚕慢性毒性试验
			中国（浸叶法）/mg(a. i.)·L^{-1}	中国（浸叶法）/mg(a. i.)·L^{-1}
42	哒螨灵	pyridaben	平均值：525；最大值 569；最小值：481	—
43	代森联	metiram	1.19×10^{3}	—
44	代森锰锌	mancozeb	$>2.00\times10^{3}$	—
45	淡紫拟青霉	paecilomyces lilacinus	$>2.00\times10^{3}$	—
46	稻瘟灵	isoprothiolane	平均值：525；最大值 569；最小值：481	—
47	稻瘟酰胺	fenoxanil	309	—
48	低聚糖素	oligosaccharins	194	—
49	敌百虫	trichlorfon	$>2.00\times10^{3}$	—
50	敌稗	propanil	$>2.00\times10^{3}$	—
51	敌草快	diquat	平均值：84.4；最大值 97.0；最小值：66.0	—
52	敌草隆	diuron	426	—
53	敌敌畏	dichlorvos	1.60×10^{3}	—
54	丁草胺	butachlor	$>2.00\times10^{3}$	—
55	丁虫腈	flufiprole	690	—
56	丁硫克百威	carbosulfan	平均值：0.935；最大值 1.6；最小值：0.23	—
57	丁醚脲	diafenthiuron	94	—
58	啶虫脒	acetamiprid	平均值：0.149；最大值：0.123；最小值：0.0675	雌蚕 NOEC：0.114；雌蚕 LOEC：0.154； 雄蚕 NOEC：0.154；雄蚕 LOEC：0.209
59	啶嘧磺隆	flazasulfuron	$>2.00\times10^{3}$	—
60	啶酰菌胺	boscalid	$>2.00\times10^{3}$	—
61	啶氧菌酯	picoxystrobin	123	—
62	毒死蜱	chlorpyrifos	平均值：0.16；最大值：1.97；最小值：0.56	—

续表

序号	有效成分	英文名	家蚕急性毒性试验	家蚕慢性毒性试验
			中国（浸叶法）/mg(a. i.)·L^{-1}	中国（浸叶法）/mg(a. i.)·L^{-1}
63	多菌灵	carbendazim	$>2.00\times10^3$	—
64	多抗霉素	polyoxin	99	—
65	多杀霉素	spinosad	平均值：0.0532；最大值：0.11；最小值：0.012	—
66	多效唑	paclobutrazol	473	—
67	多黏类芽孢杆菌	paenibacillus polymyza	$>2.00\times10^3$	—
68	噁草酮	oxadiazon	平均值：817；最大值：1690；最小值：387	—
69	噁霉灵	hymexazol	1090	—
70	噁嗪草酮	oxaziclomefone	$>2.00\times10^3$	—
71	噁唑菌酮	famoxadone	1.39×10^3	—
72	噁唑酰草胺	metamifop	$>2.00\times10^3$	—
73	二甲戊灵	pendimethalin	$>2.00\times10^3$	—
74	二氯吡啶酸	clopyralid	$>2.00\times10^3$	—
75	二氯喹啉酸	quinclorac	$>2.00\times10^3$	—
76	二嗪磷	diazinon	20	—
77	二氰蒽醌	dithianon	$>2.00\times10^3$	—
78	粉唑醇	flutriafol	11	—
79	呋虫胺	dinotefuran	平均值：0.555；最大值：0.816；最小值：0.290	—
80	氟虫腈	fipronil	平均值 2.14；最大值：9.92；最小值：0.756	—
81	氟啶胺	fluazinam	平均值：1448；最大值：1840；最小值：1210	—
82	氟啶虫酰胺	flonicamid	平均值：643；最大值：666；最小值：620	—
83	氟硅唑	flusilazole	平均值：170；最大值：271；最小值：79.6	—
84	氟环唑	epoxiconazole	平均值：1039；最大值：1810；最小值：221	—

续表

序号	有效成分	英文名	家蚕急性毒性试验	家蚕慢性毒性试验
			中国（浸叶法）/mg(a. i.)·L^{-1}	中国（浸叶法）/mg(a. i.)·L^{-1}
85	氟磺胺草醚	fomesafen	$>2.00\times10^3$	—
86	氟节胺	flumetralin	$>2.00\times10^3$	—
87	氟菌唑	triflumizole	平均值：708；最大值：810；最小值：560	—
88	氟乐灵	trifluralin	$>2.00\times10^3$	—
89	氟铃脲	hexaflumuron	$>2.00\times10^3$	—
90	氟氯氰菊酯	cyfluthrin	平均值：0.0561；最大值：0.0620；最小值：0.0502	—
91	氟噻草胺	flufenacet	$>2.00\times10^3$	—
92	氟蚁腙	hydramethylnon	平均值：24.9；最大值：41.4；最小值：8.39	—
93	氟唑磺隆	flucarbazone-Na（flucarbazone-sodium）	$>2.00\times10^3$	—
94	腐霉利	procymidone	$>2.00\times10^3$	—
95	复硝酚钠	sodium nitrophenolate（sodium *o*-nitrophenolate/sodium *p*-nitrophenolate）	$>2.00\times10^3$	—
96	高效氟吡甲禾灵	haloxyfop-P-methyl	$>2.00\times10^3$	—
97	高效氯氟氰菊酯	lambda-cyhalothrin	平均值：0.0243；最大值：0.0548；最小值 0.0059	—
98	哈茨木霉菌	trichoderma harzianum	$>2.00\times10^3$	—
99	琥胶肥酸铜	copper（succinate+glutarate+adipate）	56	—
100	环嗪酮	hexazinone	$>2.00\times10^3$	—
101	己唑醇	hexaconazole	平均值：355；最大值：833；最小值 64.0	—
102	甲氨基阿维菌素	abamectin-aminomethyl	平均值：0.0485；最大值：0.170；最小值 0.0126	—
103	甲氨基阿维菌素苯甲酸盐	emamectin benzoate	平均值：0.0696；最大值：0.0998；最小值 0.00717	—

续表

序号	有效成分	英文名	家蚕急性毒性试验	家蚕慢性毒性试验
			中国（浸叶法）/mg(a. i.)·L^{-1}	中国（浸叶法）/mg(a. i.)·L^{-1}
104	甲草胺	alachlor	$>2.00\times10^3$	—
105	甲磺草胺	sulfentrazone	$>2.00\times10^3$	—
106	甲磺隆	metsulfuron-methyl	$>2.00\times10^3$	—
107	甲基二磺隆	mesosulfuron-methyl	平均值：643；最大值：1540；最小值 250	—
108	甲基硫菌灵	thiophanate-methyl	平均值：1590；最大值：4360；最小值 174	—
109	甲咪唑烟酸	imazapic	$>2.00\times10^3$	—
110	甲嘧磺隆	sulfometuron-methyl	$>2.00\times10^3$	—
111	甲哌鎓	mepiquat chloride	$>2.00\times10^3$	—
112	甲霜灵	metalaxyl	1850	—
113	甲氧咪草烟	imazamox	$>2.00\times10^3$	—
114	金龟子绿僵菌	metarhizium anisopliae	$>2.00\times10^3$	—
115	腈菌唑	myclobutanil	平均值：308；最大值：461；最小值：222	—
116	精噁唑禾草灵	fenoxaprop-P-ethyl	$>2.00\times10^3$	—
117	精喹禾灵	quizalofop-P-ethyl	$>2.00\times10^3$	—
118	精异丙甲草胺	S-metolachlor	$>2.00\times10^3$	—
119	井冈霉素	jingangmycin	$>2.00\times10^3$	—
120	菌核净	dimetachlone	$>2.00\times10^3$	—
121	克菌丹	captan	$>2.00\times10^3$	—
122	枯草芽孢杆菌	bacillus subtilis	$>2.00\times10^3$	—
123	苦参碱	matrine	平均值：288；最大值：962；最小值：12.4	—
124	喹啉铜	oxine-copper	$>2.00\times10^3$	—

续表

序号	有效成分	英文名	家蚕急性毒性试验	家蚕慢性毒性试验
			中国（浸叶法）/mg(a.i.)·L^{-1}	中国（浸叶法）/mg(a.i.)·L^{-1}
125	藜芦碱	vertrine	2	—
126	联苯肼酯	bifenazate	平均值：667；最大值：852；最小值：312	—
127	联苯菊酯	bifenthrin	平均值：0.0565；最大值：0.0953；最小值：0.0324	—
128	咯菌腈	fludioxonil	平均值：485；最大值：816；最小值：233	—
129	螺虫乙酯	spirotetramat	521	—
130	螺螨酯	spirodiclofen	平均值：426；最大值：996；最小值：125	—
131	氯吡嘧磺隆	halosulfuron-methyl	$>2.00\times10^3$	—
132	氯虫苯甲酰胺	chlorantraniliprole	0.0255	雌蚕 NOEC：—；雌蚕 LOEC：—； 雄蚕 NOEC：0.000490；雄蚕 LOEC：0.000882
133	氯氟吡氧乙酸	fluroxypyr	$>2.00\times10^3$	—
134	氯氟吡氧乙酸异辛酯	fluroxypyr-meptyl	$>2.00\times10^3$	—
135	氯氰菊酯	cypermethrin	平均值：0.073；最大值：0.0991；最小值 0.0469	—
136	氯溴异氰尿酸	chloroisobromine cyanuric acid	$>2.00\times10^3$	—
137	麦草畏	dicamba	$>2.00\times10^3$	—
138	咪鲜胺	prochloraz	平均值：510；最大值：851；最小值：146	—
139	咪唑烟酸	imazapyr	$>2.00\times10^3$	—
140	咪唑乙烟酸	imazethapyr	$>2.00\times10^3$	—
141	醚菊酯	etofenprox	平均值：0.712；最大值：0.913；最小值：0.563	—
142	醚菌酯	kresoxim-methyl	平均值：1.70×10^3；最大值：7.24×10^3；最小值：387	—
143	嘧草醚	pyriminobac-methyl	1.90×10^3	—
144	嘧啶肟草醚	pyribenzoxim	4.46×10^3	—
145	嘧菌酯	azoxystrobin	平均值：432；最大值：732；最小值：54.3	—

续表

序号	有效成分	英文名	家蚕急性毒性试验	家蚕慢性毒性试验
			中国（浸叶法）/mg(a.i.)·L^{-1}	中国（浸叶法）/mg(a.i.)·L^{-1}
146	嘧霉胺	pyrimethanil	609	—
147	棉铃虫核型多角体病毒	heliothis armigera NPV	$>2.00\times10^3$	—
148	灭草松	bentazone	$>2.00\times10^3$	—
149	灭蝇胺	cyromazine	平均值：839；最大值：1400；最小值：343	—
150	灭幼脲	chlorbenzuron	830，最大值：1270 最小值：390	—
151	木霉菌	trichoderma SP	$>2.00\times10^3$	—
152	萘乙酸	1-naphthyl acetic acid	300	—
153	葡聚烯糖	暂无	平均值：23.0；最大值：43；最小值：3.1	—
154	羟哌酯	icaridin	$>2.00\times10^3$	—
155	嗪草酮	metribuzin	平均值：764；最大值：1400；最小值：380	—
156	氢氧化铜	copper hydroxide	$>2.00\times10^3$	—
157	氰氟草酯	cyhalofop-butyl	$>2.00\times10^3$	—
158	氰氟虫腙	metaflumizone	平均值：15.0；最大值：27.1；最小值：2.96	—
159	氰霜唑	cyazofamid	平均值：723，最大值：1560；最小值：178	—
160	球孢白僵菌	beauveria bassiana	$>2.00\times10^3$	—
161	球形芽孢杆菌	bacillus sphaericus H5a5b	$>2.00\times10^3$	—
162	炔草酯	clodinafop-propargyl	平均值：1127；最大值：1290；最小值：1000	—
163	炔螨特	propargite	469	—
164	噻苯隆	thidiazuron	平均值：1188；最大值：1910；最小值：427	—
165	噻虫胺	clothianidin	平均值：0.0728；最大值：0.0810；最小值：0.0614	—
166	噻虫啉	thiacloprid	平均值：0.333；最大值：0.453；最小值：0.238	—

续表

序号	有效成分	英文名	家蚕急性毒性试验	家蚕慢性毒性试验
			中国（浸叶法）/mg(a. i.)·L^{-1}	中国（浸叶法）/mg(a. i.)·L^{-1}
167	噻虫嗪	thiamethoxam	平均值：1.43；最大值：1.74；最小值：0.517	雌蚕 NOEC：0.731；雌蚕 LOEC：1.05；雄蚕 NOEC：—；雄蚕 LOEC：—
168	噻呋酰胺	thifluzamide	平均值：595；最大值：780；最小值：461	—
169	噻菌灵	thiabendazole	1770	—
170	噻唑膦	fosthiazate	平均值：3.85；最大值：7.29；最小值：2.29	—
171	三氟啶磺隆钠盐	trifloxysulfuron sodium	$>2.00\times10^3$	—
172	三环唑	tricyclazole	平均值：771；最大值：1290；最小值：193	—
173	三甲苯草酮	tralkoxydim	$>2.00\times10^3$	—
174	三乙膦酸铝	fosetyl-aluminium	$>2.00\times10^3$	—
175	三唑磷	triazophos	0.810	—
176	三唑酮	triadimefon	134	—
177	杀虫环	thiocyclam-hydrogenoxalate	3.13	—
178	杀虫双	bisultap	8.54	—
179	杀螺胺	niclosamide	$>2.00\times10^3$	—
180	杀螺胺乙醇胺盐	niclosamide ethanolamine	$>2.00\times10^3$	—
181	杀螟丹	cartap	3.87	—
182	莎稗磷	anilofos	平均值：6.08；最大值：8.73；最小值：4.73	—
183	蛇床子素	cnidiadin	平均值：22.7；最大值：42；最小值：4.2	—
184	虱螨脲	lufenuron	52	—
185	双草醚	bispyribac-sodium	$>2.00\times10^3$	—
186	双氟磺草胺	florasulam	$>2.00\times10^3$	—
187	霜霉威盐酸盐	propamocarb hydrochloride	$>2.00\times10^3$	—

续表

序号	有效成分	英文名	家蚕急性毒性试验	家蚕慢性毒性试验
			中国（浸叶法）/mg(a. i.)·L^{-1}	中国（浸叶法）/mg(a. i.)·L^{-1}
188	四氟醚唑	tetraconazole	1.40×10^3	—
189	四聚乙醛	metaldehyde	$>2.00\times10^3$	—
190	四螨嗪	clofentezine	1.94×10^3	—
191	松脂酸铜	暂无	0.850	—
192	苏云金杆菌（以色列亚种）	bacillus thuringiensis H-14	1.38×10^3	—
193	肟菌酯	trifloxystrobin	平均值：253；最大值：283；最小值：279	—
194	五氟磺草胺	penoxsulam	$>2.00\times10^3$	—
195	戊菌唑	penconazole	809	—
196	戊唑醇	tebuconazole	平均值：635；最大值：1.49×10^3；最小值：46.8	—
197	西玛津	simazine	$>2.00\times10^3$	—
198	烯草酮	clethodim	$>2.00\times10^3$	—
199	烯啶虫胺	nitenpyram	平均值：3.68；最大值：5.62；最小值：1.63	—
200	烯酰吗啉	dimethomorph	平均值：901；最大值：1.83×10^3；最小值：56.2	—
201	酰嘧磺隆	amidosulfuron	$>2.00\times10^3$	—
202	香菇多糖	fungous proteoglycan	$>2.00\times10^3$	—
203	硝磺草酮	mesotrione	$>2.00\times10^3$	—
204	斜纹夜蛾核型多角体病毒	spodopteralitura NPV	$>2.00\times10^3$	—
205	辛硫磷	phoxim	1.10	—
206	辛酰溴苯腈	bromoxynil octanoate	$>2.00\times10^3$	—
207	溴苯腈	bromoxynil	$>2.00\times10^3$	—
208	烟嘧磺隆	nicosulfuron	$>2.00\times10^3$	—
209	乙草胺	acetochlor	$>2.00\times10^3$	—
210	乙嘧酚	ethirimol	1.83×10^3	—

续表

序号	有效成分	英文名	家蚕急性毒性试验	家蚕慢性毒性试验
			中国（浸叶法）/mg(a.i.)·L^{-1}	中国（浸叶法）/mg(a.i.)·L^{-1}
211	乙嘧酚磺酸酯	bupirimate	1.73×10^3	—
212	乙羧氟草醚	fluoroglycofen-ethyl	$>2.00\times10^3$	—
213	乙氧氟草醚	oxyfluorfen	1.28×10^3	—
214	乙氧磺隆	ethoxysulfuron	$>2.00\times10^3$	—
215	异噁草松	clomazone	1.24×10^3	—
216	异噁唑草酮	isoxaflutole	$>2.00\times10^3$	—
217	异菌脲	iprodione	1.29×10^3	—
218	抑霉唑	imazalil	平均值：603；最大值：912；最小值：52.6	—
219	吲哚乙酸	indol-3-ylacetic acid	114	—
220	印楝素	azadirachtin	550	—
221	茚虫威	indoxacarb	平均值：1.37；最大值：4.26；最小值：0.359	雌蚕 NOEC：0.104；雌蚕 LOEC：0.156； 雄蚕 NOEC：0.233；雄蚕 LOEC：0.350
222	莠灭净	ametryn	206	—
223	莠去津	atrazine	平均值：301；最大值：549；最小值：200.2	—
224	鱼藤酮	rotenone	2.50	—
225	芸苔素内酯	brassinolide	平均值：28.9；最大值：38；最小值：20.3	—
226	黏虫颗粒体病毒	PuGV-Ps	$>2.00\times10^3$	—
227	唑草酮	carfentrazone-ethyl	平均值：3.10×10^3；最大值：5.06×10^3；最小值：1.20×10^3	—
228	唑虫酰胺	tolfenpyrad	13.0	—
229	唑螨酯	fenpyroximate	平均值：499；最大值：1.08×10^3；最小值：297	—
230	唑嘧磺草胺	flumetsulam	$>2.00\times10^3$	—

境安全评价试验准则　第 11 部分：家蚕急性毒性试验》（GB/T 31270.11—2014）采用的浸叶法在实际操作中存在着浸叶后叶片上残留剂量难以准确定量的问题。因此，其试验结果只能用 mg(a.i.)·L^{-1}表征，并不真正反映试验中的实际剂量。这也导致试验结果难以直接用于风险表征。为此该方法得出的 LC_{50}需用桑叶浸渍修正系数对 LC_{50}值［单位为 mg(a.i.)·L^{-1}］进行修正后，方可用于《化学农药　家蚕慢性毒性试验准则》（NY/T 3087—2017）中试验浓度的设计。修正系数默认值为 0.46L·kg^{-1}桑叶。桑叶浸渍修正系数本身并不是一个精准的系数，因为试验表明，在浸渍时间确定、晾干时间确定的情况下，实际残留在叶片上的农药剂量与设定的药液浓度之间不存在成比例的关系。使用该系数的意义主要在于用一种相对标准的方法，利用过去大量采用浸叶法获得的试验数据。解决定量问题的根本，仍需改进试验方法，如采用《化学农药　家蚕慢性毒性试验准则》（NY/T 3087—2017）附录 A 中推荐的喷雾法，来实现精确定量。

（2）《化学农药　家蚕慢性毒性试验准则》（NY/T 3087—2017）附录 A 家蚕急性毒性试验——喷雾法　规定采用实验室喷雾塔将试验药液喷于桑叶的背面。喷药前用万分之一电子天平分别称量桑叶的重量，喷药后立即再次称量桑叶重量，以测定每片桑叶上喷施供试物的准确量。随后，风干 5～10min 后饲喂 2 龄起蚕。计算供试物对家蚕 24h、48h、72h 和 96h 的 LC_{50}［mg(a.i.)·kg^{-1}桑叶］及其 95%置信限。该方法得到的 LC_{50}［mg(a.i.)·kg^{-1}桑叶］无须修正即可用于《化学农药　家蚕慢性毒性试验准则》（NY/T 3087—2017）中试验浓度的设计，且喷雾法测定家蚕急性毒性更为接近田间施药情况。

（3）《化学农药　环境安全评价试验准则　第 11 部分：家蚕急性毒性试验》（GB/T 31270.11—2014）熏蒸法毒性试验　规定熏蒸试验装置或熏蒸室应在满足试验要求的前提下，按照推荐用药量设计相关参数。供试物在试验装置或熏蒸室中定量燃烧（或电加热）。从熏蒸开始，按 0.5h、2h、4h、6h、8h 观察记录熏蒸试验装置内家蚕的毒性反应症状，8h 后将试验装置内的家蚕取出，在家蚕常规饲养条件下继续观察 24h 及 48h 的家蚕死亡情况。熏蒸法主要针对卫生用药模拟室内施药条件下进行的试验，如果家蚕死亡率大于 10%以上，即视为对家蚕高风险。

池艳艳等[4]测定了戊唑醇、己唑醇、烯唑醇、戊菌唑、氟硅唑、氟环唑、苯醚甲环唑和丙环唑等 8 种三唑类杀菌剂对家蚕的急性毒性，并进行安全性评价。

测定方法主要采用《化学农药　环境安全评价试验准则》中推荐的浸叶法，在其基础上略做改动。从桑树上采摘第 2、3 位健康叶片，擦净叶面的尘土等杂物，以不同浓度的药液均匀浸渍桑叶，浸叶时间不少于 10s。浸药液后的桑叶取出自然晾干，放入直径 15cm 培养皿内，每皿接入 20 头 2 龄起蚕，每处理 3 次重复，共计 60 头蚕。以清水浸渍的桑叶为空白对照，加溶剂（苯醚甲环唑和丙环唑）助溶的设置溶剂对照。处理后的试虫置于养虫室内连续取食毒叶 96h，观察并记录添食 24h、48h 和 96h 后家蚕的中毒症状及死亡情况。对照组死亡率不得大于 10%。

风险评估的依据为所测定的杀菌剂的田间推荐施药浓度与测定的 LC_{50}比值，即大于 10 为极高风险性，1.0～10 为高风险性，0.1～1.0 为中等风险性，小于 0.1 为低风险性。

结果表明，氟硅唑、烯唑醇 2 种杀菌剂对家蚕 2 龄幼虫的 96h 致死中浓度（LC_{50}）分别为 $40.12mg \cdot L^{-1}$ 和 $140.32mg \cdot L^{-1}$，急性毒性等级为中等毒性，在桑园周围农业环境使用具有高风险性；氟环唑、戊菌唑、丙环唑、己唑醇、苯醚甲环唑和戊唑醇 6 种杀菌剂对家蚕 2 龄幼虫的 96h LC_{50} 分别为 $297.62mg \cdot L^{-1}$、$388.60mg \cdot L^{-1}$、$637.76mg \cdot L^{-1}$、$690.98mg \cdot L^{-1}$、$713.40mg \cdot L^{-1}$、$947.35mg \cdot L^{-1}$，急性毒性等级均为低毒性，在桑园周围农业环境中使用存在中等风险。三唑类杀菌剂引起家蚕中毒的症状有多种相似特征：蚕体变软、缩短，扭曲呈“C”形或“S”形，体色变褐色，拒食等。鉴于氟硅唑和烯唑醇对家蚕的安全具有高风险性，建议养蚕期间须远离桑园使用。

9.3.2 慢性毒性

《化学农药　家蚕慢性毒性试验准则》（NY/T 3087—2017）规定将不同浓度的药液喷于桑叶上供家蚕食用。以 2 龄起蚕饲喂处理桑叶，48h 后转至干净培养装置中并饲喂无毒桑叶至熟蚕期，测定和观察农药对家蚕产茧量及部分生物学指标的影响，并确定对家蚕茧层量影响的无可观察效应浓度（NOEC）和最低可观察效应浓度（LOEC）。试验条件为 1～2 龄，家蚕饲养的最适温度应为 27℃±1℃，试验期间每增长 1 龄，最适温度应降低 1℃，直到上簇结茧，簇中温度应为 24℃±1℃。试验期间相对湿度应为 70%～85%，簇中相对湿度应为 60%～75%。光照周期（光暗比）应为 16∶8，光照强度应为 1000～3000lx。试验过程中，观察并记录家蚕各龄期的发育历期、眠蚕体重及其他家蚕异常行为。上簇后第 8 天采茧，削茧测定全茧量、茧层量、蛹重，同时统计良蛹数量，计算茧层率、死笼率和化蛹率。试验以茧层量为主要评价指标，采用方差分析对各个浓度处理组与对照组间的差异进行显著性分析，最终获得供试物对家蚕茧层量影响的 NOEC 和 LOEC，并获得供试物对家蚕的发育历期、眠蚕体重、蛹重、茧层率、结茧率、化蛹率、死笼率等生物学指标影响情况。

池艳艳等[5]的家蚕慢性试验，以 3 种不同类型的代表性杀虫剂高效氯氟氰菊酯、甲氨基阿维菌素苯甲酸盐和氟铃脲为代表药剂，进行了给药阶段、给药剂量及评价指标的系统研究。

他们比较了不同用药时期对于家蚕发育的影响，分别于 2～3 龄期和 5 龄期给药处理桑叶。

2～3 龄期处理，将处理后桑叶叶柄插入灌满琼脂的 1.5mL 离心管中，转入培养皿，随机移入 2 龄起蚕，持续用染毒桑叶饲喂至 3 龄末期，从 4 龄起蚕开始改用无毒桑叶饲喂至成熟。每个浓度 3 次重复，每次重复 30 头蚕。

5 龄期处理，该给药阶段的桑叶处理除桑叶质量为 6.0～8.0g、喷雾体积为 4mL 外，其余同上处理。将处理后桑叶叶柄插入灌满琼脂的 1.5mL 离心管中，转入培养皿，随机移入 5 龄起蚕，持续用染毒桑叶饲喂至成熟。每个浓度均设 3 个重复，每重复 30 头蚕。

待上述2～3龄期和5龄期两个阶段给药处理的家蚕发育成熟后，及时捉蚕上簇，记录存活个体的各龄期发育历期和眠蚕体重。于上簇后第8天采茧，削茧称量全茧量、茧层量，计算茧层率、结茧率、化蛹率和死笼率等经济学性状。其中，茧层率是指茧层量占全茧量的百分率；结茧率指结茧家蚕数占饲养家蚕总数的百分率；化蛹率指化蛹家蚕数占结茧家蚕数的百分率；死笼率为死笼家蚕数占结茧家蚕数的百分率。所获得数据分别针对各个生物学指标和经济学性状进行方差分析。

试验结果表明，于2～3龄期给药时，家蚕发育历期和死笼率与药剂浓度呈正相关，眠蚕体重、全茧量、茧层量、茧层率、结茧率和化蛹率与浓度呈负相关。此结果与以前的报道结果相似。而于5龄期给药时，虽然也出现了一定的发育历期延长或眠蚕体重、全茧量等降低的趋势，但与药剂浓度的剂量-效应关系不明显，且高效氯氟氰菊酯和甲氨基阿维菌素苯甲酸盐高浓度组家蚕均在上簇前死亡，因此未得到各项指标的有效数据。分析原因可能是由于5龄期家蚕取食量大，且行将作茧，其体内生理生化反应复杂，此时用药对家蚕的影响较为严重，因此于2～3龄期给药更能反映实际情况，故开展慢性毒性试验，给药阶段以2～3龄期为宜。进一步的研究也表明，给药剂量设定为其急性毒性96h LC_{50}值的1/50、1/100、1/200、1/400和1/800，主要评价指标以结茧率为宜。

9.3.3 日本家蚕毒性试验方法

日本农林水产省（MAFF）在《农药登记数据要求》中提出，农药（原药或制剂）登记需要进行家蚕急性或残留毒性试验。其中家蚕急性毒性试验是必需的，推荐的测定方法是急性经口毒性的测试方法“家蚕毒性试验（2-8-2）”。试验家蚕采用实际应用的品种，设置处理区和对照区。桑叶喷雾一定量的农药并风干后，用于每天固定时期饲喂低龄期的家蚕幼虫，并根据4龄期幼虫的食物消耗量适当调整所含的农药的用量，直至结茧试验结束，统计致死率、毒性症状、第4～5龄期的天数、蛹的存活率及蚕茧品质等。如果急性经口毒性试验结果比较严重，则需要进一步进行残留毒性（residual toxicity）试验，即通过饲喂4龄家蚕喷有所试物质的桑叶，研究残留毒性随时间的变化过程。另外，在急性毒性测试中，MAFF并不排斥其他科学有效方法的采用。

9.4 风险表征

在我国家蚕风险评估标准未颁布以前，文献中农药污染桑叶后对家蚕的风险评价一般根据田间施药浓度与LC_{50}的比值来进行分析。共划分为4个等级：极高风险性（＞10）、高风险性（1～10）、中等风险性（0.1～1）和低风险性（＜0.1）。以LC_{50}值的95％置信限是否有重叠作为判断不同种类药剂毒性差异是否显著的标准。

近年来，关于农药对家蚕毒性与安全性方面的研究越来越多，试验方法等各方面也有了许多改进。我国建立了第一个农药对家蚕的风险评估程序及相应的暴露评估和效应评估方法，即农业部颁布的《农药登记　环境风险评估指南　第5部分：家蚕》（NY/

T 2882.5—2016），该指南对家蚕的风险评估采用分级评估，将室内毒性数据与环境暴露数据结合起来，评估农药对家蚕可能造成的风险。其中风险表征引用了风险商值（RQ）即预测暴露浓度（PEC）和预测无效应浓度（PNEC）的比值。当 RQ≤1 时，则风险可接受；当 RQ>1，则风险不可接受，可进行高级风险评估。高级风险评估需进行高级效应分析和/或高级暴露评估，风险评估结果更为精准。

9.5　实例分析

假设桑园临近的农田正在使用某农药。该农药单次施药剂量为 100g(a.i.)·hm^{-2}，施药间隔期为 10d，施药次数为 4 次。该农药使用后对家蚕的初级风险评估参照《农药登记　环境风险评估指南　第 5 部分：家蚕》（NY/T 2882.5—2016）进行，收集数据进行暴露评估和效应分析，进而对初级风险进行定量描述。

9.5.1　初级暴露评估

根据该农药的使用方法和家蚕的可能暴露途径，应计算飘移场景多次施药条件下最外围桑树上的预测暴露浓度（$PEC_{ma\text{-}fr}$）和次外围桑树上的预测暴露浓度（$PEC_{ma\text{-}sr}$）。

9.5.1.1　$PEC_{ma\text{-}fr}$的计算

$PEC_{ma\text{-}fr}$的计算见式（9-7）：

$$PEC_{ma\text{-}fr}=AR\times PDF_{fr}\times RUD_{95}\times MAF\times DF_{PHI} \tag{9-7}$$

式中　AR——单位面积农药施用量，kg(a.i.)·hm^{-2}；

PDF_{fr}——最外围一行桑树上的飘移因子；

RUD_{95}——桑树上第 95 百分位的单位残留量，mg(a.i.)·kg^{-1}桑叶/[kg(a.i.)·hm^{-2}]；

MAF——多次施药因子；

DF_{PHI}——桑叶上农药的降解系数。

MAF 的计算见式（9-4）：

$$MAF=\frac{1-e^{\left(-ni\times\frac{0.693}{DT_{50}}\right)}}{1-e^{\left(-i\times\frac{0.693}{DT_{50}}\right)}} \tag{9-4}$$

DF_{PHI}的计算见式（9-2）：

$$DF_{PHI}=e^{\left(-\frac{0.693}{DT_{50}}\times PHI\right)} \tag{9-2}$$

式中　n——施药次数；

i——施药间隔期，d。

在初级暴露评估中，根据已知条件收集数据如下：

RUD_{95}：类似桑树的作物第 95 百分位的单位残留量，mg(a.i.)·kg^{-1}桑叶/[kg(a.i.)·hm^{-2}]，采用实例值 950mg(a.i.)·kg^{-1}桑叶/[kg(a.i.)·hm^{-2}]；

DT_{50}：农药在桑树上的降解半衰期，d，采用实例值 10d；

PHI：农药施用与桑叶采摘之间的安全间隔期，d，采用默认值 1d；

AR：单位面积农药施用量，kg(a. i.)·hm^{-2}，默认值 0.1 kg(a. i.)·hm^{-2}；

PDF_{fr}：初级暴露分析中采用飘移模型计算现实最坏情形下桑树种植园最外围一行桑树的飘移因子，默认值 9.8%；

DF_{PHI}：降解系数，默认值 0.9；

MAF：多次施药因子，默认值 1.88；

n：施药次数，实例设定为 4 次；

i：施药间隔期，d，实例设定为 10d。

经计算得出 $PEC_{ma\text{-}fr}$ 为 15.75 mg(a. i.)·kg^{-1} 桑叶。

9.5.1.2 $PEC_{ma\text{-}sr}$ 的计算

$PEC_{ma\text{-}sr}$ 的计算见式（9-8）：

$$PEC_{ma\text{-}sr}=AR\times PDF_{sr}\times RUD_{95}\times MAF\times DF_{PHI} \tag{9-8}$$

式中 AR——单位面积农药施用量，kg(a. i.)·hm^{-2}；

PDF_{sr}——次外围一行桑树上的飘移因子；

RUD_{95}——桑树上第 95 百分位的单位残留量，mg(a. i.)·kg^{-1} 桑叶/[kg(a. i.)·hm^{-2}]；

MAF——多次施药因子；

DF_{PHI}——桑叶上农药的降解系数。

MAF 的计算见式（9-4）；

DF_{PHI} 的计算见式（9-2）。

在初级暴露评估中，根据已知条件收集数据如下：

RUD_{95}：采用默认值 950mg(a. i.)·kg^{-1} 桑叶/[kg(a. i.)·hm^{-2}]；

DT_{50}：采用默认值 10d；

PHI：采用默认值 1d；

AR：0.1kg(a. i.)·hm^{-2}；

PDF_{fr}：0.6%；

DF_{PHI}：0.9；

MAF：1.88。

经计算得出 $PEC_{ma\text{-}sr}$ 为 0.96mg(a. i.)·kg^{-1} 桑叶。

9.5.2 初级效应分析

9.5.2.1 确定毒性终点

采用急性毒性试验得出的半致死浓度（$LC_{50\text{-}C}$）计算 PNEC。$LC_{50\text{-}C}$ 的计算见式（9-9）：

$$LC_{50\text{-}C}=LC_{50\text{-}GB}\times F_C \tag{9-9}$$

式中 $LC_{50\text{-}GB}$——按照 GB/T 31270.11—2014 规定的浸叶法得到的 LC_{50}，mg(a. i.)·L^{-1}；

F_C——修正系数，L·kg^{-1} 桑叶，修正系数默认值为 0.46L·kg^{-1} 桑叶。

已知 $LC_{50\text{-}GB}$=1000mg(a. i.)·L^{-1}，F_C 修正系数默认值 0.46L·kg^{-1} 桑叶，转

换为 $LC_{50\text{-}C}=460mg(a.i.)\cdot kg^{-1}$桑叶。

9.5.2.2　计算预测无效应浓度(PNEC)

采用试验得出的毒性终点和相应的不确定性因子，计算预测无效应浓度（PNEC）。PNEC 的计算见式（9-10）：

$$PNEC=\frac{EnP}{UF} \tag{9-10}$$

式中　EnP——试验得出的毒性终点，$mg(a.i.)\cdot kg^{-1}$桑叶；

UF——不确定性因子。

经上步计算，毒性终点为 $LC_{50\text{-}C}=460mg(a.i.)\cdot kg^{-1}$桑叶，初级效应分析中 UF 为 70，计算得出 PNEC 为 6.57$mg(a.i.)\cdot kg^{-1}$桑叶。

9.5.3　风险表征情况

风险商值（RQ）的计算见式（9-11）：

$$RQ=\frac{PEC}{PNEC} \tag{9-11}$$

式中　PEC——预测暴露浓度，$mg(a.i.)\cdot kg^{-1}$桑叶；

PNEC——预测无效应浓度，$mg(a.i.)\cdot kg^{-1}$桑叶。

将上述数据代入式（9-7），分别得到最外围桑树上的风险商值 RQ(fr）和次外围桑树上的风险商值 RQ(sr）分别为 2.40 和 0.15。

根据《农药登记　环境风险评估指南　第 5 部分：家蚕》（NY/T 2882.5—2016）中规定，当 RQ≤1 时，风险可接受；当 RQ＞1，风险不可接受。经初级风险评估得知该药在飘移场景下对最外围桑树造成的风险不可接受，但对次外围桑树造成的风险可接受。因此，在采摘桑叶时，应避开最外围桑树，以降低风险。

参考文献

[1] GB/T 31270.11—2014 化学农药环境安全评价试验准则　第 11 部分：家蚕急性毒性试验．北京：中国农业出版社，2014.

[2] NY/T 2882.5—2016 农药登记　环境风险评估指南　第 5 部分：家蚕．北京：中国农业出版社，2016.

[3] NY/T 3087—2017 化学农药　家蚕慢性毒性试验准则．北京：中国农业出版社，2017.

[4] 池艳艳，乔康，姜辉，等．三唑类杀菌剂对家蚕的急性毒性与安全性评价［J］．蚕业科学，2014a，40（2）：272-276.

[5] 池艳艳，崔新倩，姜辉，等．三种不同类型杀虫剂对家蚕的慢性毒性试验及评价方法初探［J］．农药学学报，2014b，16（5）：548-558.

第 10 章 非靶标节肢动物环境风险评价

10.1 概述

非靶标节肢动物（non-target arthropods，NTAs）是指未被作为目标害虫防治的所有节肢动物物种的总称[1]。非靶标节肢动物是构成农业生态景观生物多样性的重要组成部分，并且为生态系统提供多种功能，如天敌节肢动物对有害生物的控制及授粉作用[2]。除自然界存在的天敌节肢动物外，也包括人工释放的瓢虫、捕食螨、小花蝽等捕食性天敌和赤眼蜂、蚜茧蜂等寄生性天敌（图 10-1），它们在保护农业生产和生态环境等方面占有极其重要的地位。然而，由于近年来人类过于追求农业高产和经济效益，长期大量不合理使用农药，在防治靶标生物的同时也给非靶标节肢动物带来了不同程度的影响[3]。随着人们对农产品质量和生态环境安全意识的提高，对包括非靶标节肢动物在内的农药风险评价已成为保障农业生产安全、生态安全和人畜安全的重要内容。世界各国和组织都在积极探索多种有效的技术手段，科学评估农药对于非靶标节肢动物的风险，以预防和控制农药使用对非靶标生物和环境的影响[4]。自 20 世纪 80 年代末起，欧盟各国即开始农药对非靶标节肢动物的生态风险评价工作，开展较早且成体系，美国、日本、加拿大和澳大利亚等国家研究也相对较为成熟；而中国对非靶标节肢动物的风险评价还比较薄弱，目前尚处于起步阶段[5,6]。

欧盟规定，开展农药对非靶标节肢动物的风险评价必须在这些产品投放市场前完成。最早的评估是用来判断那些与害虫综合治理（integrated pest management，IPM）和作物综合管理（integrated crop management，ICM）相协调的化学杀虫剂，提供病虫害防治方案，以便在田间条件下把对有益节肢动物的不利影响降至最低。多个欧盟组织和机构参与非靶标节肢动物风险评价工作，其中，欧洲非靶标节肢动物管理测试标准化特征工作组（European Standard Characteristics of Non-target Arthropod Regulatory

Testing，ESCORT）进行了三次重要的讨论，对非靶标节肢动物的风险评价体系的发展和完善给予了重要的技术支持。

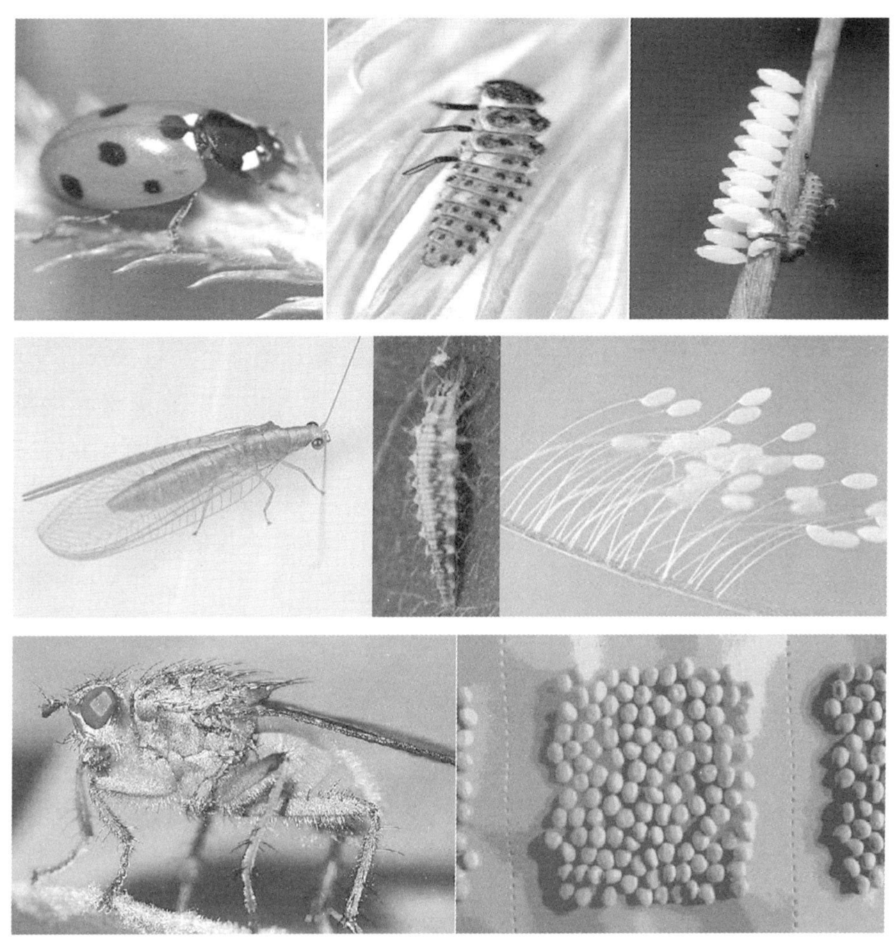

图 10-1　人工释放的捕食性天敌和寄生性天敌

ESCORT 第一次研讨会于 1994 年召开。会议在欧盟 91/414/EEC 指令及欧洲和地中海植物保护组织（European and Mediterranean Plant Protection Organization，EPPO/CoE）的风险评价方案下，就非靶标节肢动物的监管测试要求达成共识。研讨会对指示物种和测试方法提出了数据要求。物种的选择原则主要包含：敏感度高、种群数量大、地域分布广、属于有益物种、适应性强、易于实验室饲养等。在这些原则上，将指示物种分为捕食性、寄生性、地面栖息捕食性、叶片栖息捕食性等 4 类[7]。测试方法包括实验室试验、实验室拓展试验、半田间试验和田间试验等。除此之外，EPPO/CoE 也制定了非靶标节肢动物风险评价的指导性文件，然而这些指导文件经过应用，几经修改。

ESCORT 第二次研讨会于 2000 年举行。研讨会建议采用“农田内”和“农田外”的暴露场景评估策略，其中农田内暴露场景指因农业生产需要在农田内喷雾使用农药，导致该农田区域以内的非靶标节肢动物通过作物表面（叶片、茎干、花）的累计残留和直接接触暴露于农药的场景。农田外暴露场景指因农业生产需要在农田内喷雾使用农药，导致该农田区域以外的非靶标节肢动物因农药的挥发、施药时气候条件（温度、风力、光照等）导致的飘移而暴露于农药的场景。会议修订了非靶标节肢动物农药监管测试程序指导文件，改进了农药对 NTAs 风险评价。在初级风险评价中减少测试种类，选用 2 个敏感指示生物蚜茧蜂（*Aphidius rhopalosiphi*）和梨盲走螨（*Typhlodromus pyri*）测定 LR_{50} 值；同时参照蜜蜂风险评价，引入危害商值（hazard quotient，HQ），并对农田内和农田外的 NTAs 同时进行评估。危害商值是联合国粮农组织（Food and Agriculture Organization of the United Nations，FAO，1989）、欧洲和地中海植物保护组织（EPPO/CoE，2000）、经合组织（Organization for Economic Co-operation and Development，OECD，2005）等许多国家和国际组织用以初步判断农药对蜜蜂的生态风险。就蜜蜂而言，其 HQ 值的计算公式为：$HQ=AR/LD_{50}$，式中 AR 是农药田间推荐用量（$g \cdot hm^{-2}$），LD_{50} 是农药对蜜蜂的急性经口或触杀试验所得值（$\mu g \cdot$ 蜂$^{-1}$）。如果 HQ 值小于 50，则农药对蜜蜂无害；反之，则认为该农药对蜜蜂存在风险[8]，HQ 值越高，化学农药对蜜蜂的风险性越高。对于 NTAs，设置 HQ 的触发值为 2，小于 2 则不存在风险；若 HQ 值≥2，并且没有合适的措施降低风险，需进行高级风险评价。目前 EPPO 风险评价流程主要是依据 ESCORT 第二次会议制定的。由于农药的直接喷洒和间接飘移作用，使得非靶标节肢动物种群或群落暴露于不同的场景之下，而对它们产生的影响进行风险评价。

对非靶标节肢动物评估的主要原则包括：①保护目标为农田内和农田外的非靶标节肢动物不因农药使用造成短期和长期的影响，其中，农田内主要保护非靶标节肢动物种群的功能（如授粉、捕食和寄生等），农田外主要保护非靶标节肢动物的群落多样性；②采用具有代表性非靶标节肢动物指示物种来外推到所有非靶标节肢动物种群；③农药对非靶标节肢动物的风险评价采用分级评估方法，以危害商值（HQ）进行风险表征。危害商值是农药环境暴露量与其对非靶标节肢动物毒性终点的比值，用来表征经单一途径暴露于某一农药而受到危害的水平。

对于风险评价的测试方案，需要进一步研究以下问题：①改进目前较低水平的风险评价，使得对非靶标节肢动物的保护达到所需的保护程度；②进行田间评估时，与实验室监测的数据联系到一起，可通过实验室测试和组建模型来完成；③在高级试验中，农田外评估可以依靠对种群最大无观察效应率（no observed adverse effect rate，NOER），并以未观察到生态不良反应率（no observed ecological adverse effect rate，NOEAER）与生物量的关系进行风险评价，这将更好地反映对种群结构和功能的保护。

ESCORT 第三次研讨会于 2012 年召开。会议主要针对 ESCORT 第二次研讨会中的评估程序存在的问题进行了分析，并针对 NTAs 的保护程度和试验方案、NTAs 暴露场景更加细致的划分、NTAs 种群或群落恢复评估和 NTAs 进行田间试验的相关技术等问题进行了讨论，为今后更全面、更合理的评估程序提供技术支撑。

我国农业部 2016 年发布了《农药登记　环境风险评估指南　第 7 部分：非靶标节肢动物》（NY/T 2882.7—2016）[9]。指南中采用分级评估，将室内毒性数据与环境暴露数据结合起来，评估农药可能对非靶标节肢动物造成的风险。评估流程见图 10-2～图 10-4。

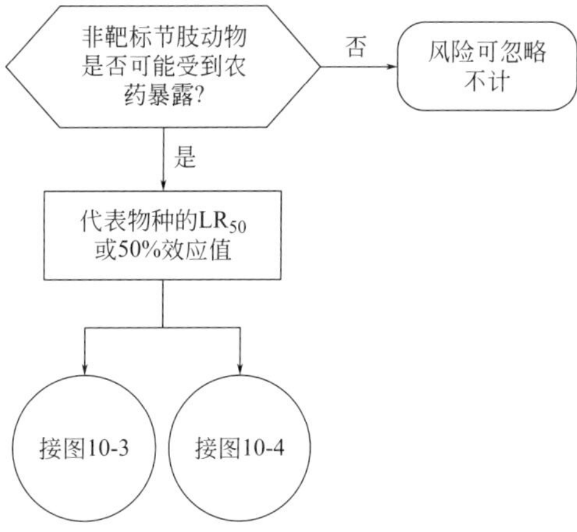

图 10-2 非靶标节肢动物风险评价总体流程

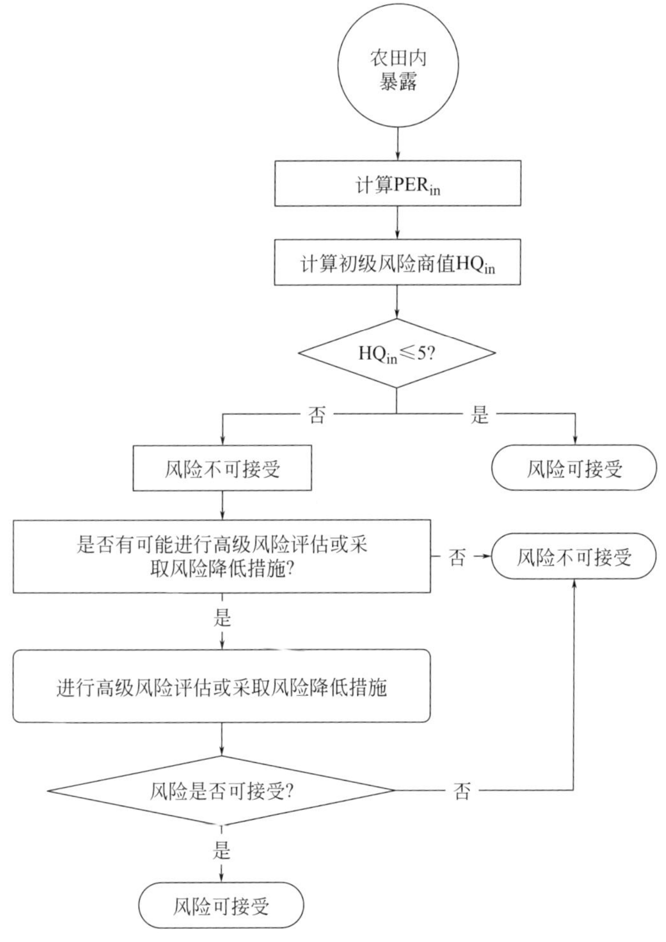

图 10-3 非靶标节肢动物风险评价流程——农田内暴露场景

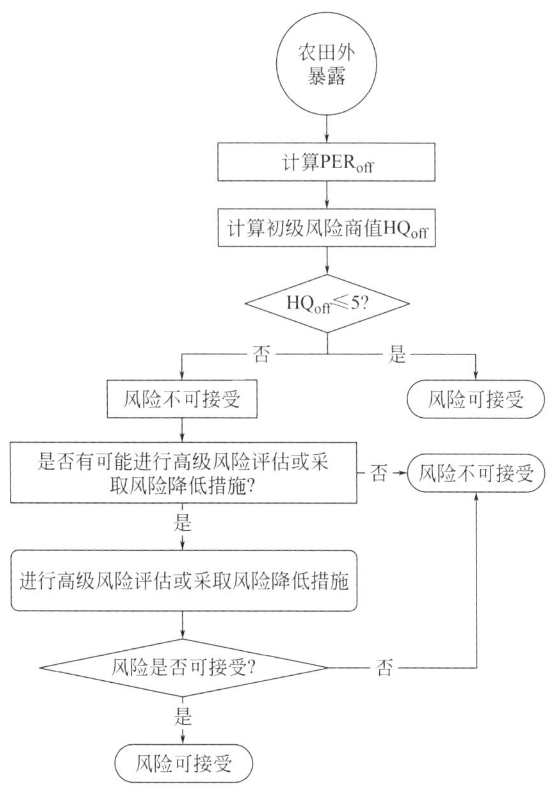

图 10-4 非靶标节肢动物风险评价流程——农田外暴露场景

目前，根据我国对非靶标节肢动物的研究情况，尤其是天敌节肢动物的应用情况，本章以瓢虫、赤眼蜂和草蛉等 3 种天敌昆虫为代表，阐述了农药对它们的暴露及风险评价，为更好地进行天敌昆虫保护奠定基础。

10.2 问题阐述

10.2.1 瓢虫、赤眼蜂和草蛉的经济价值

10.2.1.1 瓢虫的经济价值

瓢虫科属于鞘翅目，多食亚目，扁甲总科，已知有 500 属 5000 种左右，按食性可分为植食性和肉食性两大类群，肉食性的瓢虫以捕食方式获取食物，捕食性瓢虫种数约占瓢虫种数的 80%，它们以蚜虫、介壳虫、粉虱、叶螨以及其他节肢动物为食物，是农业和林业上主要害虫的重要天敌。我国捕食性瓢虫的资源是极其丰富的，正式描述的已有 326 种，其中植食性的有 71 种，菌食性的有 11 种，其余的均为捕食性瓢虫，但我国已描述的瓢虫种类仅占全部种类的 1/4 左右，仍存在大量有待描述的种。

捕食性的瓢虫也有不同程度的食性专化性。盔唇瓢虫亚科主要捕食有蜡质覆盖物的介壳虫，如盾蚧、蜡蚧等；红瓢虫亚科专食绵蚧或粉蚧；四节瓢虫亚科也有捕食绵蚧和

粉蚧的；小毛瓢虫亚科和小艳瓢虫亚科捕食对象包括蚜虫、介壳虫、粉虱和叶螨等种类，其中食螨瓢虫族专食叶螨，是叶螨的重要天敌。捕食性的瓢虫常见主要种类有异色瓢虫（*Harmonia axyridis* Pallas）、七星瓢虫（*Coccinella septempunctata*）、龟纹瓢虫（*Propylaea japonica*）等 40 多种。各地发生的主要种类不完全相同，我国以异色瓢虫、七星瓢虫和龟纹瓢虫为主。如：异色瓢虫在我国分布广且捕食范围广，该瓢虫不仅捕食蚜虫和松干蚧、粉蚧、棉蚧、木虱以及某些鳞翅目和鞘翅目昆虫的卵、低龄幼虫和蛹等，还捕食多种果树害螨，在叶螨种群自然控制中发挥着重要作用，已广泛应用于农、林业生产中来控制害虫的危害[10~12]；七星瓢虫是我国的常见种，捕食范围广，可捕食棉蚜、槐蚜、桃蚜、介壳虫等，大大减轻害虫危害[13,14]；龟纹瓢虫分布于中国、日本、印度和苏联等地，在我国的分布也较为广泛，是我国北方干旱、半干旱地区农业生产中一种重要的捕食性天敌昆虫，除捕食多种蚜虫外，还可捕食棉铃虫、叶蝉、褐飞虱、稻纵卷叶螟等，是多种害虫的天敌，对各类蚜虫、低龄叶蝉、飞虱若虫、木虱成虫以及某些鳞翅目卵和幼虫具有很好的控制作用[15,16]。

瓢虫是各种蚜虫的重要天敌，结合农业栽培措施，实施套作、间作，进行瓢虫的招引、助迁、移植，并辅之以人工放饲等措施，就可以在蚜虫控制上取得很好的效果。如，20 世纪 70 年代初，河南、河北、山东和四川等地的棉田利用七星瓢虫防治棉蚜，通过从麦田采集七星瓢虫的幼虫、蛹及成虫移放到棉田中去，达到了有效控制棉蚜危害的效果。

10.2.1.2　赤眼蜂的经济价值

赤眼蜂属膜翅目，小蜂总科，赤眼蜂科，赤眼蜂属，是一类寄生在昆虫卵内的寄生蜂。其成虫将卵产在寄主卵内，使寄主卵不能孵化，从而达到消灭害虫的目的。赤眼蜂是全世界害虫生物防治中研究最多、应用最广的一类卵寄生蜂，至今全世界已描述约 140 余种，我国赤眼蜂已经定名的有 26 种，如松毛虫赤眼蜂（*Trichogramma dendrolimi*）、广赤眼蜂（*T. evanescens*）、螟黄赤眼蜂（*T. chilonis*）、玉米螟赤眼蜂（*T. ostriniae*）、稻螟赤眼蜂（*T. japonicum*）、毒蛾赤眼蜂（*T. ivelae*）、舟蛾赤眼蜂（*T. closterae*）和黏虫赤眼蜂（*T. leucaniae*）等。不同的种类的赤眼蜂所适应的环境条件各不相同。如松毛虫赤眼蜂、广赤眼蜂的自然分布地十分广泛；有的种类如微突赤眼蜂适应的环境条件则比较苛刻，其分布范围比较窄，在我国发现其仅分布于广东省；稻螟赤眼蜂分布在热带及亚热带地区，而毒蛾赤眼蜂则只分布在暖温带地区。目前赤眼蜂是应用面积最广、最成功的寄生性天敌昆虫，属多选择寄生性天敌昆虫，寄主范围十分广泛，能寄生 8 个目共 400 余种昆虫的卵，但最喜寄生鳞翅目昆虫。赤眼蜂对寄主卵一般都有选择性，与寄主卵的外部形态、卵粒大小、卵壳性质以及卵的胚胎发育程度等均有明显关系。有的种类寄主范围很宽，寄主种类多；有的种类寄主范围很窄，选择性很强。赤眼蜂寄生优势种主要为广赤眼蜂、玉米螟赤眼蜂、松毛虫赤眼蜂。我国利用赤眼蜂防治的对象有：稻纵卷叶螟（*Cnaphalocrocis medinalis*）、玉米螟（*Ostrinia nubilalis*）、甘蔗条螟（*Chilo saccharighagrs*）、松毛虫（*Dendrolimus* spp.）、棉铃虫（*He-*

licoverpa armigera）等 20 多种害虫。赤眼蜂作为农业鳞翅目害虫的重要天敌，可以大批量人工饲养繁殖，大面积用于防治，且防虫效果好且稳定，是用于生物防治的优质天敌资源之一。我国已经对赤眼蜂进行了大量的研究和应用，经过不断的努力和探索，我国在繁殖和利用赤眼蜂防治鳞翅目害虫方面已取得了不错的成绩，成为世界上利用赤眼蜂防治害虫面积最大的国家之一，取得了良好的经济效益和社会效益。

10.2.1.3 草蛉的经济价值

草蛉属脉翅目，草蛉科，为完全变态的捕食性昆虫，分布广泛，种类繁多，约有 1300 种，是粮食和经济作物上多种害虫的重要天敌昆虫。草蛉具有捕食能力强、在自然界发生数量大、抗高温及可饲养等特点，是天敌优势种之一，可捕食蚜虫、介壳虫、红蜘蛛、叶蝉、木虱、粉虱等多种害虫，能有效地抑制森林、苗圃、果园、农田中害虫种群数量的增长，尤其是可有效控制蚜虫的种群数量[17～19]。

美国早在 20 世纪 60 年代就利用普通草蛉防治棉花夜蛾类害虫，目前已经成功实行了草蛉的工厂化生产、繁殖，苏联、英国、法国、加拿大、印度等国家也对草蛉进行过相关的研究，在美国、英国等发达国家，已有各个虫态的草蛉出售。我国对草蛉的利用始于 20 世纪 70 年代，主要用于防治棉铃虫等棉花害虫，目前主要用来防治果树、蔬菜、粮食以及温室内的相关害虫，在农业生产中具有重要的作用，已成为可应用的重要天敌昆虫种类。

10.2.2 瓢虫、赤眼蜂和草蛉与农药间的关系

长期以来，控制害虫的主要途径是化学防治，但化学农药的长期、大量以及不合理的使用引起的问题比较突出。此外，施用农药在消灭害虫的同时，也对天敌节肢动物产生了很大影响，进而对生态系统产生系列负面影响。

田间使用农药能对瓢虫产生不同程度的影响，高浓度的农药导致瓢虫较高的死亡率，低浓度农药虽然没有直接导致瓢虫死亡，但可以改变瓢虫的捕食行为，使其由趋向于取食整个蚜虫转化为选择性取食，甚至出现不取食的现象；低浓度农药还会导致瓢虫的产卵量和孵化率下降，从而导致瓢虫种群不能及时得到恢复。研究表明，一些农药对瓢虫的毒性较大，如除虫菊酯类的三氟氯氰菊酯、高效氯氟氰菊酯、氰戊菊酯和溴氰菊酯等；一些农药对瓢虫的毒性较小，如氟啶脲、灭幼脲、阿维菌素和印楝素等。

无论是在赤眼蜂的卵期、幼虫期、预蛹期、蛹期还是成虫期，农药均有可能对它们的存活率产生较大影响。赤眼蜂对多数杀虫剂高度敏感，因此，杀虫剂对赤眼蜂的影响是多方面的，除直接可导致其致死外，也会影响其寿命、发育历期、产卵（寄生）能力、性比和寄生行为等。在研究久效磷、氰戊菊酯、甲胺磷、溴氰菊酯等对玉米螟赤眼蜂不同发育时期的毒性时发现，卵期和幼虫期与蛹期相比，药剂处理蛹期引起较低的死亡率。不同种类的药剂对同种赤眼蜂成蜂的毒性存在明显差异，且同一种类不同品种的药剂对同种赤眼蜂成蜂的毒性也存在明显差异。研究发现，在新烟碱类杀虫剂中，噻虫嗪和烯啶虫胺对赤眼蜂都表现出很高的毒性，而啶虫脒、氯噻啉、噻虫啉和吡虫啉对赤

眼蜂的急性毒性也较高；在大环内酯类杀虫剂中，阿维菌素对赤眼蜂成蜂的急性毒性高于甲氨基阿维菌素的毒性。

农药对不同赤眼蜂种间的毒性也存在一定差异。通过管测药膜法研究拟除虫菊酯类农药对螟黄赤眼蜂（*T. chilonis*）、广赤眼蜂（*T. evanescens*）、松毛虫赤眼蜂（*T. dendrolimi*）成蜂的毒力发现，供试农药对广赤眼蜂的毒性最低，对松毛虫赤眼蜂的毒性最高；在室内采用相同的方法测定农药对稻螟赤眼蜂（*T. japonicum*）、亚洲玉米螟赤眼蜂（*T. ostriniae*）、拟澳洲赤眼蜂（*T. confusum*）和广赤眼蜂（*T. evanescens*）的急性毒性，发现不同种类赤眼蜂成蜂对新烟碱类杀虫剂的敏感性存在较大差异，大环内酯类杀虫剂对不同的赤眼蜂蜂种也存在相似的结果。松毛虫赤眼蜂和玉米螟赤眼蜂对三唑酮、咪酰胺、肟菌酯和申嗪霉素等杀菌剂的敏感性不同，毒性之间存在明显的剂量效应关系，且玉米螟赤眼蜂对以上几种药剂均比松毛虫赤眼蜂更敏感。

田间施用农药达到防治害虫的同时，对天敌草蛉也会产生直接或间接的影响。草蛉对有机磷酸酯类、氨基甲酸酯类等农药敏感，其幼虫期比成虫的耐药力强。一般来说，微生物杀虫剂、植物提取物、杀螨剂和杀菌剂对草蛉的生长发育和生殖力等影响较小。灭幼脲Ⅰ号和Ⅱ号对中华草蛉成虫的致死作用较小，但可导致成虫不育，对幼虫和卵有较强的致死作用；抑太保则对中华草蛉成虫有较强的致死作用；拟除虫菊酯类药剂中的三氟氯氰菊酯对中华草蛉的毒力大于氰戊菊酯，因此，不同类别/品种的农药对草蛉的影响也是各异的。

10.2.3　选取瓢虫、赤眼蜂和草蛉作为指示生物的原因

环境生物种类繁多，但在环境安全性评价中，只能选择一些具有代表性的品种作为评价指标。农药对环境生物的评价对象主要包括鱼类、鸟类、蜜蜂、家蚕、赤眼蜂、藻类、蚯蚓、土壤微生物等，一定程度上体现了种群和生态环境的代表性。目前，我国农药对环境生物的安全性评价以急性毒性评估为主，通过获得农药对各种生物的致死中浓度、致死中量或抑制中浓度，以此来衡量农药对生物的毒性。通常，农药的毒性越大，引起指示生物中毒的可能性就越大。农药对环境生物的毒性大小，在一定程度上反映了农药的环境安全性，因此在农药登记与环境安全性评价中，农药对环境生物的毒性评价是一个必不可少的重要指标。

非靶标节肢动物是环境生物种类的一个较大类群，其种类繁多，在农林生产和自然生态环境中发挥着重要作用。由于捕食性瓢虫食谱范围广、生存定殖能力强、繁殖效率高且种群易于扩张，已成为各地农业生态系统中的优势种；赤眼蜂作为寄生性天敌昆虫，我国在繁殖和利用赤眼蜂防治鳞翅目害虫方面成绩卓著，田间数量多、应用范围广，并且赤眼蜂在生态环境中能较好地繁殖和延续；草蛉在全国各地均有其优势种群，食性广、繁殖快，可在农田中建立起强大且持续稳定的种群，这 3 种昆虫已经成为重要的天敌资源，为了更好地发挥它们在农林生态系统中的作用，评估农药对它们的影响，可充分了解农药对其他非靶标节肢动物的作用。

10.3 暴露评估

10.3.1 暴露途径

在有害生物综合治理中，化学农药是控制有害生物种群的重要手段，但在使用化学杀虫剂防治害虫的同时，天敌不可避免地也会接触到药剂，其接触途径主要有以下几个方面：①喷洒农药时，农药直接散落到天敌体表；②天敌飞行后停留在有农药残留的植物上；③选择寄主进行寄生行为时，接触寄主卵壳或体表的药剂残留；④寄生在寄主卵或体内的幼虫接触到通过卵壳和体表渗透的药剂；⑤成虫取食含有药剂的害虫、露水、蜜露、花粉等。在天敌接触药剂过程中，可能会引起对天敌的大量杀伤。

当农药用于室内如温室、住宅、粮仓等封闭结构，或用于室外的如树干注射、种子处理剂和颗粒剂（内吸性农药除外）、浸渍种苗等，或其他有充分证据证明农药使用不会造成非靶标节肢动物接触到该农药时，则农药对非靶标节肢动物的风险可忽略不计。

田间施药过程中，天敌对于不同种类农药的敏感程度不同。由于天敌空间分布、取食范围、虫龄虫态以及施药方式的不同，使天敌处于不同程度的农药暴露环境中，在亚致死剂量下对天敌的生活能力、取食量、搜索行为、繁殖率、孵化率以及寄生性天敌的寄生能力会产生一定的影响。

用于多种作物或多种防治对象的农药，当针对每种作物或防治对象的施药方法、施药量或频率、施药时间等不同时，可对其使用方法分组评估：①分组时应考虑作物、施药剂量、施药次数和施药时间等因素；②根据分组确定对非靶标节肢动物风险的最高情况，并对该分组开展风险评价；③当风险最高的分组对非靶标节肢动物的风险可接受时，认为该农药对非靶标节肢动物的风险可接受；④当风险最高的分组对非靶标节肢动物的风险不可接受时，还应对其他分组开展风险评价，从而明确何种条件下该农药对非靶标节肢动物的风险可接受。

初级暴露主要分农田内和农田外两种暴露场景，主要指标为预测环境中农药浓度（predicted environmental concentration，PEC）。农田内初级暴露是由预测农药直接喷施在环境中的浓度（$PEC_{农田内}$）而确定的。农田内 PEC 是通过最高推荐使用浓度与多次施药因子（multiple application factor，MAF）乘积来计算的。对于多次施用的农药，MAF 为多次施药后最后一次施用农药的初始浓度与单次施用农药的初始浓度的比值，主要取决于该化合物的半衰期、施药的间隔以及施用的次数。如果缺乏相关的计算参数，则默认 MAF 值为 3[20]。

对于农田外暴露，喷雾飘移是其最重要的途径。农田外生境 PEC 的暴露主要关注农药的飘移沉降，如在单位面积上的预测沉积量。农田外 PEC 计算为 $PEC_{农田外}$ =（施用量×MAF×飘移因子）/植被分布因子，定义为预测农田外环境中农药的暴露浓度。其中，飘移因子是指农药飘移百分率。通常采用整体的 90 百分位飘移量来计算农田外环境中农药的飘移沉积值（飘移百分率），默认的飘移因子是距离耕地作物边界 1m 或果园边界 3m 距离的飘移百分率来估算农田外的 PEC 值[21]。植被分布因子是指植物高度、密度、叶片面积等因素对于农药飘移的分布影响作用，默认设置为 5，指第 90 百分位农药飘移被植被拦截的数值[22]。

10.3.2　暴露模型

依照暴露场景分为农田内暴露场景和农田外暴露场景，并建立农田内暴露模型和农田外暴露模型。

10.3.2.1　农田内暴露场景

农田内预测暴露量（PER_{in}）的计算见式（10-1）：

$$PER_{in}=AR\times MAF \tag{10-1}$$

式中　PER_{in}——农田内预测暴露量，g(a. i.)·hm^{-2}；

AR——推荐的农药有效成分单位面积最高施药量，g(a. i.)·hm^{-2}；

MAF——多次施药因子。

MAF 的计算见式（10-2）：

$$MAF=\frac{1-e^{-nki}}{1-e^{-ki}} \tag{10-2}$$

式中　k——农药在植株表面的降解速率常数；

n——施药次数；

i——施药间隔，d。

降解速率常数 k 的计算见式（10-3）：

$$k=\frac{\ln 2}{DT_{50}} \tag{10-3}$$

式中，DT_{50}为农药在植株表面的降解半衰期，d。

当缺少 DT_{50}的实测数据时，应采用默认值 10d。

10.3.2.2　农田外暴露场景

农田外预测暴露量（PER_{off}）的计算见式（10-4）：

$$PER_{off}=\frac{AR\times MAF\times PDF}{VDF} \tag{10-4}$$

式中　PER_{off}——农田外预测暴露量，g(a. i.)·hm^{-2}；

PDF——农药飘移因子；

VDF——农药植被分布因子。

MAF 的计算见式（10-2）。PDF 由表 10-1～表 10-8 中距离耕地作物边界 1m 或果园边界 3m 距离确定。VDF 主要取决于植物高度、密度、叶片面积等因素，当缺少实测数据时，应采用默认值 5。

在模型模拟过程中根据农药的理化性质、使用方式、植被情况、环境条件等选择接近实际情况的输入参数以获得高级 PEC。当有相关试验资料说明作物拦截系数、冲刷系数等参数时，可以使用试验数据；在高级评估中也可以使用农田内实际监测数据等。需要说明的是，应逐项判断确定农田内研究是否能够提供有用信息。

表 10-1　1 次用药的基本飘移因子①

距离/m	农作物	果树		葡萄		蔬菜、观赏植物等	
		早期	晚期	早期	晚期	高度<50cm	高度>50cm
1	2.77	—	—	—	—	2.77	8.02
3	—	29.20	15.73	2.70	8.02	—	—
5	0.57	19.89	8.41	1.18	3.62	0.57	3.62
10	0.29	11.81	3.60	0.39	1.23	0.29	1.23
15	0.20	5.55	1.81	0.20	0.65	0.20	0.65
20	0.15	2.77	1.09	0.13	0.42	0.15	0.42
30	0.10	1.04	0.54	0.07	0.22	0.10	0.22
40	0.07	0.52	0.32	0.04	0.14	0.07	0.14
50	0.06	0.30	0.22	0.03	0.10	0.06	0.10
75	0.04	0.11	0.11	0.015	0.05	0.04	0.05
100	0.03	0.06	0.06	0.009	0.03	0.03	0.03
125	0.025	0.03	0.04	0.007	0.024	0.025	0.024
150	0.021	0.021	0.03	0.005	0.018	0.021	0.018
175	0.018	0.015	0.024	0.004	0.014	0.018	0.014
200	0.016	0.011	0.019	0.003	0.011	0.016	0.011
225	0.014	0.008	0.016	0.003	0.010	0.014	0.010
250	0.012	0.006	0.013	0.002	0.008	0.012	0.008

① 地面沉积物占施药量的百分比（第 90 百分位）。

表 10-2　2 次用药的基本飘移因子①

距离/m	农作物	果树		葡萄		蔬菜、观赏植物等	
		早期	晚期	早期	晚期	高度<50cm	高度>50cm
1	2.38	—	—	—	—	2.38	—
3	—	25.53	12.13	2.53	7.23	—	7.23
5	0.47	16.87	6.81	1.09	3.22	0.47	3.22
10	0.24	9.61	3.11	0.35	1.07	0.24	1.07
15	0.16	5.61	1.58	0.18	0.56	0.16	0.56
20	0.12	2.59	0.90	0.11	0.36	0.12	0.36
30	0.08	0.87	0.40	0.06	0.19	0.08	0.19
40	0.06	0.40	0.23	0.03	0.12	0.06	0.12
50	0.05	0.22	0.15	0.02	0.08	0.05	0.08
75	0.03	0.07	0.07	0.01	0.04	0.03	0.04
100	0.023	0.03	0.04	0.008	0.03	0.023	0.03
125	0.019	0.02	0.024	0.005	0.02	0.019	0.02

续表

距离/m	农作物	果树		葡萄		蔬菜、观赏植物等	
		早期	晚期	早期	晚期	高度<50cm	高度>50cm
150	0.015	0.011	0.017	0.004	0.015	0.015	0.015
175	0.013	0.008	0.013	0.003	0.012	0.013	0.012
200	0.012	0.005	0.010	0.002	0.009	0.012	0.009
225	0.010	0.004	0.008	0.002	0.008	0.010	0.008
250	0.009	0.003	0.006	0.002	0.007	0.009	0.007

① 地面沉积物占施药量的百分比（第 82 百分位）。

表 10-3　3 次用药的基本飘移因子①

距离/m	农作物	果树		葡萄		蔬菜、观赏植物等	
		早期	晚期	早期	晚期	高度<50cm	高度>50cm
1	2.01	—	—	—	—	2.01	—
3	—	23.96	11.01	2.49	6.90	—	6.90
5	0.41	15.79	6.04	1.04	3.07	0.41	3.07
10	0.20	8.96	2.67	0.32	1.02	0.20	1.02
15	0.14	5.23	1.39	0.16	0.54	0.14	0.54
20	0.10	2.36	0.80	0.10	0.34	0.10	0.34
30	0.07	0.77	0.36	0.05	0.18	0.07	0.18
40	0.05	0.35	0.21	0.03	0.11	0.05	0.11
50	0.04	0.19	0.13	0.02	0.08	0.04	0.08
75	0.03	0.06	0.06	0.01	0.04	0.03	0.04
100	0.021	0.03	0.03	0.006	0.03	0.021	0.03
125	0.017	0.015	0.022	0.004	0.02	0.017	0.02
150	0.014	0.009	0.016	0.003	0.014	0.014	0.014
175	0.012	0.006	0.012	0.002	0.011	0.012	0.011
200	0.010	0.004	0.009	0.002	0.009	0.010	0.009
225	0.009	0.003	0.007	0.002	0.007	0.009	0.007
250	0.008	0.002	0.006	0.001	0.006	0.008	0.006

① 地面沉积物占施药量的百分比（第 77 百分位）。

表 10-4　4 次用药的基本飘移因子①

距离/m	农作物	果树		葡萄		蔬菜、观赏植物等	
		早期	晚期	早期	晚期	高度<50cm	高度>50cm
1	1.85	—	—	—	—	1.85	—
3	—	23.61	10.12	2.44	6.71	—	6.71
5	0.38	15.42	5.60	1.02	2.99	0.38	2.99
10	0.19	8.66	2.50	0.31	0.99	0.19	0.99

续表

距离/m	农作物	果树		葡萄		蔬菜、观赏植物等	
		早期	晚期	早期	晚期	高度<50cm	高度>50cm
15	0.13	4.91	1.28	0.16	0.52	0.13	0.52
20	0.10	2.21	0.75	0.10	0.33	0.10	0.33
30	0.06	0.72	0.35	0.05	0.17	0.06	0.17
40	0.05	0.32	0.20	0.03	0.11	0.05	0.11
50	0.04	0.17	0.13	0.02	0.08	0.04	0.08
75	0.03	0.06	0.06	0.01	0.04	0.03	0.04
100	0.019	0.03	0.04	0.006	0.03	0.019	0.03
125	0.016	0.014	0.023	0.004	0.02	0.016	0.02
150	0.013	0.008	0.016	0.003	0.014	0.013	0.014
175	0.011	0.005	0.012	0.002	0.011	0.011	0.011
200	0.010	0.004	0.010	0.002	0.009	0.010	0.009
225	0.009	0.003	0.008	0.002	0.007	0.009	0.007
250	0.008	0.002	0.006	0.001	0.006	0.008	0.006

① 地面沉积物占施药量的百分比（第74百分位）。

表 10-5　5次用药的基本飘移因子①

距离/m	农作物	果树		葡萄		蔬菜、观赏植物等	
		早期	晚期	早期	晚期	高度<50cm	高度>50cm
1	1.75	—	—	—	—	1.75	—
3	—	23.12	9.74	2.37	6.59	—	6.59
5	0.36	15.06	5.41	1.00	2.93	0.36	2.93
10	0.18	8.42	2.43	0.31	0.98	0.18	0.98
15	0.12	4.61	1.24	0.15	0.51	0.12	0.51
20	0.09	2.09	0.72	0.09	0.33	0.09	0.33
30	0.06	0.69	0.34	0.05	0.17	0.06	0.17
40	0.05	0.31	0.20	0.03	0.11	0.05	0.11
50	0.04	0.17	0.13	0.02	0.08	0.04	0.08
75	0.025	0.06	0.06	0.01	0.04	0.025	0.04
100	0.018	0.03	0.03	0.006	0.03	0.018	0.03
125	0.015	0.014	0.023	0.004	0.02	0.015	0.02
150	0.012	0.008	0.016	0.003	0.013	0.012	0.013
175	0.011	0.005	0.012	0.002	0.010	0.011	0.010
200	0.009	0.004	0.009	0.002	0.008	0.009	0.008
225	0.008	0.003	0.008	0.002	0.007	0.008	0.007
250	0.007	0.002	0.006	0.001	0.006	0.007	0.006

① 地面沉积物占施药量的百分比（第72百分位）。

表 10-6　6 次用药的基本飘移因子①

距离/m	农作物	果树		葡萄		蔬菜、观赏植物等	
		早期	晚期	早期	晚期	高度<50cm	高度>50cm
1	1.64	—	—	—	—	1.64	—
3	—	22.76	9.21	2.29	6.41	—	6.41
5	0.34	14.64	5.18	0.97	2.85	0.34	2.85
10	0.17	8.04	2.38	0.30	0.95	0.17	0.95
15	0.11	4.51	1.20	0.15	0.50	0.11	0.50
20	0.09	2.04	0.68	0.09	0.32	0.09	0.32
30	0.06	0.66	0.31	0.05	0.17	0.06	0.17
40	0.04	0.30	0.17	0.03	0.11	0.04	0.11
50	0.03	0.16	0.11	0.02	0.07	0.03	0.07
75	0.023	0.05	0.05	0.01	0.04	0.023	0.04
100	0.018	0.02	0.03	0.006	0.02	0.018	0.02
125	0.014	0.013	0.018	0.004	0.017	0.014	0.017
150	0.012	0.008	0.013	0.003	0.013	0.012	0.013
175	0.010	0.005	0.009	0.002	0.010	0.010	0.010
200	0.009	0.004	0.007	0.002	0.008	0.009	0.008
225	0.008	0.003	0.006	0.002	0.007	0.008	0.007
250	0.007	0.002	0.005	0.001	0.006	0.007	0.006

① 地面沉积物占施药量的百分比（第 70 百分位）。

表 10-7　7 次用药的基本飘移因子①

距离/m	农作物	果树		葡萄		蔬菜、观赏植物等	
		早期	晚期	早期	晚期	高度<50cm	高度>50cm
1	1.61	—	—	—	—	1.61	—
3	—	22.69	9.10	2.24	6.33	—	6.33
5	0.33	14.45	5.11	0.94	2.81	0.33	2.81
10	0.17	7.83	2.33	0.29	0.94	0.17	0.94
15	0.11	4.40	1.20	0.15	0.49	0.11	0.49
20	0.08	1.99	0.67	0.09	0.31	0.08	0.31
30	0.06	0.65	0.30	0.05	0.16	0.06	0.16
40	0.04	0.29	0.17	0.03	0.10	0.04	0.10
50	0.03	0.16	0.11	0.02	0.07	0.03	0.07
75	0.023	0.05	0.05	0.01	0.04	0.023	0.04
100	0.017	0.02	0.03	0.006	0.02	0.017	0.02
125	0.014	0.013	0.017	0.004	0.017	0.014	0.017
150	0.012	0.008	0.012	0.003	0.013	0.012	0.013
175	0.010	0.005	0.009	0.002	0.010	0.010	0.010
200	0.009	0.003	0.007	0.002	0.008	0.009	0.008
225	0.008	0.003	0.005	0.002	0.007	0.008	0.007
250	0.007	0.002	0.004	0.001	0.006	0.007	0.006

① 地面沉积物占施药量的百分比（第 69 百分位）。

表 10-8 用药超过 7 次的基本飘移因子①

距离/m	农作物	果树		葡萄		蔬菜、观赏植物等	
		早期	晚期	早期	晚期	高度＜50cm	高度＞50cm
1	1.52	—	—	—	—	1.52	—
3	—	22.24	8.66	2.16	6.26	—	6.26
5	0.31	14.09	4.92	0.91	2.78	0.31	2.78
10	0.16	7.58	2.29	0.28	0.93	0.16	0.93
15	0.11	4.21	1.14	0.14	0.49	0.11	0.49
20	0.08	1.91	0.65	0.09	0.31	0.08	0.31
30	0.05	0.62	0.29	0.04	0.16	0.05	0.16
40	0.04	0.28	0.16	0.03	0.10	0.04	0.10
50	0.03	0.15	0.11	0.02	0.07	0.03	0.07
75	0.022	0.05	0.05	0.009	0.04	0.022	0.04
100	0.017	0.02	0.03	0.006	0.02	0.017	0.02
125	0.013	0.012	0.017	0.004	0.017	0.013	0.017
150	0.011	0.007	0.012	0.003	0.013	0.011	0.013
175	0.010	0.005	0.009	0.002	0.010	0.010	0.010
200	0.008	0.003	0.007	0.002	0.008	0.008	0.008
225	0.007	0.002	0.005	0.001	0.007	0.007	0.007
250	0.007	0.002	0.004	0.001	0.006	0.007	0.006

① 地面沉积物占施药量的百分比（第 67 百分位）。

当初级评估中农药对代表性物种存在风险，则应首先考虑采用有效可行的风险降低措施，如不在害虫综合防治区域使用农药等；也可根据农药的理化性质、使用方式、植被情况、环境条件等，选择更接近实际情况的数据，使 PER 估算值更为精准，或直接使用农田内、外实际监测数据等。

10.4 效应分析

根据试验的等级将效应分析划分为初级效应分析和高级效应分析。

10.4.1 初级效应分析

以瓢虫、赤眼蜂和草蛉为代表性天敌进行初级效应分析，测定的毒性终点主要是半数致死率（LR_{50}）。但当某一化合物在农田内最大使用剂量的毒性非常低时，或者无法获得一个可靠的 LR_{50} 值，此时可以进行限量试验（limit test），即在最大推荐用量乘以多次施药因子（MAF）的农药浓度下，对测试生物的毒性效应≤50%，则认为该农药对于非靶标节肢动物低风险；若＞50%，则需要进行剂量效应测试。如果初级效应分析中供试农药对代表性物种存在风险，则需要进行高级阶段效应分析。

10.4.1.1　农药对瓢虫的急性毒性测定

我国在 2017 年发布了《化学农药　天敌（瓢虫）急性接触毒性试验准则》（NY/T 3088—2017）[23]。急性毒性试验数据见表 10-41，试验主要内容如下。

（1）材料和条件

① 供试生物。选择七星瓢虫（*Coccinella septempunctata*），试验幼虫采用孵化 3～4d 的 2 龄幼虫。

② 供试物。农药原药或制剂，难溶于水的可用少量对瓢虫毒性小的有机溶剂、乳化剂或分散剂等助溶，助溶剂用量不应超过 0.1mL(g)・L^{-1}。

③ 主要仪器设备。智能人工气候箱、万分之一天平、指形管、喷雾装置（适用玻璃板药膜法）；玻璃板（盘）试验装置（适用玻璃板药膜法）；环状防护罩（适用玻璃板药膜法）；瓢虫饲养装置等。

④ 试验条件。瓢虫的饲养和试验温度范围在 23～27℃，相对湿度控制在 60%～90%，光照周期（光暗比）应为 16h∶8h，光照强度不低于 1000lx。

（2）预试验

① 浓度设置。将供试物用蒸馏水或有机溶剂配制成 4～5 个较大间距、不同浓度的稀释液，并设空白对照，供试物使用溶剂助溶时，还需设溶剂对照。除此之外，为了验证瓢虫的敏感性，需要设立一个参比毒物，推荐用乐果，在 0.20g・hm^{-2} 剂量下，其死亡率在 40%～80%。

② 染毒。染毒方式为药膜法，包括玻璃药膜和叶片药膜两种染毒方式。其中玻璃药膜的介质可以为指形管或玻璃板。在玻璃指形管中定量加入配制好的各浓度供试药液，将药液在指形管中充分滚动，直至晾干制成均匀药膜管，然后将供试瓢虫幼虫单头接入药膜管中，饲喂足量的活蚜虫供瓢虫取食，并以纱布封紧管口，以后每天饲喂充足的活蚜虫作为食物，饲喂蚜虫前需将残余的蚜虫清理干净，以保证瓢虫充分接触药膜。对照组的瓢虫数量与处理组相同，对照组与处理组应同时进行。指形管应平放，保证瓢虫能够自由爬行，减少重力对其的不利影响。在一定尺寸（如长×宽＝40cm×18cm）的玻璃板（盘）或植物叶片上均匀涂布或喷洒配制好的各浓度供试药液，并立即精确计算玻璃板（盘或叶片）上的着药量，然后自然晾干或冷风吹干待用。取预先制备好的圆柱形玻璃环（ϕ5cm，h4cm），将距底部 3mm 之上的玻璃环内部均匀涂布滑石粉或聚四氟乙烯（防止试虫沿着玻璃环内壁上爬，且避免对试虫生长造成不利影响），置于晾干的玻璃药膜板（盘或叶片）上，保持玻璃环与板（盘）面或叶片尽量无缝隙并作适当固定，每环单头接入受试瓢虫幼虫并盖封，并按前述方法喂食，试验装置参见图 10-5。

玻璃药膜板（盘或叶片）需保持干净，制备需使用适宜的涂布或喷洒装置，装置应使供试物药液均匀地涂布或喷洒在玻璃板（盘或叶片）上。涂布或喷洒使用药液量 200L・hm^{-2}左右。涂布或喷洒前需测试药液沉降的均匀性，以满足在玻璃板（盘）或叶片上药液着药量为（2±0.2)μL・cm^{-2}。此过程可使用清水重复测试至少 3 次，每次的涂布或喷洒前后都应迅速对玻璃板（盘）或叶片称重，计算预计的着药量（重复间的平均误差应控制在预计着药量的10%以下)，同时记录涂布或喷洒装置的各种信息(如型号、喷嘴类型及孔径、喷洒压力等)。重复施药操作前，涂布或喷洒装置应用清水清洗、校正。

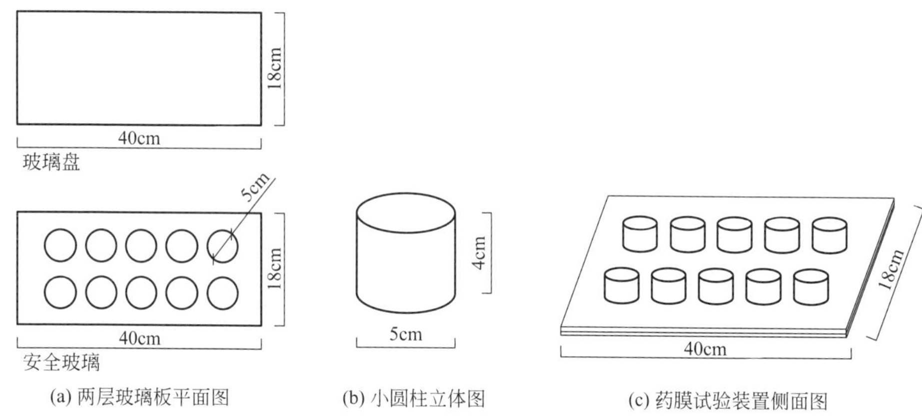

图 10-5 玻璃板(盘)药膜法试验装置图

③ 观察与记录。每天观察并记录玻璃管(环、叶片)中(上)瓢虫的中毒症状和死亡数，将死亡的幼虫、蛹与行为异常的瓢虫一起记录(如活动不灵活的、抽搐的)直至化蛹。化蛹后，蛹继续保持在药膜管内观察至成虫羽化，计算成虫羽化率，未羽化成虫均计入死亡虫数。当幼虫或蛹的减少是由于操作失误(例如幼虫逃走、在饲养或清洁过程中被杀死)所致时，受试瓢虫幼虫初始数量应减去减少的幼虫数量。

(3) 正式试验

① 浓度设置。根据预试验确定的浓度范围按一定比例间距设置5~7个浓度组，并设空白对照，相邻浓度的级差不能超过2.2。供试物使用溶剂助溶时，还需设溶剂对照。对照组和每浓度处理组均设3个重复，每重复不少于10头2龄瓢虫幼虫。

② 限量试验。限量试验的上限剂量设置为供试物田间最大推荐有效剂量乘以多次施药因子。当试验用瓢虫在供试物达到上限剂量时未出现死亡，则无须继续试验；当供试物在水或其他有机溶剂的溶解度小于田间最大推荐有效剂量时，则采用其最大溶解度作为上限剂量，对于一些特殊的药剂也可采用相应的制剂进行试验。

(4) 数据处理 LR_{50}值的计算可采用概率值法估算，也可应用有关毒性数据计算软件进行分析和计算。如寇氏法可用于计算瓢虫在不同观察周期的LR_{50}值及95%置信限。当对照组受试生物出现死亡时，各处理组的死亡率计算应根据对照组死亡率用Abbott公式进行修正。

LR_{50}值的计算见式(10-5)：

$$lgLR_{50} = X_m - i(\sum P - 0.5) \tag{10-5}$$

式中 X_m——最高浓度的对数；

i——相邻浓度比值的对数；

$\sum P$——各组死亡率的总和(以小数表示)。

95%置信限的计算见式（10-6）：

$$95\%置信限 = \lg LR_{50} \pm 1.96 S\lg LR_{50} \tag{10-6}$$

标准误差的计算见式（10-7）：

$$S\lg LR_{50} = i\sqrt{\sum \frac{pq}{n}} \tag{10-7}$$

式中　p——1 个组的死亡率；

q——$1-p$；

n——各浓度组瓢虫的数量。

（5）质量控制　质量控制条件包括：对照组死亡率不超过 20%；药膜制备保证均匀；环境条件等。

10.4.1.2　农药对赤眼蜂的急性毒性测定

我国在 2014 年发布了《化学农药环境安全评价试验准则　第 17 部分：天敌赤眼蜂急性毒性试验》（GB/T 31270.17—2014）[24]。主要内容如下。

（1）材料与条件

① 供试生物。试验可选择松毛虫赤眼蜂（*Trichogramma dendrolimi*）、玉米螟赤眼蜂（*Trichogramma ostriniae*）、稻螟赤眼蜂（*Trichogramma japonicum*）、广赤眼蜂（*Trichogramma evanescens*）、拟澳洲赤眼蜂（*Trichogramma confusum*）或舟蛾赤眼蜂（*Trichogramma closterae*）等的其中一种进行试验。蜂卵在温度 25℃±2℃、相对湿度 50%～80%的避光条件下培养，试验时使用羽化 24～48h 的成蜂。

② 供试寄主。试验用松毛虫赤眼蜂寄主为柞蚕（*Antheraea pernyi*）卵；玉米螟赤眼蜂寄主为麦蛾（*Sitotroga cerealella*）卵或米蛾（*Corcyra cephalonica*）卵。

③ 主要仪器设备。电子天平、超声波清洗器、智能人工气候箱、加湿器、移液器、指形管、电热鼓风干燥箱等。

④ 试验环境条件。试验温度 25℃±2℃，相对湿度 70%～80%，避光。

（2）试验方法

① 试验用成蜂的预培养。将被寄生的寄主卵在温度 25℃±2℃、相对湿度 50%～80%、避光条件下培养，羽化出的成蜂用于急性毒性试验。试验成蜂应来源于同一时间同一批次的寄生卵。大量出蜂一般在开始羽化后的 24 h 左右，试验应使用开始羽化后 48 h 内羽化的成蜂。

② 试验药剂的配制

供试品为原药时：a. 原药在丙酮中溶解度能满足试验需求的，根据样品前处理室提供的配制方法，准确称量原药样品，用丙酮在烧杯中溶解，并转移到容量瓶中，用丙酮将烧杯冲洗至少 3 次，冲洗液全部转移到容量瓶中，最后用丙酮定容；b. 原药在丙酮中溶解度达不到试验需求，而在其他有机溶剂中溶解度能满足试验要求的，根据样品前处理室提供的配制方法，准确称量原药样品，用合适的溶剂在烧杯中溶解，并转移到容量瓶中，用该溶剂将烧杯冲洗至少 3 次，冲洗液全部转移到容量瓶中，最后用该溶剂定容；c. 原药在丙酮等有机溶剂中溶解度达不到试验需求但在蒸馏水中溶解度能达到试验要求的，根据样品前处理室提供的配制方法，准确称量原药样品，用蒸馏水在烧杯中溶解，并转移到容量瓶中，用蒸馏水将烧杯冲洗至少 3 次，冲洗液全部转移到容量瓶中，最后用蒸馏水定容。试验时直接用相应的溶剂将母液稀释成试验所需系列浓度。

供试品为制剂时：a. 制剂能在蒸馏水中溶解或分散的，准确称量样品，用蒸馏水在烧杯中溶解或分散，转移到容量瓶中，用蒸馏水将烧杯冲洗 3 次，冲洗液全部转移到容量瓶中，最后用蒸馏水定容；b. 制剂不能在蒸馏水中溶解或分散的，对于颗粒剂，根据样品前处理室提供的配方，准确称量样品，加入丙酮或适当有机溶剂，超声至少 5min，将提取液转移到容量瓶，提取 3 次，用蒸馏水定容；c. 对于其他剂型，根据样品前处理室提供的配方，准确称量样品，加入相关溶剂或助剂使其分散，再转移到容量瓶中，最后用蒸馏水定容。试验时直接用蒸馏水将母液稀释成试验所需系列浓度。

③ 预试验。试验采用管测药膜法。预试验以较大间距设置 4～5 个浓度组，求出试验用赤眼蜂的最高全存活剂量和最低全致死剂量，以确定正式试验的剂量范围。

④ 正式试验。根据预试验结果，正式试验按等比关系设置至少 5 个梯度浓度（几何级差应控制在 2.2 倍以内），并设空白对照组，用溶剂溶解的还需设溶剂对照组，对照组和每个处理组均设 3 个重复，每个重复 100 头±10 头赤眼蜂。在指形管中加入定量的供试药液，将药液在指形管中充分滚吸直至晾干制成药膜管，然后将供试赤眼蜂放入药膜管中爬行 1h 后转入无药指形管中，饲喂 10%蜂蜜水，并用黑布封紧管口。对照组的成蜂数量与处理组相同，对照组与处理组应同时进行。在转入无药指形管中 24h 后检查并记录管中死亡和存活蜂数。

⑤ 限度试验。依据预试验结果，并根据农药对赤眼蜂的风险性等级划分标准，设置上限剂量为供试品最大田间推荐施用量的 10 倍，若试验用赤眼蜂在供试品达到上限用量时未出现死亡，则无须继续试验，可判定该供试品对赤眼蜂为低风险。

若供试品溶解度小于田间用量的 10 倍时，则采用最大溶解度作为上限浓度，并在报告中加以说明。

若试验用赤眼蜂在供试品达到上限剂量时死亡率＜50%，则需降低浓度进行试验，直至死亡率为 0，用该浓度来判定该供试品对赤眼蜂的风险性。

若设置上限剂量为供试品田间推荐施用量的 10 倍时无法制成均匀的药膜或形成的药膜黏度过大，试验用赤眼蜂无法进入药膜管，则设置可制成均匀干燥药膜的最高浓度为上限剂量，试验用赤眼蜂在供试品达到该上限剂量时未出现死亡，则无须继续试验，可判定该供试品对赤眼蜂为低风险。

⑥ 数据处理。LR_{50} 值的计算可采用概率值法估算，也可应用有关毒性数据计算软件进行分析和计算。如寇氏法可用于计算赤眼蜂在不同观察周期的 LR_{50} 值及 95%置信限，公式见式（10-5）～式（10-7）。

⑦ 质量控制。质量控制条件包括：对照组死亡率不超过 10%；药膜制备保证均匀；

环境条件等。

10.4.1.3　农药对草蛉的急性毒性测定

（1）材料与条件

① 供试生物。选择中华通草蛉（*Chrysoperla sinica* Tjeder），试验幼虫采用孵化2d的2龄幼虫。

② 供试物。农药原药或制剂，难溶于水的可用少量对瓢虫毒性小的有机溶剂、乳化剂或分散剂等助溶，助溶剂用量不应超过 $0.1mL(g) \cdot L^{-1}$。

③ 主要仪器设备。电子天平、超声波清洗器、智能人工气候箱、正压式微量分注器、加湿器、移液器、指形管、电热鼓风干燥箱等。

④ 试验条件。草蛉的饲养温度范围在25～28℃；相对湿度控制在60%～90%；光照周期（光暗比）应为16∶8，光照强度不低于1000lx。试验应在温度23～27℃、相对湿度50%～90%、光照周期（光暗比）16∶8条件下进行。

（2）预试验

① 浓度设置。将供试物用蒸馏水或有机溶剂配制成4～5个较大间距、不同浓度的稀释液，并设空白对照，供试物使用溶剂助溶时，还需设溶剂对照。除此之外，为了验证草蛉的敏感性，需要设立一个参比毒物，推荐用40%的氧乐果乳油，在田间推荐使用剂量下，其对于测试草蛉幼虫的死亡率不应低于40%。

② 染毒。染毒方式为玻璃管药膜法。在玻璃指形管中定量加入配制好的各浓度供试药液，将药液在指形管中充分滚动，直至晾干制成均匀药膜管，然后将供试草蛉幼虫单头接入药膜管中，饲喂足量的活蚜虫供草蛉取食，并以纱布封紧管口，以后每天饲喂充足的活蚜虫作为食物，饲喂蚜虫前需将残余的蚜虫清理干净，以保证草蛉充分接触药膜。对照组的草蛉数量与处理组相同，对照组与处理组应同时进行。指形管应该平放，保证草蛉能够自由爬行，减少重力对其的不利影响。

③ 观察与记录。每天观察并记录玻璃管中草蛉的中毒症状和死亡数，将死亡的幼虫、蛹与行为异常的一起记录（如活动不灵活的、抽搐的）直至出现稳定死亡率或化蛹。化蛹后，蛹继续保持在药膜管内观察至成虫羽化，计算成虫羽化率，未羽化成虫均计入死亡虫数。如果幼虫或蛹的减少是由于操作失误（例如幼虫逃走、在饲养或清洁过程中不小心被杀死）所致时，成虫前死亡率的计算就需要用初始数据减去减少的幼虫。

（3）正式试验　根据预试验确定的浓度范围按一定比例间距设置5～7个浓度组，相邻浓度的级差不能超过2.2，并设空白对照；供试物使用溶剂助溶时，还需设溶剂对照。对照组和每浓度处理组均设3个重复，每重复至少10头2龄草蛉幼虫。

（4）限量试验　限量试验的上限剂量设置为供试物田间最大推荐有效剂量乘以多次施药因子。若试验用草蛉在供试物达到上限剂量时未出现死亡，则无须继续试验；若供试物在水或其他有机溶剂的溶解度小于田间最大推荐有效剂量时，则采用其最大溶解度作为上限剂量，对于一些特殊的药剂也可采用相应的制剂进行试验。

(5) 数据处理　LR_{50}值的计算可采用概率值法估算，也可应用有关毒性数据计算软件进行分析和计算。如寇氏法可用于计算草蛉在不同观察周期的LR_{50}值及95%置信限。计算公式见式（10-5）～式（10-7）。

(6) 质量控制　质量控制条件包括：对照组死亡率不超过30%；药膜制备保证均匀；环境条件等。

10.4.2　高级效应分析

高级效应分析阶段所涉及的试验包括增加物种试验、老化残留试验、半田间试验及田间试验。高级阶段分析的试验均在自然基质上进行。在农田内场景下，选择在初级试验中不满足触发值的物种，同时需要再增加额外的1个物种进行高级阶段试验；在农田外场景下，需要增加额外的2个物种进行高级阶段试验。增加物种试验、老化残留试验、半田间试验和田间试验毒性终点值包括致死效应（以LR_{50}表示）和亚致死效应（包括发育历期、繁殖率、化蛹率、羽化率、产卵量、孵化率等种群生命表指标及种群丰富度、种群恢复期等群落指标），亚致死效应需与对照比对获得。对于田间试验，重点关注在农田内和农田外2个暴露场景下，测试农药对种群和群落的影响。终点值也主要侧重种群水平。

农药施用田间后，药剂对天敌的影响不仅仅是杀死天敌，对经药剂处理后存活的天敌也会有某些不利的影响即亚致死效应。农药对天敌的亚致死效应影响的研究主要集中在两个方面：一是对天敌生理的影响，如受农药处理后，存活天敌的寿命缩短、发育速率延长、繁殖力下降及后代性比异常等；二是对天敌行为的影响，如搜寻寄主能力下降等。主要体现在以下几个方面：

(1) 对羽化的影响　在研究杀虫剂对拟澳洲赤眼蜂卵至蛹期的毒性时发现，微生物杀虫剂菜蛾敌、苿虫菌和抑太保、灭幼脲、高效氯氰菊酯、乙酰甲胺磷对拟澳洲赤眼蜂卵至蛹期的羽化率或校正羽化率均在90%以上；巴丹、辛硫磷、敌敌畏对卵至蛹期影响极大，除了敌敌畏处理在卵期、幼虫期有极少量蜂羽化外，其余的均不羽化。使用一些农药田间使用浓度处理螟黄赤眼蜂卵、幼虫、预蛹和蛹不同发育阶段的柞蚕卵蜂，结果表明，苏云金芽孢杆菌（Bt）、核型多角体病毒（NPV）和35%赛丹对赤眼蜂卵期至蛹期影响最小，羽化率均大于60%，其他供试药剂对螟黄赤眼蜂卵至蛹期各发育阶段影响作用较大，其中48%毒死蜱对赤眼蜂各虫期的杀伤力最大，4个虫期均未羽化成蜂。

(2) 对不同虫态影响的差异　同种赤眼蜂对不同杀虫剂的敏感性也存在较大差异。吡虫啉等3种杀虫剂对稻螟赤眼蜂卵、幼虫、蛹、蛹后期（成虫羽化前1天）等4个虫态的毒性，其中杀螟松对卵、幼虫、蛹和蛹后期的杀伤力均比较强，其校正死亡率分别为48.63%、27.71%、50.21%和25.30%，而幼虫期和蛹后期用药，即使羽化成蜂，亦在羽化后2～3h内全部死亡。吡虫啉和噻嗪酮对这4个虫态的杀伤力均较小。氟虫腈对三化螟（*Tryporyza incertulas*）卵内稻螟赤眼蜂（*T. japonicum*）的影响，研究发现即使在高使用剂量下，赤眼蜂的死亡率也只有39.6%，远低于具有杀卵功能的杀虫单和三唑磷的毒性。

(3) 对生长发育历期的影响　农药的使用过程中，会导致寄主营养的改变，可以影响到寄生蜂的生长发育，引起昆虫的畸形和发育历期的改变。使用多杀霉素不同浓度处理甜菜夜蛾赤眼蜂（*T. exiguum*）不同的发育时期，发现各处理造成的雌蜂短翅比例只有 5%；研究发现高效氯氟氰菊酯、伏虫隆、杀螟丹、稻丰散、阿维菌素和虫酰肼等 6 种杀虫剂处理短管赤眼蜂各时期，显著改变了赤眼蜂的发育历期，相比来说，蛹期处理对赤眼蜂发育历期影响较小。阿维菌素田间推荐剂量喷雾处理可显著降低米蛾卵内广赤眼蜂的出蜂率；除卵期外，其他 3 个发育阶段经该药处理，预蛹和蛹期处理雌蜂前翅畸形率高达 43.3%～47.2%，子代雌蜂寿命显著缩短，影响程度随着其生长发育的进行呈增大趋势。多杀菌素处理在成虫期前的各个时期均显著影响拟澳洲赤眼蜂的羽化时间等，溴虫腈在卵期、幼虫期和蛹期处理对拟澳洲赤眼蜂的发育历期均有一定的影响。硫丹处理科尔多瓦赤眼蜂（*T. cordubensis*）后，其羽化时间延长。高效氯氰菊酯、丁醚脲、苏云金杆菌、虫酰肼、氟啶脲和茚虫威处理卷蛾分索赤眼蜂卵后，延长了赤眼蜂的羽化时间。大量的研究表明，使用农药后均对赤眼蜂的生长发育产生一定的影响。

大量研究表明：在赤眼蜂的 5 个发育历期（卵、幼虫、预蛹、蛹和成虫）中，农药（昆虫生长调节剂除外）对其成虫期的毒性最高，其原因主要为赤眼蜂的卵、幼虫、预蛹和蛹期阶段均在寄主体内，寄主表皮对其有保护作用，而成蜂在寄主体外活动。成蜂在农作物表面行走，取食花粉或液滴时都可能使农药进入虫体，雌虫产卵器外伸也可能使农药进入赤眼蜂体内。

(4) 对产卵量的影响　杀虫剂的使用也会影响寄生性天敌的产卵量，这也进一步关系到其寄生能力。寄生能力是寄生性天敌控害能力的一个重要指标。研究发现，长期、大量使用化学农药，对赤眼蜂的生产繁殖影响是很大的。常年用药水平高、喷药质量好、防治次数较多的稻田，赤眼蜂不能形成强大的群落，对三化螟卵的寄生率只有 1.2%～5.3%，赤眼蜂对螟害几乎没有控制作用。

(5) 对寄生能力的影响　研究发现，虫酰肼、伏虫隆和高效氯氰菊酯在卵到幼虫期处理引起羽化雌蜂产卵寄生能力显著下降；虫酰肼和高效氯氰菊酯在预蛹期处理引起羽化雌蜂寄生能力显著下降；阿维菌素仅在蛹期处理对羽化雌蜂寄生能力有显著影响；但处理时间越迟，影响越大。从羽化雌蜂的寄生能力看，卵到幼虫期及蛹期比预蛹期对伏虫隆更敏感。

除了直接接触药剂影响寄生外，植株或叶片药剂残留也会对雌蜂寄生能力产生一定程度的影响。研究人员观察了施药不同天数后药剂残留对甘蓝夜蛾赤眼蜂（*Trichogramma brassicae*）寄生能力的影响，特菌灵处理当天，每雌平均寄生卵粒数较低，至药后 4d 已与对照相当；阿维菌素仅在喷药当天影响成蜂寄生能力，而吡虫啉和溴虫腈能在试验期间（0d、1d、3d、7d）持续影响寄生。

农药对寄生能力的影响和农药的类型及作用时期有关。研究发现，高效氯氰菊酯和虫酰肼处理预蛹期可以引起 F1 代雌蜂寄生能力的下降；阿维菌素仅处理蛹期会对 F1

代雌蜂寄生能力产生影响，但处理时间越晚对其的寄生率影响越大；乐果残留可以导致卷蛾赤眼蜂寄生能力显著下降。在不同农药的作用下，赤眼蜂寿命的长短和寄生产卵量间的关系会发生改变。不同农药处理时赤眼蜂的寿命和寄生率不具线性相关。如相同浓度的高效氯氰菊酯和氯氰菊酯处理 14h 后赤眼蜂全部死亡，前者的单雌产卵量为 1149 粒，而后者单雌产卵量为 144 粒。马拉硫磷处理赤眼蜂 3h 后全部死亡，平均单雌产卵量却达 1107 粒，说明毒性相近的杀虫剂对赤眼蜂寄生能力的影响存在差异，杀虫剂对赤眼蜂存活率的影响和寄生能力的影响可能不一致。

（6）对天敌行为的影响　杀虫剂处理后也能引起天敌行为的变化，已有的关于杀虫剂对其他方面影响的研究报道包括对寄主搜索、寄主定位、交配行为、取食行为等。杀虫剂的亚致死剂量能够干扰接受猎物的任何一个步骤的完成，进而降低或破坏天敌控制害虫的能力。杀虫剂亚致死作用对天敌行为的影响在杀虫剂起驱虫作用时使天敌搜索行为受到干扰。

杀虫剂可以影响天敌对寄主的搜索行为。研究发现，$LD_{0.1}$ 溴氰菊酯处理的甘蓝夜蛾赤眼蜂（*T. brassicae*）雄蜂对雌蜂的性信息素反应强度增强。处理的雄蜂对处理雌蜂释放的信息素的反应动态和对照有显著不同。对照雄蜂对雌蜂分泌的性信息素的反应逐渐减弱，而处理的反应强度虽然在开始低于对照，但不随时间延长而降低，后期的反应强度反而高于对照，搜索行为也发生了明显改变。

10.5　风险表征

风险表征一般划分为初级风险表征和高级风险表征。

10.5.1　初级风险表征

初级风险表征以危害商值（HQ）的大小来表示农药对非靶标节肢动物的影响水平。对于农田内场景 HQ＝PEC（农田内）/LR_{50}；农田外场景 HQ＝PEC（农田外）×UF/LR_{50}，其中 UF 为不确定因子。增加不确定因子的原因主要是选用的标准测试物种为农田内的天敌种类，而农田外的天敌的物种丰富程度要高于农田内。为了减少这种不确定性，引入不确定因子，通常设置默认值为 5。根据《农药登记　环境风险评估指南　第 7 部分：非靶标节肢动物》（NY/T 2882.7—2016），除昆虫生长调节剂等特殊作用机制农药外，如果 HQ≤5，风险应当被视为可接受风险；如果 HQ＞5，则表明风险为不可接受。对于不可接受风险需要开展高级风险评价，通过更为真实的研究证明风险可接受与否。

10.5.2　高级风险表征

根据高级效应分析中采用的不同毒性终点，采用相应的方式进行风险表征。采用实验室扩展试验、叶片残毒试验或半田间试验得出的毒性终点，如能够获得 LR_{50}，则按照初级阶段计算 HQ。对于无法计算 LR_{50}，触发值为 50%，即致死率和亚致死效应值小于等于 50%，则风险被视为可接受风险；致死率和亚致死效应值大于 50%，则表明为风险不可接受。

因不同的物种会产生不同的效应，对于田间试验通常没有固定的触发值。与对照比较，如在一年周期内栖息在田间的生物一年或一个季节之内得到恢复，则风险被视为可接受风险。反之，则表明为不可接受风险。在具体过程中要充分考虑作物的种类以及测试种类的生态学和生物学特点进行分析，根据物种特点考虑风险是否可以接受。

10.6　实例分析

10.6.1　农药对瓢虫的影响

（1）安全系数法　采用触杀法和胃毒法测定农药对瓢虫的急性毒性，并以瓢虫致死中浓度 LC_{50} 与各种药剂的田间推荐浓度相比，求得安全系数，用以评估药剂对瓢虫的安全程度。

安全系数＝天敌的 LC_{50}/田间实际使用浓度

几种植物源杀虫剂中，鱼藤酮对异色瓢虫的毒力最高，其 LC_{50} 为 3.88mg・L^{-1}，除虫菊素-苦参碱毒力最低，LC_{50}（153.85mg・L^{-1}）远大于其他 3 种植物源农药。毒力大小依次为：鱼藤酮＞百部-川楝-苦参碱＞苦参碱＞除虫菊素-苦参碱。各种药剂对异色瓢虫的相对毒力指数为鱼藤酮最高（49.10），除虫菊素-苦参碱最低（1.24）。当使用田间推荐剂量时，百部-川楝-苦参碱和鱼藤酮安全系数小于 1，说明对异色瓢虫有一定的伤害，除虫菊素-苦参碱。苦参碱和对照杀虫剂吡虫啉乳油无论使用低限剂量还是高限剂量，对异色瓢虫的安全系数均大于 1，说明对其毒性较低，其中除虫菊素-苦参碱微囊悬浮剂安全系数较大，对异色瓢虫较为安全，如表 10-9 所示。

表 10-9　4 种植物源杀虫剂对异色瓢虫的毒性试验结果

药剂名称	毒力回归方程	LC_{50}值/mg・L^{-1}	95%置信区间	相对毒力指数	田间推荐使用剂量/mg・L^{-1}	安全系数
除虫菊素-苦参碱	$y-0.792x-3.990$	153.85	101.98～458.65	1.24	10～12	12.82～15.39
百部-川楝-苦参碱	$y=0.715x-1.598$	9.34	7.51～11.92	20.40	15～20	0.47～0.62
苦参碱	$y=1.501x-5.874$	50.13	36.74～1686.55	3.80	3.72～9	5.57～13.48
鱼藤酮	$y=0.395x-0.535$	3.88	0.03～7.30	49.10	50～75	0.05～0.08
吡虫啉（化学对照）	$y=1.584x-8.317$	190.49	160.79～218.54	1	30～50	3.81～6.35

在室内条件下，几种杀虫剂对异色瓢虫成虫处理 72h 后，异色瓢虫成虫对 8 种药剂的反应差异极为显著。毒力大小依次为：吡虫啉＞阿维菌素和噻虫嗪＞阿维菌素＋杀虫单＞灭幼脲＞苦参素＞Bt＞矿物油，如表 10-10 所示。

表 10-10 室内条件下几种杀虫剂对异色瓢虫成虫的毒力

药剂名称	毒力回归方程	LC_{50}值 /mg·L^{-1}	相关系数 (r)	相对毒力指数	田间常用剂量 /mg·L^{-1}	安全系数
吡虫啉	$y=1.0440x-0.9086$	287.03	0.95	5.95	50～166	1.73～5.74
阿维菌素	$y=0.8000x-0.2768$	732.16	0.94	2.33	125～500	1.46～5.85
噻虫嗪	$y=1.2930x-3.5669$	754.16	1.0	2.26	250～500	1.51～3.02
阿维菌素+杀虫单	$y=1.2489x-3.3775$	818.85	0.99	2.09	500	1.63～3.27
灭幼脲	$y=2.3849x-11.023$	827.59	0.93	2.06	500～666	1.24～1.65
苦参素	$y=1.1422x-3.50$	1707.73	0.89	1.00	833～1666	1.03～2.05
Bt	$y=1.4013x-8.2769$	13025.99	0.88	0.13	4000～6666	1.95～3.26
矿物油	$y=0.1646x+2.3469$	100037.34	0.78	0.0002	500～1000	100.04～200.07

采用玻璃管药膜法测定了不同药剂对龟纹瓢虫成虫的毒力大小，混剂则采用孙云沛公式求出共毒系数（CTC），判定其联合作用大小，判定标准：CTC＞130 为增毒，CTC＜70 为拮抗，130≥CTC≥70 为相加作用。从表 10-11 看出，6 种单剂对龟纹瓢虫成虫的毒力顺序为：高效氯氟氰菊酯＞灭多威＞辛硫磷＞甲基对硫磷＞甲胺磷＞硫丹；7 种混剂中以甲胺磷＋硫丹最安全，而灭多威＋甲基对硫磷毒力最高，如表 10-11 所示。

表 10-11 13 种杀虫剂对龟纹瓢虫的毒力比较

供试药剂	回归方程式	相关系数	LC_{50}/μg·mL^{-1}	相对毒力倍数
硫丹	$y=1.5744+1.6719x$	0.9944	111.92	1.00
甲胺磷	$y=0.9079+2.1897x$	0.9824	73.93	1.53
甲基对硫磷	$y=3.6300+1.0278x$	0.9904	21.53	5.20
辛硫磷	$y=4.4314+1.2264x$	0.9912	2.91	38.46
灭多威	$y=4.4200+1.6056x$	0.9990	2.30	48.66
高效氯氟氰菊酯	$y=4.6781+1.7132x$	0.9947	1.54	72.68
甲胺磷＋硫丹	$y=3.4924+1.1093x$	0.9934	22.86	4.90
甲基对硫磷＋辛硫磷	$y=4.0094+0.8991x$	0.9956	12.64	8.85
灭多威＋硫丹	$y=4.2141+1.0901x$	0.9932	3.97	28.19
高效氯氟氰菊酯＋辛硫磷	$y=3.9433+1.7640x$	0.9893	5.26	21.28
高效氯氟氰菊酯＋硫丹	$y=4.2114+1.3490x$	0.9896	3.75	29.85
高效氯氟氰菊酯＋灭多威	$y=4.1928+1.4049x$	0.9896	3.84	29.15
灭多威＋甲基对硫磷	$y=4.4954+1.5474x$	0.9918	2.12	52.79

(2) 风险商值 HQ 法 参照《化学农药 天敌（瓢虫）急性接触毒性试验准则》（NY/T 3088—2017），采用玻璃管药膜法，对 7 种常见农药对龟纹瓢虫的毒力进行测试，结果如表 10-12 所示。

表 10-12 7 种杀虫剂对龟纹瓢虫的毒力比较

供试物	成虫前 LR_{50} /g(a. i.) · hm^{-2}	回归方程	拟合度（r^2）	置信区间 /g(a. i.) · hm^{-2}
72%甲维盐原药	1.21742	$y=11.948+2.431x$	0.900	0.95577～1.60086
95.2%呋虫胺原药	0.81958	$y=13.629+2.680x$	0.955	0.66195～1.10457
98.2%噻虫嗪原药	0.10325	$y=10.865+1.815x$	0.887	0.06696～0.67240
98%乐果晶体	0.20991	$y=37.489+6.603x$	0.882	0.18511～0.23324
97%吡虫啉原药	0.43550	$y=9.251+1.726x$	0.946	0.24215～0.62958
97%啶虫脒原药	0.0499	$y=17.975+2.852x$	0.910	0.0395～0.0611
96%联苯菊酯原药	0.03667	$y=9.648+1.499x$	0.964	0.02498～0.05513

参照上述对非靶标节肢动物的风险评价程序，采用 HQ 值法评估 7 种杀虫剂对异色瓢虫的毒性风险，其结果如表 10-13 所示。由表中可看出，$HQ_{农田内}$均大于 5，因此这 7 种杀虫剂均对田间的异色瓢虫有风险，因此需要进行更高一级的风险评估去验证。其中，乐果、联苯菊酯、噻虫嗪以及啶虫脒都显示出极高的风险，其次是吡虫啉以及呋虫胺，风险最低的是甲维盐。

表 10-13 7 种杀虫剂对农田内异色瓢虫的危害商值

供试物	成虫前 LR_{50} /g(a. i.) · hm^{-2}	置信区间 /g(a. i.) · hm^{-2}	施用量 /g(a. i.) · hm^{-2}	MAF	$PEC_{农田内}$ /g(a. i.) · hm^{-2}	$HQ_{农田内}$
72%甲维盐原药	1.217	0.956～1.601	2.25～3.75	3	11.25	9
95.2%呋虫胺原药	0.82	0.662～1.105	90～150	3	450	549
98.2%噻虫嗪原药	0.103	0.067～0.672	15～60	3	180	1743
98%乐果晶体	0.21	0.185～0.233	300～600	3	1800	8575
97%吡虫啉原药	0.436	0.242～0.630	22.5～30	3	90	207
97%啶虫脒原药	0.05	0.040～0.061	18～22	3	66	1323
96%联苯菊酯原药	0.037	0.025～0.055	7.3～30	3	90	2454

由表 10-14 可看出，甲维盐和吡虫啉 $HQ_{农田外}$小于 5，施用这 2 种农药时，对于农田外的异色瓢虫不需特殊保护；而其他 5 种杀虫剂的 $HQ_{农田外}$均大于 5，因此在农田内施用这 5 种杀虫剂对农田外的异色瓢虫有风险，此时需要采用风险缓解措施以使风险可接受。

表 10-14 7 种杀虫剂对农田外异色瓢虫的危害商值

供试物	成虫前 LR_{50} /g(a. i.) · hm^{-2}	田间推荐施用量 /g(a. i.) · hm^{-2}	MAF	VDF	PDF/%	$PEC_{农田外}$ /g(a. i.) · hm^{-2}	$HQ_{农田外}$
72%甲维盐原药	1.217	2.25～3.75	3	5	2.38	0.05355	0.220
95.2%呋虫胺原药	0.82	90～150	3	5	2.38	2.142	13.061
98.2%噻虫嗪原药	0.103	15～60	3	5	2.38	0.8568	41.592
98%乐果晶体	0.21	300～600	3	5	2.38	8.568	204.000

续表

供试物	成虫前 LR_{50} /g(a. i.)·hm^{-2}	田间推荐施用量 /g(a. i.)·hm^{-2}	MAF	VDF	PDF/%	$PEC_{农田外}$ /g(a. i.)·hm^{-2}	$HQ_{农田外}$
97%吡虫啉原药	0.436	22.5～30	3	5	2.38	0.4284	4.913
97%啶虫脒原药	0.05	18～22	3	5	2.38	0.31416	31.416
96%联苯菊酯原药	0.037	7.3～30	3	5	2.38	0.4284	57.892

(3) 试虫的96h及成虫前LR_{50}　新颁布的瓢虫急性标准中规定毒性终点为成虫前的死亡率。根据不同农药对异色瓢虫2龄幼虫前5日以及成虫前死亡率的分析可知，绝大多数处理组的试虫在48h后依然会产生很高的死亡率。呋虫胺和乐果在96h后死亡率基本趋于稳定；而其他5种杀虫剂在96h后到试虫发育到成虫前，其死亡率依然有很大的变化。因此以成虫前LR_{50}来评估杀虫剂的毒性是比较必要且科学的。但是由于天敌瓢虫处于第三营养级，而试验进行到96h时，绝大多数试虫都已进入4龄期，而异色瓢虫在整个4龄期时捕食量巨大，因此需要很大的人力物力。在操作过程中有人为操作因素等造成的瓢虫死亡率增加，而且，时间成本较高。本研究测定了96h以及成虫前的LR_{50}，并试图找出它们之间的关系，为化学农药天敌（瓢虫）急性接触毒性试验准则的后续发展提供数据支撑。7种杀虫剂对异色瓢虫的96h测试毒性结果如表10-15所示。

表10-15　7种杀虫剂对异色瓢虫2龄幼虫的96h LR_{50}

供试物	96h LR_{50} /g(a. i.)·hm^{-2}	回归方程	拟合度（r^2）	置信区间 /g(a. i.)·hm^{-2}
72%甲维盐原药	2.36572	$y=7.454+1.611x$	0.969	1.62512～4.91793
95.2%呋虫胺原药	0.91493	$y=14.894+2.956x$	0.922	0.74452～1.23274
98.2%噻虫嗪原药	0.10937	$y=21.382+3.587x$	0.735	无
98%乐果晶体	0.22397	$y=44.067+7.8x$	0.976	0.20348～0.24539
97%吡虫啉原药	0.53527	$y=9.868+1.872x$	0.926	0.35267～0.72934
97%啶虫脒原药	0.0866	$y=13.789+2.274x$	0.942	0.0659～0.1123
96%联苯菊酯原药	0.07052	$y=8.438+1.372x$	0.950	0.04739～0.14688

表10-15与表10-12分别是指形管药膜法测定的7种杀虫剂对异色瓢虫2龄幼虫的96h LR_{50}和成虫前LR_{50}，除噻虫嗪的96h数据拟合度在0.85以下外，其他组的线性拟合都较好。为寻求成虫前LR_{50}以及96h LR_{50}之间的关系，对96h LR_{50}以及成虫前LR_{50}的比值进行了分析（表10-16），发现所测试农药的96h LR_{50}均大于成虫前的LR_{50}，并且其比值都在2倍以内。比较结果如表10-16所示。

表10-16　7种杀虫剂对异色瓢虫2龄幼虫的96h与成虫前LR_{50}比值

供试物	成虫前LR_{50}/g(a. i.)·hm^{-2}	96h LR_{50}/g(a. i.)·hm^{-2}	96h LR_{50}/成虫前LR_{50}
72%甲维盐原药	1.21742	2.36572	1.94
95.2%呋虫胺原药	0.81958	0.91493	1.12

续表

供试物	成虫前 LR_{50}/g(a. i.)·hm^{-2}	96h LR_{50}/g(a. i.)·hm^{-2}	96h LR_{50}/成虫前 LR_{50}
98.2%噻虫嗪原药	0.10325	0.10937	1.06
98%乐果晶体	0.20991	0.22397	1.07
97%吡虫啉原药	0.43550	0.53527	1.23
97%啶虫脒原药	0.0499	0.0866	1.74
96%联苯菊酯原药	0.03667	0.07052	1.92

为寻求以 96h LR_{50} 估算成虫前 LR_{50} 的可能性与可行性，以 96h LR_{50} 为自变量，以成虫前 LR_{50} 为因变量，用 spss22.0 对这两者进行了曲线估计（图 10-6）。

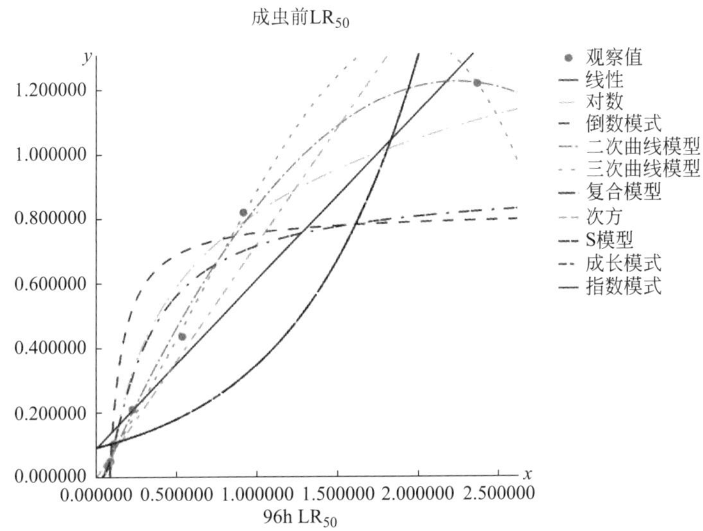

图 10-6　成虫前 LR_{50} 与 96h LR_{50} 的曲线图

由表 10-17 可发现，线性、对数、二次曲线模型、三次曲线模型、次方以及 S 模型拟合的显著性均小于 0.001，这可能是数据量较少。另外依据 96h LR_{50} 与成虫前 LR_{50} 的比值在1～2 倍，因此二次曲线、三次曲线、S 模型以及对数模型并不适合；相对来说，线性和次方模型比较符合，其方程式分别为 $y=0.512x+0.09$ 以及 $y=1.002x^3+0.712$，其拟合度分别是 0.921 和 0.957。

表 10-17　曲线估计的模型总计及参数评估

方程式	r^2	模型摘要				参数评估			
		F	df_1	df_2	显著性	常数	b_1	b_2	b_3
线性	0.921	58.234	1	5	0.0006	0.09	0.521		
对数	0.944	83.723	1	5	0.0003	0.819	0.33		
倒数模式	0.682	10.724	1	5	0.0221	0.823	−0.068		
二次曲线模型	0.996	461.883	2	4	0	−0.04	1.132	−0.253	
三次曲线模型	0.998	480.66	3	3	0.0002	0.001	0.73	0.337	−0.181

续表

方程式	r^2	模型摘要				参数评估			
		F	df_1	df_2	显著性	常数	b_1	b_2	b_3
复合模型	0.657	9.577	1	5	0.0270	0.092	3.765		
次方	0.957	112.007	1	5	0.0001	0.721	1.002		
S模型	0.957	112.447	1	5	0.0001	−0.093	−0.241		
增长模式	0.657	9.577	1	5	0.0270	−2.383	1.326		
指数模式	0.657	9.577	1	5	0.0270	0.092	1.326		

10.6.2 农药对赤眼蜂的影响

考察不同杀虫剂对欧洲玉米螟赤眼蜂的影响，预蛹期处理采用寄主卵浸渍法，待测药剂用纯丙酮溶剂稀释成5个浓度梯度，每个浓度设3个重复。将赤眼蜂处于预蛹期的米蛾卵卡剪成每张约200粒米蛾卵的小卡，直接浸入新配的药液中2s，以纯丙酮试剂为对照。晾干后装于指形管中，用纱布包扎管口，放入人工气候箱，温度为(25±1)℃，相对湿度为70%～80%，光照L∶D为14∶10。待赤眼蜂羽化后检查，未羽化者计为死亡，计算死亡率、校正死亡率，求致死中浓度（LC_{50}）值。

成蜂期处理采用药膜法，将待测药剂用纯丙酮溶剂稀释成5个浓度梯度。吸取1mL药液于80mm×20mm指形管内，迅速转动指形管，使药液均匀涂于管内壁，立即将多余药液倒出，指形管倒立，待溶剂挥发完后即成药膜管。每支管内装赤眼蜂成蜂50头。让蜂在药膜管内自由爬行1h后，转入无药的干净指形管中，在管口固定泡过20%蜂蜜水的棉球，用黑布封管口。每浓度重复3次，以纯丙酮溶剂为对照。处理完后放入人工气候箱，温度为(25±1)℃，相对湿度为70%～80%，光照L∶D为14∶10。24h后检查药效，以毛笔轻触蜂体不动者为死亡标准，计算赤眼蜂的死亡率、校正死亡率，求致死中浓度（LC_{50}）值。

(1) 安全系数法　5种化学农药对预蛹期赤眼蜂的试验结果见表10-18，毒力大小依次为高效氯氟氰菊酯＞甲氨基阿维菌素＞氯氰菊酯＞高氯·甲维盐＞溴氰菊酯。其中，氯氰菊酯、高氯·甲维盐和溴氰菊酯对预蛹期赤眼蜂的LC_{50}值较高，分别为11.117mg·L^{-1}、11.233mg·L^{-1}和11.756mg·L^{-1}，在5种供试农药中毒力相对较小。

表10-18　5种化学农药对预蛹期赤眼蜂的毒力

药剂名称	毒力回归方程	LC_{50}值/mg·L^{-1}	95%置信区间	相对毒力指数
氯氰菊酯	$y=1.001x-2.412$	11.117	5.976～99.469	1.000
高效氯氟氰菊酯	$y=0.798x-0.173$	1.241	0.598～2.163	8.958
甲氨基阿维菌素	$y=1.057x-1.588$	4.490	3.715～5.227	2.476
高氯·甲维盐	$y=1.920x-4.643$	11.233	0.736～14.416	0.990
溴氰菊酯	$y=3.311x-8.160$	11.756	6.353～14.267	0.946

5 种化学农药对成蜂期赤眼蜂的试验结果见表 10-19，毒力大小依次为高氯·甲维盐＞高效氯氟氰菊酯＞甲氨基阿维菌素＞溴氰菊酯＞氯氰菊酯，其中氯氰菊酯对成蜂期赤眼蜂的 LC_{50} 值最大，为 1.696mg·L^{-1}，在 5 种农药中毒力最小。5 种不同农药对预蛹期赤眼蜂的毒力均小于对成蜂期赤眼蜂的毒力，相关研究也认为成蜂期是赤眼蜂对农药最敏感的时期，说明寄主卵对赤眼蜂抵御药害有一定的作用。

表 10-19　5 种化学农药对成蜂期赤眼蜂的毒力

药剂名称	毒力回归方程	LC_{50} 值/mg·L^{-1}	95%置信区间	相对毒力指数
氯氰菊酯	$y=0.332x+0.175$	1.696	0.709～2.878	1
高效氯氟氰菊酯	$y=0.264x+0.374$	0.242	0.018～0.549	7.008
甲氨基阿维菌素	$y=0.345x+0.353$	0.359	0.061～0.782	4.724
高氯·甲维盐	$y=0.302x+0.612$	0.132	0.007～0.413	12.848
溴氰菊酯	$y=0.862x+0.631$	0.481	0.328～1.050	3.526

由 16 种杀虫剂对松毛虫赤眼蜂的风险性评价结果可知，苏云金杆菌、球孢白僵菌、灭幼脲、杀铃脲、甲氧虫酰肼和苦皮藤素均对松毛虫赤眼蜂安全，安全性评价为低风险性药剂；啶虫脒、甲氨基阿维菌素和高效氯氟氰菊酯为高风险性药剂；吡虫啉、阿维菌素、噻虫啉、虫螨腈、氟虫腈、辛硫磷和敌敌畏则为极高风险性药剂，对松毛虫赤眼蜂不安全。常用杀虫剂对松毛虫赤眼蜂的急性毒性如表 10-20 所示，常用农药对松毛虫赤眼蜂的安全性评价如表 10-21 所示。

表 10-20　常用杀虫剂对松毛虫赤眼蜂的急性毒性

药剂名称	LR_{50}/mg·cm^{-2}	95%置信区间/mg·cm^{-2}	回归方程	相关系数
甲氨基阿维菌素	2.28×10^{-4}	7.12×10^{-5}～3.60×10^{-4}	$y=6.990+1.919x$	0.905
啶虫脒	9.81×10^{-5}	6.75×10^{-5}～1.28×10^{-4}	$y=7.302+1.822x$	0.969
噻虫啉	5.23×10^{-5}	3.69×10^{-5}～6.61×10^{-5}	$y=14.400+3.363x$	0.867
辛硫磷	2.43×10^{-5}	1.88×10^{-5}～2.90×10^{-5}	$y=14.505+3.143x$	0.974
高效氯氟氰菊酯	1.39×10^{-5}	1.00×10^{-5}～1.74×10^{-5}	$y=11.765+2.423x$	0.945
吡虫啉	4.33×10^{-6}	2.32×10^{-6}～6.01×10^{-6}	$y=12.219+2.278x$	0.929
氟虫腈	2.10×10^{-6}	1.68×10^{-6}～2.50×10^{-6}	$y=16.915+2.979x$	0.956
阿维菌素	1.92×10^{-6}	1.50×10^{-6}～2.26×10^{-6}	$y=19.100+3.341x$	0.937
虫螨腈	1.31×10^{-6}	5.88×10^{-7}～2.08×10^{-6}	$y=12.743+2.166x$	0.863
敌敌畏	1.11×10^{-6}	8.83×10^{-7}～2.18×10^{-6}	$y=9.398+1.578x$	0.941

表 10-21　常用农药对松毛虫赤眼蜂的安全性评价

药剂名称	安全性系数	风险性等级
100 亿活芽孢/mL	—	低风险性
苏云金杆菌悬浮剂	—	低风险性
球孢白僵菌	—	低风险性

续表

药剂名称	安全性系数	风险性等级
灭幼脲	—	低风险性
杀铃脲	—	低风险性
甲氧虫酰肼	—	低风险性
苦皮藤素	—	低风险性
啶虫脒	0.436	高风险性
甲氨基阿维菌素	0.0912	高风险性
高效氯氟氰菊酯	0.0556	高风险性
吡虫啉	1.08×10^{-2}	极高风险性
阿维菌素	9.37×10^{-3}	极高风险性
噻虫啉	8.72×10^{-3}	极高风险性
虫螨腈	1.66×10^{-3}	极高风险性
氟虫腈	7.78×10^{-4}	极高风险性
辛硫磷	6.60×10^{-4}	极高风险性
敌敌畏	1.85×10^{-4}	极高风险性

9种杀虫剂对亚洲玉米螟和广赤眼蜂成蜂的安全性评价结果表明：除吡虫啉、噻虫嗪、噻虫啉和依维菌素对亚洲玉米螟赤眼蜂成蜂的安全性分别低于对广赤眼蜂成蜂的安全性一个等级外，其他5种杀虫剂（啶虫脒、烯啶虫胺、氯噻啉、阿维菌素和甲氨基阿维菌素）中每种单一药剂对2种赤眼蜂成蜂的安全性等级均相同。如啶虫脒和甲氨基阿维菌素对2种赤眼蜂成蜂均为中等风险性，安全性系数为1.01～3.36；烯啶虫胺和阿维菌素对2种赤眼蜂成蜂均为高风险性，安全性系数为0.06～0.15；而氯噻啉对2种赤眼蜂成蜂均为低风险性，安全性系数为5.70～7.50。此外，吡虫啉对亚洲玉米螟赤眼蜂成蜂为低风险（安全性系数为15.72），但对广赤眼蜂成蜂为中等风险性（安全性系数为1.56）；噻虫啉和依维菌素对亚洲玉米螟赤眼蜂成蜂均为中等风险性（安全性系数为0.54～3.45），而对广赤眼蜂成蜂却为高风险性（安全性系数为0.16～0.27）；噻虫嗪对亚洲玉米螟赤眼蜂成蜂为高风险性（安全性系数为0.10），但对广赤眼蜂成蜂却为极高风险性（安全性系数为0.05）。

新烟碱类和大环内酯类杀虫剂对赤眼蜂成蜂的急性毒性和安全性评价如表10-22、表10-23所示。

6种三唑类杀菌剂中，氟环唑对稻螟赤眼蜂、亚洲玉米螟赤眼蜂和拟澳洲赤眼蜂均为高风险性，安全性系数为0.10～0.34。苯醚甲环唑对拟澳洲赤眼蜂为中等风险性，安全性系数为3.69；但对亚洲玉米螟赤眼蜂和稻螟赤眼蜂却均为低风险性，安全性系数分别为7.69和8.13。环丙唑醇、己唑醇、戊唑醇和种菌唑对测定的3种赤眼蜂成蜂均为低风险，其安全性系数为7.31～107.74。总体来看，6种杀菌剂对亚洲玉米螟赤眼蜂的安全性系数均大于对拟澳洲赤眼蜂的安全性系数。

三唑类杀菌剂对3种赤眼蜂成蜂的急性毒性和风险评估见表10-24、表10-25。

表 10-22　新烟碱类和大环内酯类杀虫剂对赤眼蜂成蜂的急性毒性

杀虫剂	稻螟赤眼蜂			亚洲玉米螟赤眼蜂			拟澳洲赤眼蜂			广赤眼蜂		
	LC_{50}（95%置信限）/mg(a.i.)·L^{-1}	斜率	LR_{50}	LC_{50}（95%置信限）/mg(a.i.)·L^{-1}	斜率	LR_{50}	LC_{50}（95%置信限）/mg(a.i.)·L^{-1}	斜率	LR_{50}	LC_{50}（95%置信限）/mg(a.i.)·L^{-1}	斜率	LR_{50}
新烟碱类												
吡虫啉	95.31（86.62～105.23）	1.57±0.12	8.93	502.13（459.80～549.62）	1.73±0.09	47.04	752.62（687.51～828.63）	1.83±0.14	70.52	50.07（45.98～61.70）	1.84±0.11	4.69
啶虫脒	25.21（22.42～29.12）	1.76±0.14	2.36	42.85（38.20～51.09）	1.67±0.13	4.01	92.98（85.12～102.14）	1.87±0.07	8.71	24.35（22.65～30.35）	1.84±0.10	2.28
烯啶虫胺	0.72（0.65～0.80）	1.54±0.09	0.07	4.80（4.60～6.05）	2.09±0.15	0.45	0.83（0.74～0.96）	1.82±0.13	0.08	2.91（2.52～3.71）	1.93±0.17	0.27
噻虫嗪	0.40（0.37～0.44）	1.78±0.13	0.04	2.47（2.31～3.20）	1.66±0.121	0.23	0.24（0.21～0.27）	1.88±0.14	0.02	1.12（1.02～1.23）	1.76±0.12	0.11
氯噻啉	80.74（72.72～90.31）	1.47±0.10	7.56	182.31（162.74～211.92）	1.87±0.09	17.13	65.20（57.91～76.62）	1.64±0.12	6.11	240.13（210.91～303.24）	1.48±0.09	22.52
噻虫啉	75.34（67.30～85.13）	1.41±0.08	7.05	371.91（338.93～443.10）	1.92±0.14	34.84	175.90（156.13～208.24）	1.70±0.13	16.51	17.36（15.39～23.11）	1.42±0.07	1.63
大环内酯类												
阿维菌素	0.49（0.46～0.65）	1.56±0.12	0.05	4.34（3.92～5.05）	1.96±0.16	0.41	1.05（0.95～1.17）	1.62±0.11	0.10	2.05（1.67～3.27）	1.36±0.12	0.19
甲氨基阿维菌素	1.09（0.96～1.25）	1.66±0.14	0.10	4.46（4.10～5.58）	1.69±0.12	0.42	21.76（19.59～24.40）	1.61±0.13	2.04	6.46（4.24～8.12）	1.31±0.10	0.61
伊维菌素	0.92（0.83～1.01）	1.58±0.10	0.09	2.57（2.42～3.39）	1.65±0.14	0.24	1.11（1.00～1.35）	1.70±0.15	0.10	1.28（1.19～1.62）	1.82±0.16	0.12

表 10-23 新烟碱类和大环内酯类杀虫剂对赤眼蜂成蜂的安全性评价

杀虫剂	稻螟赤眼蜂		亚洲玉米螟赤眼蜂		拟澳洲赤眼蜂		广赤眼蜂	
	安全性系数SF	安全性等级	安全性系数SF	安全性等级	安全性系数SF	安全性等级	安全性系数SF	安全性等级
新烟碱类								
吡虫啉	2.98	中等风险	15.72	低风险	23.54	低风险	1.56	中等风险
啶虫脒	1.05	中等风险	1.78	中等风险	3.87	中等风险	1.01	中等风险
烯啶虫胺	0.02	极高风险	0.15	高风险	0.03	极高风险	0.09	高风险
噻虫嗪	0.02	极高风险	0.10	高风险	0.01	极高风险	0.05	极高风险
氯噻啉	2.52	中等风险	5.70	低风险	2.04	中等风险	7.50	低风险
噻虫啉	0.70	中等风险	3.45	中等风险	1.64	中等风险	0.16	高风险
大环内酯类								
阿维菌素	0.01	极高风险	0.13	高风险	0.03	极高风险	0.06	高风险
甲氨基阿维菌素	0.57	中等风险	2.32	中等风险	11.33	低风险	3.36	中等风险
伊维菌素	0.19	高风险	0.54	中等风险	0.23	中等风险	0.27	高风险

表 10-24　三唑类杀菌剂对 3 种赤眼蜂成蜂的急性毒性

杀菌剂	稻螟赤眼蜂			亚洲玉米螟赤眼蜂			拟澳洲赤眼蜂成蜂		
	LC_{50}（95%置信限）/mg(a.i.)·L^{-1}	斜率	LR_{50} /mg·m^{-2}	LC_{50}（95%置信限）/mg(a.i.)·L^{-1}	斜率	LR_{50} /mg·m^{-2}	LC_{50}（95%置信限）/mg(a.i.)·L^{-1}	斜率	LR_{50} /mg·m^{-2}
环丙唑醇	7877.01（7256.52～8579.54）	2.07±0.09	737.823	10304.13（9485.12～11255.60）	2.16±0.09	965.16	6434.33（5925.41～7006.10）	2.03±0.09	602.68
氟环唑	12.38（11.34～13.60）	1.91±0.09	1.16	41.12（37.75～45.05）	2.08±0.09	3.85	12.34（10.34～15.07）	1.97±0.09	1.15
己唑醇	9360.62（8535.31～10310.63）	1.77±0.08	876.78	11712.34（9941.23～14026.12）	1.98±0.09	1097.06	5970.03（5062.21～7093.93）	2.23±0.09	559.19
戊唑醇	9143.72（7816.83～10837.40）	1.92±0.08	856.47	11129.13（9030.53～14071.93）	2.23±0.10	1042.44	6779.63（6212.21～7425.24）	1.89±0.08	635.03
种菌唑	1170.52（1077.34～1276.92）	2.06±0.09	109.69	2246.93（1866.65～2755.12）	2.08±0.09	210.38	1282.04（1177.63～1403.82）	2.12±0.09	120.08
苯醚甲环唑	1042.83（953.84～1146.84）	1.89±0.08	97.61	986.38（907.31～1077.93）	2.12±0.10	92.36	507.14（464.79～556.48）	1.98±0.09	47.49

表 10-25　三唑类杀菌剂对 3 种赤眼蜂成蜂的风险评估

三唑类杀菌剂	稻螟赤眼蜂		亚洲玉米螟赤眼蜂		拟澳洲赤眼蜂	
	安全性系数	安全性等级	安全性系数	安全性等级	安全性系数	安全性等级
环丙唑醇	81.98	低风险	107.24	低风险	66.96	低风险
氟环唑	0.10	高风险	0.34	高风险	0.10	高风险
己唑醇	77.93	低风险	97.51	低风险	49.70	低风险
戊唑醇	88.52	低风险	107.74	低风险	65.63	低风险
种菌唑	7.31	低风险	14.03	低风险	8.01	低风险
苯醚甲环唑	8.13	低风险	7.69	低风险	3.96	中等风险

(2) 比较不同暴露时间下的毒性结果　因为国内赤眼蜂的急性标准是在药膜中暴露 1h，然后将存活的赤眼蜂进行转移，而 IOBC（国际生物防治组织）的标准中规定，赤眼蜂整个毒性测试阶段，都在有药膜处理后的玻璃管中进行暴露。而不同的暴露时间所得的毒性测试结果是有很大不同的，这就为后续的风险评估程序带来不确定性。为此，选用 3 种国内常见赤眼蜂，在 14 种常见农药处理后的玻璃管中进行不同时间的暴露（1h 和 24h），比较结果的差异，所得结果如表 10-26～表 10-28 所示。

表 10-26　国内标准方法和 IOBC 法测定 14 种农药对螟黄赤眼蜂的急性毒性结果

供试农药	国内		IOBC		LR_{50} 比值
	LR_{50} /g(a. i.)·hm^{-2}	95%置信区间 /g(a. i.)·hm^{-2}	LR_{50} /g(a. i.)·hm^{-2}	95%置信区间 /g(a. i.)·hm^{-2}	
阿维原粉	3.095	1.420～6.473	0.393	0.354～0.431	7.875
甲维盐	15.899	14.093～17.899	1.130	0.999～1.283	14.070
氟虫腈	0.075	0.067～0.084	0.009	0.006～0.012	8.333
啶虫脒	1.217	0.729～2.064	0.694	0.620～0.776	1.754
呋虫胺	9.884	8.778～11.029	1.262	0.824～2.757	7.832
吡虫啉	18.508	16.600～20.628	1.349	1.187～1.523	13.720
噻虫嗪	4.931	2.896～7.495	0.214	0.182～0.249	23.042
溴氰菊酯	8.016	5.146～12.099	0.866	0.459～1.574	9.256
联苯菊酯	0.814	0.731～0.911	0.100	0.049～0.189	8.140
功夫菊酯	0.782	0.579～0.987	0.017	0.014～0.017	46.000
顺式氰戊菊酯	8.507	1.849～15.172	1.965	0.947～5.436	4.329
仲丁灵	46.304	0.584～105.666	10.007	8.606～11.605	4.627
敌草胺	600.436	419.179～831.520	22.796	20.808～24.857	26.340
二甲戊灵	232.942	137.899～337.711	20.001	18.582～21.531	11.647

表 10-27　国内标准方法和 IOBC 法测定 14 种农药对玉米螟赤眼蜂的急性毒性结果

供试农药	国内		IOBC		LR_{50} 比值
	LR_{50} /g(a. i.)·hm^{-2}	95%置信区间 /g(a. i.)·hm^{-2}	LR_{50} /g(a. i.)·hm^{-2}	95%置信区间 /g(a. i.)·hm^{-2}	
阿维原粉	10.609	5.685～39.266	0.610	0.250～0.947	17.392
甲维盐	116.671	101.261～137.038	2.223	1.621～3.176	52.484

续表

供试农药	国内		IOBC		LR50 比值
	LR50 /g(a. i.)·hm^{-2}	95%置信区间 /g(a. i.)·hm^{-2}	LR50 /g(a. i.)·hm^{-2}	95%置信区间 /g(a. i.)·hm^{-2}	
氟虫腈	0.211	0.197～0.226	0.061	0.043～0.098	3.459
啶虫脒	10.748	6.225～17.557	1.541	1.400～1.699	6.975
呋虫胺	7.900	5.269～12.328	0.298	0.202～0.409	26.510
吡虫啉	13.183	8.744～25.647	0.660	0.596～0.724	19.974
噻虫嗪	0.246	0.217～0.278	0.038	0.021～0.059	6.474
溴氰菊酯	3.677	2.217～5.743	0.316	0.214～0.477	11.636
联苯菊酯	0.928	0.671～1.261	0.209	0.192～0.229	4.440
功夫菊酯	1.456	1.291～1.642	0.035	0.029～0.038	41.600
顺式氰戊菊酯	22.411	12.316～40.830	2.512	1.548～4.795	8.922
仲丁灵	267.842	229.497～317.500	11.909	9.890～14.503	22.491
敌草胺	765.693	686.093～856.288	43.673	26.229～71.797	17.532
二甲戊灵	152.014	135.641～169.329	3.241	2.797～3.774	46.903

表 10-28　国内标准方法和 IOBC 法测定 14 种农药对松毛虫赤眼蜂的急性毒性结果

供试农药	国内		IOBC		LR50 比值
	LR50 /g(a. i.)·hm^{-2}	95%置信区间 /g(a. i.)·hm^{-2}	LR50 /g(a. i.)·hm^{-2}	95%置信区间 /g(a. i.)·hm^{-2}	
阿维原粉	1.024	0.566～1.543	0.154	0.096～0.214	6.649
甲维盐	3.979	3.619～4.371	0.150	0.133～0.169	26.527
氟虫腈	0.058	0.052～0.064	0.006	0.005～0.006	9.667
啶虫脒	0.550	0.394～0.826	0.382	0.271～0.547	1.440
呋虫胺	1.404	0.958～1.893	0.108	0.091～0.122	13.000
吡虫啉	1.506	0.857～2.195	0.211	0.191～0.235	7.137
噻虫嗪	1.234	1.105～1.384	0.062	0.053～0.073	19.903
溴氰菊酯	1.703	0.831～2.580	0.053	0.047～0.059	32.132
联苯菊酯	0.395	0.246～0.565	0.029	0.023～0.032	13.621
功夫菊酯	0.559	0.484～0.637	0.009	0.006～0.009	62.111
顺式氰戊菊酯	7.189	6.125～8.292	0.196	0.173～0.218	36.679
仲丁灵	19.270	11.822～29.924	6.924	6.017～8.041	2.783
敌草胺	242.854	213.427～273.907	14.414	12.910～16.139	16.848
二甲戊灵	154.770	130.141～179.457	2.996	1.805～4.365	51.659

由表 10-26 可知，国内方法和 IOBC 法得到的毒性终点值半致死剂量 LR_{50} 值不同，推测是由于暴露时间不同（国内方法暴露 1h、24h 后查结果；IOBC 法暴露 24h 后查结果）。14 种药剂测得的 LR_{50} 值均是国内方法大于 IOBC 法，故得到在一定范围内，延长暴露时间，会使 LR_{50} 值变小。此外由表可得，两种方法测得的 LR_{50} 值的差别倍数在 1.754～46.000，功夫菊酯、敌草胺和甲维盐等药剂的 LR_{50} 比值均较大，即螟黄赤眼蜂在这些药剂中的暴露时间对 LR_{50} 值的影响较大。

由表 10-27 可知，14 种药剂测得的 LR_{50} 值均是国内方法大于 IOBC 法，故得到在一定范围内，延长暴露时间，LR_{50}值会变小。此外由表可得，两种方法测得的LR_{50}值的差别倍数在3.459～52.484，甲维盐、高效氯氟腈菊酯菊酯和二甲戊灵等药剂的LR_{50}比值均较大，即玉米螟赤眼蜂在这些药剂中的暴露时间对LR_{50}值的影响较大。

由表10-28可知，两种方法测得的LR_{50}值的差别倍数在1.440～62.111，功夫菊酯、二甲戊灵和顺式氰戊菊酯等药剂的LR_{50}比值均较大，所以松毛虫赤眼蜂在这些药剂中的暴露时间对LR_{50}值的影响较大。

（3）三种不同种类赤眼蜂的敏感性比较　使用国内标准方法和IOBC法对螟黄赤眼蜂、玉米螟赤眼蜂和松毛虫赤眼蜂进行急性毒性测试，结果显示，由于暴露时间不同，国内方法和IOBC法测得的LR_{50}值不同，这3种赤眼蜂IOBC方法测得的LR_{50}值均小于国内方法，2种方法测得螟黄赤眼蜂的LR_{50}值差别倍数在1.754～46.000，玉米螟赤眼蜂在3.459～52.484，松毛虫赤眼蜂在1.440～62.111，并且大部分药剂的LR_{50}比值均较大。

由表10-29和表10-30可得，除了国内方法测得噻虫嗪和二甲戊灵对松毛虫赤眼蜂的LR_{50}值大于玉米螟赤眼蜂以及IOBC方法测得噻虫嗪对松毛虫赤眼蜂的LR_{50}值大于玉米螟赤眼蜂外，其他LR_{50}值均是松毛虫赤眼蜂最小，可能是由于试验误差或结果确实如此，所以总体来讲，松毛虫赤眼蜂最敏感。14种进行剂量效应试验的农药中，螟黄赤眼蜂和松毛虫赤眼蜂均是对氟虫腈最敏感，对敌草胺最不敏感；玉米螟赤眼蜂对敌草胺最不敏感，对氟虫腈的敏感性很高。抗生素类杀虫剂中，3种赤眼蜂对阿维原粉的敏感性均高于甲维盐。3种赤眼蜂对新烟碱类杀虫剂的敏感性有一定差异，但推测出啶虫脒对这3种赤眼蜂的击倒性强于其他3种新烟碱类杀虫剂或其药效持续性低于其他3种新烟碱类杀虫剂或两者兼有。拟除虫菊酯类杀虫剂中，IOBC法测得3种赤眼蜂对4种药剂的敏感性大小相同，国内方法测得的敏感性有些差异，推测是由于相对于螟黄赤眼蜂，联苯菊酯对玉米螟赤眼蜂和松毛虫赤眼蜂的击倒性强于功夫菊酯。相对杀虫剂来说，3种赤眼蜂对除草剂的敏感性均较低，但对3种除草剂的敏感性有些差异，与螟黄赤眼蜂和松毛虫赤眼蜂相反，玉米螟赤眼蜂对二甲戊灵的敏感性高于仲丁灵。

表10-29　国内方法测得14种农药对3种赤眼蜂LR_{50}的比较

供试农药	螟黄赤眼蜂LR_{50} /g(a.i.)·hm^{-2}	玉米螟赤眼蜂LR_{50} /g(a.i.)·hm^{-2}	松毛虫赤眼蜂LR_{50} /g(a.i.)·hm^{-2}
阿维原粉	3.095	10.609	1.024
甲维盐	15.899	116.671	3.979
氟虫腈	0.075	0.211	0.058
啶虫脒	1.217	10.748	0.550
呋虫胺	9.884	7.900	1.404
吡虫啉	18.508	13.183	1.506
噻虫嗪	4.931	0.246	1.234
溴氰菊酯	8.016	3.677	1.703
联苯菊酯	0.814	0.928	0.395
功夫菊酯	0.782	1.456	0.559
顺式氰戊菊酯	8.507	22.411	7.189

续表

供试农药	螟黄赤眼蜂 LR_{50} /g(a. i.)·hm^{-2}	玉米螟赤眼蜂 LR_{50} /g(a. i.)·hm^{-2}	松毛虫赤眼蜂 LR_{50} /g(a. i.)·hm^{-2}
仲丁灵	46.304	267.842	19.270
敌草胺	600.436	765.693	242.854
二甲戊灵	232.942	152.014	154.770

表 10-30　IOBC 方法测得 14 种农药对 3 种赤眼蜂 LR_{50} 的比较

供试农药	螟黄赤眼蜂 LR_{50} /g(a. i.)·hm^{-2}	玉米螟赤眼蜂 LR_{50} /g(a. i.)·hm^{-2}	松毛虫赤眼蜂 LR_{50} /g(a. i.)·hm^{-2}
阿维原粉	0.393	0.610	0.154
甲维盐	1.130	2.223	0.150
氟虫腈	0.009	0.061	0.006
啶虫脒	0.694	1.541	0.382
呋虫胺	1.262	0.298	0.108
吡虫啉	1.349	0.660	0.211
噻虫嗪	0.214	0.038	0.062
溴氰菊酯	0.866	0.316	0.053
联苯菊酯	0.100	0.209	0.029
功夫菊酯	0.017	0.035	0.009
顺式氰戊菊酯	1.965	2.512	0.196
仲丁灵	10.007	11.909	6.924
敌草胺	22.796	43.673	14.414
二甲戊灵	20.001	3.241	2.996

(4) 风险商值 HQ 值法

14 种农药的基本信息、农田内和农田外的预测暴露量如表 10-31、表 10-32 所示。

表 10-31　14 种农药的基本信息

供试农药	最大田间推荐施用量/g(a. i.)·hm^{-2}	半衰期 DT_{50}/d	施用次数/次	施用间隔/d	多次施药因子（MAF）
阿维原粉	32.4	10	2	7	1.62
甲维盐	3.75	10	2	7	1.62
氟虫腈	100	10	2	7	1.62
啶虫脒	22	10	2	7	1.62
呋虫胺	150	10	2	7	1.62
吡虫啉	30	10	2	7	1.62
噻虫嗪	60	10	2	7	1.62
溴氰菊酯	14.1	10	2	7	1.62
联苯菊酯	30	10	2	7	1.62
功夫菊酯	18.7	10	2	7	1.62
顺式氰戊菊酯	125.5	10	2	7	1.62
仲丁灵	1800	10	2	7	1.62
敌草胺	1800	10	2	7	1.62
二甲戊灵	1000	10	2	7	1.62

表 10-32 14 种农药农田内和农田外的预测暴露量

供试农药	$PER_{农田内}$ /g(a. i.)·hm^{-2}	飘移因子%	植被分布因子	$PER_{农田外}$ /g(a. i.)·hm^{-2}
阿维原粉	52.49	2.38	5	0.25
甲维盐	6.08	2.38	5	0.03
氟虫腈	162	2.38	5	0.77
啶虫脒	35.64	2.38	5	0.17
呋虫胺	243	2.38	5	1.16
吡虫啉	48.60	2.38	5	0.23
噻虫嗪	97.20	2.38	5	0.46
溴氰菊酯	22.84	2.38	5	0.11
联苯菊酯	48.60	2.38	5	0.23
功夫菊酯	30.29	2.38	5	0.14
顺式氰戊菊酯	203.31	2.38	5	0.97
仲丁灵	2916	2.38	5	13.88
敌草胺	2916	2.38	5	13.88
二甲戊灵	1620	2.38	5	7.71

表 10-33 14 种农药对螟黄赤眼蜂的危害商值

供试农药	国内		IOBC	
	$HQ_{农田内}$	$HQ_{农田外}$	$HQ_{农田内}$	$HQ_{农田外}$
阿维原粉	16.96	0.40	133.65	3.18
甲维盐	0.38	0.01	5.38	0.13
氟虫腈	2151.86	51.21	18649.48	443.86
啶虫脒	29.28	0.70	51.36	1.22
呋虫胺	24.59	0.59	192.59	4.58
吡虫啉	2.63	0.06	36.02	0.86
噻虫嗪	19.71	0.47	454.23	10.81
溴氰菊酯	2.85	0.07	26.38	0.63
联苯菊酯	59.72	1.42	484.55	11.53
功夫菊酯	38.75	0.92	1743.73	41.50
顺式氰戊菊酯	23.90	0.57	103.45	2.46
仲丁灵	62.98	1.50	291.39	6.94
敌草胺	4.86	0.12	127.91	3.04
二甲戊灵	6.95	0.17	81.00	1.93

以我国设置 HQ=5 为标准。由表 10-33 可得，国内方法测得甲维盐、吡虫啉、溴氰菊酯和敌草胺的农田内和农田外的 HQ 值均小于 5，说明此方法下这 4 种农药对螟黄赤眼蜂是没有风险的；其余 10 种农药的农田内 HQ 值均大于 5，表明这些农药对螟黄赤眼蜂存在风险，需要进一步评估或采取风险缓解措施。其中氟虫腈的农田内和农田外 HQ 值大于 5 且数值较高，表明氟虫腈对螟黄赤眼蜂具有高风险；其余 9 种农药的农田外 HQ 值均小于 5，说明在农田外场景，这些农药对螟黄赤眼蜂是没有风险的。IOBC 法测得 14 种农药的农田内 HQ 值均大于 5，表明这些农药对螟黄赤眼蜂存在风险，需

要进一步评估或采取风险缓解措施。其中氟虫腈、噻虫嗪、联苯菊酯、功夫菊酯和仲丁灵的农田外 HQ 值大于 5，说明这 5 种农药在农田外场景下对螟黄赤眼蜂同样具有风险。

由表 10-34 可得，国内方法测得的阿维原粉、甲维盐、啶虫脒、吡虫啉和敌草胺对玉米螟赤眼蜂的农田内和农田外的 HQ 值均小于 5，说明此方法下这 5 种农药对玉米螟赤眼蜂是没有风险的；其余 9 种农药的农田内 HQ 值均大于 5，表明这些农药对玉米螟赤眼蜂存在风险，需要进一步评估或采取风险缓解措施。其中氟虫腈的农田内和农田外 HQ 值均大于 5 且数值较高，表明氟虫腈对玉米螟赤眼蜂具有高风险。除噻虫嗪外，其余 12 种农药的农田外 HQ 值均小于 5，说明在农田外场景，这些农药对玉米螟赤眼蜂是没有风险的。IOBC 法测得甲维盐对玉米螟赤眼蜂的农田内和农田外的 HQ 值分别为 2.73 和 0.07，均小于 5，说明此方法下甲维盐对玉米螟赤眼蜂是没有风险的；其余 13 种农药的农田内 HQ 值均大于 5，表明这些农药对玉米螟赤眼蜂存在风险，需要进一步评估或采取风险缓解措施。其中氟虫腈、呋虫胺、噻虫嗪、联苯菊酯、功夫菊酯、仲丁灵和二甲戊灵的农田外 HQ 值大于 5，说明这 7 种农药在农田外场景下对玉米螟赤眼蜂同样具有风险。

表 10-34　14 种农药对玉米螟赤眼蜂的危害商值

供试农药	国内方法		IOBC 法	
	$HQ_{农田内}$	$HQ_{农田外}$	$HQ_{农田内}$	$HQ_{农田外}$
阿维原粉	4.95	0.12	86.09	2.05
甲维盐	0.05	0.001	2.73	0.07
氟虫腈	766.42	18.24	2664.21	63.41
啶虫脒	3.32	0.08	23.13	0.55
呋虫胺	30.76	0.73	814.38	19.38
吡虫啉	3.69	0.09	73.62	1.75
噻虫嗪	394.75	9.40	2550.68	60.71
溴氰菊酯	6.21	0.15	72.30	1.72
联苯菊酯	52.34	1.25	232.32	5.53
功夫菊酯	20.80	0.50	871.86	20.75
顺式氰戊菊酯	9.07	0.22	80.92	1.93
仲丁灵	10.89	0.26	244.86	5.83
敌草胺	3.81	0.09	66.77	1.59
二甲戊灵	10.66	0.25	499.80	11.90

由表 10-35 可得，国内方法测得甲维盐对松毛虫赤眼蜂的农田内和农田外的 HQ 值均小于 5，说明此方法下，甲维盐对松毛虫赤眼蜂是没有风险的；其余 13 种农药的农田内 HQ 值均大于 5，表明这些农药对松毛虫赤眼蜂存在风险，需要进一步评估或采取风险缓解措施。其中氟虫腈的农田内和农田外 HQ 值均大于 5 且数值较高，表明氟虫腈对松毛虫赤眼蜂具有高风险。其余 12 种农药的农田外 HQ 值均小于 5，说明在农田

外场景，这些农药对松毛虫赤眼蜂是没有风险的。IOBC法测得14种农药的农田内HQ值均大于5，表明这些农药对松毛虫赤眼蜂存在风险，需要进一步评估或采取风险缓解措施。其中甲维盐、啶虫脒和敌草胺的农田外HQ值小于5，说明这3种农药在农田外场景下对松毛虫赤眼蜂的风险是可接受的。

表10-35　14种农药对松毛虫赤眼蜂的危害商值

供试农药	国内方法		IOBC法	
	$HQ_{农田内}$	$HQ_{农田外}$	$HQ_{农田内}$	$HQ_{农田外}$
阿维原粉	51.24	1.22	341.29	8.12
甲维盐	1.53	0.04	40.60	0.97
氟虫腈	2797.42	66.58	27974.23	665.79
啶虫脒	64.82	1.54	93.24	2.22
呋虫胺	173.10	4.12	2250.25	53.56
吡虫啉	32.28	0.77	229.93	5.47
噻虫嗪	78.76	1.87	1578.99	37.58
溴氰菊酯	13.42	0.32	433.79	10.32
联苯菊酯	122.89	2.92	1695.94	40.36
功夫菊酯	54.21	1.29	3487.45	83.00
顺式氰戊菊酯	28.28	0.67	1039.04	24.73
仲丁灵	151.32	3.60	421.13	10.02
敌草胺	12.01	0.29	202.30	4.81
二甲戊灵	10.47	0.25	540.80	12.87

10.6.3　农药对草蛉的急性毒性

11种杀虫剂的亚致死剂量对中华草蛉幼虫结茧和羽化都有不同程度的影响，试验结果见表10-36。其中硫丹对草蛉是一种非常安全的药剂，其次为氰戊菊酯；甲丙硫磷、氧乐果、甲基对硫磷、辛硫磷、丙溴磷对草蛉结茧和羽化的影响相对较小；甲基毒死稗、三氯氟氰菊酯、灭多威对草蛉结茧和羽化的影响较大；昆虫生长发育抑制剂（IGR）抑太保对草蛉幼虫的结茧影响不大，但对成虫羽化影响很大。抑太保对中华草蛉幼虫、成虫杀伤力较小，但接触药剂的幼虫化蛹后羽化成虫受到明显的抑制，可以看出抑太保对草蛉后代的种群数量有着严重的影响，同时抑太保对中华草蛉的主要作用机制可能不是干扰表皮几丁质合成，与其他作用机制有关，但尚需进一步试验研究。

表10-36　11种药剂在30%选择压下对中华草蛉幼虫结茧和羽化的影响

药剂名称	田间常用浓度/$mg \cdot kg^{-1}$	试验处理浓度/$mg \cdot kg^{-1}$	48h校正死亡率/%	校正结茧率/%	校正羽化率/%
硫丹	700	100000	23.3	86.0	83.0
氰戊菊酯	200	2000	26.7	82.3	68.9

续表

药剂名称	田间常用浓度/mg·kg⁻¹	试验处理浓度/mg·kg⁻¹	48h 校正死亡率/%	校正结茧率/%	校正羽化率/%
甲丙硫磷	720	500	30.1	93.7	74.8
氧乐果	400	200	40.2	83.7	73.2
甲基对硫磷	500	200	36.7	77.5	61.0
辛硫磷	500	50	33.3	85.2	68.7
丙溴磷	400	50	23.3	86.5	65.3
甲基毒死蜱	200	250	43.3	76.6	33.9
三氟氯氰菊酯	25	25	30.0	52.7	22.1
灭多威	200	50	38.8	34.9	12.4
抑太保	50	500	30.1	84.8	13.5

8 种杀虫剂对中华通草蛉成虫存活率影响结果见表 10-37。研究结果表明 8 种杀虫剂对中华通草蛉成虫都具有一定的杀伤力，农药品种间的杀伤力存在差异。中华通草蛉成虫接触敌敌畏 1000 倍稀释液的药膜后，在 24h 内全部死亡；接触久效磷 1500 倍稀释液和氧乐果 1000 倍稀释液的药膜后，48h 后存活率不足 20%，这表明有机磷类农药对该天敌的接触毒性很强。成虫接触氰戊菊酯 2000 倍稀释液药膜后，48h 后存活率近 50%，与有机磷类药剂相比，这种药剂相对安全。中华通草蛉成虫接触后 4 种低毒、低残留药剂的稀释液药膜后，到 48h 后存活率皆高于 50%，特别是除虫脲 1000 倍稀释液药膜处理后，成虫存活率仍高达 86.1%，在 8 种试验药品中存活率最高。灭幼脲三号 1000 倍稀释液药膜接触后 48h，存活率也高达 66.7%，这说明昆虫几丁质合成抑制剂对这种天敌比较安全。

表 10-37　中华通草蛉成虫经杀虫剂处理后不同时间的存活率

杀虫剂种类	存活率：$\bar{x}$±标准偏差/%			
	2h	12h	24h	48h
敌敌畏	63.9±4.8	19.4±12.7	0.0±0.0	0.0±0.0
久效磷	72.2±17.3	27.8±4.8	22.2±4.8	13.9±4.8
氧乐果	75.0±8.3	55.6±12.7	25.0±8.3	19.4±4.8
氰戊菊酯	77.8±12.7	58.3±8.3	52.8±4.8	47.2±4.8
灭幼脲三号	88.9±4.8	72.2±4.8	72.2±4.8	66.7+8.3
苦·烟	88.9±12.7	63.9±4.8	63.9±4.8	58.3±8.3
除虫脲	94.4±9.6	94.4±9.6	86.1±4.8	86.1±4.8
阿维菌素	91.7±8.3	69.4±9.6	69.4±9.6	61.1±9.6
CK	100.0±0.0	100.0⊥0.0	100.0±0.0	100.0±0.0

田间施用农药前后中华通草蛉成虫数量的变化情况见表 10-38。研究表明，20%灭幼脲三号悬浮剂和 1.2%苦·烟乳油对中华通草蛉成虫的影响明显小于 20%氰戊菊酯乳油、40%久效磷乳油。根据对药后 2d、6d、12d 的校正减退率进行综合比较，它

们对中华通草蛉成虫的杀伤力从小到大依次为：20％灭幼脲三号悬浮剂、1.2％苦·烟乳油、20％氰戊菊酯乳油、40％久效磷乳油，且对中华通草蛉的影响在农药品种间有差异。久效磷和氰戊菊酯这两种药剂与生物制剂相比，前两种杀虫剂不仅使中华通草蛉种群数量明显下降，而且在施药后的一段时间内，中华通草蛉一直保持较低的数量水平，短时期内不能恢复到施药前的水平。

表 10-38　田间施用农药前后中华通草蛉成虫数量的变化

药剂	施药前虫数/头	施药后虫数和减退率/%						校正减退率/%		
		2d		6d		12d				
		虫数	减退率	虫数	减退率	虫数	减退率	2d	6d	12d
灭幼脲	45	37	17.8	56	−24.4	32	28.9	0.84	5.3	14.6
苦·烟	70	33	52.9	26	62.9	54	22.9	43.2	71.8	7.4
久效磷	55	7	87.3	24	56.4	10	81.8	84.7	66.9	78.2
氰戊菊酯	38	20	47.4	8	78.9	16	57.9	36.6	84.0	49.5
CK	35	29	17.1	46	−31.4	30	16.7			

13 种杀虫剂对大草蛉毒性试验结果见表 10-39。毒力结果表明，6 种单剂对大草蛉的毒力顺序为高效氯氟氰菊酯＞灭多威＞辛硫磷＞甲基对硫磷＞甲胺磷＞硫丹；7 种混剂中仍以甲胺磷＋硫丹表现最安全，以灭多威＋甲基对硫磷表现毒力最高。

表 10-39　13 种杀虫剂对大草蛉的毒力比较

供试药剂	回归方程式	相关系数	$LC_{50}/\mu g \cdot mL^{-1}$	相对毒力倍数
硫丹	$y=3.6563+1.9485x$	0.9955	4.8934	1.00
甲胺磷	$y=4.8831+1.5915x$	0.9932	1.1843	4.13
甲基对硫磷	$y=5.5739+1.6751x$	0.9965	0.4544	10.77
辛硫磷	$y=6.0247+1.7442x$	0.9928	0.2585	18.93
灭多威	$y=6.2558+1.9145x$	0.9964	0.2208	22.16
高效氯氟氰菊酯	$y=7.1358+1.6522x$	0.9955	0.0510	95.95
甲胺磷＋硫丹	$y=4.9671+1.8598x$	0.9942	1.0415	4.70
甲基对硫磷＋辛硫磷	$y=5.3666+1.7858x$	0.9994	0.6200	7.89
灭多威＋硫丹	$y=5.5800+1.7783x$	0.9935	0.4719	10.37
高效氯氟氰菊酯＋辛硫磷	$y=5.7448+1.8875x$	0.9953	0.4031	12.14
高效氯氟氰菊酯＋硫丹	$y=5.9789+1.8177x$	0.9875	0.2894	16.91
高效氯氟氰菊酯＋灭多威	$y=6.3796+2.1244x$	0.9903	0.2242	21.83
灭多威＋甲基对硫磷	$y=6.4325+2.0086x$	0.9973	0.1936	25.28

表 10-40、表 10-41 分别为蚜茧蜂和七星瓢虫的试验数据。

表 10-40　蚜茧蜂试验数据

序号	有效成分	英文名	蚜茧蜂			
			EPA	EU	PPDB	加拿大
1	2,4-滴	2,4-D	—	—	LR_{50}=3000g·hm^{-2}	—
2	*zeta*-氯氰菊酯	*zeta*-cypermethrin，cypermethrin	—	—	LR_{50}=0.822g·hm^{-2}	—
3	矮壮素	chlormequat	—	LR_{50}>2200g(a.s.)·hm^{-2}	—	—
4	氨磺乐灵	oryzalin	—	LR_{50}>3852g(a.s.)·hm^{-2}	LR_{50}=3852g·hm^{-2}	—
5	氨氯吡啶酸	picloram	—	—	LR_{50}=23.45g·hm^{-2}	—
6	百菌清	chlorothalonil	—	—	48h，LR_{50}=18750g·hm^{-2}	—
7	苯丁锡	fenbutatin oxide	—	—	LR_{50}=85.9g·hm^{-2}	—
8	苯醚甲环唑	difenoconazole	—	LR_{50}=178g·hm^{-2}	LR_{50}=178g·hm^{-2}	—
9	虫酰肼	tebufenozide	—	LR_{50}（死亡率，2d）>432g(a.s.)·hm^{-2}	—	—
10	除草定	bromacil	LD_{50}>4000mg·L^{-1}	—	—	—
11	除虫菊素	pyrethrins	—	LR_{50}：1779mL 产品·hm^{-2}=35.6g(a.s.)·hm^{-2}	—	—
12	哒螨灵	pyridaben	—	LR_{50}=0.24g(a.s.)·hm^{-2}	—	—
13	代森联	metiram	—	剂量=4kg·hm^{-2} 致死效应：14%～41%	14%有效致死效应 剂量：4kg·hm^{-2}	—
14	代森锰锌	mancozeb	—	剂量=2.6kg(a.s.)·hm^{-2}； 死亡率：−0.4%～36%	0.4%有效死亡率 剂量：2.6kg·hm^{-2}	—
15	单氰胺	cyanamide	—	LR_{50}=620g(a.s.)·hm^{-2}	LR_{50}=432.1g·hm^{-2}，14d（其他数据：NOER，14d=158.4g·hm^{-2}）	—
16	淡紫拟青霉	paecilomyces lilacinus	—	E=74.4%（在 1.36×10^{13}CFU·hm^{-2}含量下降低有益生物的作用）	—	—

续表

序号	有效成分	英文名	蚜茧蜂			
			EPA	EU	PPDB	加拿大
17	敌百虫	trichlorfon	—	LR_{50}=0.519g(a.s.)·hm^{-2}	LR_{50}=0.519g·hm^{-2}，48h	—
18	敌稗	propanil	—	LR_{50}>13.7kg(a.s.)·hm^{-2}	LR_{50}>13700g·hm^{-2}	—
19	敌草胺	napropamide	—	死亡率较低，忽略不计（8%）[剂量=4.5kg(a.s.)·hm^{-2}]	死亡率6.0%（剂量4.5kg·hm^{-2}）	—
20	敌草快	diquat	—	—	—	—
21	敌草隆	diuron	—	—	死亡率5%（剂量：5kg·hm^{-2}）	—
22	调环酸钙	prohexadione calcium	—	LR_{50}=0.425L(f.p.)制剂·hm^{-2}	LR_{50}=5000g(a.s.)产品·hm^{-2}（帝王虾：Conc 100g·kg^{-1}）	—
23	丁氟螨酯	cyflumetofen	—	LR_{50}>1.4kg(a.s.)·hm^{-2}	LR_{50}>1400 g·hm^{-2}	—
24	丁硫克百威	carbosulfan	—	校正死亡率：100%[0.12kg(a.s.)·hm^{-2}剂量下]	死亡率100%（0.12kg·hm^{-2}用量下）	—
25	丁醚脲	diafenthiuron	—	—	中度伤害（500 g·hm^{-2}剂量）	—
26	丁酰肼	daminozide	—	全效应影响12.5%（包括死亡率和寄生率）[8.5kg(a.s.)·hm^{-2}剂量下]	全效应影响12.5% A5蚜茧蜂，成虫	—
27	丁子香酚	eugenol	—	LR_{50}>12420g（3AEY）hm^{-2}	—	—
28	啶虫脒	acetamiprid	—	死亡率100%[0.2～0.4kg(a.s.)·hm^{-2}]	死亡率100%[0.2～0.4kg(a.s.)·hm^{-2}]：A5蚜茧蜂，成虫	—
29	啶磺草胺	pyroxsulam	—	LR_{50}>37.5g(a.i.)·hm^{-2}	—	—
30	啶嘧磺隆	flazasulfuron	—	无影响[25% WG颗粒剂：0.05kg(a.s.)·hm^{-2}用量下]	无影响[25% WG颗粒剂：0.05kg(a.s.)·hm^{-2}用量下]	—
31	啶酰菌胺	boscalid	—	LR_{50}>1800g(a.s.)·hm^{-2}	效应影响值11%	—

续表

序号	有效成分	英文名	蚜茧蜂			
			EPA	EU	PPDB	加拿大
32	啶氧菌酯	picoxystrobin	—	死亡率 100%［YF10267，250/500g(a. s.)·hm^{-2}］	效应影响值 49%（0.5kg·hm^{-2}用量下）	—
33	毒死蜱	chlorpyrifos	—	$LC_{50}=1\times10^{-6}$［0.2g(a. s.)·hm^{-2}］	—	—
34	多菌灵	carbendazim	—	寄生率：39%［*Aphidius matricariae*（SC 360g(a. s.)·L^{-1}悬浮剂］	蚜茧蜂：$LR_{50}=3000g\cdot hm^{-2}$ 桃赤蚜蚜茧蜂：30%（有效剂量：0.36kg·hm^{-2}）	—
35	多效唑	paclobutrazol	—	死亡率 14.3%［剂量＞201.6g(a. s.)·hm^{-2}］	$LR_{50}=16.7g\cdot hm^{-2}$	—
36	噁草酮	oxadiazon	—	—	$LR_{50}=875g\cdot hm^{-2}$	—
37	噁霉灵	hymexazol	—	$LR_{50}=1426g(a. s.)\cdot hm^{-2}$	$LR_{50}=1426g\cdot hm^{-2}$	—
38	噁唑菌酮	famoxadone	—	死亡率（成虫）：100%［0.15～0.3kg(a. s.)·hm^{-2}；DPX-MC444 EC2］	LR_{50}：2240g·hm^{-2}	—
39	二甲戊灵	pendimethalin	—	死亡率 100%［3.2kg(a. s.)·hm^{-2}用量下］死亡率 18%［2.4kg(a. s.)·hm^{-2}用量下］	$LR_{50}=1200g\cdot hm^{-2}$（3.2kg·$hm^{-2}$用量下）	—
40	二氯吡啶酸	clopyralid	—	无死亡［0.010～0.20kg(a. s.)·hm^{-2}用量下］	无死亡［0.20kg(a. s.)·hm^{-2}用量下］	$LR_{50}>200g(a. i.)\cdot hm^{-2}$［＞152g(a. i.)·$hm^{-2}$］
41	二嗪磷	diazinon	—	$LR_{50}=811g(a. s.)\cdot hm^{-2}$	$LR_{50}=811g(a. s.)\cdot hm^{-2}$	—
42	二氰蒽醌	dithianon	—	$LR_{50}>6.0kg$（Delan 70%WG 制剂）hm^{-2}	$LR_{50}>6.0kg$（Delan 70 WG 制剂）hm^{-2}	—
43	粉唑醇	flutriafol	—	$LR_{50}>1125g(a. s.)\cdot hm^{-2}$	$LR_{50}=1125g\cdot hm^{-2}$	48h $LR_{50}>1125g(a. i.)\cdot hm^{-2}$
44	砜嘧磺隆	rimsulfuron	—	效应影响值 14%［150kg(a. s.)·hm^{-2}用量下］	效应影响值 14%［150kg(a. s.)·hm^{-2}用量下］	—

续表

序号	有效成分	英文名	蚜茧蜂			
			EPA	EU	PPDB	加拿大
45	呋草酮	flurtamone	—	死亡率 33.8% (250g·hm^{-2} EXP30930)	92.1% [剂量：0.25kg·hm^{-2}]	—
46	呋虫胺	dinotefuran	13d LC_{50}= 77.2mg(a.i.)·hm^{-2}	—	LR_{50}=77.2g·hm^{-2}	—
47	伏杀硫磷	phosalone	—	死亡率 100% [0.36～ 0.72kg(a.s.)·hm^{-2}用量下]	死亡率 100% [0.72kg(a.s.)·hm^{-2}用量下]	—
48	氟苯虫酰胺	flubendiamide	SC：LD_{50}>0.423lb(a.i.)/A WG：LD_{50}>0.55lb(a.i.)/A	LR_{50}>675g(a.s.)·hm^{-2}	LR_{50}=675g·hm^{-2}	—
49	氟吡甲禾灵	haloxyfop	—	死亡率 100% [0.108kg(a.s.)·hm^{-2}用量下]	死亡率 100% [0.108kg(a.s.)·hm^{-2}用量下]	—
50	氟吡菌胺	fluopicolide	—	LR_{50}=8.23kg·hm^{-2} (EXP 11074B) LR_{50}=2.48L·hm^{-2} (EXP 11120A)	LR_{50}=8230g·hm^{-2}	—
51	氟吡菌酰胺	fluopyram	—	LR_{50}>2000mL·hm^{-2}	LR_{50}>2000g·hm^{-2}	—
52	氟丙菊酯	acrinathrin	—	LR_{50}=0.046g(a.s.)·hm^{-2} (0.68g产品·hm^{-2})	LR_{50}=0.046g·hm^{-2}	—
53	氟草隆	fluometuron	—	7d LR_{50}=398g(a.s.)·hm^{-2}	LR_{50}=398g·hm^{-2}	—
54	氟虫腈	fipronil	—	—	LR_{50}=0.01g·hm^{-2}	—
55	氟虫脲	flufenoxuron	—	—	LR_{50}=386g·hm^{-2}	—
56	氟啶胺	fluazinam	—	LR_{50}≥200g(a.s.)·hm^{-2}	LR_{50}=200g·hm^{-2}	—
57	氟啶虫胺腈	sulfoxaflor	—	—	LR_{50}=0.021g·hm^{-2}	—
58	氟环唑	epoxiconazole	—	LD_{50}=0.246kg(a.s.)·hm^{-2}	246g·hm^{-2}	—
59	氟节胺	flumetralin	—	—	110.8g·hm^{-2}	—
60	氟乐灵	trifluralin	—	—	效应影响值 84.8%	—

续表

序号	有效成分	英文名	蚜茧蜂			
			EPA	EU	PPDB	加拿大
61	氟氯氰菊酯	cyfluthrin	—	—	$LR_{50}=1.63g \cdot hm^{-2}$	—
62	氟噻草胺	flufenacet	—	—	效应影响值 29%	—
63	氟噻唑吡乙酮	oxathiapiprolin	—	—	$LR_{50}=116.1g \cdot hm^{-2}$	—
64	氟酰胺	flutolanil	—	—	效应影响值 2.5%～3%	—
65	氟酰脲	novaluron	—	—	效应影响值 50%	—
66	氟唑环菌胺	sedaxane	—	—	$LR_{50}=27.9g \cdot hm^{-2}$	—
67	氟唑菌苯胺	penflufen	—	—	$LR_{50}=250g \cdot hm^{-2}$	—
68	氟唑菌酰胺	fluxapyroxad	—	—	$LR_{50}=4.7g \cdot hm^{-2}$	—
69	福美双	thiram	—	—	$LR_{50}=6000g \cdot hm^{-2}$	—
70	福美锌	ziram	—	—	效应影响值 0.2%	—
71	高效氟氯氰菊酯	*beta*-cyfluthrin	—	—	$LR_{50}=17g \cdot hm^{-2}$， 效应影响值 100%	—
72	高效氯氟氰菊酯	*lambda*-cyhalothrin	—	—	—	—
73	高效氯氰菊酯	*beta*-cypermethrin	—	—	效应影响值 100%	—
74	硅噻菌胺	silthiopnam	—	成虫，水分散粒剂，剂量： 0.04kg(a. s.)·hm^{-2}； 试验终点：死亡率； 繁殖力：无影响	—	—
75	甲基毒死蜱	chlorpyrifos-methyl	—	成虫，制剂，0.12kg(a. s.)·hm^{-2}， $M=100\%$；0.48kg(a. s.)·hm^{-2}， $M=100\%$。 蛹里的蚜虫，制剂，0.12kg(a. s.)· hm^{-2}，$M=6.0\%$， 0.48kg(a. s.)·hm^{-2}，$M=29\%$	—	—
76	金龟子绿僵菌	metarhizium anisopliae	$LC_{50}>600mg \cdot L^{-1}$ ($4.2\times10^{7}CFU \cdot mL^{-1}$，寄生蜂)	—	—	—

续表

序号	有效成分	英文名	蚜茧蜂			
			EPA	EU	PPDB	加拿大
77	精吡氟禾草灵	fluazifop-P-butyl	—	—	$LR_{50}=177g \cdot hm^{-2}$	—
78	精噁唑禾草灵	fenoxaprop-P-ethyl	—	—	$LR_{50}=46.4g \cdot hm^{-2}$ (48h)	—
79	精高效氯氟氰菊酯	gamma cyhalothrin	—	—	$LR_{50}=0.23g \cdot hm^{-2}$ (48h)	—
80	抗倒酯	trinexapac-ethyl	—	—	$LR_{50}=114g \cdot hm^{-2}$ (48h，成虫)	—
81	抗坏血酸	vitamin C	$LR_{50}>0.7g(a.s.) \cdot hm^{-2}$	$LR_{50}>0.7g(a.s.) \cdot hm^{-2}$	—	—
82	抗蚜威	pirimicarb	—	$LR_{50}=620g(a.s.) \cdot hm^{-2}$ [48h，死亡率＆繁殖率，制剂，500g(a.s.)·kg^{-1} WG]	$LR_{50}=620g \cdot hm^{-2}$ (48h)	—
83	克百威	carbofuran	—	$LD_{50}=2.68g(a.s.) \cdot hm^{-2}$ [HQ=224，必死，1～100g(a.s.)·hm^{-2}]	$LR_{50}=2.68g \cdot hm^{-2}$ (48h)	—
84	喹草酸	quinmerac	—	$LR_{50}>500g \cdot hm^{-2}$（必死）	$LR_{50}=500g \cdot hm^{-2}$（48h，成虫）	—
85	喹禾糠酯	quizalofop-P-tefuryl	—	—	$LR_{50}=100g \cdot hm^{-2}$	—
86	喹螨醚	fenazaquin	—	—	$LR_{50}=2.0g \cdot hm^{-2}$	—
87	乐果	dimethoate	—	—	$LR_{50}=0.014g \cdot hm^{-2}$	$LD_{50}=0.006\mu g$·动物$^{-1}$ (48h，寄生蜂)
88	利谷隆	linuron	—	—	死亡率 70%（2.43kg·hm^{-2}）	—
89	联苯肼酯	bifenazate	—	$LR_{50}=262g(a.s.) \cdot hm^{-2}$ (制剂，480SC)	—	—
90	联苯菊酯	bifenthrin	—	—	死亡率 100%（60g·hm^{-2}）	$LR_{50}<7.5g(a.i.) \cdot hm^{-2}$ $LR_{50}=8.145g(a.i.) \cdot hm^{-2}$
91	联苯三唑醇	bitertanol	—	—	$LR_{50}=1000g \cdot hm^{-2}$	—
92	硫双威	thiodicarb	蚜茧蜂 48h：$LR_{50}=1.2g \cdot hm^{-2}$	—	蚜茧蜂：$LR_{50}=0.4g \cdot hm^{-2}$	—

续表

序号	有效成分	英文名	蚜茧蜂			
			EPA	EU	PPDB	加拿大
93	硫酸铜	copper sulfate	—	—	蚜茧蜂：$LR_{50}=134g \cdot hm^{-2}$	—
94	螺虫乙酯	spirotetramat	—	蚜茧蜂：$LR_{50}=114.7g(a.s.) \cdot hm^{-2}$	蚜茧蜂：$LR_{50}=114.7g \cdot hm^{-2}$	—
95	螺螨酯	spirodiclofen	蚜茧蜂 11d：$LR_{50} \geqslant 58g \cdot hm^{-2}$	—	—	—
96	氯氨吡啶酸	aminopyralid	—	蚜茧蜂：$LR_{50} \geqslant 60g(a.s.) \cdot hm^{-2}$	—	—
97	氯吡嘧磺隆	halosulfuron-methyl	—	—	蚜茧蜂：$LR_{50}=300mg \cdot L^{-1}$	—
98	氯吡脲	forchlorfenuron	—	—	蚜茧蜂：$LR_{50}=12mg \cdot L^{-1}$	—
99	氯氟吡氧乙酸异辛酯	fluroxypyr-meptyl	—	—	蚜茧蜂：$LR_{50}=1301mg \cdot L^{-1}$	—
100	氯氰菊酯	cypermethrin	—	—	蚜茧蜂：$LR_{50}=0.822mg \cdot L^{-1}$	—
101	马拉硫磷	malathion	—	—	蚜茧蜂：$LR_{50}=0.061mg \cdot L^{-1}$	—
102	麦草畏	dicamba	—	—	蚜茧蜂：$LR_{50}=356mg \cdot L^{-1}$	—
103	醚菌酯	kresoxim-methyl	—	有益生物影响 $E=-17.86\%$ [$150g(a.s.) \cdot hm^{-2}$]	—	—
104	嘧菌酯	azoxystrobin	—	效应影响值 23% [$0.25kg(a.s.) \cdot hm^{-2}$用量下]	—	—
105	灭草松	bentazone	—	$LR_{50}=0.699kg(a.s.) \cdot hm^{-2}$（灭草松 $480g \cdot L^{-1}$ SL）	—	—
106	灭多威	methomyl	48h，$LC_{50}=0.00027lb(a.i.) \cdot acre^{-1}$ 48h，$LC_{50}=0.00022lb(a.i.) \cdot acre^{-1}$	$LR_{50}=0.25g \cdot hm^{-2}$	48h，$LR_{50}=0.20g \cdot hm^{-2}$	—
107	灭菌唑	triticonazole	—	剂量$=11.5g(a.s.) \cdot hm^{-2}$ 产卵力$<30\%$ 剂量$=100g(a.s.) \cdot hm^{-2}$ 死亡率$=86\%$	$1.0kg \cdot hm^{-2}$剂量下死亡率为 86%	—
108	灭线磷	ethoprophos	—	—	—	—
109	灭蝇胺	cyromazine	—	LR_{50}（成虫）$\geqslant 891g(a.s.) \cdot hm^{-2}$	$LR_{50}=0.2g \cdot hm^{-2}$	—

续表

序号	有效成分	英文名	蚜茧蜂			
			EPA	EU	PPDB	加拿大
110	嗪草酮	metribuzin	—	LR_{50}=65.9g(a.s.)·hm^{-2} 剂量：0.008～0.300kg(a.s.)·hm^{-2}	成蜂 48h，LR_{50}=65.9g·hm^{-2}	—
111	氢氧化铜	copper hydroxide	—	—	48h，LR_{50}=50g·hm^{-2}	—
112	氰氟草酯	cyhalofop-butyl	—	LR_{50}=174.9mL·hm^{-2}	剂量为 0.3kg·hm^{-2}时，成蜂死亡率为 100%	—
113	氰氟虫腙	metaflumizone	—	—	LR_{50}=0.0145L(a.s.)产品·L^{-1}	—
114	氰霜唑	cyazofamid	—	死亡率 2.5%，寄生率 0.68%［209.4g(a.s.)·hm^{-2}用量下］	剂量为 0.21kg·hm^{-2}时，成蜂死亡率为 2.5%，寄生率为 0.7%	—
115	球孢白僵菌	beauveria bassiana	—	LR_{50}=2.3×10^{10}CFU·hm^{-2}	—	—
116	炔苯酰草胺	propyzamide	—	无死亡率，繁殖率 0.96［2.5kg(a.s.)·hm^{-2}］	剂量为 2.5kg·hm^{-2}时，成蜂死亡率为 4%	—
117	炔草酯	clodinafop-propargyl	—	—	48h，LR_{50}=3.1g·hm^{-2}	—
118	炔螨特	propargite	—	LR_{50}=7.2g(a.s.)·hm^{-2}	LR_{50}=7.2g·hm^{-2}	—
119	噻苯隆	thidiazuron	LOEC>0.1786	—	—	—
120	噻虫胺	clothianidin	—	效应影响值 100%［60g(a.s.)·hm^{-2}］	—	—
121	噻虫啉	thiacloprid	—	死亡率>30%［70g(a.s.)·hm^{-2}］	LR_{50}=6.8g·hm^{-2}	—
122	噻虫嗪	thiamethoxam	—	效应影响值 100%［25%颗粒剂 0.2kg(a.s.)·hm^{-2}］	效应影响值 100%［25%颗粒剂 0.2kg(a.s.)·hm^{-2}］	—
123	噻吩磺隆	thifensulfuron-methyl	—	死亡率 11%（82g·hm^{-2}用量下）	LR_{50}>450g·hm^{-2}（剂量：0.082kg·hm^{-2}）死亡率 11%	—
124	噻菌灵	thiabendazole	—	未死亡，丰富度 62%（2 倍推荐用量）	未死亡，丰富度 62%（1.8kg·hm^{-2}用量）	—

续表

序号	有效成分	英文名	蚜茧蜂			
			EPA	EU	PPDB	加拿大
125	噻螨酮	hexythiazox	—	LR_{50}>157.5g(a.s.)·hm^{-2} 死亡率 33.3% 繁殖无影响	LR_{50}=300g·hm^{-2}	—
126	噻酮磺隆	thiencarbazone-methyl	—	LR_{50}>45g(a.s.)·hm^{-2}	LR_{50}>45g·hm^{-2}	死亡：LR_{50}>200mL·hm^{-2} 产卵力：NOER=36mL·hm^{-2}
127	三氟啶磺隆钠盐	trifloxysulfuron sodium	—	—	无影响	—
128	三氟甲吡醚	pyridalyl	—	LR_{50}=457.6g(a.s.)·hm^{-2}	LR_{50}=457.6g·hm^{-2}	—
129	三环唑	tricyclazole	—	LR_{50}<460g(a.s.)·hm^{-2}	LR_{50}<450g·hm^{-2} (0.45kg·hm^{-2}用量下)	—
130	三甲苯草酮	tralkoxydim	—	—	LR_{50}>450g·hm^{-2} (0.45kg·hm^{-2}用量下) 有效死亡率=10.3%	—
131	三氯吡氧乙酸	triclopyr	—	死亡率 100%	—	—
132	三乙膦酸铝	fosetyl-aluminium	—	—	LR_{50}=64000g·hm^{-2}	—
133	三唑醇	triadimenol	—	—	LR_{50}=1250g·hm^{-2}	—
134	双氟磺草胺	florasulam	—	效应影响值 25.2% [0.0075kg(a.s.)·hm^{-2}用量下]，效应影响值 49.7% [0.015kg(a.s.)·hm^{-2}用量下]	—	—
135	霜霉威	propamocarb	—	—	LR_{50}=500g·hm^{-2}	—
136	霜霉威盐酸盐	propamocarb hydrochloride	—	—	LR_{50}=500g·hm^{-2}	—
137	霜脲氰	cymoxanil	—	LR_{50}>480g(a.s.)·hm^{-2}	LR_{50}>480g·hm^{-2} (0.26kg·hm^{-2}用量下)	—
138	顺式氯氰菊酯	*alpha*-cypermethrin	—	—	LR_{50}=0.031g·hm^{-2}	—
139	四氟醚唑	tetraconazole	—	—	无影响（40g·hm^{-2}用量下）	—

续表

序号	有效成分	英文名	蚜茧蜂			
			EPA	EU	PPDB	加拿大
140	四聚乙醛	metaldehyde	—	LR_{50}>350g(a. s.)·hm^{-2}	LR_{50}>350g·hm^{-2}	—
141	四螨嗪	clofentezine	—	—	LR_{50}=36. 2g·hm^{-2} (0. 3g·hm^{-2}用量下)	—
142	特丁津	terbuthylazine	—	LR_{50}>0. 75kg(a. s.)·hm^{-2}	LR_{50}>750g·hm^{-2}	—
143	甜菜安	desmedipham	—	效应影响作用 30% [0. 044kg(a. s.)·hm^{-2}用量下]	LR_{50}=63. 8g·hm^{-2}	—
144	甜菜宁	phenmedipham	—	—	效应影响作用 63% [0. 48kg(a. s.)·hm^{-2}用量下]	—
145	土菌灵	etridiazole	—	LR_{50}=1494g(a. s.)·hm^{-2}	效应影响作用 96% (14. 4kg·hm^{-2}用量下)	—
146	王铜	copper oxychloride	—	—	LR_{50}=3. 97g·hm^{-2}	—
147	萎锈灵	carboxin	—	—	LR_{50}=500g·hm^{-2}	—
148	五氟磺草胺	penoxsulam	—	—	缢管蚜茧蜂 *Aphidius rhopalosiphi* LR_{50}=40g·hm^{-2}	—
149	戊菌唑	penconazole	—	—	死亡率 79% (100g·hm^{-2}用量下)	—
150	戊唑醇	tebuconazole	—	LR_{50}=62. 5g(a. s.)·hm^{-2}	LR_{50}=62. 5g·hm^{-2}	—
151	烯草酮	clethodim	—	LR_{50}>240g(a. s.)·hm^{-2}	LR_{50}=240g·hm^{-2}	—
152	烯酰吗啉	dimethomorph	—	—	LR_{50}=1800g·hm^{-2}	—
153	酰嘧磺隆	amidosulfuron	—	LR_{50}>45g(a. s.)·hm^{-2}	死亡率 33. 3% (0. 045kg·hm^{-2}用量下)	—
154	硝苯菌酯	meptyldinocap	—	—	死亡率 16. 7%；寄生率 28. 8% (0. 84kg·hm^{-2}用量下)	—
155	硝磺草酮	mesotrione	—	—	LR_{50}=43. 6g·hm^{-2} (0. 2kg·hm^{-2}用量下)	—

续表

序号	有效成分	英文名	蚜茧蜂			
			EPA	EU	PPDB	加拿大
156	缬霉威	iprovalicarb	—	效应影响值（成虫）：−20.5%［450g(a.i.)·hm^{-2}用量下］	效应影响值（成虫）：−20.5%［450g(a.i.)·hm^{-2}用量下］	—
157	辛酰碘苯腈	ioxynil octanoate	—	—	效应影响作用：55.6%［625g(a.i.)·hm^{-2}用量下］	—
158	辛酰溴苯腈	bromoxynil octanoate	—	死亡率（成虫）：17.9%［450g(a.i.)·hm^{-2}用量下］	死亡率（成虫）：17.9%［450g(a.i.)·hm^{-2}用量下］	—
159	溴苯腈	bromoxynil	—	—	死亡率（成虫）：17.9%［450g(a.i.)·hm^{-2}用量下］	—
160	溴氰虫酰胺	cyantraniliprole	—	LR_{50}（溴氰虫酰胺 100g·L^{-1} OD)=0.1019g(a.i.)·hm^{-2} LR_{50}（溴氰虫酰胺 100g·L^{-1} SE)=0.095g(a.i.)·hm^{-2} ER_{50}（溴氰虫酰胺 100g·L^{-1} SE)>0.111g(a.i.)·hm^{-2} LR_{50}（溴氰虫酰胺 200g·L^{-1} SC)=0.36g(a.i.)·hm^{-2} ER_{50}（溴氰虫酰胺 200g·L^{-1} SC)=0.30g(a.i.)·hm^{-2}	LR_{50}=0.109g·hm^{-2}	48h 接触 200g·L^{-1} SC，LR_{50}=0.36g(a.i.)·hm^{-2}（死亡）（1.74mL 溴氰虫酰胺 200g·L^{-1} SC·hm^{-2}） 48h 接触 100g·L^{-1} OD，LR_{50}=0.1019g(a.i.)·hm^{-2}（死亡率）（1.019mL 溴氰虫酰胺 100g·L^{-1} OD·hm^{-2}） 48h 接触 100g·L^{-1} SE，LR_{50}=0.095g(a.i.)·hm^{-2}（死亡率）（0.95mL 溴氰虫酰胺 100g·L^{-1} SE·hm^{-2}）
161	溴氰菊酯	deltamethrin	—	—	—	LR_{50}(2d)=0.55mg(a.i.)·hm^{-2}［AE F032640 00 EC03（纯度：2.76%质量分数）］； LR_{50}(2d)=1.10mg(a.i.)·hm^{-2}［AE F032640 00 EC11（纯度：10.5%质量分数）］
162	溴鼠灵	brodifacoum	—	—	—	—
163	溴硝醇	bronopol	—	—	—	—
164	亚胺硫磷	phosmet	—	LR_{50}=1.95g(a.i.)·hm^{-2}	LR_{50}=1.95g·hm^{-2}	—

续表

序号	有效成分	英文名	蚜茧蜂			
			EPA	EU	PPDB	加拿大
165	烟嘧磺隆	nicosulfuron	—	—	50.0%有效（剂量=60g·hm^{-2}），LR_{50}=60g·hm^{-2}	—
166	乙草胺	acetochlor	—	LR_{50}=156g(a.s.)·hm^{-2}	LR_{50}=1.56g·hm^{-2}	—
167	乙基多杀菌素	spinetoram	—	—	LR_{50}=0.0885g·hm^{-2}	—
168	乙螨唑	etoxazole	—	—	LR_{50}=55.0g·hm^{-2}	—
169	乙霉威	diethofencarb	—	LR_{50}>1500g(a.s.)·hm^{-2}	LR_{50}=1500g·hm^{-2}	—
170	乙氧呋草黄	ethofumesate	—	LR_{50}>1000g(a.s.)·hm^{-2}	LR_{50}=1000g·hm^{-2}	—
171	乙氧氟草醚	oxyfluorfen	24h，LC_{50}<1.29LBA	—	—	—
172	异丙草胺	propisochlor	—	成蜂：LR_{50}=20.3kg(a.s.)·hm^{-2}	LR_{50}=20300g·hm^{-2}	—
173	异丙隆	isoproturon	—	蚜茧蜂在500g(a.s.)·L^{-1}剂量下死亡率为21%	—	—
174	异噁唑草酮	isoxaflutole	—	效应影响值61%（成虫；寄生率），效应影响值（死亡率）：0% 24h；30% 48h	—	
175	异菌脲	iprodione	—	效应影响值−9%［50%WP，15kg(a.s.)·hm^{-2}］	—	
176	种菌唑	ipconazole	—	—	LR_{50}=35.1g·hm^{-2}	—
177	仲丁灵	butralin	—	—	LR_{50}=435g·hm^{-2}	—
178	唑啉草酯	pinoxaden	—	—	LR_{50}=6.22g·hm^{-2}	—
179	唑螨酯	fenpyroximate	48h，LD_{50}=0.023 LBA	—	—	—
180	唑嘧菌胺	initium	—	—	LR_{50}=3.2g·hm^{-2}	—

注：LBA：即 lima bean agar medium，利马豆培养基，是一种天然培养基。

WP：为可湿性粉剂；SC 为悬浮剂；OD 为油悬浮剂；SE 为悬乳剂；SL 为可溶液剂；WG 为水分散粒剂。

a.s. 和 a.i. 均表示有效成分；f.p. 为调环酸钙制剂。

表 10-41　七星瓢虫试验数据

序号	有效成分	英文名	七星瓢虫	
			EPA	EU
1	啶氧菌酯	picoxystrobin	—	YF10267，250/500g(a. s.)·hm^{-2}，死亡率（48h）>30%
2	毒死蜱	chlorpyrifos	—	LC_{50}=33.4mg·L^{-1} [66.8g(a. s.)·hm^{-2}]
3	多菌灵	carbendazim	—	SC 360g(a. s.)·L^{-1} 0.36kg(a. s.)·hm^{-2}，死亡率：7.2%，繁殖力：54.7%；综合：58.2%
4	多杀霉素	spinosad	—	17g(a. s.)·L^{-1}，死亡率：+1.1%，产卵力：+9.3%
5	甲基毒死蜱	chlorpyrifos-methyl	—	幼虫，当 0.12kg(a. s.)·hm^{-2}，M=9.0%；当 0.48kg(a. s.)·hm^{-2}，M=5.0%
6	乐果	dimethoate	LD_{50}<1600μg·cm^{-1}叶面（制剂 36%EC）	—
7	醚菌酯	kresoxim-methyl	—	E [综合效果，150g(a. s.)·hm^{-2}]=59.7%
8	灭蝇胺	cyromazine	—	LR_{50}>900g(a. s.)·hm^{-2}
9	嗪草酮	metribuzin	—	LR_{50}=385.4g(a. s.)·hm^{-2} 剂量：0.100～1.050kg(a. s.)·hm^{-2}
10	噻虫啉	thiacloprid	—	LC_{50}=24.8g(a. s.)·hm^{-2}，对产卵力无不良影响（28d）
11	甜菜安	desmedipham	—	剂量：0.480kg(a. s.)·hm^{-2}，−1.2%　影响（产卵力） 剂量：0.096kg(a. s.)·hm^{-2}，−0.5%　影响（发育历期）
12	缬霉威	iprovalicarb	—	死亡率/产卵力（幼虫）：−6.5% [550g(a. i.)·hm^{-2}]
13	溴氰菊酯	deltamethrin	—	24h 死亡率；100%不确定（幼虫）
14	乙氧氟草醚	oxyfluorfen	—	LR_{50}>1.44kg(a. s.)·hm^{-2}
15	唑螨酯	fenpyroximate	LD_{50}>50mg·L^{-1}	—

参考文献

[1] Alix A, Bakker F, Barrett K, et al. Linking Non-Target Arthropod Testing and Risk Assessment with Protection Goals [C]. From the ESCORT Workshop, Netherlands: SETAC Press, 2012.

[2] Candolfi M P, Barrett K L, Campbell P J, et al. Guidance Document on Regulatory Testing Procedures for Pesticides with Non-Target Arthropods [C]. From the ESCORT Workshop, Wageningen, Netherlands, SETAC-Europe and EC, 2000.

[3] 刘占山，刘爱中，黄安辉．现代农药发展中的问题及应用前景．农药研究与应用，2008，12（5）：18-21.

[4] 顾宝根，程燕，周军英，等．美国农药生态风险评价技术．农药学学报，2009，11（03）：283-290.

[5] 周军英，程燕．农药生态风险评价研究进展．生态与农村环境学报，2009，25（04）：95-99.

[6] 于彩虹，胡琳娜，胡东青，等．欧盟针对农药对水生生物的初级风险评价——标准物种不确定因子法．生态毒理学报，2011，6（05）：471-475.

[7] Barrett K L, Grandy N, Harrison E G, et al. Guidance document on regulatory testing procedures for pesticides with non-target arthropods. Proceedings of the European Standard Characteristics of Beneficials Regulatory Testing Workshop（ESCORT）, Wageningen, 1994.

[8] EPPO. Environmental risk assessment scheme for plant protection products. Chapter 11. Honeybees [R]. EPPO, Bulletin, 2002.

[9] NY/T 2882.7—2016 农药登记　环境风险评估指南　第 7 部分：非靶标节肢动物．北京：中国农业出版社，2016.

[10] 韩瑞兴，梁玉琴．辽宁林业科技，1982（4）.

[11] 王秀梅，臧连生，邹云伟，等．异色瓢虫成虫对榆紫叶甲卵的捕食作用．东北林业大学学报，2012，40（1）：70-72.

[12] 吴红波，张帆，王素琴，等．几种常用杀虫剂对异色瓢虫的敏感性测定．中国生物防治，2007（3）：213-217.

[13] 杜志辉，赵政阳，王雷存．七星瓢虫对苹果蚜的田间捕食控害效果研究．中国农学通报，2005（4）：261-263.

[14] 贾海民，高占林，潘文亮，等．20 种乐虫剂对七星瓢虫不同虫态的毒力测定．昆虫天敌，1999（4）：160-163.

[15] 戈峰，丁岩钦．龟纹瓢虫对棉蚜的捕食行为．昆虫学报，1995（4）：436-441.

[16] 单彬，张艳明，黄秀枝，等．龟纹瓢虫成虫对玉米蚜捕食作用研究．农业研究与应用，2017（3）：49-53.

[17] 刘爽，王甦，刘佰明，等．大草蛉幼虫对烟粉虱的捕食功能反应及捕食行为观察．中国农业科学，2011，44（6）：1136-1145.

[18] 孙丽娟，衣维贤，赵川德，等．大草蛉对 3 种蚜虫的捕食能力研究．植物保护，2013，39（5）：153-157.

[19] 赵琴，陈婧，刘凤想，等．大草蛉对桃蚜和夹竹桃蚜的捕食作用研究．环境昆虫学报，2008（3）：220-223.

[20] Ganzelmeier H, Rautmann D, Spangenberg R, et al. Studies on the spray drift of plant protection product. Mitt. aus der Biol. Bundesanst. für Land-und Forstwirtsch. 1995, 305: 1-111.

[21] Candolfi M P, Barrett K L, Campbell P, et al. Guidance document on regulatory testing and risk assessment procedures for plant protection products with non-target arthropods [R]. Wageningen: SETAC, 2001.

[22] UBA Federal Environment Agency. Exposure calculation for arthropods in field border structures: Selection of an appropriate vegetation distribution factor [C]. Parma, Italy: Peaper Expert Meeting 03 on Ecotoxicology (Round 01), 2006.

[23] NY/T 3088—2017 化学农药　天敌（瓢虫）急性接触毒性试验准则．北京：中国农业出版社，2017.

[24] GB/T 31270.17—2014 化学农药环境安全评价试验准则　第 17 部分：天敌赤眼蜂急性毒性试验．北京：中国标准出版社，2015.

第 11 章 蚯蚓环境风险评价

11.1 问题阐述

11.1.1 蚯蚓的经济价值

蚯蚓是常见的一类陆生环节动物，生活在土壤中，昼伏夜出，以畜禽粪便和有机废物为食，连同泥土一同吞入，也摄食植物的茎叶等碎片。蚯蚓可使土壤疏松，改良土壤，提高肥力促进农业增产。世界上的蚯蚓约有 2500 多种，我国已记录的有 229 种，其中环毛属（*Pheretima*）品种多、分布广。

蚯蚓处理是回收利用生活垃圾、畜禽粪便及工业废物的有效措施，其处理成本低于传统好氧堆肥工艺；此外，产生的蚯蚓粪可作为有机肥料施用于农田中，从而减少商业化肥的施用，可有效解决土壤板结退化的问题，促进国民经济发展。由此可见，蚯蚓处理是一种可持续的污泥处理技术。

蚯蚓处理技术能够回收污泥中的营养物质，其最终产品即蚯蚓粪具有一定的土地利用价值。以重庆为例，该市现有园林绿地约 $565km^2$，具有较大的污泥消纳潜能，可以预见，蚯蚓处理污水污泥在西部地区甚至全国都具有良好的发展应用前景。

污水污泥是污水处理过程中的副产物，既属于有机固体废物范畴也是一种可回收利用资源的载体，发展循环利用的污泥处理处置模式使之成为可回收利用的资源是现阶段国内外的研究热点。采用好氧堆肥预处理与蚯蚓堆肥处理相结合的方法对污水污泥进行处理。在好氧堆肥预处理阶段，研究了各试验组的温度、含水率、有机质、pH 值、电导率（EC)、营养盐等指标的变化，为后续蚯蚓处理做好准备；蚯蚓处理阶段选用大平 2 号赤子爱胜蚓，V1、V2 和 V3 试验组的蚯蚓投放密度分别为 $1.5kg \cdot m^{-2}$、$2.5kg \cdot m^{-2}$ 和 $3.5kg \cdot m^{-2}$，并控制堆体的含水率在 60%左右，研究了蚯蚓处理对污水污泥的基本理化性质、营养物质、重金属等的影响，比较了不同放养密度下蚯蚓处理污水污泥的效果，为蚯蚓处理技术在污泥处理领域的推广应用提供技术支撑。主要结论如下（在好氧堆肥预处理阶段）。

目前，农业上施用的农药种类很多，施用后的去向有几条途径。最理想的农药是只对靶标生物有作用，而对所有的非靶标生物和高等生物无害，并且在完成其生物效应后会消失。但在实际生产中，农药往往达不到理想效应状态，施用不足达不到防治效果，施用量过大或者未达到靶标生物，就会造成对环境的污染，尤其是对土壤污染较重。

研究的数据表明，农药在施用后只有小部分留在植物上，大部分进入土壤、空气中，且进入空气中的农药最终也会有大部分进入土壤中，土壤是农药在环境中的“贮藏库”与“集散地”[1~3]。据2009年对我国30个省（自治区、直辖市）的不完全统计，全部施用的农药只有20%左右附着在植物上，其余40%～60%直接进入土壤，5%～30%左右的农药进入空气中，而空气中残留的农药又会通过降雨进入土壤。因此，农药施用后，最终大约有80%～90%的农药量将最终进入土壤，其中80%以上残留在土壤0～20cm的表土层[4,5]。我国是一个农业大国，也是生产和消费农药的大国。目前，农民大多直接通过种子处理剂、颗粒剂或者其他剂型，向土壤或植物表面喷洒农药，使得土壤受农药污染严重[1,2]。由于农业施用农药的量特别大，因此土壤受农药污染的程度也较为严重，严重影响我国农业的生产和发展[6]。

总体上，污染土壤的农药来源有直接和间接两种方式[7~9]：①直接进入土壤。一是农药直接施于土壤，如一些除草剂、种子处理剂和土壤处理剂等可以直接施入土壤；二是液用农药在喷洒时有一部分农药会直接进入土壤中。②间接进入土壤。一是附着在作物上的农药，经风吹雨淋落入土壤中；二是悬浮于大气中的农药颗粒或以气态形式存在的农药经雨水溶解和淋失，进入到土壤中；三是含有农药的动植物残体和包装材料将农药带入土壤；四是灌溉的水体被农药污染，农药随着灌溉过程进入土壤。虽然土壤自身有一定的净化能力，但当进入土壤的农药量超过土壤的环境容量时就会形成土壤污染，对土壤生态系统产生严重的影响。

作为陆地生态系统中生物量最大的动物类群，蚯蚓可占土壤中生物量的60%～80%，是土壤系统中重要的组成部分。蚯蚓整个生活阶段都暴露在土壤中，因此，可以全程接触到土壤中残留的农药。此外，蚯蚓可以摄取分解大量的土壤以及土壤中的动植物残体和土壤中的其他有机质，该过程中会与土壤中残留农药接触频繁。有报道称蚯蚓种群的衰退与大量农药对土壤的污染是紧密相关的[10~12]。

11.1.2 选取蚯蚓作为指示生物的原因

土壤的污染程度可以通过环境调查和监测进行评价，评估和表征污染物生物效应的一种常见方法是生态风险评价，此方法主要以动物、植物和微生物作为试验生物，蚯蚓便是其中的标准化测试物种之一[13]。

选择一种或一类生物作为环境指示生物必须至少满足两个条件：①可以从一个常常是随机选择的种类所测定的适度范围得出一个统计性结论，也就是说，可以通过对一个物种较少个体数量的毒理测试来决定某种化学药品对整个土壤动物区系的安全水平；②实验动物应对毒素敏感，易暴露于毒素，同时便于进行研究[14]。选择蚯蚓作为土壤环境污染的指示生物就是因为蚯蚓对土壤环境的重要性和认为它是土壤动物区系的代表类群。

蚯蚓通常被视为土壤动物区系的代表类群而被用于指示、监测土壤污染。这主要是由于蚯蚓在降解有机物质、改善土壤物理性状、促进土壤养分循环与释放中起着举足轻重的作用[15,16]。因此在土壤中保持健康的蚯蚓生态种群对于土壤环境的保护具有重要价值。另外从生态学的角度来看，很多动物如鸟类都可以取食蚯蚓。蚯蚓连接了土壤圈和大气圈，沟通了土壤生物同地上生物之间的联系[17]。蚯蚓作为陆生生物与土壤生物之间物质传递的桥梁，对于维持正常的自然生态环境和以蚯蚓为食的陆生脊椎生物也十分重要[10]。蚯蚓处于食物链的底端，蚯蚓生态种群的健康状况直接关系到食物链中更高级生物的安全水平。

蚯蚓可以摄取分解大量的垃圾、动物粪便和土壤中的其他有机质，并转化为肥沃的表层土，在这过程中会与土壤污染物接触频繁，对大部分包括农药在内的污染物都具有富集作用[18]，这些被富集的化学物质可能并不对蚯蚓造成严重的伤害，但却可能影响食物链中更高级的生物。此外，蚯蚓表皮还是污染物吸收的重要途径[19]，因此蚯蚓对某些污染物比许多其他土壤动物更为敏感，可以提供一个保护整个土壤动物区系的安全阈值，研究可应用于生态风险评价的蚯蚓生物标志物是十分有意义的[20]。

此外蚯蚓体型较大，分布广泛，易于养殖，因此十分便利于研究和监测工作的进行。蚯蚓既能反映土壤的污染状况，又能鉴定指示各种有害物质的毒性，因此，常被视为土壤区系的代表类群而被用于指示、监测土壤污染。研究污染物对蚯蚓的毒性，是评价外源污染物对土壤生态环境安全性，进行污染土壤生态毒理诊断的重要方法。目前用于土壤生态毒理试验的蚯蚓主要来自后孔寡毛目的正蚓科（Lumbricidae）、巨蚓科（Megascolecidae）和真蚓科（Eudrilidae）的十几种，其中最常用的是生活于腐殖质或富含有机质环境中的赤子爱胜蚓（*E. fetida*）和安德爱胜蚓（*E. andrei*）。

赤子爱胜蚓（*E. fetida*）是应用于陆生生态毒理学研究中最为普遍的标准受试种，由于其世代时间短，繁殖力强，且易于在实验室培养、繁殖等优点被广泛应用于新化学品潜在毒性测试及污染土壤的风险评估[21~23]。赤子爱胜蚓对化学物质的敏感性使其可以在一定程度上模拟真实土壤生物在受污染土壤中的反应。虽然也有敏感性比对研究表明，赤子爱胜蚓在众多种类中的敏感性并不是最强的[24,25]，但赤子爱胜蚓仍是国内外相关研究中使用最多、研究最为深入的受试蚯蚓物种，可以胜任绝大多数的土壤毒理学试验需求，但仍须注意其在不同地区的外推适宜性（如温带条件下得出的试验结果不适用于热带条件下使用）。

11.2　暴露评估

蚯蚓为雌雄同体，异体受精。蚯蚓的一生主要包括卵、幼蚓和成蚓三个阶段。其中，卵主要存在于蚓茧中。蚯蚓的一生均在土壤中度过，因此蚯蚓的各个发育阶段均能与农药等污染物暴露接触。由于幼蚓和成蚓均需要取食，因此，与农药等污染物接触最多。

土壤中的农药污染物可以通过蚯蚓的吸收作用而在蚯蚓体内富集，进而在食物链中传递和生物放大[26]，其过程取决于化合物的两个主要化学性质，即持久性和可富集性[27,28]。蚯蚓可以通过两种作用富集土壤中的农药污染物：被动扩散作用（passive diffusion）和摄食作用（resorption）；前者是污染物从土壤溶液穿过体表进入蚯蚓的体内，而后者则是污染物由土壤通过吞食作用进入蚯蚓体内，并在内脏器官内完成吸收作用。这两种吸收途径的贡献取决于蚯蚓的品种和类型，以及农药污染物的理化性质[29]。

（1）扩散作用　扩散作用是农药污染物在蚯蚓体内生物富集的主要途径之一，可以通过平衡分配理论（equilibrium partitioning theory）来描述。农药污染物在土壤组分与蚯蚓组织之间的浓度梯度是被动扩散作用的驱动力。在稳定状态下，蚯蚓体内污染物残留浓度最终达到与土壤平衡。由于污染物在土壤中与土壤组分的相互作用，限制了污染物在蚯蚓体内通过扩散作用而进行生物富集的潜力[30]。假设污染物在土壤溶液与土壤固相之间的分配达到了平衡，蚯蚓从土壤中吸收污染物和污染物从蚯蚓体内排出的过程都遵循一级动力学规律，则蚯蚓从土壤中吸收污染物的过程可以用平衡分配模型进行描述，即[31]：

$$\frac{\mathrm{d}C_{\mathrm{worm}}}{\mathrm{d}t}=k_1C_{\mathrm{soil}}-k_2C_{\mathrm{worm}}$$

式中　k_1——蚯蚓从土壤中吸收污染物的速率常数，d^{-1}；

k_2——污染物从蚯蚓体内的排出速率常数，d^{-1}；

C_{worm}——污染物在蚯蚓体内脂肪中单位鲜重的浓度，$\mathrm{mg\cdot kg^{-1}}$脂肪；

C_{soil}——污染物在土壤有机质中单位干重的浓度，$\mathrm{mg\cdot kg^{-1}}$ OC。

在平衡时，$\frac{\mathrm{d}C_{\mathrm{worm}}}{\mathrm{d}t}=0$，污染物在土壤和蚯蚓体内的分配为简单分配：

$$K=\frac{K_1}{K_2}=\frac{C_{\mathrm{worm}}}{C_{\mathrm{soil}}}$$

$\frac{C_{\mathrm{worm}}}{C_{\mathrm{soil}}}$的比值定义为在稳定状态下的生物-土壤富集系数。由于蚯蚓对污染物的吸收受污染物浓度、土壤性质和蚯蚓种类等诸多因素的影响，所以平衡分配理论的应用也存在着一定的局限性。

（2）摄食作用　由于老化作用的影响，进入土壤中的农药污染物与土壤组分紧密结合，在土壤中的移动性减弱，降低了其可提取性和生物有效性[32]，这些污染物可通过吞食作用而被蚯蚓吸收。蚯蚓吞食的土壤和有机物经砂囊磨碎消化菌及体内微生物的作用，被分解转化为简单的可以利用的化合物，而废物则通过排泄系统排到体外[33]。当土壤和其他污染物通过蚯蚓胃、肠等消化器官时，污染物与消化器官的内壁接触，从而发生了一系列复杂的物理、化学和生物的变化。蚯蚓改变了土壤的理化和生物学特性，使土壤中的污染物释放出来，成为可以直接吸收利用的形态，从而有利于物质被蚯蚓吸收[34]。

许多有机污染物在蚯蚓体内的积累是以内脏吸收为主的，这种规律随着物质疏水性的增强而增大。由于蚯蚓内脏可以分泌许多分泌物从而有利于物质的消化，这些分泌物可以增强有机物质在液相内的溶解度，从而有利于向蚯蚓组织的扩散。由于分泌物的存在使蚯蚓脏器内液相物质的极性降低，也有利于物质在蚯蚓脏器脂肪的累积[35]。

11.3 效应分析

11.3.1 急性毒性

OECD 于 1984 年制定了蚯蚓急性毒性试验导则，即 OECD 207 导则[36]。导则中，急性毒性试验包括初筛试验（滤纸接触毒性试验）和人工土壤试验，滤纸接触毒性试验是将蚯蚓与湿润滤纸上的供试物接触，以鉴别土壤中供试物对蚯蚓的潜在影响；人工土壤试验是将蚯蚓置于含不同浓度供试物的人工配制土壤中，7d 和 14d 后评价蚯蚓死亡率。

中国在 2014 年发布了《化学农药环境安全评价试验准则　第 15 部分：蚯蚓急性毒性试验》（GB/T 31270.15—2014）[37]，标准中对于试验方法描述为“在适量人工土壤加入农药溶液并充分拌匀，每个处理放入 10 条蚯蚓，在适宜条件下培养两周。在第 7 天和第 14 天观察”。

具体做法为：在标本瓶中放 500g 土（标本瓶中土壤厚度不低于 8cm），加入农药溶液后充分拌匀（如用有机溶剂助溶时，需将有机溶剂挥发净），加适量蒸馏水调节土壤含水量，占土壤干重的 30%～35%。每个处理放入蚯蚓 10 条，用纱布扎好瓶口，将标本瓶置于 20℃±2℃、相对湿度 70%～90%、光照强度 400～800lx 的培养箱中。试验历时两周，于第 7 天和第 14 天倒出瓶内土壤，观察记录蚯蚓的中毒症状和死亡数（用针轻触蚯蚓尾部，蚯蚓无反应则为死亡），及时清除死蚯蚓。根据蚯蚓 7d 和 14d 的死亡率，求出农药对蚯蚓的毒性 LC_{50} 值及 95%置信限。

该方法与 OECD 方法中人工土壤试验基本一致，已广泛应用到包括农药在内的化学物质急性毒性测定中。蚯蚓急性毒性试验数据见表 11-1。

11.3.2 慢性毒性

OECD 于 2016 年发布了蚯蚓繁殖试验（赤子爱胜蚓/安德爱胜蚓）的 OECD 222 导则[38]，导则中规定“试验将成年蚯蚓暴露于与土壤混合或均匀分布在土壤表面的一系列浓度的供试物。试验方法以试验目的为准，所选的一系列浓度要包括在 8 周内可能导致亚致死或致死效应的浓度。成蚓的死亡和生长效应要在暴露 4 周后测定。然后将成蚓从土壤中移出，繁殖效应的评价在第二个 4 周后测定，即数出土壤中蚓茧数。暴露于供试物的蚯蚓繁殖产量要与对照进行比较来确定无作用浓度（NOEC）。如果可能，将数据用回归模型进行分析，来评估引起繁殖量减少 x%的浓度，例如 EC_x（如 EC_{10}、EC_{50}）。”

表 11-1　蚯蚓急性毒性试验数据

序号	有效成分	英文名	蚯蚓急性毒性试验/mg·kg^{-1}或 mg·kg^{-1}干土					
			EPA	EU	PANNA	PPDB	加拿大	中国
1	1-甲基环丙烯	1-methylcyclopropene (1-MCP)	—	14d，$LC_{50}=5mg \cdot L^{-1}$	—	$LC_{50}=5.0$	14d，$LC_{50} \geqslant 10mg \cdot L^{-1}$	—
2	2,4-滴	2,4-D	—	—	—	赤子爱胜蚓，$LC_{50}=350$	—	—
3	2,4-滴二甲胺盐	2,4-D dimethyl amine salt	—	—	—	—	—	>100
4	2 甲 4 氯	MCPA	—	14d，$LC_{50}=325$	—	赤子爱胜蚓，$LC_{50}=325$	—	—
5	2 甲 4 氯二甲胺盐	MCPA-dimethylamine salt	—	—	—	—	—	>100
6	2 甲 4 氯钠	MCPA-sodium	—	—	—	—	—	>100
7	2 甲 4 氯异辛酯	MCPA-isooctyl	—	—	—	—	—	>100
8	5-硝基邻甲氧基苯酚钠	sodium 5-nitroguaiacolate	—	—	—	赤子爱胜蚓，$LC_{50} \geqslant 11.8$	—	—
9	*S*-氰戊菊酯	esfenvalerate	—	10.6mg(a.s.)·kg^{-1} 基质	—	14d，$LC_{50}=10.6$	—	—
10	*zeta*-氯氰菊酯	*zeta*-cypermethrin	—	—	—	赤子爱胜蚓，14d，$LC_{50}>100$	—	—
11	阿维菌素	abamectin，avermectin		14d，$LC_{50}=33$	—	—	—	均值：20.35 最小值：5.80 最大值：87.8
12	矮壮素	chlormequat	—	14d，$LC_{50}=320$ [240000g(a.s.)·hm^{-2}]	—	—	—	—
13	氨氟乐灵	prodiamine	—	—	—	赤子爱胜蚓，14d，$LC_{50}>1000$	—	—
14	氨磺乐灵	oryzalin	—	赤子爱胜蚓，14d，$LC_{50}>1000$	—	赤子爱胜蚓，14d，$LC_{50}>500$	—	—
15	氨基寡糖素	oligosaccharins；chitosan	—	—	—	—	—	>100

续表

序号	有效成分	英文名	蚯蚓急性毒性试验/mg·kg^{-1}或 mg·kg^{-1}干土					
			EPA	EU	PANNA	PPDB	加拿大	中国
16	氨氯吡啶酸	picloram	—	赤子爱胜蚓，14d，$LC_{50}>4475$	—	赤子爱胜蚓，14d，$LC_{50}>4475$	—	>100
17	百草枯	paraquat	—	赤子爱胜蚓，14d，$LC_{50}>1000$	—	赤子爱胜蚓，14d，$LC_{50}>1000$	—	>100
18	百草枯二氯化物	paraquat dichloride	—	—	—	赤子爱胜蚓，14d，$LC_{50}>1000mg\cdot L^{-1}$	—	—
19	百菌清	chlorothalonil	—	$LC_{50}=268.5$	—	赤子爱胜蚓，14d，$LC_{50}=268.5mg\cdot L^{-1}$	赤子爱胜蚓，14d，$LC_{50}=$ 515mg(a. i.)·L^{-1}	>100
20	倍硫磷	fenthion	—	—	—	赤子爱胜蚓，14d，$LC_{50}=375mg\cdot L^{-1}$	—	—
21	苯丁锡	fenbutatin oxide	—	安德爱胜蚓，14d，$LC_{50}>1000$	—	赤子爱胜蚓，14d，$LC_{50}\geq 500mg\cdot L^{-1}$	—	>100
22	苯磺隆	tribenuron-methyl	—	$EC_{50}>1000$	—	赤子爱胜蚓，14d，$LC_{50}>1000mg\cdot L^{-1}$	—	—
23	苯菌灵	benomyl	—	—	—	14d，$LC_{50}=10mg\cdot L^{-1}$	—	—
24	苯醚甲环唑	difenoconazole	赤子爱胜蚓，14d，$LC_{50}>610$	赤子爱胜蚓，$LC_{50}>610$	—	赤子爱胜蚓，14d，$LC_{50}>610mg\cdot L^{-1}$	赤子爱胜蚓，14d，$LC_{50}=$ 250g(a. i.)·hm^{-2}	均值：65.1 最小值：41.5 最大值：>100
25	苯嘧磺草胺	saflufenacil	—	—	—	赤子爱胜蚓，14d，$LC_{50}>1000$	$LC_{50}/2>100mg\cdot kg^{-1}$	—
26	苯嗪草酮	metamitron	—	14d，$LC_{50}=914$	—	赤子爱胜蚓，14d，$LC_{50}=914$	—	—
27	苯噻酰草胺	mefenacet	—	—	—	赤子爱胜蚓，14d，$LC_{50}=1000$	—	—
28	苯酰菌胺	zoxamide	赤子爱胜蚓，14d，$LC_{50}>1070$	LC_{50}(14d)>535 LC_{50}(14d)>500 (75WG 制剂)	—	赤子爱胜蚓，14d，$LC_{50}>535$	—	—

续表

序号	有效成分	英文名	蚯蚓急性毒性试验/$mg \cdot kg^{-1}$或$mg \cdot kg^{-1}$干土					
			EPA	EU	PANNA	PPDB	加拿大	中国
29	苯锈啶	fenpropidine	—	—	—	赤子爱胜蚓，14d，$LC_{50}>500$	—	—
30	苯唑草酮	topramezone	赤子爱胜蚓：虫龄<1年，14d，$LC_{50}>1000$	赤子爱胜蚓，14d，$LC_{50}>1000$	—	14d，$LC_{50}>1000$	—	>100
31	吡丙醚	pyriproxyfen	—	14d，$LC_{50}>1000$ $LC_{50}>500$	—	赤子爱胜蚓，14d，$LC_{50}>500$	—	>100
32	吡草醚	pyraflufen-ethyl	赤子爱胜蚓，14d，$LC_{50}>1000$	土豆，剂量：2×0.0212kg(a.s.)•hm^{-2}；$LC_{50}=1.9$；PEC=0.029；急性阶段=90	—	赤子爱胜蚓，14d，$LC_{50}>1000$	—	—
33	吡虫啉	imidacloprid	—	—	—	赤子爱胜蚓，14d，$LC_{50}=10.7$	赤子爱胜蚓：原药92.8%，14d，$LC_{50}=10.7$	均值：3.12 最小值：0.434 最大值：3.65
34	吡氟酰草胺	diflufenican	—	14d，$LC_{50}>500$	—	14d，$LC_{50}>500$	—	—
35	吡嘧磺隆	pyrazosulfuron-ethyl	—	—	—	赤子爱胜蚓，14d，$LC_{50}=8000$	—	>100
36	吡蚜酮	pymetrozine	—	$LC_{50}>250$	—	14d，$LC_{50}>250$	NOEC=12.3，EEC=0.079	>100
37	吡蚜酮	pymetrozine	—	严重状态14d，$LC_{50,修正}>500$	—	赤子爱胜蚓，14d，$LC_{50}=500$	—	—
38	吡唑醚菌酯	pyraclostrobin	—	LC_{50}：567 50000F，$LC_{50}=282$（校正值35.2）	—	赤子爱胜蚓，14d，$LC_{50}=567$	14d，$LC_{50}=567$，14d，NOEC=151	>100
39	吡唑萘菌胺	isopyrazam	—	赤子爱胜蚓，(70∶30 *syn*∶*anti*)，14d，$LC_{50}>1000$（>500）；(90∶10 *syn*∶*anti*)，14d，$LC_{50}>1000$（>500）	—	赤子爱胜蚓，14d，$LC_{50}>500$	—	—

续表

序号	有效成分	英文名	蚯蚓急性毒性试验/mg・kg^{-1}或mg・kg^{-1}干土					
			EPA	EU	PANNA	PPDB	加拿大	中国
40	苄嘧磺隆	bensulfuron methyl	—	LC_{50}>1000	—	赤子爱胜蚓，14d，LC_{50}>1000	—	—
41	丙草胺	pretilachlor	—	—	—	赤子爱胜蚓，14d，LC_{50}=19.23	—	>100
42	丙环唑	propiconazole	—	LC_{50}=686	—	14d，LC_{50}=686	LC_{50}=686	>100
43	丙硫克百威	benfuracarb	—	—	—	赤子爱胜蚓，14d，LC_{50}=29	—	—
44	丙炔噁草酮	oxadiargyl	—	赤子爱胜蚓，14d，LC_{50}>1000，NOEC 1000	—	14d，LC_{50}>1000	—	均值：71.0 最小值：71.0 最大值：>100
45	丙炔氟草胺	flumioxazin	—	LC_{50}>982，NOEC=61	—	赤子爱胜蚓，14d，LC_{50}>491	LC_{50}/2>491	均值：>100
46	丙森锌	propineb	—	LC_{50}>1000	—	14d，LC_{50}>700	—	>100
47	波尔多液	bordeaux mixture	—	—	—	14d，LC_{50}>195.5	—	—
48	草铵膦	glufosinate-ammonium	—	—	—	赤子爱胜蚓，14d，LC_{50}>1000	—	>100
49	草除灵	benazolin-ethyl（benazolin）	—	—	—	14d，LC_{50}>1000	—	>100
50	草甘膦	glyphosate	—	LC_{50}>480	—	赤子爱胜蚓，14d，LC_{50}>5600	690	>100
51	草甘膦铵盐	glyphosate ammonium（CAS：114370-14-8）	—	—	—	—	—	>100
52	草甘膦异丙胺盐	glyphosate isopropylamine salt（CAS：38641-94-0）	—	—	—	赤子爱胜蚓，14d，LC_{50}>5000	—	>100
53	赤霉酸	gibberellic acid	—	—	—	赤子爱胜蚓，14d，LC_{50}>1250	—	—

续表

序号	有效成分	英文名	蚯蚓急性毒性试验/mg·kg^{-1}或 mg·kg^{-1}干土					
			EPA	EU	PANNA	PPDB	加拿大	中国
54	赤霉酸 A_3	gibberellic acid (GA_3)	—	—	—	赤子爱胜蚓，14d，LC_{50}>1250	—	—
55	赤霉酸 A_4+A_7	gibberellic acid A_4，A_7	—	—	—	赤子爱胜蚓，14d，LC_{50}>1250	—	—
56	虫螨腈	chlorfenapyr	赤子爱胜蚓，14d，$LC_{50}=22$	—	—	—	—	均值：26.0 最小值：13.0 最大值：39.2
57	虫酰肼	tebufenozide	LC_{50}>1000	LC_{50}>1000	—	>1000	—	—
58	除虫菊素	pyrethrins	—	$LC_{50}=83.21$ (47.45) $LC_{50,修正}=23.7$	—	—	—	—
59	除虫脲	diflubenzuron	—	—	—	>500	—	—
60	春雷霉素	kasμgamycin	—	—	—	>1000	EC_{50}>1000mg (a. i.)·kg^{-1}干土	>100
61	哒螨灵	pyridaben	—	$LC_{50,修正}=19$	—	19	—	均值：12.2 最小值：10.4 最大值：13.5
62	大孢绿僵菌	metarhizium majus	—	—	—	—	14d，接触 LC_{50}>7.0×10^{10}CFU·kg^{-1}干土	—
63	代森联	metiram	—	14d，LC_{50}>1000	—	>1000	—	—
64	代森锰锌	mancozeb	—	LC_{50}>299.1	—	>299.1	—	>100
65	代森锌	zineb	—	—	—	960	—	—
66	单氰胺	cyanamide	—	LC_{50}>1000	—	>111.6	—	—
67	稻瘟灵	isoprothiolane	—	—	—	>91.95	—	均值：82.8 最小值：82.8 最大值：>100
68	稻瘟酰胺	fenoxanil	—	—	—	71.0	—	>100

续表

序号	有效成分	英文名	蚯蚓急性毒性试验/mg·kg^{-1}或 mg·kg^{-1}干土					
			EPA	EU	PANNA	PPDB	加拿大	中国
69	敌百虫	trichlorfon	—	14d，LC_{50}=140	—	—	—	—
70	敌稗	propanil	—	LC_{50}=734	—	734	—	—
71	敌草胺	napropamide	—	564	—	282	—	—
72	敌草快	diquat	—	LC_{50}=130，14d	—	94.3	—	>100
73	敌草隆	diuron	—	LC_{50}>798	—	>798	—	—
74	调环酸钙	prohexadione calcium	—	LC_{50}>1000	—	>1000	—	—
75	丁草胺	butachlor	—	—	—	0.515	—	>100
76	丁虫腈	flufiprole	—	—	—	—	—	>100
77	丁氟螨酯	cyflumetofen	原药：14d，LC_{50}>1000（土壤；NOM） 14d，NOAEC=100（土壤；NOM） 制剂：14d，LC_{50}>1050（土壤；NOM） 14d，NOAEC=106（土壤；NOM）	LC_{50}>1000	—	>1000 赤子爱胜蚓	—	—
78	丁硫克百威	carbosulfan	—	—	—	4.8	—	均值：19.79 最小值：0.943 最大值：60
79	丁醚脲	diafenthiuron	—	—	—	1000	—	>100
80	丁噻隆	tebuthiuron	—	—	—	>690	—	—
81	丁酰肼	daminozide	LC_{50}>632mg·L^{-1}	—	—	>1000	—	—
82	丁子香酚	eugenol	—	LC 50>1000 $LC_{50,修正}$>500	—	—	—	—
83	啶虫脒	acetamiprid	—	9（14d）18.3 （14d，EXP 60707）	—	9.00	LC_{50}=9	均值：1.34 最小值：0.870 最大值：1.63

续表

序号	有效成分	英文名	蚯蚓急性毒性试验/mg·kg^{-1}或 mg·kg^{-1}干土					
			EPA	EU	PANNA	PPDB	加拿大	中国
84	啶磺草胺	pyroxsulam	—	LC_{50}>10000	—	>10000	—	—
85	啶嘧磺隆	flazasulfuron	—	工艺的 LC_{50}> 15.75mg·L^{-1}	—	>15.75	LC_{50}>15.75	>100
86	啶酰菌胺	boscalid	LC_{50}>1000mg·L^{-1}	LC_{50}>1000mg BAS 51001F·kg^{-1}(修正值>500mg·kg^{-1})；LC_{50}>1000mg 啶酰菌胺·kg^{-1}[修正值>500mg(a. s.)·kg^{-1}]	—	LC_{50}>500	—	>100
87	啶氧菌酯	picoxystrobin	28d，LC_{50}>5	未修正的值 ZA1963：LC_{50} 6.7， YF10267：LC_{50} 6.1； 修正的值： ZA1963：LC_{50} 3.4 YF10267：LC_{50} 3.1	—	LC_{50}=3.4	—	3.17
88	毒草胺	propachlor	—	—	—	LC_{50}=218	—	—
89	毒死蜱	chlorpyrifos	—	14d，LC_{50}=129	—	14d，LC_{50}=129	—	均值：72.3 最小值：65 最大值：83.4
90	对硝基苯酚钠	sodium *p*-nitrophenolate	—	—	—	LC_{50}>43.4	—	—
91	多菌灵	carbendazim	—	LC_{50}：5.4（14d），3.9（28d）	—	LC_{50}=5.4	—	均值：16.00 最小值：5.01 最大值：28.3
92	多抗霉素	polyoxin	—	—	—	—	LC_{50}>1000	均值：105 最小值：105 最大值：>170

续表

序号	有效成分	英文名	蚯蚓急性毒性试验/mg·kg^{-1}或 mg·kg^{-1}干土					
			EPA	EU	PANNA	PPDB	加拿大	中国
93	多杀霉素	spinosad	LC_{50}>970	多杀霉素：LC_{50}>916（NAF-85）；修正值>458 多杀霉素 B：LC_{50}>1000（修正值>500）	—	—	—	>100
94	多效唑	paclobutrazol	—	$LC_{50,修正}$>500	—	>500	—	均值：85.1 最小值：85.1 最大值：>100
95	多黏类芽孢杆菌	paenibacillus polymyza	—	—	—	—	—	>100
96	噁草酮	oxadiazon	—	—	—	>500	—	>100
97	噁虫威	bendiocarb	—	—	—	188	—	—
98	噁霉灵	hymexazol	—	—	—	281.9	—	—
99	噁嗪草酮	oxaziclomefone	—	—	—	—	—	>100
100	噁霜灵	oxadixyl	—	—	—	1000	—	—
101	噁唑菌酮	famoxadone	470mg·L^{-1}	—	—	235	—	>100
102	噁唑酰草胺	metamifop	—	—	—	1000	—	41.6
103	二甲戊灵	pendimethalin	—	>1000mg·L^{-1}	—	>1000	—	>100
104	二氯吡啶酸	clopyralid	—	LC_{50}>1000（工艺二氯吡啶酸）；LC_{50}>97.6（a. s. 或 PPP）	—	>1000	>1000	>100
105	二氯喹啉酸	quinclorac	—	—	—	—	>4000	>100
106	二嗪磷	diazinon	—	LC_{50}=65（14d）	—	65	—	均值：170 最小值：170 最大值：>100

续表

序号	有效成分	英文名	蚯蚓急性毒性试验/mg·kg^{-1}或 mg·kg^{-1}干土					
			EPA	EU	PANNA	PPDB	加拿大	中国
107	二氰蒽醌	dithianon	—	LC_{50}=578.4mg(a.s.)·hm^{-2} $LC_{50,修正}$=289.2mg(a.s.)·hm^{-2}	—	578.4	—	>100
108	粉唑醇	flutriafol	—	$LC_{50,修正}$>500	—	>500	>1000	—
109	砜嘧磺隆	rimsulfuron	—	LC_{50}>1000	—	>1000	—	—
110	呋草酮	flurtamone	—	LC_{50}>1 800	—	>1800	—	—
111	呋虫胺	dinotefuran	—	—	—	4.9	—	均值：3.04 最小值：1.46 最大值：5.06
112	伏杀硫磷	phosalone	—	14d，LC_{50}=22.5	—	22.5	—	—
113	氟苯虫酰胺	flubendiamide	14d，LD_{50}>1000	14d，$LC_{50,修正}$>500（活跃的）	—	>500	—	—
114	氟吡甲禾灵	haloxyfop	—	LC_{50}=415	—	415	—	—
115	氟吡菌胺	fluopicolide	—	14d，LC_{50}>500	—	>500	—	—
116	氟吡菌酰胺	fluopyram	—	LC_{50}>1000	—	>1000	LC_{50}(0.5)=207.5	—
117	氟丙菊酯	acrinathrin	—	LC_{50}>1000	—	>100	—	—
118	氟草隆	fluometuron	—	LC_{50}=1000mg(a.s.)·hm^{-2}	—	>500	—	—
119	氟虫胺	sulfluramid	—	—	—	>1897	—	—
120	氟虫腈	fipronil	—	—	—	>500	—	>100
121	氟虫脲	flufenoxuron	—	赤子爱胜蚓，14d，LC_{50}>1000	—	>500	—	—
122	氟啶胺	fluazinam	LC_{50}≥1376/1000	赤子爱胜蚓，14d，$LC_{50,修正}$>500	—	>500	—	>100
123	氟啶虫胺腈	sulfoxaflor	—	14d，LC_{50}=0.0096	—	0.855	—	—

续表

序号	有效成分	英文名	蚯蚓急性毒性试验/mg・kg^{-1}或 mg・kg^{-1}干土					
			EPA	EU	PANNA	PPDB	加拿大	中国
124	氟啶虫酰胺	flonicamid	—	$LC_{50}\geqslant1000$	—	>1000	—	>100
125	氟啶脲	chlorfluazuron	—	—	—	>1000	—	—
126	氟硅菊酯	silafluofen	—	—	—	>1000	—	—
127	氟硅唑	flusilazole	—	—	—	388	—	>100
128	氟环唑	epoxiconazole	—	$LC_{50}>1000$	—	>500	—	>100
129	氟磺胺草醚	fomesafen	—	—	—	1000500	—	>100
130	氟节胺	flumetralin	—	14d，$LC_{50,修正}>500$	—	>500	—	>100
131	氟菌唑	triflumizole	—	—	—	—	—	均值：>100 最小值：40.1 最大值：>100
132	氟乐灵	trifluralin	—	14d，$LC_{50}>1000$	$LC_{50}=300\mu g\cdot L^{-1}$，96h	>500	—	106
133	氟铃脲	hexaflumuron	—	—	—	880	—	100
134	氟硫草定	dithiopyr	—	—	—	>1000	—	—
135	氟氯氰菊酯	cyfluthrin	—	—	—	>1000	—	均值：68.6 最小值：65.6 最大值：71.7
136	氟噻草胺	flufenacet	—	$LC_{50}=219$	—	219	—	均值：50.6 最小值：41.2 最大值：60.1
137	氟噻唑吡乙酮	oxathiapiprolin	—	—	—	>1000	—	—
138	氟酰胺	flutolanil	—	$LC_{50,修正}>500$	—	>500	—	—
139	氟酰脲	novaluron	—	—	—	>1000	—	—
140	氟唑环菌胺	sedaxane	—	赤子爱胜蚓，14d，$LC_{50}>1000$	—	>500	—	—

续表

序号	有效成分	英文名	蚯蚓急性毒性试验/mg・kg^{-1}或 mg・kg^{-1}干土					
			EPA	EU	PANNA	PPDB	加拿大	中国
141	氟唑磺隆	flucarbazone-Na (flucarbazone-sodium)	—	—	—	—	—	>100
142	氟唑菌苯胺	penflufen	—	赤子爱胜蚓，LC_{50}≥1000	—	>500	—	—
143	氟唑菌酰胺	fluxapyroxad	—	LC_{50}>1000	—	>1000	—	—
144	福美双	thiram	—	—	—	540	—	—
145	福美锌	ziram	—	14d，LC_{50}=140	—	140	—	—
146	腐霉利	procymidone	—	—	—	>1000	—	>100
147	复硝酚钠	sodium nitrophenolate (sodium *o*-nitrophenolate/sodium *p*-nitrophenolate)	—	—	—	>43.4	—	77.1
148	高效氟吡甲禾灵	haloxyfop-P-methyl	—	—	—	>672	—	均值：87.2 最小值：87.2 最大值：>100
149	高效氟氯氰菊酯	*beta*-cyfluthrin	—	LC_{50}>1000	—	>1000	—	—
150	高效氯氟氰菊酯	*lambda*-cyhalothrin	—	—	—	>500	—	均值：124.6 最小值：1.23 最大值：654
151	高效氯氰菊酯	*beta*-cypermethrin	—	—	—	>150	—	118
152	硅噻菌胺	silthiopham	—	未修正：LC_{50}(14d)=133；修正（lg$P$>2）：$LC_{50,修正}$=66.5	—	14d，LC_{50}=133，赤子爱胜蚓	—	—
153	哈茨木霉菌	trichoderma harzianum	—	NOEC=1000（对应4.2×10^9CFU・kg^{-1}土壤）没有明显致病性	—	—	—	—
154	禾草丹	thiobencarb	—	—	—	LC_{50}(14d)=437，赤子爱胜蚓，修正	—	—

续表

序号	有效成分	英文名	蚯蚓急性毒性试验/mg·kg⁻¹或 mg·kg⁻¹干土					
			EPA	EU	PANNA	PPDB	加拿大	中国
155	禾草敌	molinate	—	LC_{50}(14d)=289	—	LC_{50}(14d)=289	—	—
156	禾草灵	diclofop-methyl	—	—	—	LC_{50}(14d)>500，赤子爱胜蚓，修正	—	—
157	琥胶肥酸铜	copper（succinate+glutarate+adipate）	—	—	—	—	—	>100
158	环丙嘧磺隆	cyclosulfamuron	—	—	—	LC_{50}(14d)>892	—	—
159	环丙唑醇	cyproconazole	—	—	—	赤子爱胜蚓，修正，LC_{50}(14d)=168	—	—
160	环虫酰肼	chromafenozide	—	—	—	赤子爱胜蚓，修正，LC_{50}(14d)>500	—	—
161	环嗪酮	hexazinone	—	—	—	—	—	>100
162	磺草酮	sulcotrione	—	—	—	LC_{50}(14d)>1000	—	—
163	己唑醇	hexaconazole	—	—	—	LC_{50}(14d)=414	—	>100
164	甲氨基阿维菌素	abamectin-aminomethyl	—	—	—	—	—	均值：56.8 最小值：11 最大值：144
165	甲氨基阿维菌素苯甲酸盐	emamectin benzoate	—	—	—	—	—	均值：104 最小值：6.06 最大值：246
166	甲拌磷	phorate	—	—	—	赤子爱胜蚓，LC_{50}(14d)=20.8	—	—
167	甲草胺	alachlor	赤子爱胜蚓，LC_{50}=386.8，14d，95%置信限：336.8～451.5，原药	—	—	LC_{50}(14d)=386.8	—	>100

续表

序号	有效成分	英文名	蚯蚓急性毒性试验/$mg \cdot kg^{-1}$或$mg \cdot kg^{-1}$干土					
			EPA	EU	PANNA	PPDB	加拿大	中国
168	甲磺草胺	sulfentrazone	—	—	—	—	—	>100
169	甲磺隆	metsulfuron-methyl	—	LC_{50}>1000 代谢物：LC_{50}>1000 IN-A4098 甲磺隆代谢物 LC_{50}>1 IN-00581 甲磺隆代谢物 LC_{50}>1 IN-B5067 甲磺隆代谢物 LC_{50}>1 IN-NC148 甲磺隆代谢物	—	LC_{50}(14d)>1000	—	>100
170	甲基碘磺隆钠盐	iodosulfuron-methyl-sodium	赤子爱胜蚓，成年，14d，LC_{50}>1000$mg \cdot L^{-1}$，土壤中	—	—	—	—	—
171	甲基毒死蜱	chlorpyrifos-methyl	—	原药，15d，LC_{50}=182 制剂，14d，LC_{50}=37 代谢物 TCP，14d，LC_{50}=9.8	—	赤子爱胜蚓，LC_{50}(14d)=182	—	—
172	甲基二磺隆	mesosulfuron-methyl	—	—	—	赤子爱胜蚓，LC_{50}(14d)>1000	—	均值：36.9 最小值：3.66 最大值：79.0
173	甲基磺草酮	mesotrione	赤子爱胜蚓，成年蚯蚓，14d，LC_{50}>2000	14d，LC 50>437.7 100g(a.s.)$\cdot L^{-1}$ 14d，NOEC 117.5 [100g(a.s.)$\cdot L^{-1}$]	—	赤子爱胜蚓，LC_{50}(14d)>2000	—	—
174	甲基立枯磷	tolclofos-methyl	—	—	—	赤子爱胜蚓，修正，LC_{50}(14d)>500	—	—

续表

序号	有效成分	英文名	蚯蚓急性毒性试验/mg·kg^{-1}或 mg·kg^{-1}干土					
			EPA	EU	PANNA	PPDB	加拿大	中国
175	甲基硫菌灵	thiophanate-methyl	赤子爱胜蚓（性成熟体，体重：0.6g±0.1g）；条件：人工土壤（71%石英砂，20%黏土，pH 值 6.5，8%有机物，48%相对湿度），直接放入土壤 14d，LC_{50}=20.060	LC_{50}>13.2（14d）	—	赤子爱胜蚓，LC_{50}(14d)>13.2	—	均值：111 最小值：41.3 最大值：331
176	甲基嘧啶磷	pirimiphos-methyl	—	—	—	—	—	—
177	甲基异柳磷	isofenphos-methyl	—	—	—	赤子爱胜蚓，LC_{50}(14d)>404	—	—
178	甲咪唑烟酸	imazapic	—	—	—	—	—	>100
179	甲嘧磺隆	sulfometuron-methyl	—	—	—	赤子爱胜蚓，LC_{50}(14d)>1000	—	—
180	甲萘威	carbaryl	赤子爱胜蚓（成虫，体重 300～500mg），直接放入人工土壤 2 周，LC_{50}=106（95%置信限：81～138）	—	—	背暗异唇蚓，LC_{50}(14d)<4	原药，LC_{50}=106mg(a.i.)·kg^{-1}土壤，死亡率	—
181	甲哌鎓	mepiquat chloride	—	—	—	赤子爱胜蚓，LC_{50}(14d)=319.5	—	—
182	甲氰菊酯	fenpropathrin	—	—	—	赤子爱胜蚓，LC_{50}(14d)=184	—	—
183	甲霜灵	metalaxyl	—	LC_{50}(14d)>1000	—	赤子爱胜蚓，LC_{50}(14d)>1000	—	>100
184	甲羧除草醚	bifenox	—	—	—	赤子爱胜蚓>1000	—	—
185	甲氧虫酰肼	methoxyfenozide	—	LC_{50}>607（14d）	—	LC_{50}>607（14d）	—	—

续表

序号	有效成分	英文名	蚯蚓急性毒性试验/mg·kg^{-1}或mg·kg^{-1}干土					
			EPA	EU	PANNA	PPDB	加拿大	中国
186	甲氧咪草烟	imazamox	—	LC_{50}>901	—	LC_{50}>901（14d）	LD_{50}>100 制剂（EP，14d）；LD_{50}>14.23（EP，RQ=0.00028）	—
187	金龟子绿僵菌	metarhizium anisopliae	LC_{50}>1000（14d）	—	—	—	—	—
188	腈苯唑	fenbuconazole	LC_{50}>98（14d）	—	—	LC_{50}>100（14d）	—	—
189	腈菌唑	myclobutanil	—	LC_{50}=250（$LC_{50,修正}$）	—	LC_{50}=125（14d）	—	>100
190	精吡氟禾草灵	fluazifop-P-butyl	—	—	—	LC_{50}>500mg·kg^{-1}（14d）	—	>100
191	精噁唑禾草灵	fenoxaprop-P-ethyl	—	—	—	LC_{50}>500（14d）	—	—
192	精高效氯氟氰菊酯	*gamma*-cyhalothrin	LC_{50}>1300（14d）	$LC_{50,修正}$>650	—	LC_{50}>650（14d）	—	—
193	精甲霜灵	metalaxyl-M	—	LC_{50}=830	—	LC_{50}=830（14d）	—	—
194	精喹禾灵	quizalofop-P-ethyl	—	—	—	LC_{50}=1000（14d）	—	>100
195	精异丙甲草胺	S-metolachlor	—	LC_{50}=570	—	—	—	>100
196	井冈霉素	jingangmycin	—	—	—	—	—	>100
197	菌核净	dimetachlone	—	—	—	—	—	>100
198	抗倒酯	trinexapac-ethyl	—	—	—	LC_{50}>93（14d）	LC_{50}>93.1（14d）	—
199	抗蚜威	pirimicarb	—	LC_{50}>120（14d，≥60，50%WG）	—	LC_{50}>60（14d）	—	—
200	克百威	carbofuran	—	—	—	LC_{50}=224（14d）	—	—
201	克草胺	ethachlor	—	$LC_{50,修正}$=70（14d）	—	—	—	—
202	克菌丹	captan	—	LC_{50}>519.3（14d，$LC_{50,修正}$>259.7）LC_{50}>839（14d，$LC_{50,修正}$>419.5，83%WP）	—	LC_{50}>519（14d）	LC_{50}=419.5	>100

续表

序号	有效成分	英文名	蚯蚓急性毒性试验/mg·kg^{-1}或 mg·kg^{-1}干土					
			EPA	EU	PANNA	PPDB	加拿大	中国
203	枯草芽孢杆菌	bacillus subtilis	—	LC_{50}>1000	—	—	—	>100
204	苦参碱	matrine	—	—	—	—	—	>100
205	苦皮藤素	celastrus angulatus	—	—	—	—	—	—
206	矿物油	petroleum oil	—	—	—	—	—	—
207	喹草酸	quinmerac	—	LC_{50}>1000（14d）	—	LC_{50}>1000（14d）	—	—
208	喹禾糠酯	quizalofop-P-tefuryl	—	—	—	LC_{50}>500（14d）	—	—
209	喹禾灵	quizalofop-ethyl	—	—	—	LC_{50}=1000（14d）	—	—
210	喹啉铜	oxine-copper	—	—	—	—	—	>100
211	喹硫磷	quinalphos	—	—	—	LC_{50}=118.4（14d）	—	—
212	喹螨醚	fenazaquin	LC_{50}=1.93（14d） LC_{50}=25.2（14d）	LC_{50}=26.5（14d， LC_{50}=13.25，原药） LC_{50}>1000（14d， LC_{50}>500，原药）	—	LC_{50}>13.25（14d）	—	—
213	乐果	dimethoate	LC_{50}=31（14d）	LC_{50}=31（14d，原药） LC_{50}=84.5（14d， 制剂 40%EC）	—	LC_{50}=31（14d）	LC_{50}=84.5（14d） NOEC=24.3	—
214	利谷隆	linuron	—	—	—	LD_{50}>1000（14d）	—	—
215	联苯肼酯	bifenazate	LC_{50}=490（14d） LC_{50}>1250（14d）	LC_{50}>429（10%OM）	—	LD_{50}>429（14d）	NOEC=76	>100
216	联苯菊酯	bifenthrin	—	—	—	LD_{50}>8.0（14d）	LC_{50}>18.9（14d）	均值：50.8 最小值：42.1 最大值：64.9
217	联苯三唑醇	bitertanol	—	LC_{50}>1000（14d）	—	LD_{50}>1000（14d）	—	—
218	磷化铝	aluminium phosphide	—	蚯蚓，14d： LC_{50}=663.5	—	赤子爱胜蚓，14d， LC_{50}=663.5	—	—

续表

序号	有效成分	英文名	蚯蚓急性毒性试验/mg·kg^{-1}或mg·kg^{-1}干土					
			EPA	EU	PANNA	PPDB	加拿大	中国
219	硫黄	sulfur	—	蚯蚓，14d，LC_{50}≥1000	—	—	—	>100
220	硫双威	thiodicarb	—	—	—	赤子爱胜蚓，14d，LC_{50}=38.5	—	—
221	硫酸铜	copper sulfate	—	—	—	赤子爱胜蚓，14d，LC_{50}≥155	—	—
222	硫酸锌	zinc sulfate	赤子爱胜蚓（300～500mg），48h，LC_{50}=13mg(s.q.)·cm^{-1}	—	—	—	—	—
223	咯菌腈	fludioxonil	—	—	—	赤子爱胜蚓，14d，LC_{50}≥1000	—	>100
224	螺虫乙酯	spirotetramat	—	赤子爱胜蚓，14d，LC_{50}≥500	—	赤子爱胜蚓，14d，LC_{50}≥1000	—	>100
225	螺螨酯	spirodiclofen	赤子爱胜蚓（0.38g），14d，LC_{50}≥1000	蚯蚓，LC_{50}≥1000	—	赤子爱胜蚓，14d，LC_{50}≥1000	—	>100
226	氯氨吡啶酸	aminopyralid	—	蚯蚓，LC_{50}=0.04	—	蚯蚓，14d，LC_{50}≥1000	—	—
227	氯苯胺灵	chlorpropham	—	蚯蚓，LC_{50}=132	—	赤子爱胜蚓，14d，LC_{50}=132	—	—
228	氯吡嘧磺隆	halosulfuron-methyl	—	—	—	赤子爱胜蚓，14d，LC_{50}≥1000	—	>100
229	氯吡脲	forchlorfenuron	—	蚯蚓，LC_{50}≥500	—	赤子爱胜蚓，14d，LC_{50}=500	—	—
230	氯丙嘧啶酸	aminocyclopyrachlor	—	—	—	赤子爱胜蚓，14d，LC_{50}=367	—	—
231	氯氟吡氧乙酸	fluroxypyr	—	—	—	赤子爱胜蚓，14d，LC_{50}≥1000	—	>100

续表

序号	有效成分	英文名	蚯蚓急性毒性试验/mg·kg^{-1}或 mg·kg^{-1}干土					
			EPA	EU	PANNA	PPDB	加拿大	中国
232	氯氟吡氧乙酸异辛酯	fluroxypyr-meptyl	—	—	—	赤子爱胜蚓，14d，$LC_{50} \geqslant 1000$	—	>100
233	氯氟氰菊酯	cyhalothrin	—	—	—	赤子爱胜蚓，14d，$LC_{50} \geqslant 1000$	—	—
234	氯化苦	chloropicrin	—	蚯蚓，$LC_{50}=37.75$	—	赤子爱胜蚓，14d，$LC_{50}=37.8$	—	—
235	氯菊酯	permethrin	—	—	—	赤子爱胜蚓，14d，$LC_{50}=1440$	—	—
236	氯嘧磺隆	chlorimuron-ethyl	—	—	—	赤子爱胜蚓，14d，$LC_{50}=4050$	—	—
237	氯氰菊酯	cypermethrin	—	蚯蚓，$LC_{50} \geqslant 100$	—	赤子爱胜蚓，14d，$LC_{50} \geqslant 100$	—	均值：32.4 最小值：25.8 最大值：39.0
238	氯溴异氰尿酸	chloroisobromine cyanuric acid	—	—	—	—	—	>100
239	氯酯磺草胺	cloransulam-methyl	—	—	—	赤子爱胜蚓，14d，$LC_{50}=859$	—	—
240	马拉硫磷	malathion	蚯蚓，14d，$LC_{50}=613$	—	—	赤子爱胜蚓，14d，$LC_{50}=306$	—	31.7
241	麦草畏	dicamba	—	—	—	赤子爱胜蚓，14d，$LC_{50} \geqslant 1000$	—	>100
242	咪鲜胺	prochloraz	—	—	—	赤子爱胜蚓，14d，$LC_{50} \geqslant 500$	—	>100
243	咪唑喹啉酸	imazaquin	—	—	—	赤子爱胜蚓，14d，$LC_{50} \geqslant 23.5$	—	—
244	咪唑烟酸	imazapyr	—	—	—	蚯蚓，14d，$LC_{50}=133$	—	>100
245	咪唑乙烟酸	imazethapyr	—	—	—	蚯蚓，14d，$LC_{50}=10000$	—	>100

续表

序号	有效成分	英文名	蚯蚓急性毒性试验/mg·kg^{-1}或mg·kg^{-1}干土					
			EPA	EU	PANNA	PPDB	加拿大	中国
246	醚苯磺隆	triasulfuron	—	—	—	蚯蚓，14d，$LC_{50}\geq1000$	—	—
247	醚磺隆	cinosulfuron	—	—	—	赤子爱胜蚓，14d，$LC_{50}=1000$	—	—
248	醚菊酯	etofenprox	—	—	—	蚯蚓，14d，$LC_{50}\geq24.6$	—	>100
249	醚菌酯	kresoxim-methyl	—	蚯蚓，LC_{50}(a.s.)>937 蚯蚓，LC_{50} (BF 490-1)>1000	—	蚯蚓，14d，$LC_{50}\geq469$	—	>100
250	嘧苯胺磺隆	orthosulfamuron	—	—	—	赤子爱胜蚓，14d，$LC_{50}\geq1000$	—	—
251	嘧草醚	pyriminobac-methyl	—	—	—	赤子爱胜蚓，14d，$LC_{50}\geq1000$	—	>100
252	嘧啶肟草醚	pyribenzoxim	—	—	—	—	—	66.0
253	嘧菌环胺	cyprodinil	—	—	—	蚯蚓，14d，$LC_{50}=192$	—	—
254	嘧菌酯	azoxystrobin	赤子爱胜蚓，14d，$LC_{50}=278$	蚯蚓，$LC_{50}=283$	—	赤子爱胜蚓，14d，$LC_{50}=283$	—	>100
255	嘧霉胺	pyrimethanil	—	—	—	赤子爱胜蚓，14d，$LC_{50}=313$	—	>100
256	棉隆	dazomet	—	—	—	赤子爱胜蚓，14d，$LC_{50}=6.5$	—	12.4
257	灭草松	bentazone	—	$LC_{50}>1000$ （10% 有机质）	—	14d，$LC_{50}=870$	—	>100
258	灭多威	methomyl	14d，$LC_{50}=23$	14d，$LC_{50}=23$	—	14d，$LC_{50}=19$	—	—
259	灭菌唑	triticonazole	—	14d，$LC_{50}>1000$ （$LC_{50,修正}>500$）	—	14d，$LC_{50}>500$	—	—

续表

序号	有效成分	英文名	蚯蚓急性毒性试验/mg・kg^{-1}或 mg・kg^{-1}干土					
			EPA	EU	PANNA	PPDB	加拿大	中国
260	灭线磷	ethoprophos	—	14d，LC_{50}=39.6（Mocap 10G） 14d，LC_{50}=46.4（Mocap 20G）	—	14d，LC_{50}=39.6	—	—
261	灭蝇胺	cyromazine	—	14d，LD_{50}>1000	—	14d，LC_{50}>1000	—	>100
262	灭幼脲	chlorbenzuron	—	—	—	14d，LC_{50}>500	—	>100
263	萘乙酸	1-naphthyl acetic acid	—	—	—	—	—	17.0
264	硼酸	boric acid	—	—	—	14d，LC_{50}>1000	—	—
265	硼酸锌	zinc borate	—	—	—	14d，LC_{50}>1000	—	—
266	扑草净	prometryn	—	—	—	14d，LC_{50}=153	—	—
267	嗪草酸甲酯	fluthiacet-methyl	—	—	—	14d，LC_{50}=948	—	—
268	嗪草酮	metribuzin	—	LC_{50}=427	—	赤子爱胜蚓，14d，LC_{50}=427	—	>100
269	氢氧化铜	copper hydroxide	—	—	—	赤子爱胜蚓，14d，LC_{50}>677	—	>100
270	氰草津	cyanazine	—	—	—	14d，LC_{50}=600	—	—
271	氰氟草酯	cyhalofop-butyl	LC_{50}>1000mg・L^{-1} LC_{50}>1120mg・L^{-1}	LC_{50}>1300	—	14d，LC_{50}>1000	—	>100
272	氰氟虫腙	metaflumizone	—	$LC_{50,修正}$>500	—	14d，LC_{50}>500	—	>100
273	氰霜唑	cyazofamid	—	LC_{50}>1000	—	赤子爱胜蚓，14d，LC_{50}>1000	—	均值：56.4 最小值：35.1 最大值：>100
274	氰戊菊酯	fenvalerate	—	—	—	14d，LC_{50}=40	—	—

续表

序号	有效成分	英文名	蚯蚓急性毒性试验/mg·kg^{-1}或 mg·kg^{-1}干土					
			EPA	EU	PANNA	PPDB	加拿大	中国
275	球孢白僵菌	beauveria bassiana	—	LC_{50}>2.3×10^7CFU·kg^{-1}人造土（ATCC 74040） LC_{50}>8.6×10^{10}CFU·kg^{-1}人造土（GHA）	—	—	—	—
276	炔苯酰草胺	propyzamide	—	LC_{50}>173	—	赤子爱胜蚓，14d，LC_{50}>173	—	—
277	炔草酯	clodinafop-propargyl	—	LC_{50}=197	—	赤子爱胜蚓，14d，LC_{50}=197	—	均值：59.8 最小值：51.1 最大值：>100
278	炔螨特	propargite	—	—	—	赤子爱胜蚓，14d，LC_{50}=378	—	26.1
279	噻苯隆	thidiazuron	LC_{50}>1000mg·L^{-1}	—	—	—	—	均值：156 最小值：121 最大值：>100
280	噻虫胺	clothianidin	LC_{50}=15.5 土壤	LC_{50}=13.21， LC_{50}=970 噻虫胺代谢物 TZNG	—	LC_{50}=13.21	—	—
281	噻虫啉	thiacloprid	—	LC_{50}=105	—	LC_{50}=105	—	均值：16.9 最小值：2.00 最大值：58.0
282	噻虫嗪	thiamethoxam	—	LC_{50}>1000	—	LC_{50}>1000	—	均值：>100
283	噻吩磺隆	thifensulfuron-methyl	—	LC_{50}>2000	—	LC_{50}>2000	—	—
284	噻呋酰胺	thifluzamide	—	—	—	LC_{50}>1250	—	>100
285	噻菌灵	thiabendazole	—	LC_{50}>1000	—	LC_{50}>1000	—	—

续表

序号	有效成分	英文名	蚯蚓急性毒性试验/$mg \cdot kg^{-1}$或$mg \cdot kg^{-1}$干土					
			EPA	EU	PANNA	PPDB	加拿大	中国
286	噻螨酮	hexythiazox	$LC_{50}>1000$ 土壤	$LC_{50}>105$ $LC_{50,修正}>52.5$	—	$LC_{50}>105$	—	—
287	噻嗪酮	buprofezin	—	$LC_{50}>500$	—	$LC_{50}>500$	—	—
288	噻酮磺隆	thiencarbazone-methyl	—	$LC_{50}>1000$	—	$LC_{50}>1000$	$LC_{50}>1000$	—
289	噻唑膦	fosthiazate	—	$LC_{50}=209$ NOEC=100	—	$LC_{50}=209$	—	均值：66.6 最小值：32.4 最大值：98.9
290	三苯基氢氧化锡	fentin hydroxide	—	—	—	$LC_{50}=32$	—	—
291	三苯基乙酸锡	fentin acetate	—	—	$LC_{50}=$ $1.90\mu g \cdot L^{-1}$ (96h) $LC_{50}=$ $70.0\mu g \cdot L^{-1}$ (48h)	$LC_{50}=125$	—	—
292	三氟啶磺隆钠盐	trifloxysulfuron sodium	—	—	—	$LC_{50}>748$	—	—
293	三氟甲吡醚	pyridalyl	—	$LC_{50,修正}>500$	—	$LC_{50,修正}>500$	—	—
294	三氟羧草醚	acifluorfen	—	—	—	$LC_{50}>1800$	—	—
295	三环唑	tricyclazole	$LC_{50}>100mg \cdot L^{-1}$	$LC_{50}>1000$	—	$LC_{50}>1000$	—	>100
296	三甲苯草酮	tralkoxydim	—	$LC_{50}>1000$	—	$LC_{50}>1000$	—	>100
297	三氯吡氧乙酸	triclopyr	—	$LC_{50}>983$	—	$LC_{50}>521$	—	—
298	三氯杀螨醇	dicofol	—	—	—	$LC_{50}=43.1$	—	—
299	三氯杀螨砜	tetradifon	—	—	—	$LC_{50}>5000$	—	—
300	三乙膦酸铝	fosetyl-aluminium	—	—	—	$LC_{50}>1000$	—	—
301	三唑醇	triadimenol	—	—	—	$LC_{50}>390.5$	—	—

续表

序号	有效成分	英文名	蚯蚓急性毒性试验/mg·kg^{-1}或mg·kg^{-1}干土					
			EPA	EU	PANNA	PPDB	加拿大	中国
302	三唑磷	triazophos	—	—	—	$LC_{50}=466$	—	74.2
303	三唑酮	triadimefon	—	—	—	$LC_{50}>50$	—	>100
304	三唑锡	azocyclotin	—	—	—	$LC_{50}=806$	—	—
305	杀虫环	thiocyclam-hydrogenoxalate	—	—	—	—	—	5.33
306	杀虫双	bisultap	—	—	—	—	—	15.9
307	杀铃脲	triflumuron	—	—	—	$LC_{50}>500$	—	—
308	杀螟硫磷	fenitrothion	—	—	—	$LC_{50}=231$	—	—
309	杀扑磷	methidathion	—	—	—	$LC_{50}=5.6$	—	—
310	杀鼠灵	warfarin	—	—	—	$LC_{50}>10$	—	—
311	莎稗磷	anilofos	—	—	—	—	—	均值：10.0 最小值：5.79 最大值：14.3
312	蛇床子素	cnidiadin	—	—	—	—	—	均值：49.4 最小值：25.2 最大值：87.0
313	虱螨脲	lufenuron	—	—	—	$LC_{50}>500$	—	>100
314	双草醚	bispyribac-sodium	$LC_{50}>1000$ 土壤 mg·L^{-1}	—	—	—	$LC_{50}>1000$	>100
315	双氟磺草胺	florasulam	$LC_{50}>1300$ 土壤	$LC_{50}>1320$	—	$LC_{50}>1320$	14d，$LC_{50}>1300$	>100
316	双胍三辛烷基苯磺酸盐	iminoctadine tris (albesilate)	—	—	—	$LC_{50}>1000$	—	—
317	双甲脒	amitraz	—	—	—	$LC_{50}=1000$	—	—
318	双硫磷	temephos	—	—	—	$LC_{50}>1000$	—	—
319	双炔酰菌胺	mandipropamid	—	—	—	$LC_{50}>500$	—	—

续表

序号	有效成分	英文名	蚯蚓急性毒性试验/mg·kg^{-1}或 mg·kg^{-1}干土					
			EPA	EU	PANNA	PPDB	加拿大	中国
320	霜霉威	propamocarb	—	$LC_{50}>660$	—	—	—	—
321	霜霉威盐酸盐	propamocarb hydrochloride	—	$LC_{50}>660$	—	$LC_{50}>660$	—	>100
322	霜脲氰	cymoxanil	$LC_{50}=2109mg \cdot L^{-1}$	$LC_{50}>1000$	—	$LC_{50}>1000$	—	—
323	顺式氯氰菊酯	alpha-cypermethrin	—	$LC_{50}>100$	—	$LC_{50}>100$	—	—
324	四氟苯菊酯	transfluthrin	—	—	—	$LC_{50}=184$	—	—
325	四氟醚唑	tetraconazole	$EC_{50}>56$	$LC_{50}=71$	—	$LC_{50}=71$	—	—
326	四聚乙醛	metaldehyde	$LC_{50}\geqslant 3500mg \cdot L^{-1}$	$LC_{50}>1000$	—	$LC_{50}>1000$	—	>100
327	四螨嗪	clofentezine	—	$LC_{50,修正}=215$	—	$LC_{50}>215$	—	>100
328	四水八硼酸二钠	disodium octaborate tetrahydrate	—	—	—	$LC_{50}=473$	—	—
329	松脂酸铜	暂无	—	—	—	—	—	>100
330	苏云金杆菌	bacillus thuringiensis	—	—	—	—	—	>100
331	速灭威	metolcarb	—	—	—	$LC_{50}>7.17$	—	—
332	特丁津	terbuthylazine	—	$LC_{50,修正}>141.7$	—	$LC_{50,修正}>141.7$	—	—
333	特丁净	terbutryn	—	—	—	$LC_{50}>170$	—	—
334	涕灭威	aldicarb	—	—	—	$LC_{50}=65$	—	—
335	甜菜安	desmedipham	—	$LC_{50}>79$	—	$LC_{50}>79$	—	—
336	甜菜宁	phenmedipham	—	$LC_{50}=244$	—	$LC_{50}=36$	—	—
337	王铜	copper oxychloride	—	—	—	$LC_{50}>489.6mg \cdot L^{-1}$	—	—
338	萎锈灵	carboxin	—	$LC_{50}>250$	—	$LC_{50}>250$	—	—
339	肟菌酯	trifloxystrobin	$LC_{50}>1000$	$LC_{50}>1000$	—	$LC_{50}>1000$	—	>100
340	五氟磺草胺	penoxsulam	$LC_{50}>1000mg \cdot L^{-1}$ $LC_{50}>10000mg \cdot L^{-1}$	$LC_{50}>1000$	—	$LC_{50}>1000$	—	>100

续表

序号	有效成分	英文名	蚯蚓急性毒性试验/mg·kg^{-1}或 mg·kg^{-1}干土					
			EPA	EU	PANNA	PPDB	加拿大	中国
341	戊菌唑	penconazole	—	$LC_{50,修正}>331.5$	—	$LC_{50}>331.5$	—	72.3
342	戊唑醇	tebuconazole	—	$LC_{50}=1381$	—	$LC_{50}=1381$	—	>100
343	西玛津	simazine	—	—	—	$LC_{50}=1000$	—	均值：>100
344	烯丙菊酯	allethrin	—	—	—	$LC_{50}>1000$	—	—
345	烯草酮	clethodim	—	$LC_{50}>1000$ $LC_{50}=129$	—	$LC_{50}=454$	—	均值：92.3 最小值：44.8 最大值：136
346	烯啶虫胺	nitenpyram	—	—	—	$LC_{50}=32.2$	—	均值：12.07 最小值：8.95 最大值：26.0
347	烯禾啶	sethoxydim	—	—	—	$LC_{50}>542$	—	—
348	烯肟菌酯	enostroburin	$LC_{50}>2000$ 土壤	—	—	—	—	—
349	烯酰吗啉	dimethomorph	—	$LC_{50}>500$	—	$LC_{50}>500$	—	>100
350	烯效唑	uniconazole	—	—	—	$LC_{50}=1000$	—	—
351	酰嘧磺隆	amidosulfuron	—	$LC_{50}>1000$	—	$LC_{50}>1000$	—	>100
352	硝苯菌酯	meptyldinocap	—	—	—	$LC_{50}=302$	—	—
353	硝磺草酮	mesotrione	$LC_{50}>2000$ 土壤	$LC_{50}>2000$	—	$LC_{50}>2000$	—	>100
354	缬霉威	iprovalicarb	—	$LC_{50}>10001$（原药） $LC_{50}>1000$（土壤代谢物 PMPA）	—	$LC_{50}>1000$	—	—
355	辛硫磷	phoxim	—	—	—	$LC_{50}>40.4$	—	均值：>100 最小值：16 最大值：>100
356	辛酰碘苯腈	ioxynil octanoate	—	—	—	$LC_{50}>60$	—	—
357	辛酰溴苯腈	bromoxynil octanoate	—	—	—	$LC_{50}=45$	—	—

续表

序号	有效成分	英文名	蚯蚓急性毒性试验/mg・kg^{-1}或 mg・kg^{-1}干土					
			EPA	EU	PANNA	PPDB	加拿大	中国
358	溴苯腈	bromoxynil	—	—	—	$LC_{50}=45$	—	21.8
359	溴敌隆	bromadiolone	—	$LC_{50,修正}>$ 4.74mg(a.s.)・hm^{-2}	—	$LC_{50}>4.74$	—	—
360	溴螨酯	bromopropylate	—	—	—	$LC_{50}=1000$	—	>100
361	溴氰虫酰胺	cyantraniliprole	—	$LC_{50}>945$	—	$LC_{50}>945$	—	—
362	溴氰菊酯	deltamethrin	—	$LC_{50}>1290$	—	$LC_{50}>1290$	$LC_{50}>1290/402$	—
363	溴鼠灵	brodifacoum	—	—	—	$LC_{50}>994$	—	—
364	亚胺硫磷	phosmet	—	$LC_{50}=52$	—	$LC_{50}=52$	—	—
365	亚胺唑	imibenconazole	—	—	—	$LC_{50}>1000$	—	—
366	烟嘧磺隆	nicosulfuron	—	—	—	$LC_{50}>1000$	$LC_{50}=1000$	>100
367	氧乐果	omethoate	—	—	—	$LC_{50}=46$	—	—
368	野麦畏	triallate	—	赤子爱胜蚓，14d，$LC_{50}=274.5$	—	赤子爱胜蚓，14d，$LC_{50}>274.5$	—	—
369	依维菌素	ivermectin	—	—	颤蚓（24h）$LC_{50}=$ 1820μg・L^{-1}	—	—	—
370	乙草胺	acetochlor	—	赤子爱胜蚓，14d，$LC_{50}=105.5$	—	赤子爱胜蚓，14d，$LC_{50}=105.5$	—	>100
371	乙基多杀菌素	spinetoram	—	—	—	赤子爱胜蚓，14d，$LC_{50}>500$	—	—
372	乙螨唑	etoxazole	—	$LC_{50}>1000$	—	赤子爱胜蚓，14d，$LC_{50}>1000$	—	>100
373	乙霉威	diethofencarb	—	赤子爱胜蚓，14d，$LC_{50}>1000$	—	赤子爱胜蚓，14d，$LC_{50}>500$	—	—
374	乙嘧酚	ethirimol	—	赤子爱胜蚓，14d，$LC_{50}>1000$	—	—	—	—

续表

序号	有效成分	英文名	蚯蚓急性毒性试验/mg·kg^{-1}或 mg·kg^{-1}干土					
			EPA	EU	PANNA	PPDB	加拿大	中国
375	乙嘧酚磺酸酯	bupirimate	—	赤子爱胜蚓，14d，$LC_{50}>1000$	—	赤子爱胜蚓，14d，$LC_{50}>500$	—	>100
376	乙酸铜	copper acetate	—	—	—	赤子爱胜蚓，14d，$LC_{50}=6.7$	—	—
377	乙羧氟草醚	fluoroglycofen-ethyl	—	—	—	14d，$LC_{50}=6$	—	>100
378	乙烯利	ethephon	—	LC_{50}(14d)>60kg(a. s.)·hm^{-2}	—	赤子爱胜蚓，14d，$LC_{50}>165.4$	—	—
379	乙酰甲胺磷	acephate	—	—	—	14d，$LC_{50}>22974$	—	—
380	乙氧呋草黄	ethofumesate	—	—	—	赤子爱胜蚓，14d，$LC_{50}=134$	—	—
381	乙氧氟草醚	oxyfluorfen	赤子爱胜蚓 LC_{50}(14d)=89	赤子爱胜蚓，14d，$LC_{50}>500$	—	赤子爱胜蚓，14d，$LC_{50}>1000$	—	—
382	乙氧磺隆	ethoxysulfuron	—	$LC_{50}>1000$mg·kg^{-1}	—	14d，$LC_{50}>1000$mg·kg^{-1}	—	—
383	异丙草胺	propisochlor	—	$LC_{50}=248$	—	赤子爱胜蚓，14d，$LC_{50}=248$	—	—
384	异丙甲草胺	metolachlor	—	—	—	14d，$LC_{50}=570$	—	—
385	异丙隆	isoproturon	—	$LC_{50}>1000$	—	赤子爱胜蚓，14d，$LC_{50}>1000$	—	—
386	异丙威	isoprocarb	—	—	—	赤子爱胜蚓，14d，$LC_{50}>2.82$	—	—
387	异噁草松	clomazone	—	$LC_{50}=78$	—	赤子爱胜蚓（腐蚀膏试验），14d，$LC_{50}=78$	—	89.9
388	异噁唑草酮	isoxaflutole	—	$LC_{50}>1000$	—	14d，$LC_{50}>1000$	—	>100
389	异菌脲	iprodione	—	$LC_{50}>1000$	—	赤子爱胜蚓，14d，$LC_{50}>1000$	—	>100

续表

序号	有效成分	英文名	蚯蚓急性毒性试验/mg·kg^{-1}或 mg·kg^{-1}干土					
			EPA	EU	PANNA	PPDB	加拿大	中国
390	抑霉唑	imazalil	赤子爱胜蚓，$LC_{50}=541$	—	—	赤子爱胜蚓，14d，$LC_{50}=541$	—	>100
391	抑芽丹	maleic hydrazide	—	—	—	14d，$LC_{50}>1000$	—	—
392	茚虫威	indoxacarb	赤子爱胜蚓，14d，$LD_{50}>1000$	—	—	赤子爱胜蚓，14d，$LC_{50}>625$	—	—
393	莠灭净	ametryn	—	—	—	14d，$LC_{50}=166$	—	>100
394	莠去津	atrazine	—	—	—	14d，$LC_{50}=79$	—	>100
395	右旋反式烯丙菊酯	*d*-transallethrin	—	—	—	14d，$LC_{50}>1000$	—	—
396	右旋烯丙菊酯	*d*-allethrin	—	—	—	14d，$LC_{50}>1000$	—	—
397	种菌唑	ipconazole	—	$LC_{50}=597$	—	—	—	—
398	仲丁灵	butralin	—	—	—	赤子爱胜蚓，14d，$LC_{50}>1000$	—	—
399	仲丁威	fenobucarb	—	—	—	赤子爱胜蚓，14d，$LC_{50}=10.7$	—	—
400	唑草酮	carfentrazone-ethyl	—	$LC_{50}>820$	—	14d，$LC_{50}>200$	—	>100
401	唑虫酰胺	tolfenpyrad	—	—	—	—	—	均值：2.29 最小值：1.50 最大值：3.08
402	唑啉草酯	pinoxaden	赤子爱胜蚓，14d，$LC_{50}>$ 1000mg·L^{-1}	—	—	14d，$LC_{50}>1000$	—	—
403	唑螨酯	fenpyroximate	赤子爱胜蚓，14d，$LC_{50}=68.1$	—	—	赤子爱胜蚓，14d，$LC_{50}=34.7$	—	均值：37.6 最小值：16.0 最大值：70.3
404	唑嘧磺草胺	flumetsulam	—	—	—	—	—	>100

注：NOM：即 natural organic matter，天然有机物；WG：Water dispersible granules，水分散粒剂；WP：Wettable Powders，可湿性粉剂。

表 11-2　蚯蚓繁殖毒性试验数据

序号	有效成分	英文名	蚯蚓繁殖毒性试验/mg·kg^{-1}或 mg·kg^{-1}干土			
			EPA	EU	PPDB	加拿大
1	*zeta*-氯氰菊酯	*zeta*-cypermethrin，cypermethrin	—	—	赤子爱胜蚓，14d，NOEC>5.3	—
2	阿维菌素	abamectin，avermectin	—	—	—	14d，LC_{50}=15.8mg·L^{-1}
3	矮壮素	chlormequat	—	56d，NOEC=681 510，750g(a.s.)·hm^{-2}	—	—
4	氨磺乐灵	oryzalin	—	赤子爱胜蚓，56d，NOEC=34.3	赤子爱胜蚓，14d，NOEC=34.3	—
5	氨氯吡啶酸	picloram	—	赤子爱胜蚓，56d，NOEC=0.167	赤子爱胜蚓，14d，NOEC=0.167	—
6	百草枯	paraquat	—	720kg(a.s.)·hm^{-2}（1年）对蚯蚓无影响	—	—
7	百草枯二氯化物	paraquat dichloride	—	—	赤子爱胜蚓，14d，NOEC>1000mg·L^{-1}	—
8	百菌清	chlorothalonil	—	NOEC=25	赤子爱胜蚓，14d，NOEC=50.0mg·L^{-1}	—
9	苯丁锡	fenbutatin oxide	—	—	赤子爱胜蚓，14d，NOEC=1.67mg·L^{-1}	—
10	苯磺隆	tribenuron-methyl	—	DT_{90}<90d 不需要	—	—
11	苯醚甲环唑	difenoconazole	—	—	赤子爱胜蚓，14d，NOEC=0.2mg·L^{-1}	—
12	苯嗪草酮	metamitron	—	NOEC=28	赤子爱胜蚓，14d，NOEC=28	—
13	苯酰菌胺	zoxamide	—	NOEC=0.5，56d（人造土）；NOEC=7.0，56d（自然土）	14d，NOEC=0.05	—
14	苯锈啶	fenpropidine	—	—	14d，NOEC=10	—
15	苯唑草酮	topramezone	—	—	14d，NOEC=0.672	—

续表

序号	有效成分	英文名	蚯蚓繁殖毒性试验/mg・kg^{-1}或 mg・kg^{-1}干土			
			EPA	EU	PPDB	加拿大
16	吡草醚	pyraflufen-ethyl	—	土豆，剂量：2×0.0212kg(a. s.)・hm^{-2}；NOEC$_{50}$=250；PEC=0.021；慢性 TER=11905	—	—
17	吡虫啉	imidacloprid	—	—	赤子爱胜蚓，14d，NOEC，≥0.178	—
18	吡氟酰草胺	diflufenican	—	NOEC=500	—	—
19	吡蚜酮	pymetrozine	—	繁殖 NOEC，0.450kg(a. s.)・hm^{-2}（相当于 1.39）	14d，NOEC，繁殖=1.39	—
20	吡唑醚菌酯	pyraclostrobin	—	NOEC=1L・hm^{-2}（相当于 0.443）	—	—
21	吡唑萘菌胺	isopyrazam	—	赤子爱胜吲：（70∶30*syn*∶*anti*）56d，NOEC=120；（90∶10*syn*∶*anti*），56d，NOEC=60	赤子爱胜蚓，14d，NOEC，繁殖=60	—
22	丙环唑	propiconazole	—	—	14d，NOEC=0.833	LC$_{50}$=686
23	丙森锌	propineb	—	NOEC>1000mg 代谢物(PU)・kg^{-1}土	—	—
24	草甘膦	glyphosate	—	NOEC=28.79(草甘膦盐产品 IPA-salt)	赤子爱胜蚓，14d，NOEC>28.8	—
25	草甘膦异丙胺盐	glyphosate isopropylamine salt（CAS：38641-94-0）	—	—	赤子爱胜蚓，56d，试验周期 14d，NOEC=28.8	—
26	虫螨腈	chlorfenapyr	赤子爱胜蚓，56d，EC$_{50}$>1.34 LBA	—	—	—
27	虫酰肼	tebufenozide	—	制剂产品 NOEC≥34；NOEC$_{修正}$≥3.84	>1000	—
28	除虫菊素	pyrethrins	—	NOEC=25；NOEC$_{修正}$=0.25	—	—
29	哒螨灵	pyridaben	—	NOEC=0.29	0.29	—
30	代森联	metiram	—	DT$_{90f}$<100d 不触发	—	—
31	代森锰锌	mancozeb	—	NOEC=161（死亡率）NOEC=20（产品）	20.0	—

续表

序号	有效成分	英文名	蚯蚓繁殖毒性试验/mg·kg^{-1}或mg·kg^{-1}干土			
			EPA	EU	PPDB	加拿大
32	淡紫拟青霉	paecilomyces lilacinus	2.0和6.0（$\times 10^9$ CFU·kg^{-1}干土）	—	—	—
33	敌草胺	napropamide	—	60	30	—
34	敌草隆	diuron	—	NOEC=28.8； $NOEC_{修正}$=14.4	14.4	—
35	丁氟螨酯	cyflumetofen	28～56d，NOAEC=1000（土壤；NOM） 28～56d，LOAEC>1000（土壤；NOM）	NOEC≥1000	—	—
36	丁酰肼	daminozide	—	LC_{50}>1000	—	—
37	啶虫脒	acetamiprid	—	NOEC=1.26（8周，EXP 60707）	1.26	—
38	啶磺草胺	pyroxsulam	—	56d-NOEC=13.7mg(GF-1274)·kg^{-1}土（1.07）	1.07	—
39	啶酰菌胺	boscalid	—	NOEC=3.6kg（BAS51001F）·hm^{-2}（校正1.8kg制剂·hm^{-2}；等于1.197）	NOEC=1.2	—
40	啶氧菌酯	picoxystrobin	56d，NOAEC=2.5	—	—	—
41	毒死蜱	chlorpyrifos	—	56d，NOEC=9.5	14d，NOEC=12.7	—
42	多菌灵	carbendazim	—	NOEC=1.0	NOEC=1.0	—
43	多杀霉素	spinosad	—	多杀霉素：NOEC>2700g(a.s.)·hm^{-2}（NAF-85，制剂）；1350g(a.s.)·hm^{-2} 多杀霉素B：NOEC>3.582（>1.791）	—	—
44	多效唑	paclobutrazol	—	—	0.68	—
45	噁草酮	oxadiazon	—	—	10	—
46	噁唑菌酮	famoxadone	—	LC_{50}=470	8.15	—

续表

序号	有效成分	英文名	蚯蚓繁殖毒性试验/mg・kg^{-1}或 mg・kg^{-1}干土			
			EPA	EU	PPDB	加拿大
47	二甲戊灵	pendimethalin	—	NOEC（28d）=33.45	33.45	—
48	二氯吡啶酸	clopyralid	—	NOEC>2.0	≥1.97	—
49	二氰蒽醌	dithianon	—	NOEC=48mg(a.s.)・hm^{-2} NOEC$_{修正}$=24mg(a.s.)・hm^{-2}	22.3mg・L^{-1}	—
50	粉唑醇	flutriafol	—	慢性 56d　NOEC$_{修正}$=6.1	慢性 56d　NOEC$_{修正}$=6.1	56d NOEC=12.167 （幼蚓数量减少）
51	氟苯虫酰胺	flubendiamide	28d，LD_{50}>1000 56d，NOAEC=1000 56d，NOAEC=562 繁殖影响	NOEC$_{修正}$=500（SC 480） NOEC$_{修正}$=15.8（SC 480，28d）	500	—
52	氟吡甲禾灵	haloxyfop	—	NOEC=7.0L・hm^{-2}～810g(a.s.)・hm^{-2}	—	—
53	氟吡菌胺	fluopicolide	—	56d，NOEC=62.5（28d 生长）	—	—
54	氟吡菌酰胺	fluopyram	—	NOEC=5.62～27.31L 制剂・hm^{-2}	—	NOAEC=11.4
55	氟丙菊酯	acrinathrin	—	NOEC=46.5	1.6	—
56	氟草隆	fluometuron	—	NOEC=30	15	—
57	氟虫腈	fipronil	—	—	500	—
58	氟虫脲	flufenoxuron	—	赤子爱胜蚓，56d， NOEC=5[3.75kg(a.s.)・hm^{-2}]	—	—
59	氟啶胺	fluazinam	28d，LC_{50}≥1000	安德爱胜蚓，28d，NOEC$_{修正}$<0.175	14d，NOEC≤0.48	—
60	氟啶虫胺腈	sulfoxaflor	—	56d，NOEC=10.42	14d，NOEC≤0.1	—
61	氟啶虫酰胺	flonicamid	NOEC≥1000mg・L^{-1}	—	—	—
62	氟硅唑	flusilazole	—	—	8.82	—
63	氟环唑	epoxiconazole	—	NOEC=0.167	0.084	—
64	氟节胺	flumetralin	—	56d，NOEC=10	10	—
65	氟乐灵	trifluralin	—		14.19	—

续表

序号	有效成分	英文名	蚯蚓繁殖毒性试验/mg·kg^{-1}或mg·kg^{-1}干土			
			EPA	EU	PPDB	加拿大
66	氟噻草胺	flufenacet	—	NOEC>4	>1.2	—
67	氟噻唑吡乙酮	oxathiapiprolin	—	—	≥1000	—
68	氟酰胺	flutolanil	—	—	12.9	—
69	氟酰脲	novaluron	—	—	3	—
70	氟唑菌苯胺	penflufen	—	赤子爱胜蚓，修正 LC_{50}≥500	16.5	—
71	福美双	thiram	—	—	8.45	—
72	福美锌	ziram	—	28d，NOEC=4kg(WG76%)·hm^{-2}	—	—
73	高效氟氯氰菊酯	*beta*-cyfluthrin	—	—	> 0.133	—
74	高效氯氰菊酯	*beta*-cypermethrin	—	—	0.243	—
75	硅噻菌胺	silthiopham	—	未修正：NOEC（56d）=0.2667 修正（lg$P$>2）：$NOEC_{修正}$=0.13335	—	—
76	甲基毒死蜱	chlorpyrifos-methyl	—	亲源：没有报道； 代谢物 TCP，56d NOEC=4.60	—	—
77	甲基磺草酮	mesotrione	—	没有少于100d的该成分的DT_{90}， 且只应用于一种农作物，长期影响无报道	—	—
78	甲基硫菌灵	thiophanate-methyl	—	EC_{10}=0.64kg(a.s.)·hm^{-2}（56d） [相当于0.85mg(a.s.)·kg^{-1}]	—	—
79	甲氧虫酰肼	methoxyfenozide	—	NOEC=8.86（56d）	—	—
80	甲氧咪草烟	imazamox	—	NOEC=13.4mg(RLF 12270)·kg^{-1}土壤； NOEC=0.963mg(CL 312622)·kg^{-1}土壤； NOEC=0.963mg(CL 354825)·kg^{-1}土壤	—	—
81	精高效氯氟氰菊酯	*gamma*-cyhalothrin	—	—	NOEC=0.25（14d，慢性）	—
82	精甲霜灵	metalaxyl-M	—	—	NOEC=35.63（14d，慢性）	—
83	精异丙甲草胺	S-metolachlor	—	NOEC<2.54kg(a.s.)·hm^{-2} （最低检测浓度）	—	—

续表

序号	有效成分	英文名	蚯蚓繁殖毒性试验/mg·kg^{-1}或 mg·kg^{-1}干土			
			EPA	EU	PPDB	加拿大
84	抗倒酯	trinexapac-ethyl	—	—	—	NOEC=93.1［相当于209.5kg(a.i.)·hm^{-2}］
85	克百威	carbofuran	—	—	NOEC>0.84（14d，慢性）	—
86	克菌丹	captan	—	NOEL=11.25kg(a.s.)·hm^{-2}（NOEC=12.18，NOEC$_{修正}$=6.09，制剂）NOEL=8.7kg(a.s.)·hm^{-2}（NOEC=11.6，NOEC$_{修正}$=5.8，制剂）	NOEC=12.2（14d，慢性）	NOEC=0.8
87	枯草芽孢杆菌	bacillus subtilis	—	NOEC=316mg 制剂·kg^{-1}干土	—	—
88	喹螨醚	fenazaquin	—	NOEC=1.25（56d，NOEC$_{修正}$=0.62）	NOEC=0.6（14d，慢性）	—
89	乐果	dimethoate	LOEC=5.10（56d）	NOEC=2.87（56d）	NOEC=2.87（14d，慢性）	—
90	联苯菊酯	bifenthrin	—	—	NOEC=1.065（14d）	—
91	联苯三唑醇	bitertanol	—	—	NOEC=2.7（14d）	—
92	氯氨吡啶酸	aminopyralid	—	蚯蚓：NOEC=0.04	—	—
93	氯吡脲	forchlorfenuron	—	蚯蚓：NOEC≥0.15	蚯蚓：NOEC=0.3	—
94	氯嘧磺隆	chlorimuron-ethyl	蚯蚓（生命周期），56d：LOEC=2.8 土壤 MGK	—	—	—
95	氯氰菊酯	cypermethrin	蚯蚓：NOEC=2.8 土壤	—	蚯蚓：NOEC≥5.3	—
96	咪鲜胺	prochloraz	—	—	赤子爱胜蚓，14d，NOEC=4.2	—
97	咪唑喹啉酸	imazaquin	—	—	赤子爱胜蚓，14d，NOEC>0.028	—
98	嘧苯胺磺隆	orthosulfamuron	—	—	赤子爱胜蚓，14d，NOEC>1000	—

续表

序号	有效成分	英文名	蚯蚓繁殖毒性试验/mg·kg^{-1}或mg·kg^{-1}干土			
			EPA	EU	PPDB	加拿大
99	嘧菌酯	azoxystrobin	—	蚯蚓：NOEC=3.0kg(a.s.)·hm^{-2}（250SC）	赤子爱胜蚓，14d，NOEC=20.0	—
100	嘧霉胺	pyrimethanil	—	—	赤子爱胜蚓，14d，NOEC=4.12	—
101	灭多威	methomyl	—	NOEL=7.5mg 制剂·kg^{-1} 人工土［1.5mg（a.s.）·kg^{-1}］	14d，NOEC=1.5	—
102	灭菌唑	triticonazole	—	56d，NOEC=500mg·kg^{-1}（NOEC$_{修正}$：250mg·kg^{-1}）	14d，NOEC>250	—
103	灭线磷	ethoprophos	—	56d，NOEC<8.3mg 灭克磷 20g·kg^{-1}（等于 <1.67）	56d，NOEC=8.3	—
104	灭蝇胺	cyromazine	—	56d，NOEC=333	58d，NOEC=333	—
105	嗪草酮	metribuzin	—	NOEC>5.25kg(a.s.)·hm^{-2}	赤子爱胜蚓，56d，NOEC>5.25	—
106	氢氧化铜	copper hydroxide	—	—	赤子爱胜蚓，56d，NOEC<15	—
107	氰氟草酯	cyhalofop-butyl	—	NOEC=4.04	—	—
108	氰氟虫腙	metaflumizone	—	NOEC$_{修正}$=4.17	—	—
109	氰霜唑	cyazofamid	—	NOEC=4	赤子爱胜蚓，56d，NOEC=4.0	—
110	炔苯酰草胺	propyzamide	—	NOEC=34	赤子爱胜蚓，56d，NOEC=34.0	—
111	噻虫胺	clothianidin	—	—	NOEC=2.5	—
112	噻虫啉	thiacloprid	—	NOEC<62.5g(a.s.)·hm^{-2}（56d）	NOEC=62.5	—
113	噻虫嗪	thiamethoxam	—	NOEC=5.34	NOEC=5.34	—
114	噻菌灵	thiabendazole	—	NOEC=4.2	NOEC=4.2	—
115	噻螨酮	hexythiazox	—	NOEC=15.6 NOEC$_{修正}$=7.8（代谢物 PT-1-2） NOEC=62.5 NOEC$_{修正}$=31.3（代谢物 PT-1-3、PT-1-9）	—	—
116	噻嗪酮	buprofezin	—	NOEC=250	NOEC=250（14d）	—

续表

序号	有效成分	英文名	蚯蚓繁殖毒性试验/mg·kg^{-1}或 mg·kg^{-1}干土			
			EPA	EU	PPDB	加拿大
117	噻酮磺隆	thiencarbazone-methyl	—	—	NOEC≥176.4g(a.i.)·hm^{-2}	—
118	三氟甲吡醚	pyridalyl	—	$NOEC_{修正}$=31.5	NOEC=31.5	—
119	三环唑	tricyclazole	—	NOEC=250	NOEC=250	—
120	三氯吡氧乙酸	triclopyr	—	NOEC=9.60	—	—
121	三乙膦酸铝	fosetyl-aluminium	—	—	NOEC=316	—
122	三唑醇	triadimenol	—	—	NOEC=100	—
123	杀螟硫磷	fenitrothion	—	—	NOEC=25	—
124	霜霉威	propamocarb	—	NOEC=362	—	—
125	霜霉威盐酸盐	propamocarb hydrochloride	—	NOEC=362	NOEC=362	—
126	霜脲氰	cymoxanil	—	NOEC=6.6	NOEC=6.6	—
127	顺式氯氰菊酯	alpha-cypermethrin	—	田间试验未观察到影响 100g(a.s.)·hm^{-2}	NOEC>2.00	—
128	四氟醚唑	tetraconazole	EC_{50}>8.2	NOEC=8.2 (28d)	NOEC=8.2	—
129	四螨嗪	clofentezine	—	$NOEC_{修正}$=1.5kg(a.s.)·hm^{-2}	NOEC=2.7	—
130	四水八硼酸二钠	disodium octaborate tetrahydrate	—	—	NOEC=54	—
131	甜菜安	desmedipham	—	NOEC=2.47	NOEC=64	—
132	甜菜宁	phenmedipham	—	NOEC=10.35	NOEC=3.33	—
133	王铜	copper oxychloride	—	—	NOEC<40.5 (56d)	—
134	肟菌酯	trifloxystrobin	LC_{50}>83.9 土壤	NOEC(56d)，750～900g(a.s.)·hm^{-2}	NOEC=3.5	—
135	五氟磺草胺	penoxsulam	—	—	NOEC>1000 (14d)	—
136	戊唑醇	tebuconazole	—	NOEC=10	NOEC=10	—
137	烯草酮	clethodim	—	NOEC=10[5(A)]	—	—
138	烯酰吗啉	dimethomorph	—	NOEC=60	NOEC=60.0mg·L^{-1}	—

续表

序号	有效成分	英文名	蚯蚓繁殖毒性试验/$mg \cdot kg^{-1}$或$mg \cdot kg^{-1}$干土			
			EPA	EU	PPDB	加拿大
139	硝磺草酮	mesotrione	—	—	NOEC=125	—
140	缬霉威	iprovalicarb	—	NOEC≥3.37（50%WG） NOEC=316（土壤代谢物 PMPA）	NOEC=3.37	—
141	辛酰溴苯腈	bromoxynil octanoate	—	LD_{50}=96.7	—	—
142	溴苯腈	bromoxynil	—	LD_{50}=45	—	—
143	溴氰虫酰胺	cyantraniliprole	—	NOEC=945（56d）	—	—
144	溴氰菊酯	deltamethrin	—	—	—	NOEC ≥ 206.5g(a.i.)·hm^{-2}（28d）
145	亚胺硫磷	phosmet	—	—	NOEC=0.144	—
146	野麦畏	triallate	—	赤子爱胜蚓，15%颗粒剂， 56d，NOEC=13.62	—	—
147	乙烯利	ethephon	—	56d，NOEC≥200	—	—
148	乙氧呋草黄	ethofumesate	—	赤子爱胜蚓，56d，NOEC=25	—	—
149	乙氧氟草醚	oxyfluorfen	—	赤子爱胜蚓，56d，NOEC=12	—	—
150	异噁草松	clomazone	—	在600g(a.s.)·hm^{-2} 下对赤子爱胜蚓繁殖力没有显著影响	—	—
151	异菌脲	iprodione	—	NOEC=1000	—	—
152	种菌唑	ipconazole	—	56d NOEC=0.78 $NOEC_{修正}$=0.39	—	—

中国在 2017 年发布了农业行业标准《化学农药　蚯蚓繁殖试验准则》（NY/T 3091—2017）[39]，其技术内容等效采用 OECD 222。主要是通过不同浓度的供试物溶液与定量的人工配制土壤混合，引入定量健康、具稳定繁殖力的成蚓，并在 4 周内观察试验土壤中成蚓死亡率和生长受影响状况；移出观察到的成蚓，继续暴露 4 周，观察、统计土壤中的子代蚯蚓数量。供试物浓度范围的选择应包括在 8 周试验期间可能会引起亚致死和致死效应的浓度，目标 EC_x 值也应在该浓度范围内，使得 EC_x 的估算是来自内插法而不是外推法。通过统计分析供试物处理组和空白对照组繁殖率的差异，确定 LOEC 和 NOEC，或通过回归模型来估算 EC_x（如 EC_{10} 和 EC_{50}）。

EPA 在 2012 年发布了蚯蚓亚慢性毒性试验（Ecological Effects Test Guidelines OCSPP 850. 3100：Earthworm Subchronic Toxicity Test）[40]。试验方法规定将蚯蚓置于含有供试物的人工土壤中，每周检查蚯蚓的死亡情况和其他效应，检查 28d。计算得到 28d-LC_{50} 和亚致死效应 EC_{50}、无可观察效应浓度（NOEC）、最低可观察效应浓度（LOEC）值。蚯蚓繁殖毒性试验数据见表 11-2。

11.3.3　田间试验

蚯蚓田间试验见《土壤质量　污染物对蚯蚓的影响　第 3 部分：田间的测试指南》（ISO 11268-3：2014）（Soil quality—Effects of pollutants on earthworms—Part 3：Guidance on the determination of effects in field situations）。

参 考 文 献

[1] 陈林华，江吉红，杨正见．蚯蚓生物标志在农药污染评价中的应用．浙江农业学报，2010，22（1）：130-134.

[2] 李莲华．土壤农药污染的来源及危害．现代农业科技，2013，（5）：238，240.

[3] 万雷，张琼．化学农药在土壤中的迁移转化与防治措施．现代农业，2012，（5）：51-52.

[4] 侯洪刚．关于土壤中农药污染残留及降解途径研究．现代农业，2012（5）：50-51.

[5] 田兴云，冯德华．减少农药污染　保护生态环境．农村经济与科技，2011（6）：245-246.

[6] 陈菊，周青．土壤农药污染的现状与生物修复．生物学教学，2006（11）：3-6.

[7] 洪坚平．土壤污染与防治［M］．北京：中国农业出版社，2011：81-85.

[8] 吴敏．农药污染对土壤的影响及防治措施．耕作与栽培，2003（6）：49-50.

[9] 武俊．Sphingobium sp. BHC-A 中六六六异构体降解基因的克隆与降解途径的研究［D］．南京：南京农业大学，2006.

[10] Shahla Y，Dsouza S. Effects of pesticides on the growth and reproduction of earthworm：a review. Applied and Environmental Soil Science，2010（3）：1-9.

[11] 左海根，林玉锁，龚瑞忠．农药污染对蚯蚓毒性毒理研究进展．农村生态环境，2004，20（4）：1-5.

[12] 张友梅，王振中，邢协加，等．土壤污染对蚯蚓的影响．湖南师范大学自然科学学报，1996，19（3）：84-90.

[13] 罗洁文，黄玫英，殷丹阳，等．蚯蚓在土壤污染风险评价中的应用研究进展．江苏农业科学，2016，44（8）：24-29.

[14] Greig-Smith P W. Recommendation of an International Workshop on Ecotoxicology of Earthworms. In：“Ecotoxicology of Earthworms”，1992，Intercept，Hans，UK.

[15] 尹文英．土壤动物学研究的回顾与展望．生物学通报，2001，36（8）：1-3.

[16] Robinson C H, Ineson P, Piearce T G, et al. Effects of earthworms on cation and phosphate mobilisation in limed peatsoils under picea sitchensis. Forest Ecology and Management, 1996, 86 (1-3): 253-258.

[17] Matseheko N, Lundstedt S, Svensson L, et al. Accumulation and elimination of 16 polycyclic aromatic compounds in the earthworm (Eisenia fetida) . Environmental Toxicology and Chemistry, 2002, 21 (8): 1724-1729.

[18] Edwards C A, Thompson A R. Pesticides and the soil fauna. Residue Review, 1973, 45: 1-79.

[19] Lord K A, Briggs G G, Neale M C, et al. Uptake of pesicides from water and soil by earthworms. Pesticide Science, 1980, 11 (4): 401-408.

[20] Sanchez-Hernandez J C. Reviews of Environmental Contamination and Toxicology, 2006, 188: 85-126.

[21] OECD. Guideline for testing of chemicals, no. 207, Earthworm Acute Toxicity Test, Organization for Economic Co-Operation and Development, Paris, France, 1984.

[22] OECD. Guideline for testing of chemicals, no. 222, Earth-worm Reproduction Test (Eisenia fetida/andrei), Organization for Economic Co-Operation and Development, Paris, France, 2004.

[23] 孔志明，藏宇，崔玉霞，等．两种新型杀虫剂在不同暴露系统对蚯蚓的急性毒性．生态学杂志，1999，18 (6): 20-23.

[24] Maand W C, Bodt J. Differences in toxicity of the insecticide chlorpyrifos tosix specides of earthworms (Oligochaeta, Lumbricidae) in standardized soil tests. Bulletin of Environmental Contamination and Toxicology, 1993, 5 (6): 864-870.

[25] Fitzgerald D G, Warner K A, Lannor R P, et al. Assessing the effects of modifying factors on pentachlorophenol toxicity to earthworms: applications of body residues. Environmental Toxicology and Chemistry, 1996, 15 (12): 2299-2304.

[26] Edard C A, Bohlen P J. Biology and ecology of earthworm [M] . 3rd, Chapman & Hall, London, 1996.

[27] Egeler P, Rombke J, Meller T, et al. Bioaccumulation of lindane and hexachlorobenzene by tubificid sludgeworms (Oligochaeta) under stadardised laboratory conditions. Chemosphere, 1997, 35: 835-852.

[28] Loonen H, Muir D C G, Parsons J R, et al. Bioaccumulation of polychlorinated dibenzo-P-dioxins in sediment by oligochaetes: influence of exposure pathway and contact time. Environ Toxicol Chem, 1997, 16: 1518-1525.

[29] Belfroid A, Seinen M V, Hermens J. Uptake, bioavailability and elimination of hydrophobic compounds in earthworms (eisenia andrei) in field-contaminated soil. Environl Toxicol Chem, 14 (4), 605-612.

[30] Connell D W, Markwell R D. Bioaccumulation in the soil to earthworm system. Chemosphere, 1990, 20 (1): 91-100.

[31] Krauss M, Wilcke W. Biomimetic Extraction of PAHs and PCBs from Soil with Octadecyl-Modified Silica Disks To Predict Their Availability to Earthworms. Environ Sci Technol, 2001, 35 (19): 3931.

[32] Kelsey J W, Alexander M. Selective Chemical Extractants To Predict Bioavailability of Soil-Aged Organic Chemicals. Environ Sci Technol, 1996, 31 (1): 214-217.

[33] Gevao B, Mordaunt C, Semple K T, et al. Bioavailability of nonextractable (bound) pesticide residues to earthworms. Environ Sci Technol, 2001, 35 (3): 501-507.

[34] Jager T, Fleuren R H, Hogendoorn E A, et al. Elucidating the routes of exposure for organic chemicals in the earthworm, Eisenia andrei (Oligochaeta) . Environ Sci Technol, 2014, 37 (15): 3399-3404.

[35] Lu X, Reible D D, Fleeger J W. Relative importance of ingested sediment versus pore water as uptake routes for PAHs to the deposit-feeding oligochaete Ilyodrilus templetoni. Arch Environ Contam Toxicol, 2004, 47 (2): 207-214.

[36] OECD. Guideline 207: Earthworm, acute oral toxicity test, OECD Guidelines for the Testing of

Chemicals，1984.

[37] GB/T 31270.15—2014 化学农药环境安全评价试验准则，第 15 部分：蚯蚓急性毒性试验．北京：中国标准出版社，2015.

[38] OECD. Guideline 222：Earthworm Reproduction Test（*Eisenia fetida/Eisenia andrei*），OECD Guidelines for the Testing of Chemicals，2016.

[39] NY/T 3091—2017 化学农药　蚯蚓繁殖试验准则．北京：中国农业出版社，2017.

[40] US EPA. Earthworm Subchronic Toxicity Test（OCSPP 850.3100）. Ecological effects test guidelines. EPA 712-C-016，Washington D C，United States of America，2012.

第 12 章 土壤微生物环境风险评价

12.1 问题阐述

土壤微生物（soil microorganism），是生活在土壤中的细菌、真菌、放线菌、藻类的总称。其个体微小，一般以微米或纳米来计算，其种类和数量随成土环境及土层深度的不同而变化。土壤微生物可降解有机质、驱动养分循环、转化各种污染物质、产生和消耗温室气体等，常被称作养分转化器、生态稳定器、污染净化器、气候调节器和菌种资源库，在人类生产和生活中发挥了重要作用。但随着土壤中污染物的增多，土壤微生物的种群也不可避免地受到影响，因此分析包括农药在内的污染物与土壤微生物之间的关系，对研究土壤微生物环境风险评价是非常必要的。

12.1.1 土壤微生物的重要性

土壤中微生物的种类和数量都很丰富，包括细菌、放线菌、真菌、藻类和原生动物等[1]。其中以细菌最多，放线菌、真菌次之，藻类和原生动物等较少。目前已知每克土壤中微生物的数量可达几十亿个，每立方米土壤体积中微生物种类可达几百万种，被公认是地球系统生物多样性最为复杂和丰富的环境。

（1）土壤微生物是有机物的主要分解者　土壤微生物最大的价值在于其分解功能。它们分解生物圈内存在的动物和植物残体等复杂有机物质，并最后将其转化为最简单的无机物，如 CO_2、H_2O、NH_3、SO_4^{2-}、PO_4^{3-}，这些无机物又可以被初级生产者利用，再次参与物质循环。随着工农业生产的发展，大量的农药、石油等有机污染物进入水体、土壤，导致环境污染。微生物作为自然界生态系统的分解者，能够最终将其转化为 CO_2、H_2O 等无机物，使污染的环境得以净化。

（2）土壤微生物是物质循环中的重要成员　生物地球化学循环是指生物圈中各种化

学元素，经生物化学作用在生物圈中进行转化和运动，是地球化学循环的重要组成部分。地球上的部分元素以不同的速率参与生物地球化学循环。其中碳、氮、硫、磷的循环受两个主要的生物过程控制，一是光合作用对无机营养物的同化，二是后来进行的异养生物的矿化。尽管所有生物都参与生物地球化学循环，但微生物在有机物的矿化中起决定性作用，有研究表明，地球上 90%以上有机物的矿化均是由细菌和真菌完成的。

（3）土壤微生物是生态系统中的初级生产者　自养微生物是生态系统的初级生产者，它们一方面可直接利用太阳能、无机物的化学能作为能量来源，另一方面其积累下来的能量又可以在食物链、食物网中流动。自养主要包括光能自养细菌和化能自养细菌。这些微生物的活动，在微生物生态工程中具有重要作用。例如，土壤中硝化细菌的活动，可提高土壤肥力，特别是在矿区贫瘠土壤的复垦过程中，可以增加植物可利用的氮素营养。利用硫细菌可降低土壤的 pH 值，提高土壤矿质盐的可溶性，从而改善作物的矿物营养。

土壤中碳、氮、磷、硫、铁等生源要素的生物地球化学循环影响到地球各圈层间物质交换的动态平衡和稳定性，是土壤生物学领域的前沿研究方向之一。不同微生物类群通过独特的新陈代谢机理驱动土壤中生源要素的转化和循环，因此，土壤微生物是构成土壤肥力的重要因素。

12.1.2　土壤微生物与农药间的关系

为了保证农作物产量的提高，各种化学农药，包括除草剂、杀虫剂、杀菌剂等，越来越广泛地用于农业生产，对于提高农作物产量起到了重要作用。有些农药是直接施于土壤表层，有些是随茎叶落入土中，部分黏附在植物上，当植物死亡后，随植物秸秆也进入土壤，进而与土壤微生物发生密切关系。

目前有两方面的问题引起人们特别注意。第一，多数现代农药是有机化合物，它们需要经过微生物代谢而改变或破坏其活性；因此，了解土壤微生物对它们的转化十分有必要。第二，这些化学农药进入土壤后，不仅杀死有害生物，也可能杀死有益生物；特别是大量使用农药后，出现了农药残毒和对环境污染的威胁，因此开展农药在土壤中的风险评价也成为现今的热点问题。

12.1.2.1　土壤微生物对农药的转化

土壤微生物对农药的作用方式是多种多样的，可以归纳为 6 种类型[2]：

（1）去毒作用　被土壤微生物作用后变有毒为无毒；

（2）降解作用　将复杂的化合物转变为简单的化合物，或者彻底分解成 CO_2 和 H_2O，有时为 NH_3 或 Cl^-，如果完全被分解成无机化合物，即称为农药的矿化；

（3）活化作用　将无毒或低毒的农药转化为有毒或高毒的物质，如除草剂 2,4-D 丁酸和杀虫剂甲拌磷是经土壤中微生物的作用后的代谢产物，会对杂草及昆虫发生毒害作用；

（4）失去活化性　一个无毒有机物分子，在酶活化下可以称为农药，但有的微生物能将这样的分子转化为另一无毒分子，它不能再被活化为农药；

(5) 结合、复合或加成作用　微生物的细胞代谢产物与农药结合，形成更复杂的物质，如将氨基酸、有机酸、甲基或者其他基团加在作用底物上，这些过程也常常是解毒作用；

(6) 改变毒性谱　某些农药对一类有机体有毒，但是它们被微生物代谢后，得到的产物却抑制完全不同的另一类有机体。

12.1.2.2　农药对土壤微生物的影响

不同的农药对各类微生物的影响是不相同的。农药的浓度不同，影响也不一样，有些农药浓度低时无毒害，甚至对某些微生物群体还有刺激作用；在高浓度情况下，农药对土壤微生物群体种类和数量的影响作用比较显著[2]。

一些化学物质如重金属、石油、农药等在土壤中的累积与残留对土壤生物的生活影响较大，它们可使生物的正常代谢受到抑制、阻碍甚至停止而死亡。如，防治地下害虫的杀虫剂类农药施入土壤后，在杀死有害的靶标生物地下害虫的同时，对许多非靶标生物包括许多有益昆虫也会产生致命的影响。一旦农药对于土壤生物的致死残留量消失，则有可能导致新的具有抗药能力的种群的暴发。所以土壤杀虫剂的使用对土壤生物群落的结构、组成特征以及生态系统平衡方面都会产生重大的影响[3]。

12.1.3　选取土壤微生物作为指示生物的原因

(1) 土壤微生物与土壤肥力　有机质和生源要素（碳、氮、磷、钾、硫、铁等）是土壤肥力的物质基础。土壤微生物是土壤中元素转化和循环的驱动者，对土壤养分供应起关键作用。土壤微生物的生命活动促进土壤良好结构的形成，从而协调土壤水、热、气状况。

(2) 土壤微生物与全球变化　CO_2、CH_4 和 N_2O 是温室气体的主要贡献者，是造成全球气候暖化的主因。土壤是温室气体的重要来源，温室气体的产生是土壤生物主导的过程。同时，通过微生物固碳环节产生的温室效应的潜力不可小视。全球气候变化受到土壤微生物的调节，而土壤微生物对全球变化的响应决定着土壤中的碳氮硫。因此，这对预测全球变化及其对生态系统功能的影响，以及调控全球气候变化进程提供了重要依据。

(3) 土壤微生物与污染土壤修复　土壤污染是一个世界性环境问题。日益严峻的土壤污染给人类健康带来了严重威胁，且已成为影响农业可持续发展的重大障碍。土壤微生物通过自身的生命代谢活动，如分泌有机物质络合/沉淀重金属、分泌胞外酶降解/转化有机污染物，能使污染土壤部分或完全恢复到原初状态。阐明污染土壤微生物修复的过程与原理，并对土壤污染进行生物诊断与生态风险评价，是土壤科技发展的必然选择，也是社会经济可持续发展的必然需求。

(4) 土壤微生物与生态功能　土壤动物通过食物网和土壤动物－微生物－微生物－植物互作维持着多种生态功能，土壤微生物成为生态系统中物质循环和能量流动的关键环节，是维持陆地生态系统正常结构和功能不可缺少的组成部分。

（5）根际微生物过程　根际是植物—土壤—微生物之间物质交换的活跃界面。由于植物根系分泌物供给根际微生物丰富的营养和能源物质，根际微生物在数量和种类上都比非根际微生物多，其代谢活动也更旺盛。因此，土壤中微生物参与物质转化与能量流动的生态过程，如有机质分解与合成、生物固氮、养分循环、污染物生物修复等，其大部分都通过根际微生物完成。根际微生物过程研究对于揭示地下生态系统的科学规律、提高土壤养分利用效率和土壤的可持续利用具有重要意义[4]。

12.2　暴露评估

农药进入土壤的途径：

① 田间施用农药时，大部分进入土壤。喷洒在植物体上的部分农药，也会因风吹雨淋进入土壤。

② 使用浸种、拌种、毒谷等施药方式，或直接将农药（如除草剂）撒至土壤中。

③ 使用飞机喷洒农药时，约有 50%农药会进入土壤，部分农药会吸附在空气飘尘上，随气流扩散，最终随降雨进入土壤。

进入土壤的农药，受各种化学、物理、生物作用，发生迁移、转化及降解，存在于土壤未能被降解的农药称为残留农药。农药的化学性质、土壤的理化性质等均会影响农药在土壤中残留。农药在土壤中的存在时间通常由半衰期和残留量来表示。半衰期是指农药因降解等原因在土壤中浓度减少一半所需要的时间；残留量是指未被降解而存于土壤中的农药，通常的计量单位为 $mg \cdot kg^{-1}$。

对于暴露评估的方法，农业部农药检定所会同环境部南京环境科学研究所等 12 家科研教学单位编制完成了《化学农药环境安全评价试验准则》系列国家标准（标准编号：GB/T 31270.1～31270.21—2014），在准则中第 1～7 部分，分别进行了土壤降解、水解、光解、吸附解吸、土壤淋溶、挥发、生物富集等暴露途径的具体分析，在此不再一一赘述。

12.3　效应分析

效应分析将通过对比美国、OECD 和我国的毒性试验标准进行讨论。

美国的农药管理以联邦政府管理为主，联邦与各州政府相互配合。联邦法律授权 US EPA（United States Environmental Protection Agency）负责管理在美国登记使用的所有农药[5]。

经济合作与发展组织（Organization for Economic Cooperation and Development，OECD）是一个政府间的组织，OECD 内与农药相关的部门有农药评价和检测部门、农药登记和重新登记部门[6,7]。

我国在基本原理和技术方法等同或等效采用了经济合作与发展组织（OECD）相关

试验准则的基础上，由《化学农药环境安全评价试验准则》系列国家标准（标准编号：GB/T 31270.1～31270.21—2014）进行了具体规定。

12.3.1 土质要求

美国 EPA（1996）要求供试土壤达到以下标准：pH 4～8，有机质含量 1%～8%，阳离子交换量大于 70meq・kg^{-1}，砂粒（0.02～2mm）不超过 70%。

OECD（2000a，2000b）要求：砂粒在 50%～70%，pH5.5～7.5，有机碳含量 0.5%～1.5%，土壤微生物含量不低于土样有机碳含量的 1%；该条件被 OECD 称为最差状况（worst cast situation），即此类土样为农药提供了相对高的生物有效性，如果以该土样作为测试单元，测得的农药影响不明显，就无须用其他土样再进行测试（OECD：2000a，2000b）。

我国《化学农药环境安全评价试验准则》第 16 部分[8]要求同 OECD 一致。

12.3.2 土样采集

OECD 认为取土深度应控制在土表以下 0～20cm。如果在温室或非耕地取土，深度可延伸至土表以下 25cm。土样最好取自谷类作物（玉米除外）或密植的绿肥田，选中的田块应该停用农药至少 1 年，且至少 6 个月未使用化肥或至少 3 个月未使用有机肥（OECD：2000a，2000b）。国标补充：应避免在长时间干旱或水涝期间（超过 30d）采样，或在此后立即采样。运输土样时使用合适容器，并保持适宜温度以确保土壤性质不发生显著改变。

12.3.3 筛分和贮存

手工剔除土样中的蚯蚓、节肢动物、石子、植物根系等，土样晾置到可以过筛为止，用 2mm 筛。OECD 规定：调节含水量至其饱和持水量的 40%～60%。处理后的土样在温度 4℃±2℃、通风、避光的环境下贮存，即使在此条件下，土样贮存时间最长也不宜超过 3 个月，时间过长会使土样微生物活性明显下降，或使微生物区系原始状况发生变化。国标补充内容：如果采样地区每年至少有 3 个月冰冻期，则采集的土样可在 −18～−22℃条件下贮存 6 个月。

12.3.4 底物含量

底物作用为提高土样微生物的生物量，使之达到实验准则要求的水平。根据实际需要，底物可在加药前的恢复培养期或加药后的培养过程中添加。OECD 推荐使用鲜苜蓿粉，由紫花苜蓿（*Medicago sativa*）制成，其 C/N 介于（12：1）～(16：1)，按照每千克干土 5g 添加。美国 EPA 推荐使用经过 0.6mm 筛筛分的苜蓿干粉，其添加率多为 6%（质量分数）。

除用于提高微生物生物量，底物还有启动和刺激微生物功能发挥的作用。如 OECD 的“碳转化”试验要求每次测试中向每千克干重土样添加高剂量（2000～4000mg）葡萄糖以刺激微生物的碳转化活性。

12.3.5　培养容器

美国 EPA 要求，培育容器应该能够容纳 50g 土样，且具有足够换气空间（100mL 左右的玻璃广口瓶能满足该要求）。瓶口用聚乙烯薄膜覆盖以减少水分散失，但不能过分阻隔空气流通，也可将瓶口完全敞开，每隔一段时间（如 7d）补充一次水分，以恢复土样含水量到起始水平。

12.3.6　加药方式

水溶性原药和可以在水中分散的农药制剂，如乳油、可湿性粉剂、水乳剂、悬浮剂等，可以直接用水稀释，后使用稀释液与土样混匀。

如果药剂难溶于水，又难以直接与土样混合，可先用少量有挥发性的有机溶剂（如丙酮、氯仿）将其溶解，再将药液涂布在少量细土或石英细沙（粒径 0.1～0.5mm）表面，待溶剂挥发后，将吸附有药剂的细土或石英细沙进一步分散到土样中去。注意不可将溶解于有机溶剂的药剂直接与土样混合，避免破坏土样中微生物区系的完整性[9]。

12.3.7　剂量设置

如果农药在环境中的起始浓度可以推测，应优先以起始浓度为测试浓度；当环境浓度无法推测时，可主观选择一系列浓度进行测试，直至获得 EC_{50} 数值（EPA：1996；OECD：2000a，2000b）。

起始环境浓度的推测，一般以施药剂量为依据，OECD 认为可以设定施用的药剂 100%进入土壤，并且均匀分布于地表 0～5cm 的土层，土壤密度为 $1.5g \cdot cm^{-3}$。OECD 认为农药的测试剂量至少应该包括“推测环境浓度（predicted environmental concentration，PEC）”以及 PEC 的 5 倍浓度。对于多次使用的药剂，可以考虑以 PEC 乘以使用次数的模式确定最高测试浓度。最高测试剂量不必超过单次用药 PEC 的 10 倍。

美国 EPA 测试规定，农药试验可选择 PEC 的 0.1 倍、1.0 倍和 10 倍作为测试剂量。若采用主观设定的系列浓度法进行测试，最高测试浓度一般不超过 $1000mg \cdot kg^{-1}$ 干土。EPA 认为在 $1000mg \cdot kg^{-1}$ 干土的测试浓度下，如果供试药剂对土壤微生物活性的抑制率低于 50%，试验即可终止。

《化学农药环境安全评价试验准则》第 16 部分中规定 CO_2 吸收法以模拟农药常用量（推荐的最大用量）、10 倍量、100 倍量时土壤表层 10cm 土壤中的农药含量（计算时假设土壤容重为 $1.5g \cdot cm^{-3}$）；氮转化法试验至少需设置 2 个测试浓度，低浓度应至少能反映实际条件下能到达土壤的最大量（计算时假定供试物与 5cm 的土壤均匀混合，且土壤容重为 $1.5\ g \cdot cm^{-3}$），而高浓度应是低浓度的倍数。对于直接施用至土壤的农药，应将试验浓度设置为最大预测环境浓度以及 5 倍的该浓度。对于在一个季节中多次施入土壤的农药，其较低试验浓度应为最大施用次数与最大预测环境浓度的乘积。

但是，试验浓度的上限不应超过最大单次施用量的10倍。

微生物试验的每一浓度组（包括对照）均应设置重复。美国EPA要求每一浓度组设5个重复，OECD认为每一浓度组至少设置3个重复。

12.3.8 培养条件

温度方面，OECD准则规定药剂处理过的土样应在20℃下培养，培养期间温度变化幅度±2℃；美国EPA推荐培育温度为22℃。两个准则均提出可以将试验当地土壤微生物最为适应的生长温度作为活性土壤的培育温度。我国《化学农药环境安全评价试验准则》中土壤样品的培养条件，CO_2吸收法为25℃±1℃，氮转化法为20℃±2℃。

湿度方面，以旱地微生物区系作为研究对象时，土壤的培育湿度一般控制在饱和持水量的40%～60%（OECD）或10kPa（EPA）。如果试验对象涉及藻类，培育湿度可以提高到土壤的饱和持水量。“氮转化”试验中可采用的土样培育方法：①散装培育；②分装培育。一个处理的“散装培育”土样包含多个分样，在整个培育过程中，各分样可以被分批采集；而一个处理的“分装培育”土样中只包含一个分样，该分样只能在培育终点时采集。在加药操作上，“散点培育”省工，且助于减少试验误差，但如果供试药剂挥发性较强，“分装”则是唯一可选择的培育方式（OECD）。

培育过程一般需避光，以避免农药见光分解和抑制土壤中藻类生长。

12.3.9 取样规划

美国EPA将试验持续时间定为28d，土样或分样的采集在第5天和第28天，利用第28天的数据计算EC_x值（EPA）。

对于农药类化学品，OECD规定土壤微生物试验的持续时间至少达到28d。土样（包括分样）的采集时间应在药剂处理后的第0天、第7天、第14天和第28天进行。在对第28天样品进行检测后，如果发现处理组和对照组土壤微生物活性差异超过25%，OECD认为应适当延长试验周期，直至处理组合对照组土壤微生物活性的差异低于25%，最大延长时间不应超过100d（OECD）。

我国依据OECD并补充：当需延长试验时，应该在28d后每隔14d测定一次。

土壤微生物试验结果多是以处理组相对于对照组功能下降率（±25%）作为评判依据，若试验组内各重复之间的测定值差异过大，将会影响对试验结果的评判，OECD规定对照组内各重复间的测定值差异不应超过±15%（OECD）。

12.3.10 检测方法

12.3.10.1 氮转化

微生物的“氮转化”活性，通常以有机氮转化为NH_4^+的速率和/或NH_4^+转化为NO_3^-的速率表示，农药对“氮转化”活性的影响通过处理组相对于对照组NH_4^+和/或NO_3^-生成的下降率表示。

NH_4^+ 和 NO_3^- 提取方法：依照 OECD 试验准则，将 5mL 0.1mol·L^{-1}的 KCl 加入相当于 1g 干重的土样，初步摇动后，将混合液置于 150r·min^{-1}的摇床上振荡 60min，离心，取上清液，测定其中 NH_4^+ 和 NO_3^- 浓度。来不及测定的上清液可置于室温（20℃±5℃）下保存，贮存期不宜超过 6 个月。

美国 EPA 试验准则，将 80mL 0.1mol·L^{-1}的 KCl 加入相当于 50g 干重的土样，初步摇动后，于摇床上振荡 60min，提取液经低氮滤纸过滤后，用于检测 NH_4^+ 和 NO_3^-。

我国试验准则[10]：将 200mL 1mol·L^{-1}的 KCl 加入到 40g 新鲜的土样，在 20℃±5℃条件下 220r·min^{-1}±20r·min^{-1}振荡 60min，转移约 60mL 悬浊液于 100mL 聚乙烯离心管中，3000r·min^{-1}离心 10min，得到上清液待测。为优化提取效果，容器中所装土壤和提取剂不应超过容器体积的一半。

12.3.10.2　碳转化

微生物的“碳转化”活性通常以土壤在单位时间内对氧气的吸收率或二氧化碳释放率来表示。农药对土壤微生物“碳转化”活性的影响，可通过处理组相对于对照组氧气的吸收或对二氧化碳释放的下降来表示。

对于二氧化碳释放，美国 EPA 推荐在气体流通状态下测量，原理：将内含土样并经过一段时间密闭的培育容器，经由进、出气体的两个通道，分别与气泵和红外气体检测器（infrared gas analysis，IRGA）相连，通道上分别安装有可控开关，气泵提供不含二氧化碳的湿润气流通过进气通道进入培育容器，气流携带土壤呼吸作用释放出的二氧化碳，经过出气通道和干燥器，达到 IRGA，在气流流速确定的前提下，土样在容器内的密闭培养时间需要通过预试验进行调节，使出气通道内二氧化碳的分压和 IRGA 的检测灵敏度相匹配，同时又不会因密闭培养而使容器内氧气过量下降，以致影响土壤微生物的正常生长。EPA 认为密闭培养时间以 1～77h 为宜。

为刺激土样的瞬时呼吸率，OECD 推荐在每次测试前按 2000～4000mg·kg^{-1}干土的量向土壤添加葡萄糖，经过 12h 左右密闭培养后加以测定二氧化碳产量。

我国农药登记试验单位普遍采用的是氢氧化钠吸收法来测定土壤呼出的二氧化碳，具体方法为：密闭广口瓶作为培养容器，加入土样，同时在广口瓶中加入一只盛有 5mL NaOH 标准溶液的小烧杯，将整个广口瓶置于 25℃±1℃的恒温培养箱中培养。在试验的第 1 天、第 2 天、第 4 天、第 7 天、第 11 天和第 15 天取出密闭广口瓶中的小烧杯，同时放入一个新的盛有 5mL NaOH 标准溶液的小烧杯，继续吸收二氧化碳。同时更换过程也更新了广口瓶中的空气，不至于使瓶中氧气下降到影响土壤呼吸作用的程度。

OECD 和美国 EPA 测量的是土壤微生物在温育的某一时间点（如第 0 天、第 7 天、第 14 天和第 28 天）的“碳转化”效率，我国测量的是土壤微生物在整个温育的时段（如 0～1d、0～2d、0～4d、0～7d、0～11d、0～15d）的“碳转化”效率，除了作用强度，农药在土壤中发挥作用的时间也是衡量其对微生物影响的一个重要因素。我国以整个暴露时间内土壤二氧化碳的释放量作为测量终点，从这一点上看，有其合理之处，而温室和田间试验中，很难进行类似测定，测量土壤微生物在某一时间点的碳转化效率相对容易，因此 OECD 和美国 EPA 测量方式可用于不同层次间的试验，也易于试验结果相互比较。

12.4 评价方法

12.4.1 联合国粮农组织指定标准

联合国粮农组织 FAO（Food and Agriculture Organization of the United Nations）指定的标准为[11,12]：对于室内试验和野外实验，恢复时间小于 15d 和小于 30d，为无风险；恢复时间在 15～30d 和 30～60d，为略有风险但可以忍受；大于 30d 和大于 60d，为有风险。例如某一农药对土壤微生物的影响需要 20d 恢复，对于野外试验属于“无风险”等级，对于室内试验则属于“略有风险但可以忍受”等级。该体系中，室内试验的评价标准严于室外，其目的是防止室内试验出现“假阴性”结果：如果室内试验证明农药对土壤微生物“无风险”，风险也不会在野外发生；反之，如果室内试验显示农药对土壤微生物“有风险”，可以进一步开展温室或田间试验，以确认类似风险是否会在野外发生。

12.4.2 德国联邦农林生物研究中心方法

德国联邦农林生物研究中心（Biologische Bundesanstalt für Land-und Forstwirtschaft，BBA）[13]：将对照组和处理组微生物活性的差异作为关注目标，将室内和野外试验的关注标准（level of concern，LOC）分别定为 15% 和 25%。例如，在历时不超过 90d 的室内暴露后，对照组和处理组之间土壤微生物活性的差异如果低于 15%，则认为供试药剂对土壤微生物的影响“可以接受”；如果差异超过 15%，则需展开进一步温室或田间试验。BBA 规定温室或田间试验历时不得超过 120d。温室或田间试验中，对照组和处理组之间土壤微生物活性的差异如果低于 25%，则认为供试药剂对土壤微生物的影响“可以接受”；如果差异超过 25%，则认为供试药剂对土壤微生物有不良影响。

12.4.3 欧洲和地中海植物保护组织方法

欧洲和地中海植物保护组织（European and Mediterranean Plant Protection Organization，EPPO）[14]：

① 通过 28d 室内暴露，如果处理组对于对照组土壤微生物活性的差异未超过 25%，即认为该药剂“低风险”；

② 通过 28d 室内暴露，如果处理组对于对照组土壤微生物活性的差异达到或超过 25%，应延长暴露时间进行测试，最终暴露时间不应超过 100d；

③ 延长暴露时间后，如果处理组对于对照组土壤微生物活性的差异低于 25%，即认为该药剂“中风险”，如果处理组对于对照组土壤微生物活性的差异仍达到或超过 25%，即认为该药剂“高风险”；

④ 对于室内判断为“高风险”的药剂，一般开展温室或田间试验，以明确该药剂在实际应用中的风险程度、范围和持续时间。

12.4.4 我国标准

CO_2 吸收法中，农药对土壤微生物毒性分为三个等级：土壤中农药施加量为常量，在 15d 内对土壤微生物呼吸强度抑制达到 50% 为高毒；土壤中农药施加量为常量 10 倍，在 15d 内对土壤微生物呼吸强度抑制达到 50% 为中毒；土壤中农药施加量为常量 100 倍，在 15d 内对土壤微生物呼吸强度抑制达到 50% 为低毒。若以上三种处理，在 15d 内对土壤微生物呼吸强度抑制达不到 50%，则划分为低毒。

氮转化法中，在试验 28d 后的任何时间所取样品，若测定其低浓度处理组和对照组的硝酸盐形成速率的差异不大于 25%，则认为该农药对土壤中氮转化没有长期影响。

蔡道基等提出了针对 15d 室内试验划分的以下标准[15,16]：①在 $1mg \cdot kg^{-1}$ 干土浓度下，如果处理组相对于对照组的土壤微生物活性下降率达到或超过 50%，则该药剂对土壤微生物“高毒”；②在 $10mg \cdot kg^{-1}$ 干土浓度下，如果处理组相对于对照组的土壤微生物活性下降率未达到 50%，则该药剂对土壤微生物“低毒”；③在 $10mg \cdot kg^{-1}$ 干土浓度下，如果处理组相对于对照组的土壤微生物活性下降率达到或超过 50%，在 $1mg \cdot kg^{-1}$ 干土浓度下，如果处理组相对于对照组的土壤微生物活性下降率未达到 50%，则该药剂对土壤微生物“中等毒性”。该划分主要依据以下 5 点假设：

① 大多数农药的田间最高用量不超过 $750g \cdot hm^{-2}$。

② 均匀施用的农药大多分布在距地表 0～5cm、容重为 $1.5g \cdot cm^{-3}$ 的土层中。

③ 基于上述两点，大多农药在土壤中的起始浓度最高不超过 $1mg \cdot kg^{-1}$ 干土。

④ 在最高起始浓度下，如果处理组相对于对照组的土壤微生物活性下降幅度超过 50%，说明该农药对土壤微生物“高毒”。

⑤ 在“条施”或“点施”等特殊施药条件下，农药在农田中的分布面积仅有均匀施药的 1/10，即农药在局部农田中的最高起始浓度可能达到均匀施药时的 10 倍（$10mg \cdot kg^{-1}$ 干土）。此条件下，如果处理组相对于对照组的土壤微生物活性下降幅度未达到 50%，说明该农药对土壤微生物“低毒”。

衡量农药对土壤微生物的影响，除抑制程度外，抑制作用持续的时间也具有重要意义。蔡道基等综合抑制程度、抑制持续时间及造成该抑制所需的暴露浓度三方面因素，提出了“危害系数”计算公式：

$$\text{危害系数}=\frac{\text{抑制率(\%)}\times\text{抑制所持续的时间}}{\text{暴露浓度}} \tag{12-1}$$

农药的“危害系数”分为以下 3 个等级：

①“危害系数”≥200，具有“严重危害”。

② 200>“危害系数”≥20.0，具有“中等危害”。

③“危害系数”<20.0，“无实际危害”。

上述划分主要依据：

① 在 $1mg \cdot kg^{-1}$ 干土的浓度下，经 120d 暴露，如果处理组相对于对照组的土壤微生物活性下降幅度达到或超过 50%，说明该农药对土壤微生物具有“严重危害”。

② 在 $10mg \cdot kg^{-1}$ 干土的浓度下，经 120d 暴露，如果处理组相对于对照组的土壤微生物活性下降幅度未达到 50%，说明该农药对土壤微生物“无实际危害”。

③ 在 $10mg \cdot kg^{-1}$ 干土的浓度下，经 120d 暴露，如果处理组相对于对照组的土壤微生物活性下降幅度达到或超过 50%，但在 $1mg \cdot kg^{-1}$ 干土的浓度下，经 120d 暴露，处理组相对于对照组的土壤微生物活性下降幅度未达到 50%，说明该农药对土壤微生物具有“中等危害”。

“危害系数”可用于田间试验的结果评估，持续时间为 120d。

参考文献

[1] 贺纪正，陆雅海，傅伯杰．土壤生物学前沿［M］．北京：科学出版社，2015：29.

[2] 陈华癸，李阜棣，陈文新，等．土壤微生物学［M］．上海：上海科学技术出版社，1979：301-311.

[3] 杨林章，徐琪．土壤生态系统［M］．北京：科学出版社，2005：46.

[4] 国家自然科学基金委员会，中国科学院．土壤生物学［M］．北京：科学出版社，2016：3-4.

[5] 顾宝根，程燕，周军英，等．农药学学报，2009，11（3）：283-290. //US EPA. Soil microbial community toxicity test（OPPTS 850. 5100）. Ecological effects test guidelines. EPA Public Access Gopher 712-C-96-161，Washington D C，United States of America，1996.

[6] 程燕，周军英，单正军，等．生态与农村环境学报，2005，21（3）：62-66. //OECD. Guideline 217：Soil Microorganisms：Carbon Transformation Test，OECD Guideline for the Testing of Chemicals，2000a.

[7] 程燕，周军英，单正军，等．生态与农村环境学报，2005，21（3）：62-66. //OECD. Guideline 216：Soil Microorganisms：Nitrogen Transformation Test，OECD Guidelines for the Testing of Chemicals，2000b.

[8] GB/T 31270. 16—2014 化学农药环境安全评价试验准则　第 16 部分：土壤微生物毒性试验．北京：中国标准出版社，2015.

[9] 李少南．农药对土壤微生物群落的副作用的研究方法．生态毒理学报，2010，5（1）：18-24.

[10] GB/T 32737—2016 土壤硝态氮的测定　紫外分光光度法．北京：中国标准出版社，2017.

[11] FAO. Second expert consultation on environmental criteria for registration of pesticides. FAO Plant Production and Protection Paper 28. Rome：FAO Sales Agents，1981：1-60.

[12] FAO. Revised guidelines on environmental criteria for the registration of pesticides. Rome：FAO Sales Agents，1989：1-47.

[13] BBA Criteria for assessment of plant protection products in the registration procedure. Berlin und Hamburg：Kommissionsveriag Paul Pare，84-86.

[14] EPPO. Normes OEPP/EPPO Standards PP 3/7（2）Environmental risk assessment scheme for plant protection products，Chapter 8：Soil organisms and functions. Paris：EPPO，2002.

[15] 蔡道基，江希流，蔡玉祺．化学农药对生态环境安全评价研究——Ⅰ．化学农药对土壤微生物的影响与评价．生态与农村环境学报，1986，2（2）：9-13，22.

[16] 蔡道基．农药环境毒理学研究．北京：中国科学出版社，1999.

第 13 章 生物多样性

13.1 总述

13.1.1 生物多样性的概念

生物多样性包含但不仅限于生物学、生态学和生物物理学意义。生物学上的多样性侧重于不同等级的生命实体群（主要指物种及其以下的实体）在代谢、生理、形态、行为等方面表现出的差异性。生态学上的多样性主要指群落、生态系统甚至景观在组成、结构、功能及动态等方面的差异性，也包括有关生态过程及生境差异。生物地理学上多样性主要指不同的分类群或其组合的分布特征或差异[1]。生物多样性是多样化的生命实体群的特征。每一级实体——基因、细胞、种群、物种、群落乃至生态系统都不止一类，即都存在着多样性。因此，多样性是所有生命系统的基本特征。生物多样性包括所有植物、动物、微生物物种以及所有的生态系统及其形成的生态过程[1]。

13.1.2 我国生物多样性概况

我国国土辽阔，海域宽广，自然条件复杂多样，地质历史古老，孕育了极其丰富的植物、动物和微生物物种及其繁复多彩的生态组合，是全球 12 个“巨大多样性国家”之一。我国有脊椎动物 6300 余种，其中鸟类 1244 种，占世界总数的 13.7%；鱼类 3862 种，占世界总数的 20.0%，都居世界前列。我国是地球上种子植物区系起源中心之一，承袭了北方第三纪、古地中海古南大陆的区系成分；拥有种子植物 30000 余种，仅次于世界种子植物最丰富的巴西和哥伦比亚，居世界第三位，其中裸子植物 250 种，是世界上裸子植物最多的国家。

我国生物多样性的另一个特点是特有类型生物区系众多。我国已知脊椎动物有 667

个特有种，占脊椎动物总种数的10.5%；种子植物有5个特有科，247个特有属，17300种以上的特有种；还拥有众多有“活化石”之称的珍稀动、植物，如大熊猫（*Ailuropoda melanoleuca*）、白鳍豚（*Lipotes vexillifer*）、文昌鱼（*Branchiostoma belcheri*）、鹦鹉螺（*Nautilus pompilius*）、水杉（*Metasequoia glyptostroboides*）、银杏（*Ginkgo biloba*）、银杉（*Cathaya argyrophylla*）和攀枝花苏铁（*Cycas panzhihuaensis*）等等，是世界所共知的。由此可见，我国的生物多样性在全世界占有十分独特的地位。

随着人类活动的不断加剧，全球物种灭绝速度的加快，作为人类生存基础的生物多样性受到越来越多严重的威胁。“无法再现的基因、物种和生态系统正在以人类历史上前所未有的速度消失”[2]，农业生物多样性保护及持续利用是全球生物多样性保护的重要组成部分。我国农业种植系统约占国土面积的11%，草地畜牧系统占31%，内陆水域渔业系统占2%，村庄和道路占7%，农业活动区域分布于全国各种生物－地理－气候带，区域内有丰富的遗传基因资源、物种资源和生物生境。农业生产影响农区边际土地和农区内残存的岛状野生生境（湿地、小片林地和草地）。

农作物病虫害防治历来是农业生产的关键环节，农药在农林牧业有害生物防治和作物增产方面发挥了重要作用，但农药不合理使用也给生态环境造成了巨大危害[3]。研究显示，液态呋喃丹在草原使用导致濒危物种穴居猫头鹰死亡，二嗪农则成为美国大西洋中部地区黑雁属野鹅冬季死亡的主要原因[4]。加拿大新不伦瑞克地区，利用杀螟松防治林地云杉蚜虫，却导致传粉昆虫数量和多样性降低，而且与之毗连的欧洲越橘果园也受到了影响[5]。同时，农药大量使用导致农业区域及其边缘自然植被、水体、草地、山林等生境遭受破坏，严重影响了生物对栖息地的利用，打破了生物与栖息地原有的协调关系，导致生物多样性降低。在良性和稳定环境下对生态系统生产力等功能表现为多余的物种，当外界环境变化时，也可能在维持系统整体性上扮演重要的角色。

13.1.3 我国农药的使用概况

我国有着悠久的农业病虫害防治历史，早在公元前7～公元前5世纪就有利用莽草、蜃炭灰、牧鞠等灭杀害虫的记载。自20世纪40年代起农药由天然药物及无机化合物农药为主开始进入有机合成农药时代。自20世纪90年代至今，国内农药使用量总体呈快速上升趋势。1991年，全国农作物使用农药总量为76.53万吨（商品量），2013年迅速增长到180.19万吨（商品量，折百量约33万吨），年均增长率高达7.4%。农药使用量快速增长的同时，中国农药施用强度也在不断增加。按农作物播种面积来算，农药使用量的增长速度远远高于农作物播种面积的增长速度，是同期农作物播种面积增长速度的9倍。1991～2013年，农作物播种面积由1.496亿公顷增长到1.647亿公顷，1991年我国农药施用强度为5.12kg·hm^{-2}，2013年则增长到10.95kg·hm^{-2}，年均增长率为6.5%；我国单位面积使用量是世界平均水平的2.5倍[6]。

从使用品种来看，2013全国农药使用总量中杀虫剂13万吨（折百量，下同），占39.4%；杀菌剂8万吨，占24.2%；除草剂12万吨，占36.3%；杀鼠剂0.01万吨。

杀虫剂主要使用品种有 90 多种，用量超过 1 万吨的有敌敌畏、毒死蜱，用量 0.1 万～1.0 万吨的有辛硫磷、杀虫双、晶体石硫合剂、乙酰甲胺磷、杀虫单、氧乐果、三唑磷、乐果、噻嗪酮、吡虫啉、马拉硫磷、丙溴磷、吡蚜酮、水胺硫磷、炔螨特、甲拌磷、哒螨灵等；杀菌剂主要使用品种有 50 多种，用量超过 1 万吨的有硫酸铜、多菌灵，用量 0.1 万～1.0 万吨的有甲基硫菌灵、百菌清、三环唑、井冈霉素、三唑酮、福美类、稻瘟灵、氢氧化铜、甲霜灵、敌磺钠、乙膦铝、咪鲜胺、噁霜灵、戊唑醇等；除草剂主要使用品种有 60 多种，用量超过 1 万吨的有草甘膦、乙草胺、莠去津等，用量 0.1 万～1.0 万吨的有丁草胺、百草枯、2,4-D 丁酯、灭草松、异丙甲草胺、氟乐灵、二甲四氯、氟磺胺草醚、二氯喹啉酸等；杀鼠剂主要使用品种有 6 种，如敌鼠钠、溴敌隆、氯敌鼠、大隆、杀鼠灵、杀鼠迷；植物生长调节剂主要使用品种有 6 种，单品种用量均在 0.1 万吨以下，主要品种有多效唑、烯效唑、赤霉酸、乙烯利、缩节胺、芸薹素内酯[7]。

我国的农药年使用量按有效成分计已高达 $5\times10^5\sim6\times10^5$ t，居世界第一位。近 10 年来，全国每年使用农药面积为 1.5×10^8 hm^2，受农药污染的农田面积达 6.7×10^6 hm^2。由于在喷洒的农药中，真正对病虫害起到防治作用的农药仅占喷施量的 0.1%～10%，其余 99.9%～90%的农药都挥发到大气或淋溶流失到土壤和水域中或残留于作物中，进而对生物多样性产生影响。

13.2 农药对生物多样性作用的主要方式

13.2.1 农药对生物多样性的直接影响

农药不仅对防治靶标生物具有毒性作用，对非靶标生物也可能有一定的急性和慢性毒性影响。例如颗粒性杀虫剂呋喃丹使用导致农田周边鸟类大量死亡，从而影响施药地区鸟类种群的变化。再如蜜蜂等经常暴露在充满各种化学农药的农业景观中，会因为取食了受污染的花粉和花蜜，接触了空气里、水滴中或植物上的农药等发生急性或慢性中毒[8]。曾在蜜蜂采集的花粉中检测到 35 种不同的杀虫剂和高浓度的杀菌剂，有的样品中杀虫剂高氰戊菊酯和亚胺硫磷浓度高达半数致死剂量[9]。烟碱类农药占据超过 1/4 的全球市场份额，是近年来使用量最广泛的一类杀虫剂，Van der Sluijs 等[10]认为在目前的大田剂量下能引发诸多蜜蜂亚致死效应，造成蜜蜂神经中枢损伤、易感病、幼蜂发育不良、觅食困难等。Gill 等[11]认为暴露在多种农药环境中，不仅会影响蜂类个体的行为，在群集水平上也会制约幼虫孵化和新集群的建立。Baron 等[12]发现一旦生境被噻虫嗪污染，早春时节的熊蜂蜂王产卵率会显著下降 26%，严重影响蜂群的建立。杀虫剂是引起熊蜂等传粉昆虫生物多样性下降的重要因素之一[13]。

13.2.2 农药对生物多样性的间接影响

农药不仅能直接对非靶标生物产生毒性作用，还可能通过降低生物抵抗力，或者改变生物栖息地环境而对生物多样产生间接影响。以传粉昆虫为例，根据法国对 54 种全国主要作物在过去 20 年的生产数据分析显示，农业的集约化并没有让依赖动物传粉的作物增产，随着时间的推移反而还降低了其产量的稳定性，集约化的收益被传粉服务的减退抵消[14]。例如相比杀虫剂而言，杀菌剂虽然对蜜蜂急性毒性较低，但会令蜜蜂更易被微孢子虫（*Nosema ceranae*）寄生而致病[9]。通常，除草剂对蜜蜂毒性影响也较小，但是除草剂可能通过改变原有生态系统环境，干扰传粉昆虫栖息地特别是野生蜂的栖息地，从而导致传粉昆虫降低乃至影响食物链网中其他动物、植物、微生物多样性变化。在加拿大，人们保留田边地头的杂草，因为这些植物能为昆虫提供越冬场所，从而保存其多样性，而在空旷的耕作地带，很少能有非靶昆虫渡过加拿大的寒冬。农田尺度来说，改善农事措施，如减少农药和化肥的使用[15]、实行有机种植方式[16]，以降低人类生产活动对传粉者的不利影响。

13.2.3 农药对外来生物和其他有害生物多样性的影响

长期使用化学农药还能导致外来生物抗药性的形成及演化，在我国农业生态系统 239 种入侵物种中，已经有 51 种在世界不同地区报道有抗药性生物形成。其中，外来植物达 29 种，动物 19 种，微生物 3 种。从抗药性演化各类别外来入侵种的比例看，外来动物最多，占外来动物总数的 34.55%，外来植物次之为 18.71%，微生物占 10.34%。我国已经明确报道的产生抗药性的入侵种有 14 种，仅次于美国和加拿大。外来入侵种演化出对 2 种或 2 种以上农药产生抗性的比例明显较高，占所有抗性生物型总数的 1/3，其中动物比例高于植物[17]。

13.3 农药对生物多样性影响评价方法进展

13.3.1 基因和遗传多样性研究方法

遗传多样性是指种内基因的变化，包括种内显著不同的种群间和同一种群内的遗传变异。种内的多样性是物种以上各水平的多样性的最重要的来源。遗传变异、生活史特点、种群动态及其遗传结构等决定或影响着一个物种与其他物种及其环境相互作用的方式。而且，种内的多样性是一个物种对人为干扰进行成功的反应的决定因素。种内的遗传变异程度也决定其进化的潜势。

所有的遗传多样性都发生在分子水平，并且都与核酸的理化性质紧密相关。新的变异是突变的结果。自然界中存在的变异源于突变的积累，这些突变都经过自然选择。一些中型突变通过随机过程整合到基因组中。上述过程形成了丰富的遗传多样性。

遗传多样性的测度是比较复杂的，主要包括三个方面，即染色体多态性、蛋白质多态性和 DNA 多态性。染色体多态性主要从染色体数目、组型及其减数分裂时的行为等方面进行研究；蛋白质多态性一般通过两种途径分析，一是氨基酸序列分析，二是同工酶或等位酶电泳分析，后者应用较为广泛；DNA 多态性主要通过 RFLP（限制片段长度多态性)、DNA 指纹（DNA fingerprinting)、RAPD（随机扩增多态 DNA)、PCR 等技术进行分析。应用数量遗传学方法也可对某一物种的遗传多样性进行研究。虽然数量遗传学方法依据表型性状进行统计分析，其结论没有分子生物学方法精确，但也能很好地反映遗传变异程度，而且实践意义大，特别对于理解物种的适应机制更为直接。

13.3.2　物种多样性研究方法

物种水平的生物多样性，指一个地区内物种的多样化，主要是从分类学、统计学和生物地理学角度对一定区域内物种的状况进行研究。物种多样性的现状（包括受威胁现状)，物种多样性的形成、演化及维持机制等是物种多样性的主要研究内容。农业活动对物种的濒危状况、灭绝速率及其原因，生物区系的特有性，如何对物种进行有效的保护与持续利用等都是物种多样性研究的内容。

自 1943 年 Williams 提出物种多样性概念以来，有关物种多样性测度方法以及主要影响因素等都是主要研究内容。物种多样性指数可分为三类：α 多样性指数、β 多样性指数和 λ 多样性指数。α 多样性指数用以观测群落内的物种多样性，β 多样性指数用以测度群落的物种多样性沿着环境梯度变化的速率，λ 多样性指数则是一定区域内总的物种多样性的度量。

13.3.3　生态系统多样性研究方法

基因和物种多样性是生物多样性研究的基础，而生态多样性则是生物多样性研究的重点。生态系统是在一定空间内的生物成分和非生物成分，通过物质循环和能量流动互相作用、互相依存而构成的生态功能单位。生态系统多样性是指生物圈内生境、生物群落和生态过程的多样性以及生态系统内生境差异、生态过程变化的多样性。环境系统的多样性是生态系统多样性形成的基础，是划分生态类型多样性的主要依据。

按照生境性质可以分为陆地生态系统和水生生态系统。通常生态系统多样性研究可以通过室内模拟试验、半田间试验、野外试验开展进行，如水生微宇宙试验、蜜蜂半田间试验、水生中宇宙试验、野外监测等。

总之，只有保护生态环境中的生物多样性，利用生物多样性保护生物多样性，发挥生物防治在生物多样性保护中的重要作用，才能实现农业的可持续发展和资源的可持续利用[18]。

13.4　农药对农田土壤生物多样性的影响

13.4.1　农药对土壤的污染

13.4.1.1　农药土壤污染现状

土壤是农药在环境中的“贮藏库”与“集散地”，施入农田的农药大部分残留于土壤中。研究表明，农药施用后，仅有1%～2%的农药作用于防治对象，有10%～20%附着在作物上，其他80%～90%的农药会落在土壤表面或飘浮于大气中，残留在土壤中的这部分农药又可以通过挥发、扩散、迁移和转化等途径污染大气、地表水和地下水，造成生态环境恶化。同时，土壤中残留的农药可通过根系吸收进入作物中，给农产品质量安全造成隐患。因此，农药施用后，对土壤的污染最为严重。据调查，我国受农药污染的耕地约1600万公顷，污染状况非常严重，耕地环境质量不断下降。

（1）污染途径　土壤中农药的来源主要分为直接和间接两种，直接来源是指为防治作物病虫害和杂草等直接施入土壤或向作物喷洒农药而落于土壤的农药。另外，使用浸种、拌种等施药方式，或是将农药直接洒于土壤中，也造成了土壤的直接污染。间接来源是指带有农药的动植物残体落入土壤中，或用受农药污染的废水灌溉农田后注入土壤中，还有农药生产、工厂企业废水、废渣向土壤的直接排放。

（2）污染特性　农药对土壤的污染具有隐蔽性和滞后性，没有大气污染、水污染等问题直观，通过感官就能发现。土壤污染要通过对土壤样品进行分析化验和对农作物的残留检测，甚至通过对人、畜健康状况影响的研究才能确定。因此，土壤污染从产生污染到出现问题通常会滞后较长的时间，如日本的“痛痛病”经过了10～20年之后才被人们所认识。

（3）污染类型　据全国31个省（自治区、直辖市）植保植检站（不含西藏）调查统计，2015年我国农业用药92.64万吨（商品量），折百量30.00万吨，比上年减少1.45%。其中，杀虫剂10.89万吨，占农药总量的36.30%；杀菌剂8.00万吨，占农药总量的26.67%；除草剂10.72万吨，占农药总量的35.74%；植物生长调节剂3845.17吨，占农药总量的1.28%；杀鼠剂47.89吨，占农药总量的0.02%。使用的农药以杀虫剂、除草剂和杀菌剂为主，其他类型为辅，造成农药土壤污染类型多样。而在这其中，有机氯与有机磷两类农药对土壤的污染尤为严重。前者包括DDT（滴滴涕）、六六六、毒杀酚和氯丹等，由于有机氯农药可以在环境中长期持留，并易在脂肪中积累及生物毒理学特征，我国从1983年开始逐步禁用有机氯农药。但是，已有研究表明，尽管大部分有机氯农药已经禁用20～30年，但其在土壤环境中仍有广泛的残留。后者主要有甲胺磷、对硫磷、敌敌畏与乐果等，作为广谱杀虫剂在农业生产中已经广泛应用。然而，有机磷农药在为农业生产提供高效杀虫性能的同时，也带来了严重的负面影响。有机磷农药虽在环境中降解快、残毒较低，但在某些环境条件下也会有较长的残存期。

（4）污染范围　我国是农业大国，农业种植面积大，农药施用范围广、施用量大。截至2015年底，我国耕地面积为20.25亿亩；2015年我国农业用药92.64万吨（商品量），折合单位面积农药施用量为0.463kg·亩$^{-1}$。农药施用后进入田间土壤中的残留部分，一般情况下主要残留于0～15cm的耕层或0～30cm的表层土壤中，30cm以下土层中的残留量较少，100cm以下土层中更少。残留农药除发生吸附、解吸和降解作用，还可随水或气向四周及下层土壤中移动，农药随水向四周的水平移动称为径流，向下的垂直移动称为淋溶。径流可使农药从农田土壤转移至沟、塘、河流等地表水体中，淋溶则可使农药进入到地下水中，污染范围进一步扩大。

13.4.1.2　不同类别农药对土壤的污染影响

农药对土壤的污染，与使用农药的基本理化性质密切相关。不同农药，由于其基本理化特性的不同，其在土壤中的降解速率也不一样，从而决定了其在土壤中的残留时间也不一样。一般而言，农药在土壤中的降解速率越慢，残留期就越长，就越容易导致对土壤的污染。含铅、砷、铜、汞等重金属的农药在土壤中的降解半衰期可达 10～30 年；有机氯杀虫剂的土壤降解半衰期为 2～4 年；三嗪类除草剂的土壤降解半衰期次之，为 1～2 年；有机磷杀虫剂和氨基甲酸酯类杀虫剂的土壤降解半衰期分别为 0.02～0.2 年和 0.02～0.1 年；苯氧羧酸类除草剂、脲类除草剂及氯化除草剂的土壤降解半衰期分别为 0.2～2 年、0.3～0.8 年、0.1～0.4 年。

（1）有机氯农药对土壤的污染影响　有机氯农药（organochlorine pesticides，OCPs）是指用于防治植物病、虫害的组成成分中含有有机氯元素的有机化合物，主要分为以苯为原料和以环戊二烯为原料的两大类。前者如使用最早、应用最广的杀虫剂滴滴涕和六六六，以及杀螨剂三氯杀螨砜、三氯杀螨醇等，杀菌剂五氯硝基苯、百菌清等；后者如作为杀虫剂的氯丹、七氯、艾氏剂等。此外以松节油为原料的莰烯类杀虫剂、毒杀芬和以萜烯为原料的冰片基氯也属于有机氯农药。

我国作为一个农药生产和使用大国，历史上曾经工业化生产过滴滴涕、六氯苯、氯丹、七氯和毒杀芬等有机氯农药，特别是滴滴涕等有机氯农药在 20 世纪 80 年代以前的很长一段时间里一直作为主导农药使用。由于有机氯农药的持久性、生物蓄积性、半挥发性和高毒性，为了保护人类健康和环境，我国政府也采取了很多措施，发布了一系列的政策和法规，禁止或限制此类有机氯农药的生产和使用。但由于在一些特殊用途上暂时还没找到经济有效的替代技术和替代品，我国目前仍生产和使用滴滴涕、六氯苯、氯丹和灭蚁灵等有机氯农药。其中生产的滴滴涕主要是用作中间体生产三氯杀螨醇，其使用量与 20 世纪 70 年代相比已大大下降，且目前仍在逐年限制含滴滴涕三氯杀螨醇的生产和使用。但是，由于滴滴涕曾作为主要农药品种在我国长期大量使用，因此目前在土壤、大气、水体等环境介质中均可以检测到。六氯苯主要用作中间体生产五氯酚，尽管我国直接生产和使用的六氯苯数量不大，但是在环境中还是可以经常检测到。氯丹和灭蚁灵是我国白蚁防治中经常使用的主要防治药物。

① 不同时期有机氯农药对土壤的污染水平。1980 年，全国农田耕层土壤中六六六总体残留水平为 $0.74mg \cdot kg^{-1}$，滴滴涕为 $0.419mg \cdot kg^{-1}$，当时全国受有机氯农药污染的耕地面积达 2 亿亩，约占全国总耕地面积的 1/7。1983 年我国禁止使用有机氯农药以后，土壤中有机氯农药的含量不断降低。1985 年，耕层土壤中六六六总体残留水平为 $0.181 \sim 0.254mg \cdot kg^{-1}$，滴滴涕为 $0.222 \sim 0.273mg \cdot kg^{-1}$。1989 年，农业部对全国九省土壤有机氯农药残留抽样检测表明：土壤中六六六、滴滴涕

残留各地区均不断下降，通常下降一个数量级。但还有不少地方土壤污染仍相当严重，如福建省土壤中六六六、滴滴涕最高含量分别达 0.891mg · kg^{-1} 与 1.04mg · kg^{-1}，北京地区六六六最高含量达 1.007mg · kg^{-1}，河南地区滴滴涕最高含量达 1.498mg · kg^{-1}。1998 年，我国对 7 个省/自治区（包括湖南、江西、广西、广东、福建、浙江和海南）的全部县市和 3 个省（包括江苏、湖北和安徽）的部分县市分别进行土壤中 OCPs 污染状况的专项调查，总面积为 113.3 万平方千米，约占全国土地总面积的 11.8%。该调查区历史上大量施用过有机氯农药（包括六六六和滴滴涕等），调查结果表明，尽管自 20 世纪 80 年代中期后已基本禁止使用有机氯农药，但局部地区 OCPs 的残留量依然严重。2004 年，我国对 5 个省市（包括北京、江苏、安徽、湖南和湖北）表层土壤中 OCPs 污染状况进行了调研。结果表明，在所调查的 5 省市的土壤样品中，滴滴涕仍是土壤中 OCPs 污染的主要组成，约占总量的 90%，平均浓度从高到低依次为江苏省＞湖南省＞湖北省＞北京市＞安徽省。总体而言，我国大部分地区土壤中 OCPs 污染水平集中在中低浓度水平，但部分地区 OCPs 的污染浓度分布差异较大，存在 OCPs 污染严重超标的现象。

② 有机氯农药对土壤污染的空间差异性。农药在土壤中的残留时间，除了取决于农药本身的理化性质外，还与施药地区的自然环境条件，包括：土壤条件（土壤质地、有机质种类和含量、总有机碳、阳离子交换量、粒径大小、pH 值、含水量、微生物种类与数量等）、气候条件（降水、气温、日照等）、水文条件、土地利用情况、农作物种植情况以及农药使用的历史等密切相关。不同地区上述因素差异较大，决定了有机氯农药对土壤污染存在空间差异性。我国曾在 1988 年对土壤中 OCPs 的污染状况进行调查，结果表明，南北差异较为显著，呈现南方＞中原＞北方的空间格局，南方的平均残留水平是北方的 3.3 倍。

a. 土壤因素主导的有机氯农药土壤污染空间差异性　Chiou 等[19]研究证实，土壤中的有机质是影响疏水性有机污染物在土壤中环境行为的一个关键因素。Wang 等[20]对天津地区表层土壤中的 OCPs 进行研究，结果表明，土壤对 OCPs 的吸附量与总有机碳呈现较好的相关性。丛鑫等[21]通过将土壤分成 4 种不同粒径大小的有机-矿质复合体组分（黏粒、粉粒、细砂和粗砂），研究 OCPs 在土壤不同有机-矿质复合体中的分布状况及有机质含量对污染物赋存分布规律的影响。结果表明，粉粒组分中 HCHs 含量较高，黏粒组分中 DDTs 含量较高。黏粒和粉粒组分中 OCPs 的含量与有机质含量之间呈现显著的相关关系，而在细砂和粗砂中这种相关性不显著，由此可见，有机质是影响土壤 OCPs 分布的重要因素之一。

对于同种土壤，OCPs 在不同土壤深度的分布也不尽相同。我国土壤中 OCPs 分布在深度 0～100cm 的范围内，其含量峰值一般位于土壤表层（0～20cm）或亚表层（20～40cm）。赵炳梓等对黄淮海地区典型土壤中六六六和滴滴涕的空间分布及垂直分布进行了研究，结果表明 HCHs 在不同深度土层均能检出，它们的含量随土壤剖面深度的增加变化不明显，HCHs 在土壤剖面 30cm 深度以下的浓度水平与表层土壤相似，其异构体中以 β-HCH 的残留浓度最高，而 DDTs 残留量则主要集中在表层土壤 0～

30cm，大于 30cm 深度其浓度水平显著降低。孙威江等[22]对福建省 108 个有代表性的茶园有机氯农药六六六、滴滴涕残留量现状进行了调查，发现茶园土壤中 DDTs 和 HCHs 残留与土壤深度、海拔高度等具有一定的相关性。

b. 农业种植结构及土地利用类型主导的有机氯农药土壤污染空间差异性　南淑清等研究表明，OCPs 在各典型农业生产功能区均有不同程度检出，其中污水灌溉区 OCPs 检出率最高，有机食品生产基地检出率最低。各功能区 OCPs 浓度依次为畜禽养殖基地>污水灌溉区>常规农业生产区>无公害蔬菜生产基地>绿色食品生产基地>有机食品生产基地。潘静等[23]对崇明岛不同典型功能区表层土壤中 OCPs 总体残留情况进行研究，OCPs 残留量依次为农场>普通农业区>城镇区>自然保护区。安琼等对南京地区土壤中 OCPs 残留及分布状况进行了研究，研究结果表明 OCPs 在不同土地利用类型土壤中的残留水平依次为露天蔬菜地>大棚蔬菜地>闲置地>旱地>工业区土地>水稻土>林地；耿存珍等[24]研究证实青岛地区不同土地利用类型土壤中 OCPs 残留量为菜地>农田>公路两侧区域；李军等对华南珠江三角洲地区的 OCPs 残留量进行研究，发现不同利用类型的土壤中 HCHs 和 DDTs 的平均含量从高到低依次为农田>稻田>天然土壤。张红艳等采用地统计学的方法对北京市平原地区农田耕层土壤的 DDTs 和 HCHs 及其异构体、代谢物的含量的空间分布特征进行分析，发现土壤中残留 HCHs 和 DDTs 的异构体、代谢物及总量均服从对数正态分布，并全部属于强变异。由此可见，土地的耕作类型和用途不同，对于 OCPs 的使用量也会有所不同，从而使不同类型土壤中的 OCPs 呈现出不同的残留水平。近年来，我国有机氯农药对土壤污染的调查报道见表 13-1。

（2）有机磷农药对土壤的污染影响　有机磷农药（organophosphorus pesticides，OPPs）是有毒农药中最普通的种类，一直在国内外大量生产和广泛使用，商品已达数百种。从 2014 年全球销售情况来看，有机磷类杀虫剂市场销售额占杀虫剂市场的 15.3%，在杀虫剂所有类别中排名第四。目前统计用于农业的有机磷类杀虫剂品种有 46 个，其中销售额排在前 7 名的依次是毒死蜱、乙酰甲胺磷、乐果、丙溴磷、敌敌畏、喹硫磷和马拉硫磷。我国常用的有机磷农药约有 30 余种，包括杀虫剂、除草剂、杀菌剂等。在我国，有机磷杀虫剂占所有使用农药的 70%以上。

有机磷农药主要是为取代有机氯农药而发展起来的，主要是以含磷有机化合物为主，其中也包含了硫、氮元素等，但是从大部分上来说，还是以磷酸酯类或是酰胺类化合物为主。在动植物体中，因受到了酶作用的影响，使得磷酸酯在分解时不容易蓄积，但对昆虫以及哺乳类动物来说，可以与神经系统中突触后膜上的胆碱酯酶结合，形成磷酰化胆碱酯酶，使胆碱酯酶失去催化乙酰胆碱水解作用，从而阻碍与刺激生理作用，造成死亡。与有机氯农药相比，有机磷农药更易降解，对环境的污染及对生态系统的危害和残留没有有机氯农药那么普遍和突出，具有药效高、品种多、防治范围广、选择作用高、在环境中降解快、残毒低等优点，所以在世界范围内被广泛应用，有着极为重要的地位。

表 13-1　近些年我国有机氯农药对土壤污染的调查报道

省份/地区	具体区域	有机氯农药类型	土壤深度	调查结果	文献
天津	天津市 13 个郊县和市区	DDTs 及 6 种代谢产物	表层土（10cm）	p,p'-DDT 和 p,p'-DDE 是表土中的主要污染物，其平均残留量分别为 27.5ng·g^{-1}和 18.8ng·g^{-1}	龚钟明等[25]
天津	天津市 13 个郊县和市区	HCHs	表层土（10cm）	α-HCH 是最主要的残留污染物，最高浓度超过 1000ng·g^{-1}	龚钟明等[25]
北京	北京近郊	HCHs，DDTs	亚表层土（5～30cm）、深层土（150～180cm）	亚表层土中总 HCH 含量为 1.36～56.61ng·g^{-1}（中值 5.25ng·g^{-1}），总 DDT 含量为 0.77～2178ng·g^{-1}（中值 38.66ng·g^{-1}），深层土中 HCHs、DDTs 含量降低了一个数量级	Zhu 等[26]
上海	上海市城区	OCPs	表层土壤（0～15cm）	城区土壤中六六六（HCHs）、滴滴涕（DDTs）和六氯苯均有较高的检出率，为 95%～100%，残留含量范围分别为 ND～38.58μg·kg^{-1}、1.81～79.61μg·kg^{-1}和 0.16～40.25μg·kg^{-1}；研究区域内土壤有机氯农药总残留范围为 3.12～91.07μg·kg^{-1}，平均值为 22.33μg·kg^{-1}；OCPs 主要残留物为 p,p'-DDE，占残留总量的 60%以上	蒋煜峰等[27]
辽北	辽北蔬菜地、水稻田、玉米地	OCPs	农田土壤	8 种有机氯农药中六氯苯、狄氏剂和艾氏剂有检出，其中六氯苯 100%检出，最大残留量为 7.07ng·g^{-1}，狄氏剂和艾氏剂检出率和残留量较低	王万红等[28]
上海	崇明岛	OCPs	农田表层土壤	在采集的土壤样品（干重）中，OCPs 的含量范围为 3.11～117.47ng·g^{-1}（平均值 26.25ng·g^{-1}）；主要组分 DDTs 和 HCHs 的含量范围分别为 0.14～77.89ng·g^{-1}（平均值 15.80ng·g^{-1}）和 1.14～22.43ng·g^{-1}（平均值 4.52ng·g^{-1}），另外六氯苯（0.23～11.63ng·g^{-1}）、艾氏剂（0.03～0.75ng·g^{-1}）、环氧七氯（0.05～1.44ng·g^{-1}）、狄氏剂（0.05～5.33ng·g^{-1}）、异狄氏剂（ND～14.66ng·g^{-1}）和灭蚁灵（0.03～10.58ng·g^{-1}）都有检出；DDTs 已经大部分降解为 DDD 和 DDE，并以 DDE 为主（约 64.7%），现存的 DDTs 主要是早期使用的残留	吕金刚等[29]
广州	广州市部分市区和远郊区	HCHs，DDTs	表层土壤	土壤中 HCHs 含量为 0.29～14.90ng·g^{-1}；DDTs 含量为 ND～697.70ng·g^{-1}；DDTs 为主要残留有机氯农药，平均占 OCPs 总量的 85.1%	朱晓华等[30]

续表

省份/地区	具体区域	有机氯农药类型	土壤深度	调查结果	文献
海河	海河上游地区	24 种有机氯农药（OCPs）	表层土壤（20cm）	海河上游地区土壤中检出大部分有机氯农药，其中 3 种有机氯农药检出率达到 100%，OCPs 总残留量（ΣOCPs）范围为 2.75～139ng·g^{-1}，平均为 40.1ng·g^{-1}；DDTs 和 HCHs 是土壤中有机氯农药的主要污染物，相应的残留量分别为 2.75～131ng·g^{-1} 和 ND～11.0ng·g^{-1}	迭庆杞等[31]
辽宁及山东半岛	辽宁及山东半岛 15 个县市	10 种有机氯农药	表层土壤（20cm）	山东半岛土壤中硫丹残留量为 6.30μg·kg^{-1}，为辽东半岛的 9 倍；HCHs 残留量为 4.82μg·kg^{-1}，为辽东半岛的 1.3 倍；辽东半岛土壤中 DDTs 残留量为 45.70μg·kg^{-1}，为山东半岛的 2.5 倍。山东半岛 α-HCH、p,p'-DDE、p,p'-DDT 的检出率均高于 80%，辽东半岛 β-HCH、p,p'-DDE 检出率均高于 80%	朱英月等[32]
全国	13 个主要种植烟草省的代表性县市	六六六、滴滴涕、敌敌畏	土壤	六六六检出率为 100%，含量范围为 1.01～10.74μg·kg^{-1}，平均为 2.80μg·kg^{-1}；滴滴涕检出率为 100%，含量范围为 0.18～410.88μg·kg^{-1}，平均为 15.44μg·kg^{-1}；敌敌畏检出率为 97.1%，含量范围为 ND～2.01μg·kg^{-1}，平均为 0.27μg·kg^{-1}	武小净等[33]
辽宁	种植烟草区	HCH	植烟土壤	HCH 平均残留量为 4.64μg·kg^{-1}，最大值为 11.51μg·kg^{-1}	黄五星等[34]
黄河	黄河流域河南段	OCPs	农田 0～10cm、10～20cm、20～30cm 土层	黄河流域农田土壤中残留有机氯农药主要是六六六（HCHs）、滴滴涕（DDTs）和六氯苯（HCB），其中 HCHs 是土壤残留有机氯农药类的主要成分。氯丹（TC+CC）、九氯（TN+CN）、硫丹（α-End+β-End）残留量较低，是黄河流域农田土壤中普遍存在的一类持久性有机污染物	范钊[35]
韩江	韩江流域	13 种有机氯农药	表层土壤（10cm）	13 种有机氯农药的含量区间为 2.97～1275.79ng·g^{-1}，检出率为 75%～100%，其中 HCHs 和 DDTs 的含量变化趋于一致，即上游<中游<下游，在国内外均属于较低水平	刘佳等[36]

注：根据我国《土壤环境质量标准》（GB 15618—2018）的规定，六六六和滴滴涕在农用地土壤污染风险筛选值为 100μg·kg^{-1}。大部分地区土壤中六六六和滴滴涕的含量在标准规定的范围内，但在部分地区土壤中 OCPs 污染较为严重，如北京、天津、上海等城市。

有机磷农药使用范围广、使用量大，在土壤中的结合残留量高达 26%～80%，因此，有机磷农药对土壤的污染影响也不容小觑。沈燕等[37]于 2003 年在江苏省苏中地区 7 个县（市）分别选择具有代表性的高、中、低 3 种不同施药水平田块，对小麦籽粒和土壤中 7 种有机磷农药残留进行检测。结果表明：小麦籽粒和土壤有机磷农药检出率分别为 95.2%和 100%，农药残留现象比较普遍；中等毒性有机磷农药毒死蜱和乐果在苏中地区普遍存在。魏淑花等[38]对宁夏主要枸杞产区中宁县土壤样品中的 5 种常用有机磷农药（久效磷、对硫磷、氧乐果、毒死蜱和辛硫磷）的残留量进行了检测和分析。结果表明：5 种有机磷农药中毒死蜱的检出率达 41.67%，检出残留量均大于等于 12g・kg^{-1}，最大残留量为 54g・kg^{-1}；对硫磷的检出率为 8.33%，其余 3 种有机磷农药未检出。周婕成等[39]于 2008 年 7 月分别选取崇明典型农田土壤，对其中的 9 种有机磷农药残留进行检测。结果表明：水稻田土壤和蔬菜地土壤有机磷农药均有不同程度检出。水稻田土壤检测出的有机磷农药总量在 0.23～0.69μg・g^{-1}，检出种类主要为甲拌磷、乐果、二嗪农、马拉硫磷、对硫磷；蔬菜地土壤检出的有机磷农药总量为 0.10～0.57μg・g^{-1}，检出种类主要为氧乐果、甲拌磷、乐果、马拉硫磷和对硫磷。其中，对硫磷的检出量和检出率均最高。王小欣等[40]对南宁市及周边县区蔬菜地土壤有机磷农药残留状况进行了调查，结果显示，南宁市及周边县区蔬菜地土壤中有机磷农残检出率达 77.03%，相对较高。孙健等[41]对银川市郊大棚土壤中有机磷农药残留状况进行了调查，结果显示，银川市郊大棚土壤样品中有 3 种有机磷农药被检出，总体检出率为 71.43%，杀扑磷的检出率最高，为 51.43%，土壤样品中无禁用农药检出，有 5 个土壤样品检测出 2 种及以上有机磷农药。武小净等为摸清我国主产烟区烟田土壤有机磷农药残留状况，从全国 13 个主要烟草种植省的代表性县市采集了 431 个土壤样品，采用气相色谱法测定分析了土壤中有机磷农药残留。结果表明：乐果检出率为 63.6%，含量范围为 ND～1.77μg・kg^{-1}，平均为 0.18μg・kg^{-1}；甲基对硫磷检出率为 88.8%，含量范围为 ND～1.20μg・kg^{-1}，平均为 0.14μg・kg^{-1}；马拉硫磷检出率为 100%，含量范围为 0.09～7.95μg・kg^{-1}，平均为 1.29μg・kg^{-1}；对硫磷检出率为 99.5%，含量范围为 ND～3.46μg・kg^{-1}，平均为 0.5μg・kg^{-1}。曾阿莹等[42]对福州市蔬菜基地土壤中 4 种有机磷农药（敌百虫、敌敌畏、甲胺磷和毒死蜱）的残留状况进行了调查。结果表明，在 43 个供试土样中，有机磷农药的总检出率为 97.67%，其中，所有土样中都未检出敌百虫；1 个土样中检出甲胺磷和敌敌畏，残留量分别为 0.65mg・kg^{-1}和 0.45mg・kg^{-1}；毒死蜱的检出率最高，达 97.67%，在土壤中的最高残留量为 9.77mg・kg^{-1}。王建伟等[43]为了研究江汉平原土壤中有机磷农药（OPPs）的分布特征，于 2015 年 9 月在地下水监测场所在区域，采集了 78 个剖面土和 7 个表层土土样，通过气相色谱-氮磷检测器（GC-NPD）分析 OPPs 的含量，研究江汉平原土壤中 OPPs 的分布特征。结果表明，研究区土壤普遍存在 OPPs，其中地表土中 OPPs 的含量范围为 89.80～213.85ng・g^{-1}，平均值为 140.05ng・g^{-1}；剖面土中 OPPs 的整体含量范围为 19.81～138.28ng・g^{-1}，平均值为 40.99ng・g^{-1}。地表土和剖面土中 OPPs 主要检出成分均为甲胺磷、氧乐果、二嗪农和喹硫磷等，并且根据美国土壤农药残留限量标准，研究区土壤中 10 种 OPPs 的残留量已对农产品的安全构成威胁。

（3）拟除虫菊酯类农药对土壤的污染影响　拟除虫菊酯是一类能防治多种害虫的广谱杀虫剂，其杀虫毒力比老一代杀虫剂如有机氯、有机磷、氨基甲酸酯类提高 10～100 倍。拟除虫菊酯对昆虫具有强烈的触杀作用，有些品种兼具胃毒或熏蒸作用，但都没有内吸作用。其作用机理是扰乱昆虫神经的正常生理，使之由兴奋、痉挛到麻痹而死亡。

拟除虫菊酯类农药降解较快，但和土壤的结合残留量很高，达 36%～54%，因此在土壤中常有检出。尹可锁等[44]对滇池周边农田土壤中 5 种拟除虫菊酯农药残留研究发现，在蔬菜和花卉地中，氯氰菊酯和三氟氯氰菊酯检出率最高，分别达到 66.7%～100% 和 52.9%～100%。梁茹晶[45]采用超声辅助提取-玻璃柱净化-气相色谱检测分析方法，对沈阳周边 4 个设施蔬菜基地土壤中 8 种拟除虫菊酯类农药的残留情况开展了调查研究，调查结果显示，拟除虫菊酯类农药的检出率较高，检出的农药种类多，溴氰菊酯的平均残留量最高为 23.5$\mu g \cdot kg^{-1}$。

（4）其他类型农药对土壤的污染影响　其他类型农药还包括氨基甲酸酯类、有机氮类杀虫剂，三嗪类和磺酰脲类除草剂等，这些种类的农药毒性较低，但因使用范围扩大，其对土壤造成的污染亦不容忽视。莠去津是我国玉米田主要施用的除草剂，2000 年我国莠去津的使用量为 2835t，仅辽宁省使用量就超过 1600t。王万红等[28]报道了辽北农田土壤中除草剂的残留特征，莠去津、乙草胺和丁草胺 3 种除草剂均有检出，其中莠去津和乙草胺全部检出，丁草胺检出率相对较低，仅为 27.8%；莠去津、乙草胺和丁草胺的残留量分别为 0.14～21.20$\mu g \cdot kg^{-1}$、0.53～203.20$\mu g \cdot kg^{-1}$ 和 ND～30.87$\mu g \cdot kg^{-1}$。欧海等[46]选取海南省具有代表性的 3 种类型农田（水稻田、瓜菜地、芒果地），对农田农药使用情况进行调查，并对土壤中 21 种农药残留进行检测分析，结果表明：21 种农药中，有 9 种为海南省禁用农药；3 种类型农田的土壤总体清洁，高剧毒农药皆未检出，只有 2 种常规农药检出超标，分别为杀虫剂噻嗪酮和杀菌剂三唑酮。

13.4.2　农药与土壤微生物多样性

土壤微生物包括细菌、放线菌、真菌，具有分布广、数量大、种类多等特点。据统计，生活在土壤中的细菌有近 50 个属，250 种；土壤真菌有约 170 个属，690 多种；每克土壤中微生物的数量可达一亿个以上，最多可达几十亿个。因此，土壤微生物在土壤系统中占据着重要地位。它们参与土壤有机质分解、腐殖质合成，是土壤养分转化和循环的动力，可维持土壤系统的稳定性及抗干扰能力，对保持土壤健康和农业可持续生产起着重要作用。土壤生态系统的稳定与土壤微生物多样性有着密不可分的关系，一般来说，一个具有多样性与活性的微生物群落土壤往往具有较为丰富的土壤养分，这种土壤微生物群落结构，既可维护土壤生态系统的稳定性，也有利于提高土壤生态系统的缓冲能力。农药使用后残留在土壤中，难免会对土壤微生物群落产生影响，因此需加以关注。

13.4.2.1　土壤微生物多样性评价指标

土壤微生物的多样性主要包括遗传多样性、物种多样性、结构多样性和功能多样性等。其中遗传多样性是指在基因水平上，土壤微生物不同种群遗传信息和遗传物质的差异；物种多样性是指土壤微生态系统中物种的丰富度和均一度，其中包括可培养和不可培养两类，是反映多样性最直观的形式；结构多样性是指土壤微生物在细胞组分变化上的多样性，可直接导致土壤中微生物代谢水平的差异；功能多样性是指土壤中特定的微生物种群所执行的功能差异，如对植物生长促生作用，营养的分解、转化与传递等。

13.4.2.2 土壤微生物多样性测定方法

目前，土壤微生物生态系统研究大多停留在特征定性描述阶段，其定量表征研究处于刚刚起步发展阶段。随着土壤微生物多样性研究的日益深入，研究方法也在不断改进，主要包括传统的微生物平板培养法、土壤微生物生物量测定法、群落水平生理代谢分析法、磷脂脂肪酸 PLFA 分析法、基于核酸 PCR 扩增基础上的变性梯度凝胶电泳（DGGE）、末端限制性片段长度多态性（T-RFLP），以及近些年发展起来的高通量和高分辨率的宏基因组学、环境转录组学等。

（1）传统生物平板培养法　传统的土壤微生物群落多样性研究方法主要为平板培养法，是对土壤微生物进行分离培养后，通过微生物的生理生化特征或特定的表现型进行分析鉴定。但该方法限于人为限定的培养条件，无法全面地估算微生物群落多样性，也难以定量描述土壤微生物的群落结构。此外，平板培养本身就是一个对微生物重新选择的过程，其结果并不能全面反映原始土壤微生物群落结构。可见，传统的培养技术难以客观、正确地反映包括土壤中微生物种别、种群大小、动态变化等许多重要参数，只有与其他先进方法结合起来，才能较为客观而全面地反映微生物多样性的真实信息。

（2）土壤微生物生物量测定法　土壤微生物生物量是指土壤中体积小于 $5\times10^3\mu m^3$ 的生物总量，主要包括微生物碳、氮、磷。土壤微生物生物量作为植物生长可利用的养分储存库，能敏感、及时地反映或预警土壤的变化，曾被用作综合评价土壤质量及土壤微生物活性强度的重要指标。土壤微生物生物量测定法主要包括直接镜检法、ATP 分析法、底物诱导呼吸法、熏蒸培养法、熏蒸提取法。

（3）群落水平生理代谢分析法　群落水平生理代谢分析法是利用微生物对单一碳源吸收利用能力的差异来区分不同微生物群落的方法，已经发展了几十年。早在 1980 年美国 BIOLOG 公司就生产出了 BIOLOG 微平板用于识别单一微生物群体。BIOLOG 微平板主要有 GN 板、GP 板、ECO 板等，分别应用于革兰氏阴性好氧菌、革兰氏阳性好氧菌、微生物群落的特性分析。这几类平板的研究对象主要为生长速率相对较快的好氧型微生物类群。在微生物生态研究中应用最多的为 ECO 板。BIOLOG 微平板的基本原理为：将不同碳源和四唑盐染料装于平板内的小孔，微生物在利用碳源时会产生自由电子，自由电子与染料反应产生颜色变化，因利用碳源的种类和程度不同，颜色也有深浅之分，由此表征微生物群落结构的差异。该法具有测定速度快、重复性高、系统性好等优点。作为微生物群落水平上的生理特性分析法，目前 BIOLOG 微平板法已扩展到估算诸如碳源利用模式等微生物群落功能多样性的研究、不同土壤及植物根际土壤微生物群落差异性的研究、植物内生细菌群落多样性的研究以及转基因植物或外源微生物对植物根际土壤微生物群落的影响。

(4) 磷脂脂肪酸(PLFA)分析法 磷脂约占细胞干重的 5%，几乎是所有生物细胞膜的重要组成成分。由于磷脂脂肪酸(phospholipid fatty acid)只存在于活体细胞膜中，且不同的磷脂脂肪酸含量相对恒定，因此它适用于评价微生物群落的多样性及监测微生物群落的动态变化。基本流程为：用适当的提取剂先将土壤中的磷脂脂肪酸提取出来，经甲基化后用气相色谱或气质联用检测，得到 PLFA 图谱，统计分析，即可判断出土壤微生物群落的多样性。

(5) 分子生物学方法 近年来，基于微生物群落总基因组 DNA 提取方法的改进，利用微生物 DNA 进行数量及种类分析的技术得到长足发展，如克隆文库法、DNA 杂交法、G+C 含量法、基于聚合酶链式反应(PCR)的图谱分析法等。以 PCR 图谱为基础的分析法能够快速、批量比较多个样品间的微生物组成及变化。该方法主要包括：变性/温度梯度凝胶电泳(DGGE/TGGE)、单链构象多态性(SSCP)、限制片段长度多态性/扩增核糖体 DNA 限制性分析(RFLP/ARDRA)、末端标记限制片段长度多态性(T-RFLP)、随机扩增多态性 DNA/长引物随机扩增多态性 DNA/基于高重复序列的 PCR 分析(RAPD/ERIC-PCR/rep-PCR)、(自动)核糖体基因间隔区分析(RISA/ARISA)。其中末端标记限制片段长度多态性是 20 世纪末应用于环境微生物方面的新方法，是一项综合运用 PCR、DNA 限制性酶切、荧光标记以及 DNA 序列自动分析的微生物群落分析方法，是通过测定特定核酸片段长度多态性来分析比较微生物群落的结构和功能。

(6) 高通量测序技术 高通量测序又称为“深度测序”或“下一代测序”技术，可实现一次性读取几十万到几百万条 DNA 分子序列，可对样本进行全面细致分析。对于土壤微生物多样性分析，以 454 焦磷酸测序平台和 Illumina Solexa 的 MiSeq 测序平台应用最多。

上述各种测定方法各有优缺点，可以结合起来使用。

13.4.2.3 农药对土壤微生物多样性的影响

农药对土壤微生物的影响是多方面的，表 13-2 综述了近年来开展的农药对土壤微生物的影响研究。

表 13-2 农药对土壤微生物的影响研究

农药名称	土壤微生物多样性指标	研究结果	文献
甲基对硫磷	土壤微生物数量、结构	低浓度甲基对硫磷对土壤微生物数量影响不大，添加 $100mg \cdot L^{-1}$ 和 $500mg \cdot L^{-1}$ 甲基对硫磷能明显增加土壤细菌的数量，甲基对硫磷通过抑制或者杀灭某些种类土壤细菌，大大促进土壤生态系统中部分种类细菌的增殖	曹慧等[47]
甲磺隆	土壤微生物数量、结构	土壤中结合态甲磺隆残留物对土壤细菌、真菌具有明显的刺激作用，而对土壤放线菌有强烈的抑制作用	汪海珍等[48]
苯噻草胺	土壤微生物数量、结构	苯噻草胺能促使好氧细菌数量的增加，但不利于真菌和放线菌的生长	吕镇梅等[49]

续表

农药名称	土壤微生物多样性指标	研究结果	文献
甲氰菊酯	土壤微生物数量	低浓度甲氰菊酯对蔬菜土中微生物数量影响不大，高浓度甲氰菊酯短期内对土壤微生物具有抑制作用，17d后恢复至对照水平	张战泓等[50]
莠去津、除虫菊酯	土壤微生物数量	莠去津和除虫菊酯处理过的土壤，一开始能刺激微生物区系，菌量呈指数生长，然后下降	Taiwo等[51]
有机磷农药	土壤微生物总数、物种多样性指数	有机磷农药对土壤微生物的总数有抑制作用，浓度越高，微生物总数越少，种群密度降低；在物种多样性指数方面，无污染群落中的物种丰富度最大，高浓度的农药处理比低浓度的农药处理多样性指数大，微生物群落向着耐受农药的微生物顶级群落方向演替，无污染群落的物种分布最均匀，群落异质度高，群落结构最为稳定；由于微生物数量的变化，土壤中的氨化作用、硝化作用、反硝化作用、呼吸作用以及有机质的分解、代谢和根瘤菌的固氮等过程受到不同程度的影响，使土壤生态系统的功能失调，进一步影响到土壤生物的生长和代谢	胡晓等[52]
百菌清	土壤微生物数量、活力	百菌清对微生物数量无显著影响，但使用高浓度的百菌清能够抑制微生物活力	昝树婷等[53]
长期使用农药的土地和正常的土地	土壤微生物菌群结构和数量	长期使用农药在一定程度上使土壤细菌种群的结构和数量发生变化，破坏了土壤微生态平衡	张美娇等[54]
有机氯农药	土壤微生物活性	高水平的有机氯农药污染（DDTs 451.5mg $\cdot$ kg^{-1}）显著抑制土壤微生物活性，而较低水平的污染对土壤微生物的生理活性呈现一定的促进作用	郑丽萍等[55]
硝磺草酮	土壤微生物活性	在施用10倍和100倍推荐剂量硝磺草酮后土壤微生物活性均受到抑制，其中100倍推荐剂量下土壤细菌和真菌基因结构最大相异度分别达到12%和28%	Crouzet等[56]
溴苯腈	土壤微生物数量、结构，土壤酶活性	溴苯腈在田间施用量水平时，细菌和放线菌的数量升高，而在高浓度时会抑制细菌和放线菌的数量，并且降低真菌的数量，使土壤纤维素酶的活性也受到抑制。磷酸酶的活性是在溴苯腈田间施用量水平时有促进作用，在高浓度时被延迟，碱性磷酸酶的活性被加速	Omar等[57]
草甘膦、噻唑啉、乐果	土壤微生物的活性和生物量	在相同浓度处理下，草甘膦和噻唑啉能提高土壤微生物的活性和生物量，而乐果则降低微生物的活性和生物量	Eisenhauer等[58]
氯氰菊酯	土壤酶活性、土壤微生物生物量	氯氰菊酯对土壤蛋白酶活性影响较小，对蔗糖酶活性影响呈现先抑制后激活再恢复的效应，对脲酶活性影响呈现先激活再恢复的效应，并对土壤微生物量碳和微生物量氮表现为激活效应，且该效应与拟除虫菊酯浓度呈正相关	邹小明等[59]
苯菌灵、克菌丹	土壤生态过程，包括呼吸作用、酶活性、生物量等	苯菌灵、克菌丹处理过的土壤，土壤基质诱导呼吸、土壤酶活性（脱氢酶和磷酸酶）、微生物生物量氮、分解性有机氮浓度均明显降低，对有机补充物麦秆的分解也被杀真菌剂抑制，而土壤尿酶活性、NH_4^+-N和NO_3-N浓度、矿质态氮及固氮速率升高	Chen等[60]

续表

农药名称	土壤微生物多样性指标	研究结果	文献
艾氏剂、六氯化苯	根瘤菌固氮作用	艾氏剂和六氯化苯处理过的种子，侵染的根瘤数下降，产量及含氮量也明显低于对照	Suneja 等[61]
辛硫磷	根瘤菌固氮作用	辛硫磷显著降低了根瘤菌的固氮作用	Eisenhardt 等[62]
定菌磷、溴本腈和对草快	根瘤菌固氮作用	定菌磷、溴本腈和对草快等阻止根瘤形成，根瘤数下降，植物固氮作用下降，还影响植物对 P 和 K 的吸收	Abdalla 等[63]
代森锰、棉隆	土壤微生物硝化作用	代森锰和棉隆分别以 $100mg \cdot L^{-1}$ 和 $150mg \cdot L^{-1}$ 施入土壤时，即可完全抑制硝化作用	胡荣桂等[64]
甲基硫菌灵、多菌灵、农用链霉素	土壤微生物呼吸功能	在 3 种农药作用下，土壤的微生物呼吸功能都受到了抑制，并随药剂浓度升高抑制作用逐渐增强，随时间延长，3 种农药对土壤呼吸功能的抑制情况也表现出不同特点	冀玉良等[65]
多菌灵、百菌清、吡虫啉、灭多威	土壤微生物呼吸强度	多菌灵、百菌清、吡虫啉、灭多威能促进大田土、大棚土中土壤微生物的呼吸	王占华等[66]
氟吗锰锌、齐螨素、氟虫腈	土壤微生物呼吸强度	氟吗锰锌能够抑制土壤微生物呼吸强度，齐螨素、氟虫腈对土壤呼吸强度的影响表现为刺激-抑制	孔凡彬等[67]
苄嘧磺隆	微生物群落多样性	低浓度的除草剂苄嘧磺隆对水稻土中微生物有轻微、短暂的不利影响，而高浓度处理下，细菌群落数量急剧下降，水稻土中微生物群落的多样性与苄嘧磺隆的浓度显著相关	Lin 等[68]
氯氰菊酯	土壤微生物群落结构	施入氯氰菊酯后土壤微生物的数量和结构发生显著变化，3d 后，细菌、真菌和放线菌的数量和种类明显减少，尤其是细菌，数量下降了 2 个数量级，种类减少了约 1/3；7d 后，细菌和放线菌的种类和数量仍不断减少；15d 后，微生物的数量和种类均有所恢复	许育新等[69]
杀螟松、百菌清、氯化苦、利谷隆、西马津	微生物量、微生物多样性、群落结构、土壤呼吸醌	杀螟松、利谷隆和西马津对微生物量、微生物多样性和群落结构没有明显影响，使用百菌清后土壤呼吸醌多样性立即下降，但 3d 后没有明显变化，而且不影响醌的数量与组成，第 28 天醌的数量与多样性降低	Katayama 等[70]
氟磺胺草醚、烯草酮	土壤微生物群落多样性	氟磺胺草醚、烯草酮以及混合除草剂处理对土壤微生物代谢活性的影响与施药浓度呈正相关	王茜[71]
莠去津	土壤微生物群落功能多样性	除草剂莠去津的施用可在一定程度上降低野生植物群落下土壤微生物群落功能多样性	闫冰等[72]
硝磺草酮	土壤酶活性和微生物群落功能多样性	施用一定浓度的硝磺草酮激活了土壤微生物活性，微生物群落丰富度、均匀性和多样性都呈增长趋势，微生物群落对碳水化合物类、氨基酸类、多聚物类、羧酸类、胺类和酚酸类利用率整体上均有所提高，与对照相比，最大增幅分别达到 5.3 倍、1.0 倍、4.4 倍、3.2 倍、0.2 倍和 6.8 倍，但不同浓度硝磺草酮处理下，土壤微生物在利用碳源的类型上存在一定的差异	孙约兵等[73]

从表 13-2 可以看出，农药对土壤微生物的影响包括对土壤微生物数量、结构的影响，对土壤微生物活性、生物量的影响，对土壤微生物呼吸强度的影响，对硝化、氨化等过程的影响，对土壤酶活性以及对根际微生物群落、共生固氮菌的活性的影响等多个方面。农药污染通过改变微生物群落结构、影响微生物在农田生态系统物质循环、破坏生态系统稳定等方面最终影响微生物生态多样性，进而影响土壤营养物质的转化，改变农业生态系统中营养循环的效率和速率。

13.4.3 农药与土壤动物多样性

土壤动物是指终生或某一发育阶段在土壤中度过，且对土壤有一定影响的动物。大多数动物门类在土壤中都有代表，主要涉及原生动物、扁形动物、线形动物、轮形动物、环节动物、缓步动物、软体动物和节肢动物 8 个动物门。从体型上分，土壤动物又分为大型土壤动物（如蚯蚓、白蚁等）、中型土壤动物（如螨类、跳虫等）和小型土壤动物（如原生动物、线虫等）。土壤动物既可以通过改变微生境、提高有机物的表面积、直接取食、携带传播微生物等方式影响土壤微生物群落的数量、活性、组成和功能，又参与养分循环、有机质分解及植物生长等众多生态过程，是生态系统中不可或缺的重要组成部分。土壤动物数量巨大，每平方米土壤中，无脊椎动物（如蚯蚓、蜈蚣及各种昆虫幼虫等）有几十到几百个，小的无脊椎动物（如壁虱、弹尾虫等）可达几万至十几万个，线虫数以万计，在森林土壤中其数量更多。土壤中定居的脊椎动物较多的是各种鼠类。若以重量计，每公顷土壤中可有 5～8t 活物质。土壤动物种类繁多，其种类数以千计，到目前为止，发现的土壤动物种类已占到全球生物多样性的 23%。土壤动物对农药等污染物敏感，能较为准确地反映土壤受农药等的污染程度。基于以上特点，土壤动物被广泛用作土壤质量的指示生物，在土壤质量评价体系中具有重要作用。

13.4.3.1 土壤动物多样性评价指标

目前常用的土壤动物多样性评价指标有如下几个：

① 类群数：即土壤动物群落的类群个数，是最简单的测度方法；

② Shannon-Wiener 多样性指数（H'）；

③ Pielou 均匀度指数（J）；

④ Simpson 优势度指数（C）；

⑤ Margalef 丰富度指数（M）；

⑥ 密度-类群指数（DG）。

其中，类群数、Pielou 均匀度指数与 Shannon-Wiener 指数呈正相关，而 Simpson 优势度指数与 Shannon-Wiener 指数呈负相关；并且当类群数较接近时，决定多样性指标高低的关键在于均匀度，即类群数高，均匀度高，多样性指数一定高；类群数低，均匀度高，多样性指标可能高；类群数高，均匀度低，则多样性指数可能低；类群数低，均匀度低，多样性指标一定低。由此可见，Shannon-Wiener 指数 H'存在一定弊端。比如在群落中只要各个物种的数量相等，不管其数量如何的少，这个群落就可以获得最大的多样性指数，这显然不够客观。因此，廖崇惠等经研究创立了密度-类群指数，该指数可以保证当每个共有类群的生物量（个体数）在各群落中的分布均匀时，非共有类群数目越多的群落，其多样性越大，以及当一个群落中各个类群的生物量（个体数）都达到最高（与其他群落同类群比较）时，这个群落的多样性也最高。由此可见，密度-类群指数 DG 在用于多个群落之间多样性比较时，具有一定优越性。

13.4.3.2　土壤动物多样性采样测定方法

不同生境土壤动物的采样测定方法不尽相同，常用的有环刀法、取土器法。土壤动物主要有 3 种分离方法：干漏斗法、湿漏斗法、手拣法。干漏斗法主要分离跳虫、蜱螨等陆生土壤动物；湿漏斗法主要分离线虫、熊虫和线蚓等湿生性土壤动物；手拣法主要分离不能用漏斗法分离的大型土壤动物，如蚯蚓、蜈蚣等。用不同取样器收集到的特定土壤与凋落层样品，各自用手拣法以及干、湿漏斗法分离土壤动物。

13.4.3.3　农药对土壤动物多样性的影响

表 13-3 综述了近年来开展的农药对土壤动物多样性的影响研究。

表 13-3　农药对土壤动物多样性的影响研究

农药名称	土壤动物多样性指标	研究结果	文献
盖草能（吡氟氯禾灵）	多样性指数 H'	随盖草能处理浓度的增加，土壤动物的个体数量和类群数都显著减少，多样性指数 H' 也表现出明显的递减趋势	翁春宝等[74]
敌百虫	Shannon-Wiener 多样性指数（H'）、Pielou 均匀度指数（J）、Simpson 优势度指数（C）	随着敌百虫处理浓度的增加，土壤动物的个体数量和类群数减少，Shannon-Wiener 多样性指数（H'）和 Pielou 均匀度指数（J）均表现出递减趋势，而 Simpson 优势度指数（C）则递增。在一定的染毒历时（24～72 h）内，随着染毒时间的增加，所获得的土壤动物的类群数和个体数量呈下降趋势	朱丽霞等[75]
乙草胺	土壤动物个体数量	土壤动物的数量随农药处理浓度的递增而显著减少，其中以弹尾目和甲螨亚目对乙草胺最为敏感	孔军苗等[76]
溴甲醇	线虫数量	用溴甲醇熏蒸土壤可以几乎灭绝土壤中的线虫，经过 166d 后土壤中的线虫数量仍极低	Yates 等[77]
DDTs	蚯蚓	对北京部分公园有机氯污染物 DDTs 对土壤低等生物蚯蚓的污染状况进行调查研究，研究表明，蚯蚓体内富集了较高浓度的有机氯农药，高浓度的 DDTs 的存在可能对公园生态系统尤其是食物链构成潜在威胁	王喜智等[78]
克百威	蚯蚓体内蛋白含量、酶活性	当蚯蚓受到低浓度克百威胁迫时，其体内蛋白含量表现为升高趋势；当受到高浓度克百威胁迫时，其体内蛋白含量表现为不同程度的降低	胡玲等[79]
甲基对硫磷、克百威	蚯蚓毒性	蚯蚓对甲基对硫磷与克百威的毒性反应快，用土壤法处理 30 min 后皮肤发红充血，遇光或受机械触动刺激，急剧卷曲、扭动，失去逃避能力	蔡道基等[80]

续表

农药名称	土壤动物多样性指标	研究结果	文献
克百威	蚯蚓毒性	当赤子爱胜蚓暴露在 $2mg \cdot kg^{-1}$ 克百威污染的土壤中时，蚯蚓个体不能发育出环带和产卵	Bouwman 等[81]
苯磺隆、百草清	土壤动物种类、数量，多样性指数 H'	随着农药处理浓度的增加，土壤动物种类和数量呈递减变化，多样性指数 H' 值亦呈递减趋势；土壤中的优势种群弹尾目和甲螨亚目，是对这些农药较为敏感的一类	李淑梅等[82]，邱咏梅等[83]
高效氯氰菊酯	原生动物群落的种类及数量	高效氯氰菊酯对原生动物群落的种类及数量产生影响，随着处理浓度的提高，原生动物的种类和数量显著减少。此外，不同种类原生动物对拟除虫菊酯农药的耐受力不同，一些食菌和碎屑者类的鞭毛虫对拟除虫菊酯农药表现出较高的耐受性，随着浓度的增加，其在群落中的优势度更加明显，但是在试验范围内，所有类群都有不同程度的减少	刘国光等[84]
氯氰菊酯	蚯蚓生长繁殖及细胞毒性	低剂量氯氰菊酯刺激蚯蚓体重增长，短期内诱导蚯蚓产茧量，抑制蚯蚓幼体孵育率，且蚯蚓体内的 CYP3A4 酶活力与土壤中氯氰菊酯浓度之间呈现出了明显的倒 U 形的量-效响应曲线	开建荣等[85]
氯氰菊酯	秀丽隐杆线虫生殖毒性	在浓度为 $0.08mg \cdot kg^{-1}$ 的氯氰菊酯暴露 48h，秀丽隐杆线虫排卵速率下降，且随着除虫菊酯类农药浓度的升高及处理时间的增加，其对线虫的后代数目、子宫内受精卵数目、卵母细胞数目及形态，体外排受精卵速率均产生严重损害	阮秦莉等[86]
敌敌畏	土壤动物种类数和个体数，群落多样性指数	土壤动物种类数和个体数均随敌敌畏浓度的增加而呈明显的递减趋势，群落多样性指数也随浓度升高而降低	李忠武等[87]
多种农药 5 年的试验数据	蚯蚓丰度	应用 5 年的试验数据建立了农药处理指数与 3 种蚯蚓丰度之间的函数关系，发现：与除草剂和杀菌剂相比，杀虫剂对蚯蚓的危害更大；土壤表层中的蚯蚓更容易受到农药的影响；如果农药处理指数减小 1/2，则 *Lumbricus castaneus* 密度增加 3 倍，也就是说，减少农田中农药的使用可增加蚯蚓的种群密度	C. Pelosia 等[88]
甲胺磷	土壤动物多样性指数	随着甲胺磷溶液处理浓度的增加，土壤动物多样性指数显著下降	李忠武等[89]
辛硫磷	螨类	螨类是土壤动物的优势类群，对农药较敏感；随着辛硫磷浓度的增加，螨类数量逐渐减少，其中巴西甲螨、三皱甲螨可作为辛硫磷农药污染的指示生物	王一华等[90]
百草枯	土壤动物的种类和数量	随着克无踪（20%百草枯）溶液处理浓度的增加，土壤动物的种类和数量显著减少，但上、下层动物随染毒历时递减规律有所不同	郑荣泉等[91]
乐果、敌敌畏、甲胺磷、杀虫双	土壤动物种类和数量	土壤动物对农药毒性反应敏感，4 种有机磷农药处理组的动物种类和数量明显减少	王振中等[92]
乐果、苯菌灵	微型节肢动物种群结构	杀虫剂乐果和杀菌剂苯菌灵能减少微型节肢动物种群，并对上层土壤影响显著。农药处理过的土壤微型动物种群恢复后，群落结构仍与对照不同，两种农药均影响弹尾目昆虫的群落结构	Martikainen 等[93]

从表 13-3 可以看出，已有研究报道的农药对土壤生物均具有不利影响，影响包括个体数量、种类和结构、丰度和多样性等多个方面。大多数研究能得出土壤动物指标与农药浓度呈明显负相关的结论，但在实际的土壤生态系统中，土壤动物对农药污染的响应更加复杂，有研究表明，土壤动物多样性指数和均匀度指数与土壤农药污染程度呈非线性关系，这可能是由于污染的作用，导致优势类群数量减少，从而空出生态位，以致较耐污染的常见类群及稀有类群的类群数增加；而当污染达到一定程度时，又使其有所下降。此外，由研究可以看出，不同动物类型对不同农药的敏感性有所差别，在应用土壤动物进行农药污染评估时应加以注意。

13.5　农药对水体的污染及对水生生物多样性的影响

13.5.1　农药对水体的污染

农药在田间使用后，会进入地面水、地下水、土壤、植物和空气等不同环境区域中。水生生态系统是整个生态系统的重要组成部分，水生生态环境的恶化势必会影响到水生生态系统的结构和功能、水生生物的多样性以及人们日常生活中饮用水水质，对整个生态系统乃至人体健康造成严重危害。农药可通过直接施药、污水排放、飘移沉降、灌溉流动等途径进入到水环境中，从而降低水生生态环境质量，打破水生生态系统的平衡，最终影响到水生生态系统的结构和功能[94,95]。因农药使用而造成的水环境污染现象在世界各地普遍存在，农药对水生生态环境的污染问题已经引起了全球人民的关注。

13.5.1.1　农药对水体污染的概况

美国 EPA 在 20 世纪 60 年代曾对 30 个可能含有农药的水源进行取样分析，结果发现多数水样中含有氯丹、环氧七氯等有机农药。法国是仅次于中国和美国的世界第三大农药使用国，1999 年的一项研究表明，法国大约有一半的地下水受到了污染。由于流域周围农田滥施农药，有“巴黎的母亲河”之称的塞纳河已受到杀虫剂的严重污染[96]。国务院发展研究中心的调查显示，我国年农药使用量达万吨，而实际利用率只有 30%，约有 70%的农药经生物圈物质循环后汇集到水体中。水稻是我国种植面积最大的粮食作物，其种植面积约占粮食作物面积的 30%，因此，稻田使用农药对地表水体的污染贡献不容小觑[97]。相对于其他作物，我国稻田使用农药的品种多、数量大，我国南方的水稻在生长季一般用药 3～4 次，有的甚至多达 6 次以上。由于水稻生产的特殊性，如较高的季节性降水、频繁的灌溉排水，在稻田使用的农药中约有 50%～60%会通过径流和主动排水等途径进入到稻田附近的地表水体中，从而对水生生态环境造成影响。

13.5.1.2　水体里的常见残留农药

水体中常见的残留农药种类包括有机氯农药、有机磷农药、氨基甲酸酯、拟除虫菊酯类农药、酰胺类及三嗪类农药。2014 年 12 月，唐以杰等对梅江河段的丙村水域和松口水域 14 种常见鱼类体内的有机氯农药的含量进行测定，结果显示，有机氯农药在禁用 20 年后，六六六、硫丹、七氯和狄氏剂在鱼肉中均有不同程度的检出，其中六六六的残留水平最高达到了 0.33mg・kg^{-1}，含量超过了国家标准最大限量 0.1mg・kg^{-1}[98]。在我国水中优先控制污染物黑名单公布的 48 种有毒化学污染物质中，有 6 种有机磷农药，分别为敌敌畏、乐果、对硫磷、甲基对硫磷、除草醚和敌百虫。在太湖梅梁湾水源地和长江沿岸水厂取水口的水样中同时检出了这 6 种有机磷农药[99]。氨基甲酸酯类农药具有残效短、选择性强等特点，但此类农残的水溶性较高，随雨水冲刷，进入环境水体并大量累积。虽然氨基甲酸酯类和拟除虫菊酯类农药在环境中容易分解，不过由于某些地区的使用方法不当，同样会对水环境造成污染。目前，该类农药进入水环境的途径增多，对水体造成的污染也日趋严重[100]。酰胺类和三嗪类农药能够抵抗自然的递降分解作用，从而对饮用水源和水生生态系统造成威胁[101]。

13.5.1.3 农药在不同水体中的污染情况

不同水体中农药浓度差别较大，其在水环境中的浓度通常为 g・L^{-1}～μg・L^{-1}级水平。不同水体遭受农药污染程度的次序为：农田水＞田沟水＞径流水＞塘水＞浅层地下水＞河流水＞自来水＞深层地下水＞海水。从联合国教科文组织 1998 年公布的数据来看，世界范围内饮用水源减少了 50％，主要是指河流、湖泊和地下水质遭到严重威胁，其中农药污染占据了相当大的部分。美国环保署 1980 年进行了一项全国性饮用水井农药调查，对 1349 口饮用水井进行取样，检测出 127 种农药。结果表明，约 10％的社区饮用水井和约 4％的家庭用水井都含有至少 1 种可检出的农药残留物。Masiá A 等对略夫雷加特河流域的农药残留进行了评估，发现水层中的农药残留远高于沉积物和生物区内，达到了总量的 56％[102]。我国河流、湖泊、水库等水体农药污染情况也十分严重。湖泊与水库由于水体相对静止，因此，受农药污染状况也较河流等相对流动的水体严重[103]。随着农业生产系统的改革，在高密集型农业区，农民为了追求更高的经济利润，不断增加农药用量和使用次数，结果造成地面水和地下水中农药含量严重超标。一些欧美国家对地表水和地下水进行分析，结果表明，有机氯杀虫剂和三氮苯类以及磺酰脲类除草剂残留量较高甚至超标，而且这种情况在密集型农业区时有发生。地表水体中的残留农药，可发生挥发、迁移、光解、水解，水生生物代谢、吸收、富集和被水域底泥吸附等一系列物理化学过程[104]。戈莱鲁湖是印度最大的天然淡水湖，同时也是灌溉、饮用水及养鱼等水产业的主要水源，据报道该湖泊每年积累农药总数高达吨级，原因是其附近耕地区和水产区的大部分排水沟、沟渠和河流悬浮沉积物吸附农药进入到湖中，农药对底泥的污染会影响到水生生态系统的结构和功能，尤其是对底栖动物群落有很大程度的影响。我国珠江口水域是珠江进入南海的入海口，也是南海北部陆地污染物的主要收纳体。在珠江三角洲、珠江口、珠江澳门口以及九龙江口采集的表层水和沉积物样品中检测到大量的有机氯农药，其中珠江口表层水体中滴滴涕和六六六平均浓度分别达 0.080μg・L^{-1}和 0.087μg・L^{-1}，而底层水体中这两种农药的含量明显高于表层水沉积物，含量分别为 33.4ng・g^{-1}和 11.15ng・g^{-1}[105]。

河口区域污染重，这主要是由于河口区的底泥对污染物的吸收。据估计，通过内河入海的大部分污染物将直接分布到海水中，而大约 1/3 的污染物将被河口区的底泥吸收[94]。2003 年，张伟玲等研究发现，在西藏错鄂湖中 12 种不同种类的有机氯类农药最高检测浓度只有 0.81ng・L^{-1}[100]，而西藏羊卓雍湖中最高检测浓度为 2.4g・L^{-1}。地下水污染比地表水污染更难以治理，尤其是深层地下水。而对于把地下水作为饮用水源的地区，长期饮用受污染的地下水将会存在健康隐患。早期的研究曾经报道在美国加州检测到了涕灭威农药的残留，并确认当地的人体中毒事故是因涕灭威对地下水污染造成的。在西班牙的蔬菜生产基地采集的地下水样品中还检测到甲氰菊酯、百菌清、杀螟硫磷和杀霄利等农药。王建伟等在 2015 年的调查中发现，江汉平原地下水中有机磷农药整体含量范围为 31.5～264.5ng・L^{-1}，含量最高的是氧乐果、甲胺磷和二嗪农，分别为 54.3ng・L^{-1}、32.1ng・L^{-1}和 27.8ng・L^{-1}，并且农药的含量随着水深深度的增加而升高[43]。

13.5.2　农药对水生生物多样性的影响

水生生物是指生活在各类水体中生物的总称。水生生物种类繁多，包括各种微生物、藻类以及水生高等植物、各种无脊椎动物和脊椎动物等。水生生物有着不同的生活方式，包括漂浮、浮游、游泳、固着和穴居等。在不同水环境中适应性也不同，有的适于淡水生活，有的则适于海水生活。但总的来说可以按功能划分，主要包括自养生物(各种水生植物)、异养生物（各种水生动物）和分解者（各种水生微生物等)。不同功能的生物种群生活在一起，构成特定的生物群落；另外，不同的生物群落之间及其与环境之间，进行着相互作用、协调，维持特定的物质和能量流动过程，对水环境保护起着重要作用[106]。水生生物多样性是多样化的生命实体群的特征，是所有生命系统的基本特征。水生生物除直接为人类等提供食物外，其生物多样性的状况在较大程度上影响河水水体环境质量、水生物生产力、水产品质量及人类的食物安全[107]。

在被农药污染的水生生态环境中，水生生物是最直接的受害者，农药可以在水生生物体内累积，产生亚致死甚至致死的影响。在马来西亚沿海水域，由于过去使用或者近期非法使用有机氯农药，在水域内的海生物种中检测出了低水平的 p,p'-DDT 及其降解产物 p,p'-DDE 和 p,p'-DDD（0.50～22.49ng・g^{-1}），另外，还检测出了高水平的硫丹(2880ng・g^{-1})[108]。

农药对水生生物的影响可以表现在分子、器官、组织、个体以及种群、群落等不同水平上[107]。在个体水平上，农药可以影响生物个体的生长、发育和繁殖，严重时会造成其死亡。水生生物暴露于受污染的水环境以后，通过自身行为机制的调节，短期内保持体内环境的稳定，并逐步适应环境，在很大程度上避免污染水环境对身体造成急性损伤[109]。农药不仅对生物个体产生不利影响，甚至导致水生生物种群数量的下降。农药对水生生物种群动态的影响，更多的是通过长期的低剂量的暴露实现的[110]。农药对水生生物种群的影响进而会影响到群落结构，有研究表明，单甲脒一次性施药浓度在

12.5mg·L^{-1}以上时，水生生物群落结构与功能受到严重损伤和破坏，好氧异养菌数量显著增加。在12.5～50.0mg·L^{-1}的浓度下，沉水植物、浮游植物、浮游动物、底栖动物等均受到不同程度的损伤，其对浮游植物、浮游动物和底栖动物的影响更为明显。当浓度超过50.0mg·L^{-1}时，几乎所有水生生物全部死亡。浓度在1.5mg·L^{-1}的水平时，鱼类和大部分水生生物能正常生存和繁殖，但生物群落结构、功能仍受到一定影响，主要表现在pH值和DO含量下降，N、P含量上升，N/P比值下降，生物种类减少，多样性指数下降，隐藻、金藻、黄藻、甲藻等敏感种基本消失[104]。浮游生物对单甲脒比较敏感，用药后种类、数量及多样性指数均下降，浓度越大，影响越明显。移除药物一周后，浮游生物群落逐步恢复，甚至增多，但群落的结构已经发生变化，敏感种类减少或消失，耐污种类增加，生物多样性降低[109]。农药能改变生态系统内极为相关物种的相互关系，因此，也能改变生态系统的功能。有些物种对某些农药或所有农药较为敏感，且有可能从生态系统中被淘汰掉，从而减少了物种的多样性[111]。

农药对水生生物的影响主要与农药自身物理化学性质和水生生物种类、基因型、生命周期、出生时的大小有关，其次还受自然界如食物的贮存、氧气的消耗和捕食者的气味等因子的影响。农药种类和生物种类的不同都会产生不同的毒性作用（表13-4），而且农药的溶解状态对于其毒性也有一定的影响（表13-5）。然而农药污染物大多是以混合物的形式共同存于各种地表水体中，尽管对单一农药污染物的生态风险已经开展了诸多研究，其混合物对水生生物的生态风险却不容忽视[99]。2014年，郭强等评价有机磷农药混合物的生态风险，发现糠虾处于高风险水平，水蚤和摇蚊在中等风险水平，其余生物如硅藻、牡蛎、鲤鱼、鲶鱼和鳗鱼都处于低风险水平，其中甲拌磷在珠江河口水生生态中的生物危害最大[112]。

表13-4　不同农药对不同生物的毒性作用[95,113]

农药种类	藻类		大型溞		鱼类	
	72h-EC_{50}/mg·L^{-1}	毒性等级	48h-EC_{50}/mg·L^{-1}	毒性等级	96h-LC_{50}/mg·L^{-1}	毒性等级
啶虫脒	55.3	低毒	49.2	低毒	49.8	低毒
丙溴磷	50.9×10^{-4}	高毒	39.2×10^{-4}	剧毒	70.6×10^{-2}	高毒
二嗪磷	24.9×10^{-2}	高毒	30.8×10^{-3}	剧毒	5.12	中毒
马拉硫磷	1.69	中毒	16.5×10^{-4}	剧毒	10.9	低毒
吡唑醚菌酯	45.1×10^{-2}	中毒	2.3×10^{-2}	剧毒	31.1×10^{-3}	剧毒
啶酰菌胺	13.1	低毒	9.26	中毒	2.9	中毒
嘧菌酯	16.5×10^{-2}	高毒	22.1×10^{-2}	高毒	81.7×10^{-2}	高毒
戊唑醇	1.95	中毒	4.83	中毒	4.66	中毒
丙环唑	77.2×10^{-2}	中毒	3.88	中毒	2.47	中毒

注：鱼毒性和水蚤毒性分别以96h半数致死浓度（LC_{50}）和48h半数有效浓度（EC_{50}）的值作为衡量指标，分为低毒级（>10.0mg·L^{-1}）、中毒级（1.0～10.0mg·L^{-1}）、高毒级（0.1～1.0mg·L^{-1}）、剧毒级（<0.1mg·L^{-1}）；藻类毒性以72h半数有效浓度（EC_{50}）的值作为衡量指标，分为低毒级（>3.0mg·L^{-1}）、中毒级（0.3～3.0mg·L^{-1}）、高毒级（<0.3mg·L^{-1}）。

表 13-5 不同溶解状态的苯醚甲环唑的生物毒性[114]

农药种类	藻类		大型溞		鱼类	
	72h-EC_{50}/mg·L^{-1}	毒性等级	48h-EC_{50}/mg·L^{-1}	毒性等级	96h-LC_{50}/mg·L^{-1}	毒性等级
10%水分散粒剂	1.58	中毒	0.0407	剧毒	2.64	中毒
20%苯醚甲环唑微乳剂	0.13	中毒	0.219	高毒	4.75	中毒
15%苯醚甲环唑悬浮剂	0.353	中毒	0.461	高毒	0.777	高毒
30g·L^{-1}苯醚甲环唑悬浮种衣剂	1.19	中毒	0.717	高毒	0.0705	剧毒

注：鱼毒性和水蚤毒性分别以96h半数致死浓度（LC_{50}）和48h半数有效浓度（EC_{50}）的值作为衡量指标，分为低毒级（>10.0mg·L^{-1}）、中毒级（1.0～10.0mg·L^{-1}）、高毒级（0.1～1.0mg·L^{-1}）、剧毒级（<0.1mg·L^{-1}）；藻类毒性以72h半数有效浓度（EC_{50}）的值作为衡量指标，分为低毒级（>3.0mg·L^{-1}）、中毒级（0.3～3.0mg·L^{-1}）、高毒级（<0.3mg·L^{-1}）。

农药对水生生物的影响不仅与农药种类相关，还受暴露时间的影响。例如农药污染对鱼的毒害，可分为短期影响和长期影响，短期影响包括立即回避、急性致死、活动能力减弱、失去平衡和麻痹作用；长期影响包括慢性中毒、生长缓慢、失去种群竞争能力和生理生殖机制的改变[104]。短期影响通常表现在个体水平上，而长期影响则会对种群甚至群落产生负面作用。通过连续三年监测内吸杀虫剂吡虫啉和氟虫腈对稻田水生群落的影响，发现两种杀虫剂尤其是氟虫腈对水生生物群落的影响在首次施药两年后还能监测到，连续施药会对群落结构产生长期的影响。首次施药的负面作用将影响群落对之后的长期暴露的响应及恢复过程。两种杀虫剂在第一年对水生昆虫的影响不大，但氟虫腈在之后的两年对群落结构有明显的影响，同一种杀虫剂持续暴露导致群落恢复能力下降[115]。

农药还可以通过食物链的富集及生物放大作用对高级营养层生物产生不良影响。如浮游植物在个体或是种群组成发生变化都会影响食草浮游动物的生长[94]。不同生物累积有机氯农药（OCPs）的能力与其环境因素、养殖方式、生理特性、生长周期和脂肪含量等因素相关。营养级越高，生物累积 OCPs 的能力也越强，底栖生物高于水生生物，肉食性的生物高于植食性的生物[116]。Ccanccapa 等研究了 50 种农药对埃布罗河流域不同营养级生物（藻类、水蚤和鱼类）的影响，发现水蚤和鱼类对于农药残留更为敏感。两种杀虫剂吡虫啉和氟虫腈暴露后青鳉的成体和幼体生长都变缓，主要是受到了间接影响，即食物来源例如浮游动物的减少[117]。

栖息地也是决定农药对水生生物影响的一个重要因素，离污染源越近，受到的影响越大。大豆田附近的水体和沉积物中都残留有硫丹，在距离大豆田 2m 以内的水域内，端足目无脊椎动物的死亡增加，鱼类生物多样性也显著降低[118]。在稻田-鱼塘生态系统中，排水口附近供试虾类大量死亡，离排水口较远处，虾类的危害影响较轻。生活在土壤-水界面上的昆虫和底栖生物会长时间暴露于土壤中残留的杀虫剂中，受到的影响也较大。食物的可利用率也影响生物对农药的敏感性，当食物利用率低、竞争大时，0.03μg·L^{-1}的杀虫剂高氰戊菊酯就会对浮游动物造成明显的影响；而食物利用率高、竞争小时，3μg・L^{-1}的高氰戊菊酯才能造成同样的影响[119]。

一旦农药的作用消失，生态系统就开始恢复，其完全恢复的时间取决于农药对生态系统及生物物种影响的严重程度。用速效农药处理的一年生作物，下一季度就能恢复，而用含有持久性重金属的无机农药多次处理果园，即便 40 年后也不会恢复。不同营养级生物的恢复速度取决于其生命周期策略，低营养级的物种由于其生命周期较短，受到农药影响后种群的恢复期越短，例如生长率快的无脊椎动物种群的恢复要比生长率慢的鸟类和哺乳动物快得多。浮游动物和底栖生物由于其生命周期短可以在杀虫剂暴露后迅速恢复，而水生昆虫的生命周期较长，其恢复期也更长[115]。由于生态系统反应的时间间隔，如果农药仅能消灭生态系统中生命周期短的生物，其恢复就会相当快，但如果农药对生命周期长的生物发生作用，则生态系统的恢复就需要许多年。此外，水生生物对农药的敏感度还受水体温度和盐度等环境因子的影响[120]。总的来说，农药暴露，尤其是高浓度长时间的暴露会导致水生生物死亡率增加，种群数量减少，生物多样性的降低以及群落结构的变化。但是在农药致死残留量消失后，也有可能导致新的具有抗药能力的物种或种群暴发[121]。例如在日本，亚洲水稻上的重要害虫褐飞虱和白背飞虱种群爆发的主要原因就是杀虫剂滥用导致其产生杀虫剂特异性抗性[122]。

正是由于农药对水生生物的影响与多种因素相关，评价农药对水生生物的影响只根据农药登记环境标准准则中规定的 LC_{50}或者 EC_{50}来判断其毒性是不够的。用水生微宇宙或中宇宙试验在个体、种群、群落和生态水平上评价农药对水生生态环境的影响是更为有效的方法[94]。Mcmahon 等[123]在美国佛罗里达州利用中宇宙试验证明杀菌剂百菌清造成两栖动物、无脊椎腹足类、浮游动物、藻类和大型水生植物死亡率的增加，降低了其物种丰富度。百菌清造成的生物多样性下降会引起藻华，进而影响生态系统功能。Halstead 等[124]在美国佛罗里达州希尔斯波罗县东南部同样利用中宇宙试验发现肥料可以增加蜗牛的丰富度，但降低了佛罗里达蓝螯虾的丰富度，杀菌剂降低了落叶的分解速率，同时也降低了食草动物例如桡足类、两栖类幼虫以及蜗牛等的丰富度。除草剂降低了浮游植物和底栖生物的丰富度以及佛罗里达蓝螯虾的成活率，但却增加了羊角蜗牛的丰富度。杀虫剂虽然对大型节肢动物没有明显的影响，但是却对水蚤类的浮游动物丰富度影响很大。由此可见，不同水生动物类群对农药污染的敏感度存在明显的差异。

13.5.2.1 农药对水生微生物和植物多样性的影响

水生微生物作为水生生态系统中初级生产者、营养物质循环和分解的关键生物，包括不同的细菌、真菌和藻类等，种类繁多，数量巨大，它们在水生生物中占了很重要的部分。农药可以干扰微生物呼吸作用、光合作用、生物合成等生命过程中的各个环节，导致微生物的品种和数量减少，甚至全部死亡[106]。水生微生物群落对农药污染最为敏感，少量高纯度胺丙畏（PPT）就可影响微生物群落，而且有机磷酸酯和胺丙畏的联合毒性大于二者毒性的叠加[125,126]。除草剂草甘膦对淡水微生物群落（浮游植物、浮游细菌、藻类和浮游动物）有显著的直接和间接影响，导致水质恶化。一般来说，水系统体积越小受影响程度越高[127]。热带水域里的微藻群落长期暴露于低浓度除草剂，会引起群落结构不可逆的变化[128]。

地球上所有生命都直接或间接地依赖于初级生产者，而水生植物是水生生态系统中的初级生产者之一，进行光能转换和二氧化碳的吸收，产生氧气，存储营养物质，固定底泥和提供食物，同时为水生动物提供栖息环境，因此水生植物在食物链中发挥着重要作用[129]。农药可以通过植物茎、叶、果实等表面接触，根系从土壤中吸收，呼吸作用的气体交换等途径进入植物体内，并在其体内蓄积[130]。与鱼、浮游动物及其他无脊椎动物相比，大型水生植物对除草剂更敏感，尤其是根的生长[131]。除草剂莠去津对菖蒲、千屈菜和水葱具有较高毒性，高浓度莠去津能显著影响 3 种植物生长及各项生理指标[132]。除草剂中的重金属能通过水生植物富集，水生植物被取食后，在动物体内积聚。同时，除草剂减少了水生植物的数量，使以水生植物为生的水生动物数量也相应减少了[131]。

浮游植物作为水域初级生产力在水生生态系统中起着不可替代的作用[133]。浮游植物对农药的吸收效率很快。进入水体中的农药，除少数被吸附沉淀外，能够被浮游植物大量吸收富集[134]。藻类作为一种浮游植物是水中的初级固碳生物，它在浮游动物、大型水生植物、鱼类之间起着非常重要的连接作用。作为初级生产者的藻类，通过直接或间接为鱼和其他野生生物做食物而支撑着动物群落，有些还能对水体起净化作用[131]。因水生藻类具有个体小、繁殖快、易获得、对农药高度敏感等特点，所以农药对其影响较明显[133]。

一般情况除草剂对藻类的毒性较高，但部分杀虫剂对藻类也有较高的毒性[135]。洪旭鹭研究发现毒死蜱、硫丹、氟乐灵对铜绿微囊藻 96h EC_{50} 分别为 $691.50mg \cdot L^{-1}$、$5.35mg \cdot L^{-1}$、$79.45mg \cdot L^{-1}$，3 种农药对铜绿微囊藻的毒性大小为硫丹＞氟乐灵＞毒死蜱[136]。有机磷农药对藻类的生物大分子的影响，主要表现为低浓度促进和高浓度抑制的趋势。较低浓度的农药能够促进藻类生长，主要的作用机理有两方面：一是藻类细胞通过短暂的适应后，可把农药作为生长的直接营养源，甚至部分农药还可增加藻细胞内的酶活性；二是农药毒害藻类和藻类降解农药两个过程同时存在，只是在较低浓度农药环境下，降解过程占主导地位，加之农药的自身生物分解，因而整体上表现为降解，其降解产物也可作为营养物利用。有机磷农药在进入水体后的吸附、沉降导致其浓度降低，一定浓度的有机磷农药会刺激藻类生长从而诱发某些微藻的“水华”现象[137]。富营养化和有机磷农药的耦合作用，在一定程度上能够促进小型浮游植物尤其是有害蓝藻水华发生的可能性。例如在养分供应充足时，蓝藻较绿藻对莠去津的耐药性更大，因此存在竞争时，不平衡的营养物富集以及多重的有毒物造成的压力使得绿藻随着浓度增加而减少，导致了欧洲水生系统蓝藻水华越发普遍[138]。杀菌剂百菌清在降低水生生物多样性的同时也促进了藻华的发生[123]。高浓度的农药存在时，藻细胞生长受到不可逆的破坏，以致藻细胞功能无法完全恢复，表现为藻细胞出现零增长或负增长。高浓度的农药能够抑制藻类生长，主要的作用机理表现在以下几个方面：一是许多农药会破坏藻细胞生物膜的结构和功能；二是高浓度农药影响藻细胞内的生化组分；三是高浓度农药抑制藻类的光合作用[139,140]。

在自然水体生态系统中，由于不同浮游植物对农药的敏感性不同而导致选择性促进或抑制效应，从而造成影响浮游植物群落结构的变化[139]。Gregorio 等通过长期检测欧洲日内瓦湖中除草剂混合物对浮游植物的影响，发现其毒性作用随时间递减，而且对物种的影响表现为促进和抑制两个方面，造成了浮游植物群落的变化[141]。吴程琛研究发现，3 种新烟碱类农药对栅藻表现出毒性作用。低浓度哌虫啶可能作为营养源，促进栅藻的生长；随着培养基中派虫啶浓度的增高，藻体生长受抑制程度增大[142]。Baert 等研究发现，将浮游植物群落暴露于不同浓度的莠去津 4 周后，其多样性增加，功能及组成抗性增加，但恢复力降低[143]。

13.5.2.2 农药对水生无脊椎动物多样性的影响

水生无脊椎动物主要包括浮游动物如大型溞、水生昆虫如摇蚊和软体动物等。研究发现，农药对欧洲和澳大利亚地区溪流中的无脊椎动物的丰富度都有显著的影响，分类群减少了 42%。通过评估不同土地利用（森林、牧草和集约农业）对水质和底栖大型无脊椎动物的影响，发现农业区底栖大型无脊椎动物的丰富度显著低于森林和牧场，且所有主要的无脊椎动物组均受到影响[144]，不同农药对水生无脊椎动物种群影响不尽相同。甲基对硫磷浓度高于 0.3125mg・L^{-1} 和 0.16mg・L^{-1} 时，可以抑制角突臂尾轮虫和十指臂尾轮虫的种群增长率。但是 0.01～10.0mg・L^{-1} 的甲胺磷却显著提高了萼花臂尾轮虫的平均种群增长率，同样草甘膦对轮虫的种群增长也具有促进作用[110]。研究发现，不同种类的水生无脊椎动物对毒性物质的敏感性有所不同[107]，郑欣等研究发现，有机磷农药敌百虫和有机氯农药五氯酚钠、四氯苯酚对轮虫、水螅、涡虫毒性很强，龟甲轮虫和四齿腔轮虫对五氯酚钠的敏感性比其他类水生生物更高[145]。

浮游动物是一个庞大的无脊椎动物类群，它为一些鱼类提供饵料，一些种类还有净化水质的作用。有研究表明：毒死蜱对草履虫的生长有极显著影响，浓度越高毒性作用越大[137]，而且大部分除草剂对浮游动物具有较高的直接毒性。由于浮游动物繁殖速度快，世代历期短，受到农药影响后种群能很快恢复[131]。大多数浮游动物对溴氰菊酯十分敏感，敏感程度为枝角类＞桡足类＞原生动物＞轮虫。含溴氰菊酯的稻田水排入鱼塘后，多数浮游动物现存量显著减少，24h 后逐渐恢复，2 周后可以恢复至正常水平，未对浮游动物产生持久的、不可逆的毒性效应。在中宇宙系统模拟自然条件下，氯氰菊酯可以立即通过杀死桡足类直接减少浮游动物的密度和多样性，也可以通过增加轮虫类间接影响浮游生物的密度和多样性。浮游动物的密度在暴露后可以恢复，但其多样性则被改变了。然而在自然环境中，农药的快速消散，连同种群补偿过程，包括迁出和迁入都有助于受到影响的浮游动物群落的恢复[146]。抗草甘膦制剂对浮游生物的影响最为广泛，其影响在不同类型的抗草甘膦制剂和不同的浮游动物类群间存在差异，而且不同类型的抗草甘膦制剂间存在交互作用，可以对浮游动物群落造成显著影响[147]。

大型溞是浮游动物中体型较小的一类，它以藻类为食，同时又是鱼和无脊椎捕食动物的饵料，是水生生态系统中物质循环和能量流动的重要环节，因此，大型溞在控制水环境中起着重要的作用。在河与岛两地，根据季节倾向和区域分布，发现对大型溞有毒的主要污染物是农药。农药进入水环境后，会影响水蚤的取食率、繁殖率和性别比例等[148]。3 种有机磷农药毒死蜱、氟乐灵、百菌清对大型溞的首次怀卵时间、首次产卵时间、首次产卵量和产卵总数都是呈抑制状态的，不同水平的氨氮可以促进该抑制作用。低浓度农药作用下，不同氨氮水平可协同促进大型溞的个体发育，而在高浓度农药作用下，则表现为抑制[149]。淡水中浮游生物优势种群是大型溞时，整个系统的种群丰富度很低，当农药改变种群结构后，可大大提高种群多样性[104]。水生无脊椎动物尖音库蚊经过低浓度的新烟碱类杀虫剂噻虫啉的多世代暴露，种群数量持续减少，而且与竞争者大型溞共存时，其种群无法恢复。无大型溞存在时，杀虫剂需要很高的浓度才能对尖音库蚊种群产生影响，而且污染后种群恢复得也更快[150]。

底栖动物是水生无脊椎动物的重要组成部分，对维持水生生态系统功能完整性有重要作用，包括淡水寡毛类、软体动物、甲壳动物和水生昆虫类，广泛分布于各种水体中[151]。底栖动物是水生系统中物质循环和能量流动的积极消费和转移者，有着承上启下的关键作用，并通过摄食、掘穴和建管等扰动活动直接或间接影响水生生态系统，能调节沉积物-水体之间的物质交换，促进水体自净等[152]。底栖生物一般比水生生物暴露在更高浓度的农药中，且持续时间较久[131]。农药可以通过不同方式进入底栖动物体内，贝类由于用水管吸入的水来湿润整个软体，农药自然也易从皮肤进入体内[109]。当氰戊菊酯和胺菊酯对浓度达到一定时，贝类会失去附着能力，附着能力的降低势必会影响其生存能力，最终导致贝类的死亡[107]。农药也会被悬浮性颗粒物质所吸附，部分悬浮物沉淀以后，形成底泥。底泥作为农药的重要载体，在一定条件下，既可以富集水体中的农药，又可以向水体缓慢释放，底栖动物摄取沉积物结合态污染物是其体内生物累积的主要过程，特别是对低营养级生物而言，其中底栖无脊椎动物（通过摄取细小颗粒物）对沉积物结合态污染物进入水生生物食物链起了关键性作用[104,153]。

农药对底栖动物的毒性作用与农药种类和物种种类相关，3 种农药毒死蜱、丁草胺和三唑酮对底栖软体动物均有危害，毒性从高到低顺序为丁草胺＞毒死蜱＞三唑酮[154]。氟虫腈对罗氏沼虾、青虾、螃蟹的 96h LC_{50} 分别为 $0.001mg \cdot L^{-1}$、$0.0043mg \cdot L^{-1}$ 和 $0.0086mg \cdot L^{-1}$，以罗氏沼虾的敏感性最强。由于虾、蟹对氟虫腈极为敏感，稻田水中极微量的氟虫腈农药流入水体也会对虾、蟹造成严重危害[155]。底栖生物对于农药的敏感性还受到周围环境的影响，在户外的中宇宙系统模拟自然条件下，水流动态越大，微环境的异质性越大，周生群落的多样性越高，但是群落对于农药污染的敏感性增加。

在种群水平方面，农药的长期暴露会影响底栖生物的遗传多样性以及物种丰富度。静水椎实螺经过多世代暴露后，其后代的遗传变异性降低[156]。大型底栖动物在累计时间内的平均浓度为 $2.3\mu g \cdot L^{-1}$ 的新烟碱类杀虫剂吡虫啉暴露下，物种丰富度下降，蜉蝣目出现，长足摇蚊牙科直摇蚊属的物种生存率下降。腹足动物萝卜螺的食物竞争者对吡虫啉敏感，其食物竞争压力下降，导致其在高浓度吡虫啉暴露下占主导地位。重复的低浓度短期暴露会对整个水生生态系统产生影响[157]。杀虫剂对水生无脊椎动物群落结构和功能的影响，可能会导致一些极敏感类群的消亡，从而影响水生生物的多样性[158]。

13.5.2.3 农药对鱼类动物多样性的影响

鱼类是自然界中十分重要的经济动物，也是整个水生生态系统中一个重要组成部分[159]。鱼类长时间暴露在水环境中，暴露于水体中的农药可以通过呼吸、食物链和体表 3 个途径进入鱼体内。

① 鱼的呼吸器官是表皮极薄的鳃。鳃的表面暴露在水中，通过水与血液接触，获得所需要的氧气，从而也会迅速地吸收并富集水中的农药。

② 鱼类的食料多为浮游生物。水中的农药易被浮游生物摄入体内，当鱼类吞食这些饵料时，农药就转移到鱼体内而产生富集，其含量有时高于浮游生物数千倍。有些将水底泥土和有机物一起吞食的鱼类，农药也可以经消化器官进入体内。

③ 水体中的农药可直接由鱼，特别是无鳞鱼的皮肤吸收进入体内[109]。

由于农药的大量使用，暴露于水体中的鱼类受到农药毒性影响的例子屡见不鲜。早有研究在流经美国西部的河流中检测到农村和城市里频繁使用的杀虫剂残留化学物质[160]，也有报道称在濒危鲑鱼居住的地表水中检测到有机磷农药马拉硫磷[161]。虽然这些杀虫剂浓度不足以直接导致鲑鱼死亡，但可以通过影响鲑鱼幼体捕食和降低大型无脊椎动物的丰富度来影响鲑鱼的生长繁殖[160]。我国国内的情况也不容乐观。2009 年，崔庆兰在太湖 7 种常见食用鱼体内监测出 27 种多氯联苯（PCBs）和 8 中有机氯农药（OCPs）[162]。2007 年 10～11 月，连子如等采集了青岛近海 13 个站位的鱼、虾和软体类动物，分析了其肌肉中的多环芳烃、多氯联苯和有机氯农药的含量和组成。结果表明，多环芳烃、多氯联苯和有机氯农药更易在鱼类体内富集，其含量远大于软体类和虾类[163]。

农药对鱼类个体的影响是极其复杂的。

一方面，农药对鱼类个体的毒性随所用农药的种类和性质不同而不同（表 13-6）。有机氯农药，如六六六、滴滴涕、五氯酚，对于鱼类的毒性很大，而有机磷农药如对硫磷等，对鱼类的毒性小于有机氯农药。菊酯类农药属于高效、低毒、低残留农药，虽然对哺乳类、鸟类及其他动物的毒性不大，但对鱼类却往往具有高毒性[164]。王朝晖等就曾报道了拟除虫菊酯对鱼类等水生生物具有很高的急性毒性[165]。胡琼予在溴氰菊酯对鲫的毒性试验中发现，溴氰菊酯属于高毒级药物，并证明其具有一定的遗传毒性[166]。

表 13-6 不同农药对鱼类的毒性等级[167～169]

农药种类	96h-LC_{50}/mg·L^{-1}	毒性等级
95%吡唑醚菌酯	6.35×10^{-2}	剧毒
93%嘧菌酯	0.393	高毒
97%啶氧菌酯	0.212	高毒
80%代森锰锌	3.09	中毒
10%苯醚甲环唑	15.3	低毒

续表

农药种类	96h-LC_{50}/mg · L^{-1}	毒性等级
3.2%甲维 · 啶虫脒	3.13	中毒
93%丁草胺	0.35	高毒
1.8%阿维菌素水乳剂	1.08	中毒
50%乙草胺乳油	5.45	中毒
25%咪鲜胺乳油	5.81	中毒

注：鱼毒性以 96h 半数致死浓度（LC_{50}）作为衡量指标，分为低毒级（>10.0mg · L^{-1}）、中毒级（1.0～10.0mg · L^{-1}）、高毒级（0.1～1.0mg · L^{-1}）、剧毒级（<0.1mg · L^{-1}）。

鱼类受农药影响，从机理上来解释，有机磷农药的毒性机制在于抑制生物胆碱酯酶的活性，使其失去水解乙酰胆碱的能力，从而导致神经末梢部分释放出的乙酰胆碱不能迅速被水解，造成机体内乙酰胆碱的积累，阻断兴奋传入感受器，引起组织功能改变，出现神经性中毒症状。一般情况下，中毒后经几个小时至 2～3d 将导致死亡[170,171]。范瑾煜研究的草甘膦及其制剂对鲫鱼体内乙酰胆碱酯酶活性影响的结果，也印证了这一机理[172]。拟除虫菊酯类农药因为其具有亲脂性和环境持久性，能够抑制 ATP 酶，使突触后膜上大量聚集乙酰胆碱酶，从而导致脑乙酰胆碱酶的释放被抑制[173]。杀虫剂（如二嗪酮）则是通过干扰鱼类渗透调节来影响鱼类正常的生理过程，从而导致鱼体死亡[174]。农药对动物生理的作用必将影响动物的繁殖，从而严重影响种群的延续[104]。

另一方面，同种农药在鱼体内的富集浓度随鱼种类的不同而不同。有机氯农药（OCPs）在鱼体内的富集整体上呈现肉食性>植食性>杂食性的特点，含脂率的高低是影响鱼类 OCPs 富集浓度高低的重要因素之一。鱼体内的不同系统、器官、组织等对农药的富集也是不尽相同的。消化系统中的肠道是所有组织中富集含量最高的部位。OCPs 在鱼类体内富集呈现出消化系统>生殖系统>呼吸系统的特点，摄食富集是导致鱼类 OCPs 富集的更主要途径[175]。

农药不仅会对鱼类个体生存产生影响，同时也会使鱼类种群的生长繁殖发生显著的变化。大量研究表明，鱼类的早期生命阶段（即卵和幼鱼）比成鱼对农药污染更为敏感，可导致鱼类的孵化率降低、胚胎及幼鱼死亡率增加。因此，长期的农药污染将会导致某种鱼种群的年轻个体减少，老年个体比例增加，死亡率大于出生率，种群年龄结构趋于老化。另外，由于浸染物导致捕食与被捕食关系的改变，种群的年龄和种群大小也会改变[176]。同时，农药对于鱼类性别干扰，也是鱼类种群结构发生改变的原因之一。高蕾通过观察暴露于久效磷农药中的斑马鱼性别比例和性腺分化的情况，发现久效磷农药能够通过雌激素效应干扰斑马鱼的性别分化，导致雌性物种增多，影响鱼类的正常生殖过程[177]。

此外，由于鱼类处于水生食物链中最高的营养级别，某些农药对低等生物不会产生特别明显的毒性反应，但由食物链传递至鱼体内可能会受到显著的影响[175]。除了食物链对鱼类的影响，鱼类的结构改变也会反作用于食物链中的其他生物。有研究报道，农药导致捕食与被捕食关系的改变的同时，被捕食者种群的年龄和种群大小也会随之改变[176]。

13.5.2.4 农药对其他水生脊椎动物多样性的影响

有研究表明，农药对水鸟和哺乳动物的繁殖也有严重影响。水鸟受农药的影响要比陆地的鸟类更为严重，因为前者经其食物链获得的农药较多。鸟类长期接触农药，除可直接引起死亡的急性危害外，农药对鸟类的影响还包括产蛋量下降、体重减轻、对外界刺激反应能力降低等许多亚慢性或慢性危害[178]。水鸟受农药影响主要是由于饮用了受污染的水或者捕食了体内残留有农药的鱼类。在香港米埔沼泽区的拉姆萨尔湿地，有机氯农药（OCPs）在鱼体内的累积量高于多环芳烃（PAHs），在鸟蛋中也检测出同样的结果，说明鸟类通过捕食鱼类使农药在体内积累，因此，对于一些濒危的水鸟物种，也可以用被其捕食的鱼类体内的农药浓度来预测其体内的农药浓度[179]。

哺乳动物美洲水鼬是一种半水生的高级捕食者，暴露于高水平的环境污染物中可能会影响其生殖系统[180]。从苏格兰东北部捕获了 99 只个体，其中 79%的个体中检测到了至少一种抗凝血灭鼠剂的存在，50%以上的个体中存在至少两种抗凝血灭鼠剂。其中溴敌隆出现的频率最高（75%），其次是鼠得克（53%）、杀鼠醚（22%）和溴鼠灵（9%）。这种长期暴露对于美洲水鼬来说可能会影响其种群的繁衍[181]。

两栖动物是脊椎动物从水栖到陆栖的过渡类型，能够同时适应陆地生活和水生生活。两栖动物是农田生态系统中的一个重要组成部分，对农田的生态防治具有重要的意义。两栖类动物具有种群分布广、高皮肤渗透性、摄食杂、易暴露于污染物等特点，这些特点导致农药和重金属等污染物能迅速在其体内富集，对其生长发育、繁殖均造成负面影响[182]。在美国佛蒙特州和加拿大的魁北克水域，在施用了大量农药附近的水域中发现了畸形蛙[106]。

农药在防治害虫时，不仅会直接对两栖类成体或蝌蚪产生致死效应，还有可能对其产生潜在性影响作用，如影响其正常的行为活动能力、扰乱其正常的生理功能、造成机体组织细胞的结构病变、降低免疫力等等。更有甚者，由于某些农药具有一定的致突变性，会对生物体的遗传物质造成损伤作用。钟碧瑾研究发现三唑磷和乙酰甲胺磷这两种农药都对两栖类的生存、行为、生理代谢和遗传物质存在一定毒害作用[183]。遗传物质的变化所能产生的影响力是极其深远的，不仅仅表现在对个体的毒害作用上，更严重的是这种改变还将会对后代产生长远的负面影响力，甚至会对整个物种种群的基因库起着改变的作用，影响生物的遗传多样性[184]。

研究发现，各种化学农药包括杀虫剂、除草剂的广泛使用会导致许多雄性两栖动物的性腺异常发育，从而产生雌性化现象，并阻碍个体发育。在农业生产过程中，各种农药及化肥的使用常常与两栖动物的繁殖时间相重合，这可能会改变两栖动物种群的性比结构及有效种群大小[185]。由此可以看出，农药对两栖类的破坏性是深远的，破坏范围从个体层次向群体发展[184]。

13.6　农药对林区生物多样性的影响

13.6.1　农药在林区病虫防治中的应用

森林是陆地生态系统的主体，是生态平衡的主要调节器，既有涵养水源、保持水土、防风固沙、调节气候、孕育物种等多种生态功能，又有贮碳释氧、吸纳粉尘、降解有害气体、阻隔噪声、美化环境等功能，集生态、经济、社会三大效益为一体。我国是世界上森林病虫害发生较为严重的国家之一，根据不完全统计，近几年我国森林病虫害年均发生面积达到 1.2 亿亩，每年发生灾害的森林面积递增 25%，年减少林木材积 1700 万立方米，因病虫害发生造成的经济损失达到 50 多亿元；全国森林病虫害发生面积占总的森林面积的 8.2%，占人工林面积的 23.7%[186]。森林病虫害防治工作是国家减灾工程的重要组成部分，对保护森林资源，改善生态环境，促进国民经济和社会可持续发展具有十分重要的意义[187]。

用于防治森林病虫害的农药包括化学农药和生物农药，其中化学农药主要是杀菌剂和杀虫剂。杀菌剂对真菌或细菌有抑菌、杀菌或钝化其有毒代谢产物等作用。森林病虫害防治中常用的杀虫剂主要包括有机氯、有机磷、拟除虫菊酯类、氨基甲酸酯及无机杀菌剂等[186]。单一药品进行森林病虫害防治，病虫害容易产生抗药性；而采用科学合理的混合药剂，既可以提高药效，又可以避免抗药性。刘延邦等指出两种及两种以上杀虫剂的混合使用、杀虫剂和杀菌剂混合使用、杀菌剂之间的混合使用、杀虫剂与叶面肥混合使用、杀菌剂与叶面肥混合使用均能提高杀虫剂或者杀菌剂的药效[186,188]。

生物农药是指利用生物生产制备的农药，其有效成分是生物体或生物体的提取物，这些活性组分直接或间接地对病虫害起作用，主要包括微生物（病毒、细菌和真菌）、植物源农药（印楝素、烟碱、除虫菊等）、昆虫病原线虫、微生物的次级代谢产物（抗生素）、信息素等。生物农药与化学农药相比主要优点有：一是病虫害防治效果好，对人安全无毒，不污染环境，无残留；二是对病虫的杀伤特异性强，不伤害天敌和有益生物，有利于保持生态平衡；三是生产原料和有效成分属天然产物，可以回归自然，不污染环境；四是可用生物技术和基因工程的方法进行改造，不断提高其性能和质量；五是多种因素和成分发挥作用，害虫和病原菌难以产生抗药性[189]。中国是生物农药生产和使用大国，我国已登记的生物农药有效成分超过 100 个，登记的产品总数达到 3300 多个，已获得农药登记证的微生物农药、植物源农药和生物化学农药等生产企业有 260 余家，约占全国农药生产企业的 10%，生物农药制剂年产量近 13 万吨，年产值约 30 亿元，分别约占整个农药总产量和总产值的 9%。据预测，将来生物农药在消费量和市值需求都将快速增长，尤其是在亚太地区[190]。

然而在森林病虫害防治中，防治措施的不合理运用也会危及林业生物安全，其中化学农药残留是威胁林业生物安全的一个重要因素。由于化学农药防治成本低、见效快，各地在防治有害生物时，往往选择使用化学农药进行防治。不可否认，在历史发展过程中，化学农药对世界农林业的发展、农林产品的增产发挥了不可磨灭的作用，但随着使用量和使用范围的扩大、时间的沉淀，化学农药的高稳定性、毒性耐久、广谱杀虫等特性助其进入自然界的物质循环中，对人类赖以生存的生态环境造成了无可挽回的损失，对生物安全造成了巨大威胁。虽然我国在大力控制化学农药的使用，但林业入侵生物入侵后，极易形成大暴发的状态，很难在短期内加以控制。加之入侵初期缺少有效的防治药剂，难免要依赖化学药剂或者广谱性药剂进行防治，则容易造成农药残留和环境污染等，对生态态系统造成破坏，特别是有益的生物，破坏物种间的平稳，引发生态系统的不稳定。联合国教科文组织于 1971 年发起的政府间跨学科的大型综合性研究计划“人与生物圈计划”，已将“病虫害管理和肥料使用对陆生和水生生态系统的生态评价”列为其 14 个研究项之一[191]。

长期、大量的使用农药在抑制森林病虫害发生的同时，也造成了生态污染、药剂残留、病虫抗性、天敌减少和生物多样性下降，直接导致了生态平衡破坏、自然抑制力下降和病虫灾害日益加重等恶性循环，严重制约了森林经济效益和生态功能的发挥。同时，化学农药在森林生态系统中的长期积累，通过食物链传递和生物富集，影响到森林植物、动物、微生物等生物的生长、生存和繁衍，引起生物种群退化、生物多样性丧失、群落演替紊乱、生态平衡破坏和自然调节能力下降，造成森林生态系统恶化、正常循环受阻、食物网络脆弱和病虫害频繁发生等后果。通过在生物、气流和水流中的传递，使森林中的农药向江河、湖泊和农田转移，给环境、食品和人类安全带来威胁[192]。1992 年世界环保大会后，虽控制化学农药的使用得到各国的普遍响应，负面效应也为人类所认识和重视，但在一些发展中国家，化学农药防治仍然是农林业有害生物防治的重要手段，保护生物安全任重而道远。

13.6.2 农药对林区中生物多样性的影响

农药对林区生物多样性的影响主要体现在对一些土壤微生物、昆虫、鸟类和野生动物的影响上。害虫防治过程中，农药通过进入生物链中，对不同营养级的动物造成影响，例如用 DDT 防治森林天幕毛虫，曾引起树蛙的间接中毒，还曾发现过吃了中毒蛙类而死亡的蛇。农药可渗透到植物角质层或组织内部，在植物体内输导，若为果树则可通过果实危及取食者，若为其他植物，植物体中的残留药最终会进入土壤[193]。有研究发现，百菌清和氯戊菊酯对 4 种林区土壤微生物多样性指数具有抑制作用[116]。农药的毒害作用加上人为的捕杀，已造成豹、狼等野生兽类绝种，也造成野羊、鹿、麝香等食草野生动物及乌鸦、喜鹊等鸟类动物减少[194]。

而且在用农药防治森林害虫的同时，有益昆虫亦受到杀害，据报道，大剂量的飞机防治，能使森林中 90％的昆虫如步甲、蚂蚁、寄生蜂、食虫蝽、食蚜蝇、瓢虫、草蛉等大量死亡。高频度、大剂量、盲目滥用农药影响着昆虫群落的物种组成、数量及多样性指数和群落稳定性。杀虫剂残留可以造成橄榄树上草蜻蛉幼虫丰富度降低[195]。在常规经营的果园中，施用杀虫剂后，隐翅虫的丰富度降低[196]。

传粉昆虫对于维持生态系统多样性具有至关重要的作用，但全球范围内传粉昆虫都呈现出了衰退的趋势。农药和寄生虫可能是造成种群衰退的重要原因。蜜蜂作为一类重要的传粉昆虫，对世界生物多样性和经济很重要。通过分析来自世界各地的 198 个蜂蜜样品，发现 75％的样品中含有啶虫脒、氯噻啶、吡虫啉、噻虫啉和噻虫嗪中的至少 1 种，其中 45％的样品含有 2 种或更多种化合物，10％的样品含有 4 种或 5 种。农药在作物中的使用会减少蜂后生产，导致幼虫出生率降低。研究发现，暴露在有机磷农药（毒死蜱）中的幼虫呈现出高死亡率。此外，有机磷农药还会影响蜜蜂性别分化，摄取暴露在农药中食物的幼虫更倾向于生长为工蜂，从而导致性别倾斜，影响种群发展。实验室内，将大黄蜂持续暴露于新烟碱类杀虫剂噻虫嗪和噻虫胺以及寄生虫熊峰短膜虫中 9 周，会造成蜂王存活率显著下降[197]；在土耳其，农药使用的增加对蝴蝶类群造成了明显的影响，丰富度和相对数量都下降了，很有可能会造成部分濒危物种绝种，从而影响该生态系统中的生物多样性[198]。天敌昆虫方面，由于在林木、果树害虫防治过程中，过分依赖化学农药，因此在大量杀灭害虫的同时，也杀灭了害虫天敌，从而使一些优势害虫种群如螨类、蚜类的抗药性增强，种群优势度增大、群落结构恶化、多样性降低，破坏了昆虫群落的自然平衡[199]。

其他一些暴露于农药环境中的无脊椎动物，其种群数量和群落结构也受到了农药的影响。如，果园蜘蛛受农药影响与其生活习性和食物丰富度有关，捕食类群由于在植物周围活动捕食更容易暴露在农药环境中，受到的影响也更大。另外，农药造成蜘蛛捕食的潜叶虫种群数量下降，也可间接影响到蜘蛛的种群数量[200]。

世界各地每年都有很多鸟类因农药中毒而死亡的事故。农药对鸟类危害的影响途径很多，其中影响最大的是作为种子包衣剂或颗粒剂的农药被鸟类食用，其他可能还有农药使用时直接喷洒到鸟类身上或鸟类食用了被农药污染过的食物或水等等[178]。美国每年可直接暴露接触农药的鸟类总数达 67200 万只，其中约 10％即 6720 万只因此死亡。1980～2000 年，在美国野生动物健康中心（NWHC）的鸟类中毒事件记录中，有机磷和氨基甲酸盐类农药引起的鸟类死亡事件达 35022 起。除了接触剧毒农药死亡外，鸟类接触低剂量或毒性略低的农药，虽不致死，但其生长和繁殖等行为会受到影响[135]。在加拿大，杀虫剂卡巴呋喃可以杀死周围大部分的鸣鸟，造成其种群数量的急剧下降。同时对濒危物种穴鸮也具有一定的影响。杀虫剂二嗪农是造成在美国大西洋中部地区越冬的黑雁种群死亡的重要原因。有机氯杀虫剂，例如 DDT 和狄氏剂造成北美和欧洲包括猛禽类的游隼等鸟类绝种[201]。无论是直接的急性致死效应，还是亚致死水平的慢性毒性效应，都可能会对种群的延续产生影响，甚至影响鸟类的生物多样性。

13.7　农药对生物多样性影响控制对策

13.7.1　禁止和限制使用高毒高风险农药品种

高毒高风险农药因为其作用特性，对于生物多样性会产生较大影响。如果能够禁止或者限制高毒高风险农药，必将减少对于生物多样性的负影响。禁限用的要求在《食品安全法》《农产品质量安全法》及《农药管理条例》及配套规章中进行了规定。国内外也通过周期性评价、特殊再评价等各种措施，对于高毒高风险农药进行评估和研究。在国际上，通过斯德哥尔摩公约、鹿特丹公约、蒙特利尔公约等国际公约，对于六六六、滴滴涕、百草枯等高毒高风险农药进行了禁限用管理，督促各公约国遵守执行。我国作为履约国家，也在发挥着负责任大国的作用，自 1992 年以来我国先后公布了一批禁限用的农药品种。

截至 2018 年，我国禁止生产销售和使用的农药有 43 种：六六六、滴滴涕、毒杀芬、二溴氯丙烷、杀虫脒、二溴乙烷、除草醚、艾氏剂、狄氏剂、汞制剂、砷、铅、敌枯双、氟乙酰胺、甘氟、毒鼠强、氟乙酸钠、毒鼠硅、甲胺磷、甲基对硫磷、对硫磷、久效磷、磷胺、特丁硫磷、治螟磷、蝇毒磷、地虫硫磷、甲基硫环磷、硫线磷、磷化镁、磷化锌、磷化钙、内吸磷、硫环磷、苯线磷、氯唑磷、八氯二丙醚（农药增效剂）、氯磺隆、胺苯磺隆、甲磺隆、福美胂、福美甲胂、杀扑磷。

除了以上 43 种农药品种外，还有 32 种农药由于其高风险性而在蔬菜、果树、茶叶、草药药材上不得使用和限制使用。主要品种有甲拌磷、甲基异柳磷、克百威、磷化铝、硫丹、氯化苦、灭多威、灭线磷、水胺硫磷、涕灭威、溴甲烷、氧乐果、百草枯、2，4-滴丁酯、C 型肉毒梭菌毒素、D 型肉毒梭菌毒素、氟鼠灵、敌鼠钠盐、杀鼠灵、杀鼠醚、溴敌隆、溴鼠灵、丁硫克百威、丁酰肼、毒死蜱、氟苯虫酰胺、氟虫腈、乐果、氰戊菊酯、三氯杀螨醇、三唑磷、乙酰甲胺磷等。甲拌磷、甲基异柳磷、内吸磷、呋喃丹、涕灭威、灭线磷、硫环磷、氯唑磷等禁止在蔬菜、果树、茶叶和草药药材上使用；三氯杀螨醇和氰戊菊酯禁止在茶树上使用；硫丹禁止在苹果树和茶树上使用。

13.7.2 合理和科学使用农药，鼓励综合防控

农药的合理使用与药剂的选择、使用方法、使用浓度、使用次数、使用适期及用药期间的自然环境等都有十分密切的关系。农药的合理使用必须遵循：①根据当地具体情况，确定施药方案；②根据不同的防治对象，选择合适的农药；③根据防治对象的发生情况，确定施药时期；④根据害虫的危害习性，确定施药部位；⑤根据农药特性，选用适当的施药方法。

13.7.3 鼓励绿色综合防控，减少农药用量

采用轮作、条作、块作、间作及复种等耕作措施，抑制杂草生长和病菌及害虫出现，利用相生相克关系，有效地控制害虫。可以引用或开发某一类害虫的天敌资源，使其定居、建群，扩大其自然控制范围，促使在一定区域内形成天敌种群优势，达到控制害虫的、相对生态平衡状态的目的。可以利用昆虫病原生物，调节昆虫种群密度，即人为地在土壤、昆虫之间引入昆虫致病病原，在合适的条件下引起某种疾病流行，从而抑制或降低某些有害生物数量，以达到控制害虫的目的。另外，允许有害生物在允许密度以下存在，从而为天敌提供食物、繁殖和栖息场所；要注意创造和保护生物多样性环境，进行免耕或低输入的耕作，保护半自然的农业生境，如湿地、草坡地、石南灌木群

落等；保护农田边界，如篱、墙、草带、排水沟、防护林等；提高作物多样性（作物在时间上或空间上的轮作、混作），在时间上不连续单种，如使用短熟品种与牧草轮作等。

13.7.4 加强生态监测，定期开展农药再评价

我国目前已在不同的陆地生态系统中建立多个台站监测生态环境和动植物群落构成的变化，但相对农业生态系统生物多样性的长期、定位监测还极少。加强农药使用生态监测能够为农药再评价提供重要的基础数据。农药再评价是指运用最新的科学评价技术和方法，对已批准登记并生产、使用的农药有效性、安全性和经济性等方面进行系统重新评价，以满足不断发展的社会经济与各项安全标准的需要。开展农药回顾性评价也是降低农药长期使用对生物多样性影响的重要手段。

2018 年我国正式启动了多菌灵、三唑磷、莠去津、吡虫啉、甲草胺、丁草胺、混灭威、速灭威、草甘膦、氟虫腈 10 种农药的风险再评估研究。其中新烟碱类农药因对授粉昆虫如蜜蜂的种群可能存在严重影响，克百威因对鸟类的风险和危害高等问题而必须开展再评价工作。

参考文献

[1] 马克平．试论生物多样性的概念．生物多样性，1993，01（1）：20-22.

[2] WRI，等．全球生物多样性策略．马克平，等译．北京：中国标准出版社，1993.

[3] Goulson D. REVIEW：An overview of the environmental risks posed by neonicotinoid insecticides. Journal of Applied Ecology，2013，50（4）：977-987.

[4] Tomlin A D，Gore F L. Effects of six insecticides and a fungicide on the numbers and biomass of earthworms in pasture. Bulletin of Environmental Contamination & Toxicology，1974，12（4）：487-492.

[5] Stinson E R，Hayes L E，Bush P B，et al. Carbofuran affects wildlife on Virginia corn fields. Wildlife Society，1994，22（4）：566-575.

[6] 陈晓明，王程龙，薄瑞．中国农药使用现状及对策建议．农药科学与管理，2016，37（2）：4-8.

[7] 李文星，黄辉，李好．我国农药使用监管现状及对策研究．农药科学与管理，2015，36（8）：1-5.

[8] RişCu A，Bura M. The impact of pesticides on honey bees and hence on humans. Lucrari Stiintifice Zootehnie Si Biotehnologii，2013，46（2）：272-277.

[9] Pettis J S，Lichtenberg E M，Andree M，et al. Crop Pollination Exposes Honey Bees to Pesticides Which Alters Their Susceptibility to the Gut Pathogen Nosema ceranae. Plos One，2013，8（7）：e70182.

[10] Sluijs J P V D，Simon-Delso N，Goulson D，et al. Neonicotinoids，bee disorders and the sustainability of pollinator services. Current Opinion in Environmental Sustainability，2013，5（3-4）：293-305.

[11] Gill R J，Oscar R R，Raine N E. Combined pesticide exposure severely affects individual-and colony-level traits in bees. Nature，2012，491（7422）：105-119.

[12] Baron G L，Vaa J，Mjf B，et al. Pesticide reduces bumblebee colony initiation and increases probability of population extinction. Nature Ecology & Evolution，2017，1（9）：1308-1316.

[13] Goulson D，Nicholls E，Botías C，et al. Bee declines driven by combined stress from parasites，pesticides，and lack of flowers. Science，2015，347（6229）：1255957.

[14] Deguines N，Jono C，Baude M，et al. Large-scale trade-off between agricultural intensification and crop pollination sevices. Frontiers in Ecology and the Environment，2014，12：212-217.

[15] Kovács-Hostyánszki A，Batáry P，Báldi A. Local and landscape effects on bee communities of Hungarian winter cereal fields. Agricultural & Forest Entomology，2011，13（1）：59-66.

[16] Steffan-Dewenter I，Kleijn D，Tscharntke T. Diversity of Flower-Visiting Bees in Cereal Fields：Effects of Farming System，Landscape Composition and Regional Context. Journal of Applied Ecology，2007，44（1）：41-49.

[17] 强胜，陈国奇，李保平，等．中国农业生态系统外来种入侵及其管理现状．生物多样性，2010，18（6）：647-659.

[18] 丁建清，付卫东．生物防治利用生物多样性保护生物多样性．生物多样性，1996，4（4）：222-227.

[19] Chiou C T，Peter L J，Freed V H. A physical concept of soil-water equilibria for nonionic organic compounds. Science，1979，206（4420）：831-832.

[20] Wang X J，Piao X Y，Chen J，et al. Organochlorine pesticides in soil profiles from Tianjin，China. Chemosphere，2006，64（9）：1514-1520.

[21] 丛鑫，燕云仲，薛杨，等．污染场地不同深度土壤有机-矿质复合体中有机氯农药的分布．环境工程学报，2012，6（8）：2882-2886.

[22] 孙威江，蔡建明，黄斌．茶园土壤和茶树叶片农药残留量规律的探讨．福建农业大学学报，1997，26（1）：39-43.

[23] 潘静，杨永亮，何俊，等．崇明岛不同典型功能区表层土壤中有机氯农药分布及风险评价．农业环境科学学报，2009，11：76-82.

[24] 耿存珍，李明伦，杨永亮，等．青岛地区土壤中 OCPs 和 PCBs 污染现状研究．青岛大学学报，2006，21（2）：42-48.

[25] 龚钟明，朱雪梅，崔艳红，等．天津市郊农田土壤中有机氯农药残留的局地分异．城市环境与城市生态，2002，15（4）：4-6.

[26] Zhu Y F，Liu H，Xi Z Q，Cheng H X，Xu X B. Organochlorine pesticides（DDTs and HCHs）in soils from the outskirts of Beijing，China. Chemosphere，2005，60：770-778.

[27] 蒋煜峰，王学彤，孙阳昭，等．上海市城区土壤中有机氯农药残留研究．环境科学，2010，31（2）：409-414.

[28] 王万红，王颜红，王世成，等．辽北农田土壤除草剂和有机氯农药残留特征．土壤通报，2010，41（3）：716-721.

[29] 吕金刚，毕春娟，陈振楼，等．上海崇明岛农田土壤中有机氯农药残留特征．环境科学，2011，32（8）：2455-2461.

[30] 朱晓华，杨永亮，潘静．广州部分区域表层土壤中有机氯农药分布特征．环境科学研究，2012，25（5）：519-525.

[31] 迭庆杞，聂志强，刘峰，等．海河上游地区土壤有机氯农药的分布特征研究．环境科学与技术，2015，38（2）：83-88.

[32] 朱英月，刘全永，李贺，等．辽宁与山东半岛土壤中有机氯农药残留特征研究布．土壤学报，2015，52（4）：888-900.

[33] 武小净，李德成，胡锋，等．我国主产烟区烟田土壤有机农药残留状况研究．土壤，2015，47（5）：979-983.

[34] 黄五星，白晓婷，徐自成，等．辽宁植烟土壤重金属含量和农药残留量调查与评价．河南农业科学，2016，45（1）：57-60.

[35] 范钊．黄河流域农田土壤有机氯农药残留污染特征研究．江苏农业科学，2016，44（5）：414-419.

[36] 刘佳，丁洋，祁士华，等．韩江流域土壤中有几率农药的特征分布．2018-05-25，http：//kns.cnki.net/kcms/detail/11.1895.X.20180525.1317.035.html.

[37] 沈燕，封超年，范琦，等．苏中地区小麦籽粒和土壤中有机磷农药残留分析．扬州大学学报，2004，25（4）：30-34.

[38] 魏淑花，孙海霞，沈娟．宁夏枸杞产区土壤中有机磷农药残留现状分析．中国农学通报，2009，25（24）：488-490.

[39] 周婕成，陈振楼，毕春娟，等．上海崇明农田土壤中有机磷农药的残留特征．土壤通报，2010，41（6）：1456-1459.

[40] 王小欣，覃连红，宁平，等．南宁市蔬菜地土壤有机磷农药残留状况调查研究．安徽农业科学，2014，42（5）：1342-1343.

[41] 孙健，郭映花，卜德云，等．银川市郊蔬菜大棚土壤中有机磷农药残留现状研究．宁夏医学杂志，2014，36（4）：347-348.

[42] 曾阿莹，翁玲玲，王珍，等．福州蔬菜基地土壤中有机磷农药残留状况调查．亚热带水土保持，2015，27（1）：27-31.

[43] 王建伟，张彩香，潘真真．江汉平原典型土壤环境中有机磷农药的分布特征及影响因素．环境科学，2017，38（4）：1597-1605.

[44] 尹可锁，张雪燕，徐汉虹，等．滇池周边农田中拟除虫菊酯农药残留研究．西南农业学报，2011，24（4）：1367-1371.

[45] 梁茹晶．土壤拟除虫菊酯暴露对蚯蚓的毒性效应研究［D］．沈阳：沈阳大学，2016.

[46] 欧海，张天斌，韩妙杰，等．农田农药使用调查与土壤残留分析．现代农业科技，2014，16：209-210.

[47] 曹慧，崔中利，周育，等．甲基对硫磷对红壤地区土壤微生物数量的影响土壤．2004，36（6）：654-657.

[48] 汪海珍，徐建民，谢正苗．甲磺隆结合残留对土壤微生物的影响．农药学学报，2003，5（2）：69-78.

[49] 吕镇梅，闵航，叶央芳．除草剂二氯喹啉酸对水稻田土壤中微生物种群的影响．应用生态学报，2004，15（4）：605-609.

[50] 张战泓，张松，柏刘勇，等．甲氰菊酯对蔬菜土中微生物数量的影响．中国农学通报，2010，26（12）：287-289.

[51] Taiwo L B，Oso B A. The influence of some pest icides on soil microbial flora in relat ion t o changes in nut rient level，rock phosphat e solubilizat ion and P release under laborat ory conditions. Agric Ecosys Env iron，1997，65（1）：59-66.

[52] 胡晓，张敏．有机磷农药对土壤微生物群落的影响．西南农业学报，2008，28（2）：384-389.

[53] 昝树婷，杨如意，李静，等．百菌清对土壤微生物特性和水稻生物量的影响．生物学杂志，2015（3）：42-45.

[54] 张美娇，吴大畅，周琪，等．长期使用农药的土壤微生态变化研究初探．中国微生态学杂志，2015，27（7）：770-773.

[55] 郑丽萍，龙涛，林玉锁，等．Biolog-ECO 解析有机氯农药污染场地土壤微生物群落功能多样性特征．应用于环境生物学报，2013，19（5）：759-765.

[56] Crouzet O，Batisson I，Besse-Hoggan P，et al. Response of soil microbial communities to the herbicide mesotri one：a dose-effect microcosm approach，Soil Biology and Biochemistry，2010，42（2）：193-202.

[57] Omar S A，Abdelsat er M A. Microbial populations and enzyme activities in soil treated with pesticides. Water Air Soil Poll，2001，127（1-4）：49～63.

[58] Eisenhauer N，Klier M，Partsch S，et al. No interactive effects of pesticidesand plant diversity on soil microbial biomass and respiration. Applied Soil Ecology，2009，42：31-36.

[59] 邹小明，林志芬，尹大强，等．氯氰菊酯与 Cd^{2+} 对土壤微生物量及酶活性的联合效应．生态与农村环境学报，2010，26（4）：361-366.

[60] Chen S K，Edwards C A，Subler S. A microcosm approach for evaluat ing the ef fect s of the fungicides benomyl

and captan on soil ecological processes and plant growth. Appl S oil Ecol，2001，18（1）：69-82.

［61］Suneja S，Dogra RC. 1984. Effect of aldrin and lindine seed treatment on symbiosis of chickpea rhizobium with Bengal gram. Trop Agric，1984，62：110-114.

［62］Anne Rosengaard Eisenhardt. Influence of the insecticide phoxim on symbiotic and nonsymbiotic nitrogen fixation determined by the acetylene reduction method. Beretning. 1975，254-258.

［63］Abdalla Mohamed H，Omar S A，et al. The impact of pesticides on arbuscular mycorrhizal and nit-rogen-fixing symbioses in legumes. Appl Soil Ecol，2000，14（3）：191-196.

［64］Hu G R. Pest icide pollut ion and soil microbe. Envir on Poll Contr，1993，15（3）：25-26.

［65］冀玉良，王依依．农药对桔梗种植土壤微生物功能的影响．商洛学院学报，2018，32（2）：58-62.

［66］王占华，周兵，袁星．4 种常见农药对土壤微生物呼吸的影响及其危害性生评价．农药科学与管理，2005，26（6）：13-16.

［67］孔凡彬，谢国红，袁玉清，等．齐螨素等 3 种农药对土壤微生物的安全性评价．安徽农业科学，2005，33（12）：2269-2270.

［68］Lin X Y，Zhao Y H，Fu Q L，et al. Analysis of culturable and unculturable microbial community in bensulfu-ronmethylcontaminated paddy soils. Journal of Environmental Sciences，2008，20：1494-1500.

［69］许育新，李晓慧，滕齐辉，等．氯氰菊酯污染土壤的微生物修复及对土著微生物的影响．土壤学报，2008，4：119-124.

［70］Katayama A，Funasaka K，Fujie K. Changes in the respiratory quinine profile of a soil treated with pesti-cides. Biol Ferti Soil，2001，33（6）：454-459.

［71］王茜．氟磺胺草醚、烯草酮对土壤微生物群落多样性影响的研究［D］．哈尔滨：哈尔滨师范大学，2017.

［72］闫冰，齐月，付刚，等．莠去津对野生植物群落下土壤微生物功能多样性的影响．环境科学研究，2017，30（8）：86-94.

［73］孙约兵，王润珑，徐应明，等．除草剂硝磺草酮对土壤微生物生态效应研究．中国环境科学，2016，36（1）：190-196.

［74］翁春宝，郑荣泉，潘晓琰．除草剂盖草能对农田土壤动物多样性的影响．浙江农业科学，2007，4：446-449.

［75］朱丽霞，陈素香，陈清森，等．敌百虫对南方农田土壤动物多样性的影响．土壤，2011，43（2）：264-269.

［76］孔军苗，郑荣泉，顾磊，等．乙草胺对中型土壤动物生物多样性影响的研究．农业环境科学学报，2005，24（3）：576-580.

［77］Yates G W，Bird A F. Some observations on the influence of agricultural practices on the nematode faunae of some South Australian soils. Fund Apply Nematol，1994，17：133-145.

［78］王喜智，李兴红，王伟，等．北京市园林中赤子爱胜蚓体内有机氯农药污染研究．温州大学学报，2009，30（4）：24-29.

［79］胡玲，林玉锁．呋喃丹对赤子爱胜蚓体内蛋白质、SOD 和 TChE 活性的影响．安徽农业科学，2006，34（13）：3165-3167.

［80］蔡道基，张壬午，李治祥，等．农药对蚯蚓的毒性与危害性评估．农村生态环境，1986，2（2）：14-18.

［81］Bouwman H，Reinecke A J. Effects of carbofuran on the earthworm，Eiseniafetida using a defined medi-um. Bulletin of Environmental Contamination and Toxicology，1987，38（2）：171-178.

［82］李淑梅，盛东峰，许俊丽．苯磺隆除草剂对农田土壤动物影响的研究．土壤通报，2008，39（6）：1369-1371.

［83］邱咏梅，郑荣泉，李灿阳，等．百草清除草剂对农田生态系统土壤动物群落结构的影响．土壤通报，2006，37（5）：976-980.

［84］刘国光，王丽霞，徐海娟，等，高效氯氰菊酯对原生动物群落的毒性研究．中国环境科学，2005，B06：115-117.

[85] 开建荣，宋玉芳，曹秀凤，等．赤子爱胜蚓对氯氰菊酯暴露的生态响应．农业环境科学学报，2013，32（2）：224-231.

[86] 阮秦莉，居静娟，李云晖，等．氯氰菊酯对模式动物秀丽隐杆线虫生殖能力的损伤作用．癌变·畸变·突变，2012，24（2）：136-140.

[87] 李忠武，王振中，邢协加．农药污染对土壤动物群落影响的实验研究．环境科学研究，1999，12（1）：49-53.

[88] Pelosia C，Toutousa L，Chironb F，et al. Reduction of pesticide use can increase earthworm populations in wheat crops in a European temperate region. HAL Id：hal-00904152 https：//hal. archives-ouvertes. fr/hal-00904152. Submitted on 13 Nov 2013.

[89] 李忠武，王振中，邢协加．甲胺磷农药污染对土壤动物影响的研究．环境科学，1997（6）：46-50.

[90] 王一华，傅荣恕．辛硫磷农药对土壤螨类影响的研究．山东师范大学学报（自然科学版）.2003（04）：72-75.

[91] 郑荣泉，李迪艳，孔军苗，克无踪除草剂对农田生态系统土壤动物的影响．动物学杂志，2005（02）：60-65.

[92] 王振中，张友梅，李忠武，等．有机磷农药对土壤动物毒性的影响研究．应用生态学报，2002，13（12）：1663-1666.

[93] Martikainen E，Haimi J，Aht iainen J. Effects of dimethoate and benomyl on soil organisms and soil process-Amicrocosm study. Appl Soil Ecol，1998，9（1-3）：381-382.

[94] 谭亚军，李少南，孙利．农药对水生态环境的影响．农药，2003，42（12）：12-14.

[95] 吴声敢，陈丽萍，吴长兴，等.4 种杀虫剂对水生生物的急性毒性与安全评价．浙江农业学报，2011，23（1）：101-106.

[96] 程燕，周军英，单正军．美国农药水生生态风险评价研究进展．农药学学报，2005，7（4）：293-298.

[97] 程燕，周军英，单正军．稻田用药的水生生态风险评价技术进展．农药学学报，2012，14（3）：242-252.

[98] 唐以杰，刘青，曾翠珊，等．梅江鱼类有机氯农药含量检测和评价．嘉应学院学报，2015，33（8）：76-81.

[99] 雷昌文，曹莹，周腾耀，等．太湖水体中 5 种有机磷农药混合物生态风险评价．生态毒理学报，2013，8（6）：937-944.

[100] 孙肖瑜，王静，金永堂．我国水环境农药污染现状及健康影响研究进展．环境与健康杂志，2009，26（7）：649-652.

[101] 王未，黄从建，张满成，等．我国区域性水体农药污染现状研究分析．环境保护科学，2013，39（5）：5-9.

[102] Masiá A，Campo J，Navarro-Ortega A，et al. Pesticide monitoring in the basin of Llobregat River（Catalonia，Spain）and comparison with historical data. Science of the Total Environment，2015，503-504：58-68.

[103] 靳聪聪．六种水生植物在农药面源污染控制中的作用研究［D］．广州：暨南大学，2017.

[104] 肖曲，郝冬亮，刘毅华，等．农药水环境化学行为研究进展．中国环境管理干部学院学报，2008，18（3）：58-61.

[105] 穆希岩．苯醚甲环唑对斑马鱼毒性及作用机制研究［D］．北京：中国农业大学，2015.

[106] 沈坚．三种农药对底栖软体动物的毒性效应和生物富集性研究［D］．杭州：浙江大学，2013.

[107] 周一明，赵鸿云，刘珊，等．水体的农药污染及降解途径研究进展．中国农学通报，2018，34（9）：141-145.

[108] 高平．高效氯氰菊酯对鲫的安全性评价及其相关研究［D］．武汉：华中农业大学，2007.

[109] Santhi V A，Hairin T，Mustafa A M. Simultaneous determination of organochlorine pesticides and bisphenol A in edible marine biota by GC-MS. Chemosphere，2012，86（10）：1066-1071.

[110] 刘勇．环境污染物联合胁迫下水生生物行为响应研究［D］．济南：山东师范大学，2010.

[111] David Pimentel，Clive A Edwards，孙顺江．农药与生态系统．环境科学研究，1984（3）：51-56.

[112] 郭强，田慧，毛潇萱，等．珠江河口水域有机磷农药水生生态系统风险评价．环境科学，2014，35（3）：

1029-1034.

[113] 李祥英，梁慧君，何裕坚，等.5种杀菌剂对3种水生生物的急性毒性与安全性评价.广东农业科学，2014，41（16）：125-128.

[114] 陈源，陈昂，蒋桂芳，等.苯醚甲环唑对水生生物急性毒性评价.农药，2014，53（12）：900-903.

[115] Hayasaka D. Study of the impacts of systemic insecticides and their environmental fate in aquatic communities of paddy mesocosms. Journal of Pesticide Science，2014，39（3）：172-173.

[116] 罗冬莲.福建漳江口水域表层水、沉积物及水生生物中三氯杀螨醇的残留研究.渔业研究，2015，37（2）：119-126.

[117] Ccanccapa A，Masiá A，Navarro-Ortega A，et al. Pesticides in the Ebro River basin：Occurrence and risk assessment. Environmental Pollution，2016，211：414.

[118] Marzio W D D，Sáenz M E，Alberdi J L，et al. Environmental impact of insecticides applied on biotech soybean crops in relation to the distance from aquatic ecosystems. Environmental Toxicology & Chemistry，2010，29（9）：1907-1917.

[119] Stampfli N C，Knillmann S，Liess M，et al. Environmental context determines community sensitivity of freshwater zooplankton to a pesticide. Aquatic Toxicology，2011，104（1）：116-124.

[120] Larras F，Montuelle B，Rimet F，et al. Seasonal shift in the sensitivity of a natural benthic microalgal community to a herbicide mixture：impact on the protective level of thresholds derived from species sensitivity distributions. Ecotoxicology，2014，23（6）：1109-1123.

[121] 赵卫琍.浑河（抚顺段）水生生物多样性及资源管理.环境科学与管理，2006，31（1）：11-13.

[122] Matsumura M，Sanada-Morimura S，Otuka A，et al. Insecticide susceptibilities in populations of two rice planthoppers，Nilaparvata lugens and Sogatella furcifera，immigrating into Japan in the period 2005-2012. Pest Management Science，2014，70（4）：615-622.

[123] Mcmahon T A，Halstead N T，Johnson S，et al. Fungicide-induced declines of freshwater biodiversity modify ecosystem functions and services. Ecology Letters，2012，15（7）：714-722.

[124] Halstead N T，Mcmahon T A，Johnson S A，et al. Community ecology theory predicts the effects of agrochemical mixtures on aquatic biodiversity and ecosystem properties. Ecology Letters，2014，17（8）：932-941.

[125] García-Ortega S，Holliman P J，Jones D L. Effects of salinity，DOM and metals on the fate and microbial toxicology of propetamphos formulations in river and estuarine sediment. Chemosphere，2011，83（8）：1117.

[126] Fernández D，Tummala M，Schreiner V C，et al. Does nutrient enrichment compensate fungicide effects on litter decomposition and decomposer communities in streams? Aquatic Toxicology，2016，174：169-178.

[127] Vera M S，Di F E，Lagomarsino L，et al. Direct and indirect effects of the glyphosate formulation Glifosato Atanor（r）on freshwater microbial communities. Ecotoxicology，2012，21（7）：1805-1816.

[128] Magnusson M，Heimann K，Ridd M，et al. Chronic herbicide exposures affect the sensitivity and community structure of tropical benthic microalgae. Marine Pollution Bulletin，2012，65（4-9）：363-372.

[129] 于彩虹，黄莹，胡琳娜，等.农药对水生植物风险评估研究进展.安全与环境学报，2013，13（4）：1-5.

[130] 王倩怡.富营养化水体中有机氯农药的污染及其与浮游植物间的响应关系［D］.天津：天津大学，2007.

[131] 董波.几种除草剂对淡水生物和微观水生生态系分解功能的影响［D］.扬州：扬州大学，2005.

[132] 张威.莠去津对几种水生植物的毒理效应及降解研究［D］.武汉：华中农业大学，2010.

[133] 王攀婷，厉威池，孙旭，等.禾和农药氯氰菊酯对蛋白核小球藻的复合污染急性毒性.安徽农业科学，2015（35）：191-193.

[134] 耿翠敏.丁草胺、毒死蜱对浮游生物的生态风险研究［D］.杭州：浙江大学，2015.

[135] 吴长兴.毒死蜱和氟虫腈的环境毒理与风险［D］.杭州：浙江大学，2010.

[136] 洪旭鹭.有机农药对淡水水生生物毒性效应研究［D］.南京：南京信息工程大学，2015.

[137] 徐吉洋．毒死蜱对小型组合系统中浮游动物的影响［D］．杭州：浙江大学，2015.

[138] Pannard A，Le R B，Binet F. Response of phytoplankton community to low-dose atrazine exposure combined with phosphorus fluctuations. Arch Environ Contam Toxicol，2009，57（1）：50-59.

[139] 梁菊芳．敌百虫对海洋微藻的毒性效应研究［D］．广州：暨南大学，2013.

[140] 许超．高效氯氰菊酯对小球藻、草履虫的毒性影响及微生物降解［D］．上海：上海师范大学，2014.

[141] Gregorio V，Büchi L，Anneville O，et al. Risk of herbicide mixtures as a key parameter to explain phytoplankton fluctuation in a great lake：the case of Lake Geneva，Switzerland. Ecotoxicology，2012，21（8）：2306-18.

[142] 吴程琛．新型新烟碱类农药对环境模式生物毒性效应的研究［D］．杭州：浙江大学，2016.

[143] Baert J M，De Laender F，Sabbe K，et al. Biodiversity increases functional and compositional resistance，but decreases resilience in phytoplankton communities. Ecology，2016，97（12）：3433.

[144] Egler M，Buss D F，Moreira J C，et al. Influence of agricultural land-use and pesticides on benthic macroinvertebrate assemblages in an agricultural river basin in southeast Brazil. Brazilian Journal of Biology，2012，72（3）：437-443.

[145] 郑欣，闫振广，刘征涛，等．水生生物水质基准研究中轮虫、水螅、涡虫类受试生物的筛选．生态毒理学报，2015，10（1）：225-234.

[146] Medina M，Barata C，Telfer T，et al. Effects of cypermethrin on marine plankton communities：a simulated field study using mesocosms. Ecotoxicology & Environmental Safety，2004，58（2）：236-245.

[147] Geyer R L，Smith G R，Rettig J E. Effects of Roundup formulations，nutrient addition，and Western mosquitofish（Gambusia affinis）on aquatic communities. Environmental Science & Pollution Research，2016，23（12）：11729-11739.

[148] 张红艳，高如泰，江树人，等．北京市农田土壤中有机氯农药残留的空间分析．中国农业科学，2006，39（7）：1403-1410.

[149] 邱伟建．不同氨氮水平下三种有机磷农药对大型溞的毒性效应研究［D］．南京：南京信息工程大学，2013.

[150] Liess M，Foit K，Becker A，et al. Culmination of low-dose pesticide effects. Environmental Science & Technology，2013，47（15）：8862-8868.

[151] 马瑞雪．两种手性农药在水生生物体内的立体选择性环境行为研究［D］．北京：中国农业大学，2014.

[152] 王伟莉，闫振广，何丽，等．五种底栖动物对优控污染物的敏感性评价．中国环境科学，2013，33（10）：1856-1862.

[153] 秦文秀，颜冬云，王春光，等．拟除虫菊酯在底泥中的归趋及其生物效应．土壤，2011，43（5）：703-709.

[154] 单正军，王连生，蔡道基，等．用稻田模拟生态系统研究农药氯唑磷对水生生物安全性的影响．南京农业大学学报，2001，24（3）：93-96.

[155] 单正军，蔡道基．新型杀虫剂氟虫腈农药对甲壳类水生生物影响研究．中国农业科学，2002，35（8）：949-952.

[156] Coutellec M A，Besnard A L，Caquet T. Population genetics of Lymnaea stagnalis experimentally exposed to cocktails of pesticides. Ecotoxicology，2013，22（5）：879-888.

[157] Colombo V，Mohr S，Berghahn R，et al. Structural changes in a macrozoobenthos assemblage after imidacloprid pulses in aquatic field-based microcosms. Archives of Environmental Contamination & Toxicology，2013，65（4）：683-692.

[158] Auber A，Roucaute M，Togola A，et al. Structural and functional effects of conventional and low pesticide input crop-protection programs on benthic macroinvertebrate communities in outdoor pond mesocosms. Ecotoxicology，2011，20（8）：2042.

[159] 蔡道基，汪竞立，杨佩芝，等．化学农药对生态环境安全评价研究——Ⅸ．农药对鱼类的毒性与评价的初步

研究．生态与农村环境学报，1987，3（2）：7-11.

［160］Macneale K H，Spromberg J A，Baldwin D H，et al. A Modeled Comparison of Direct and Food Web-Mediated Impacts of Common Pesticides on Pacific Salmon. Plos One，2014，9（3）：e92436.

［161］Dietrich J P，Van Gaest A L，Strickland S A，et al. The impact of temperature stress and pesticide exposure on mortality and disease susceptibility of endangered Pacific salmon. Chemosphere，2014，108：353-359.

［162］崔庆兰．太湖不同营养级水生生物体中多氯联苯和有机氯农药的分布特征及其健康风险初探［D］．南京：南京大学，2011.

［163］连子如，王江涛，谭丽菊，等．青岛近海生物体内多环芳烃、多氯联苯和有机氯农药的含量和分布特征．生态毒理学报，2010，5（5）：746-751.

［164］商利新．甲胺磷和氯氰菊酯对日本沼虾的毒性作用［D］．保定：河北大学，2004.

［165］王朝晖，尹伊伟，林小涛，等．拟除虫菊酯农药对水生态系统的生态毒理学研究综述．暨南大学学报（自然科学与医学版），2000，21（3）：123-127.

［166］胡琼予．溴氰菊酯对鲫的毒性作用研究及残留检测［D］．成都：四川农业大学，2007.

［167］胡双庆.3种农药对斑马鱼的急性毒性及生物安全性评价．安徽农业科学，2011，39（35）：21698-21700.

［168］刘小波，朱宏建.3种甲氧基丙烯酸酯类农药对斑马鱼急性毒性评价．现代农业科技，2015（15）：125-126.

［169］徐娟，陶核，吴南翔.4种农药对斑马鱼的急性毒性与安全评价．职业与健康，2010，26（23）：2777-2778.

［170］李刚．氟吗啉（SYP-L190）对鲤鱼长期毒性的初步研究［D］．新疆：新疆农业大学，2003.

［171］赵玉琴，李丽娜，李建华．常见拟除虫菊酯和有机磷农药对鱼类的急性及其联合毒性研究．环境污染与防治，2008，30（11）：53-57.

［172］范瑾煜．水环境中低浓度草甘膦及制剂对鲫鱼的毒性效应研究［D］．南京：南京大学，2013.

［173］何健．丁虫腈在稻田中的环境归趋及其对水生生物风险评价研究［D］．南京：南京农业大学，2013.

［174］Hajirezaee S，Mirvaghefi A R，Farahmand H，et al. Effects of diazinon on adaptation to sea-water by the endangered Persian sturgeon，Acipenser persicus，fingerlings. Ecotoxicology & Environmental Safety，2016，133：413.

［175］徐彪．巢湖鱼体内有机氯农药富集及其分布特征研究［D］．合肥：安徽大学，2016.

［176］黄婷，吴志强，胡向萍．氯氰菊酯和吡虫啉对克氏原螯虾的毒性作用［C］//广东、湖南、江西、湖北四省动物学学术研讨会.2008.

［177］高蕾．久效磷农药对斑马鱼性别分化的影响及机制研究［D］．青岛：中国海洋大学，2011.

［178］齐红莉，张树林，戴伟．农药对水产动物毒理的研究现状．水生态学杂志，2005，25（1）：73-75.

［179］Kwok C K，Liang Y，Leung S Y，et al. Biota-sediment accumulation factor（BSAF），bioaccumulation factor（BAF），and contaminant levels in prey fish to indicate the extent of PAHs and OCPs contamination in eggs of waterbirds. Environmental Science & Pollution Research，2013，20（12）：8425-8434.

［180］Persson S，Magnusson U. Environmental pollutants and alterations in the reproductive system in wild male mink（Neovison vison）from Sweden. Chemosphere，2015，120（10）：237-245.

［181］Ruizsuárez N，Melero Y，Giela A，et al. Rate of exposure of a sentinel species，invasive American mink（Neovison vison）in Scotland，to anticoagulant rodenticides. Science of the Total Environment，2016，569-570：1013-1021.

［182］黄笋丹．几种手性农药在栅藻和蝌蚪中的选择性富集及毒性效应研究［D］．北京：中国农业大学，2015.

［183］钟碧瑾．两种有机磷农药对沼水蛙蝌蚪毒理学效应的研究［D］．福州：福建师范大学，2009.

［184］连迎．敌敌畏和三唑磷对泽陆蛙蝌蚪的生态毒理学效应的研究［D］．福州：福建师范大学，2007.

［185］姚丹．敌敌畏和丁草胺对斑腿泛树蛙蝌蚪的毒性影响研究［D］．福州：福建师范大学，2005.

［186］牛亚伟．农药防治森林病虫害研究进展．陕西林业科技，2012（4）：95-97.

［187］丁茂申．当前森林病虫害防治工作存在的问题与对策．中国林业，2009（12）：41-41.

[188] 王勇．农药在森林病害中的应用．民营科技，2016 (5)：207-207.

[189] 尤德康，董晓波．大力推广生物农药 促进森林病虫害持续控制．中国森林病虫，2002，21 (6)：42-46.

[190] 邱德文．生物农药的发展现状与趋势分析．中国生物防治学报，2015，31 (5)：679-684.

[191] 赵宇翔．中国林业生物安全风险评价与管理对策研究 [D]．北京：北京林业大学，2012.

[192] 于洋．两种农药对红松混交林、人工纯林土壤微生物群落功能多样性的影响 [D]．哈尔滨：东北林业大学，2015.

[193] 沈庚晨．森林病虫害防治中的农药污染及对策．山西林业，2004 (4)：29-30.

[194] 贺奴英，张志忠．合理施用农药保护野生动物．山西农业：市场信息版，2006 (10)：43.

[195] Porcel M，Ruano F，Cotes B，et al. Agricultural management systems affect the green lacewing community (Neuroptera：Chrysopidae) in olive orchards in southern Spain. Environmental Entomology，2013，42 (1)：97.

[196] Balog A，Ferencz L，Hartel T. Effects of chitin and contact insecticide complexes on rove beetles in commercial orchards. Journal of Insect Science，2011，11 (93)：93.

[197] Fauser-Misslin A，Sadd B M，Neumann P，et al. Influence of combined pesticide and parasite exposure on bumblebee colony traits in the laboratory. Journal of Applied Ecology，2014，51 (2)：450-459.

[198] Pekin B K. Effect of widespread agricultural chemical use on butterfly diversity across Turkish provinces. Conservation Biology，2013，27 (6)：1439.

[199] 范喜顺．华北平原北部耕作区鸟类群落及其生存制约因子研究 [D]．北京：北京林业大学，2005.

[200] Amalin D M，Mcsorley R. Comparison of Different Sampling Methods and Effect of Pesticide Application on Spider Populations in Lime Orchards in South Florida. Environmental Entomology，2001，30 (6)：1021-1027.

[201] Mclaughlin A，Mineau P. The impact of agricultural practices on biodiversity. Agriculture Ecosystems & Environment，1995，55 (3)：201-212.

索 引

（按汉语拼音排序）

A

鹌鹑 / 132

靶标生物 / 325

B

半（静态）水体内的暴露 / 056

半静态试验法 / 081

半数效应浓度 / 014

半数致死剂量 / 014

半数致死浓度 / 014

半衰期 / 020

保护尺度 / 008

保护对象 / 007

保护目标 / 006

保险系数 / 005

暴露 / 002

暴露浓度 / 063

暴露评估 / 009

暴露输入 / 034

暴露途径 / 003

标准生物物种不确定因子 / 079

捕食性天敌急性毒性试验 / 004

C

蚕 / 008

操作者 / 007

草蛉 / 216

场景 / 062

沉积物 / 091

沉水植物 / 104

持久性有机污染物 / 020

赤眼蜂 / 216，238

赤子爱胜蚓 / 269

初级暴露评估 / 053

初级风险评估 / 009

D

大型溞繁殖试验 / 003

大型溞急性活动抑制试验 / 003

代谢物 / 071

氮转化 / 318

地下水 / 008

定量分析 / 036

定量风险分析 / 036

毒饵 / 167

毒性暴露比 / 005

毒性效应 / 003

毒性终点 / 208

多级模型预测系统 / 064

E

二次毒害 / 086

F

法规允许浓度 / 023

非靶标节肢动物 / 007

非靶标节肢动物环境风险评价 / 210

分级（Tier）评价 / 034

分级风险评估 / 009

风险 / 002

风险表征 / 005，009

风险降低措施 / 005
风险评估 / 001
风险商值 / 005
蜂箱试验 / 175
浮萍 / 107
浮水植物 / 104

G

概率累积法 / 017
高富集性农药 / 071
高级暴露评估 / 053
高级风险评估 / 009
工蜂 / 170

H

狐尾藻 / 109
环境暴露浓度 / 035
环境风险 / 006
环境风险评估 / 006
环境归趋终点 / 053

J

剂量定期递增染毒法 / 153
寄生性天敌急性毒性试验 / 004
家蚕 / 187
家蚕环境风险评价 / 185
家蚕急性毒性试验 / 004
家蚕慢性毒性试验 / 004
甲壳类动物 / 022
监测数据 / 031
降解半衰期 / 041
经济合作与发展组织 / 024
静态试验法 / 081
居民 / 007

K

颗粒剂 / 166

L

联合国粮农组织 / 320
流水式试验法 / 081
陆生生态系统风险评估 / 024
绿色综合防控 / 358
绿藻生长抑制试验 / 003

M

每日允许摄入量 / 042
美国环境保护署 / 024
蜜蜂 / 007
蜜蜂半田间试验 / 004
蜜蜂环境风险评价 / 169
蜜蜂急性接触毒性试验 / 004
蜜蜂急性经口毒性试验 / 004
蜜蜂幼虫发育毒性试验 / 004
蜜蜂育雏试验 / 175
模拟试验 / 031
模型 / 009，017
China-PEARL 模型 / 041
FOCUS 模型 / 114
TOP-RICE 模型 / 041，074
模型输入参数 / 053

N

内分泌干扰作用 / 004
鸟类短期饲喂毒性试验 / 003
鸟类繁殖试验 / 003
鸟类和哺乳动物 / 007
鸟类环境风险评价 / 131
鸟类急性经口毒性试验 / 003
农田内暴露场景 / 219
农田外暴露场景 / 219
农田周边水体 / 031
农药 / 001
农药登记 / 022
农药风险评估 / 001
《农药管理实施办法》/ 038
《农药管理条例》/ 120
农药归趋模型 / 031
农药环境风险评估 / 022
农药生态环境风险评估 / 002

农药再评价 / 359

O

欧盟 / 054

P

旁观者 / 007
飘移百分比 / 116
瓢虫 / 214
评估系数 / 005
评价因子法 / 017

Q

蚯蚓繁殖毒性试验 / 004
蚯蚓环境风险评价 / 267
蚯蚓急性毒性试验 / 004

S

桑树 / 189
商值法 / 035
生态毒理学 / 014
生态风险评估 / 012
生态系统服务 / 025
生态效应 / 079
生物多样性 / 323
生物放大 / 020，086，270
生物富集系数 / 085
生物富集因子 / 071，085
生物积累 / 020
生物浓缩 / 085
时间加权浓度 / 070
水环境风险评估 / 023
水生生态模拟系统（中宇宙）试验 / 003
水生生物 / 007
水生生态暴露评估 / 052
水生微宇宙 / 094
水生无脊椎动物 / 088
水生植物 / 104
水生植物毒性试验 / 003
随机模拟 / 036

T

碳转化 / 319
田间消散研究 / 067
挺水植物 / 104
土壤生物 / 007
土壤微生物 / 312
土壤微生物环境风险评价 / 312
土壤微生物影响试验 / 004

W

危害 / 002
危害评估 / 008
问题阐述 / 008
无可观察效应浓度 / 014
无可见生态不良效应浓度（NOEAEC）/ 080
物种敏感度分布 / 017
物种敏感性分布法 / 092

X

限度试验 / 081
效应评估 / 008
蓄积试验 / 153

Y

烟碱类农药 / 325
羊角月芽藻 / 120
药膜法 / 226
野鸭 / 132
有机磷农药 / 088
有机氯农药 / 088
有益昆虫 / 007
鱼类急性毒性试验 / 003
鱼类生命周期试验 / 003
鱼类生物富集试验 / 003
鱼类早期阶段毒性试验 / 003
预测环境浓度（PEC）/ 034
预测无效应浓度 / 017
预试验 / 081

Z

再进入者 / 007
藻类 / 107
正式试验 / 081
正辛醇/水分配系数 / 085
植物保护产品 / 001
指示物种 / 107
中宇宙 / 095
最大预测环境浓度 / 023
最低观察效应浓度 / 014